Werkstofftechnische Berichte | Reports of Materials Science and Engineering

Reihe herausgegeben von

Frank Walther, Lehrstuhl für Werkstoffprüftechnik (WPT), TU Dortmund, Dortmund, Nordrhein-Westfalen, Deutschland

In den Werkstofftechnischen Berichten werden Ergebnisse aus Forschungsprojekten veröffentlicht, die am Lehrstuhl für Werkstoffprüftechnik (WPT) der Technischen Universität Dortmund in den Bereichen Materialwissenschaft und Werkstofftechnik sowie Mess- und Prüftechnik bearbeitet wurden. Die Forschungsergebnisse bilden eine zuverlässige Datenbasis für die Konstruktion, Fertigung und Überwachung von Hochleistungsprodukten für unterschiedliche wirtschaftliche Branchen. Die Arbeiten geben Einblick in wissenschaftliche und anwendungsorientierte Fragestellungen, mit dem Ziel, strukturelle Integrität durch Werkstoffverständnis unter Berücksichtigung von Ressourceneffizienz zu gewährleisten.

Optimierte Analyse-, Auswerte- und Inspektionsverfahren werden als Entscheidungshilfe bei der Werkstoffauswahl und -charakterisierung, Qualitätskontrolle und Bauteilüberwachung sowie Schadensanalyse genutzt. Neben der Werkstoffqualifizierung und Fertigungsprozessoptimierung gewinnen Maßnahmen des Structural Health Monitorings und der Lebensdauervorhersage an Bedeutung. Bewährte Techniken der Werkstoff- und Bauteilcharakterisierung werden weiterentwickelt und ergänzt, um den hohen Ansprüchen neuentwickelter Produktionsprozesse und Werkstoffsysteme gerecht zu werden.

Reports of Materials Science and Engineering aims at the publication of results of research projects carried out at the Chair of Materials Test Engineering (WPT) at TU Dortmund University in the fields of materials science and engineering as well as measurement and testing technologies. The research results contribute to a reliable database for the design, production and monitoring of high-performance products for different industries. The findings provide an insight to scientific and applied issues, targeted to achieve structural integrity based on materials understanding while considering resource efficiency.

Optimized analysis, evaluation and inspection techniques serve as decision guidance for material selection and characterization, quality control and component monitoring, and damage analysis. Apart from material qualification and production process optimization, activities concerning structural health monitoring and service life prediction are in focus. Established techniques for material and component characterization are aimed to be improved and completed, to match the high demands of novel production processes and material systems.

Jochen Tenkamp

Charakterisierung und Modellierung des Ermüdungsverhaltens und der Schädigungstoleranz aushärtbarer Al-Si-Mg-Gusslegierungen im HCF- und VHCF-Bereich

Jochen Tenkamp
Dortmund, Deutschland

Veröffentlichung als Dissertation in der Fakultät für Maschinenbau der Technischen Universität Dortmund.
Promotionsort: Dortmund
Tag der mündlichen Prüfung: 21.06.2021
Vorsitzender: Priv.-Doz. Dr.-Ing. Dipl.-Inform. Andreas Zabel
Erstgutachter: Prof. Dr.-Ing. habil. Frank Walther
Zweitgutachter: Prof. Dr.-Ing. habil. Ulrich Krupp
Mitberichter: Prof. Dr.-Ing. Prof. h.c. Dirk Biermann

ISSN 2524-4809 ISSN 2524-4817 (electronic)
Werkstofftechnische Berichte | Reports of Materials Science and Engineering
ISBN 978-3-658-38332-9 ISBN 978-3-658-38333-6 (eBook)
https://doi.org/10.1007/978-3-658-38333-6

Die Deutsche Nationalbibliothek verzeichnet diese Publikation in der Deutschen Nationalbibliografie; detaillierte bibliografische Daten sind im Internet über http://dnb.d-nb.de abrufbar.

Planung/Lektorat: Stefanie Eggert
Springer Vieweg ist ein Imprint der eingetragenen Gesellschaft Springer Fachmedien Wiesbaden GmbH und ist ein Teil von Springer Nature.
Die Anschrift der Gesellschaft ist: Abraham-Lincoln-Str. 46, 65189 Wiesbaden, Germany

Geleitwort

Die Forschungsaktivitäten des Lehrstuhls für Werkstoffprüftechnik an der Technischen Universität Dortmund im Bereich Aluminiumgusswerkstoffe umfassen – mit dem Ziel der Qualifikation für vielfältige Leichtbauanwendungen – insbesondere die anwendungsrelevante Charakterisierung des Ermüdungsverhaltens und der Defekt- bzw. Schädigungstoleranz für verschiedene Gießverfahren. Die Untersuchungen zielen grundsätzlich auf ein werkstoff- und mechanismenorientiertes Verständnis zwischen prozess- und materialspezifisch initiierten Struktureigenschaften und der sich einstellenden mechanischen Leistungsfähigkeit und Schädigungstoleranz unter Ermüdungsbeanspruchung ab.

Die vorliegende Arbeit befasst sich mit der Charakterisierung und Modellierung des Ermüdungsverhaltens und der Schädigungstoleranz von im Kokillen- und Sandguss hergestellten AlSi7Mg0,3-Legierungen für prozessrelevante Mikrostruktur- und Defektzustände und betriebsrelevante Lebensdauerbereiche von 1E3 bis 1E9 Lastspielen. Im Zuge dessen werden Modellierungsansätze aus der Bruchmechanik für die Auslegung defektbehafteter und damit vorgeschädigter Aluminiumgusswerkstoffe evaluiert und qualifiziert. Zur Identifikation geeigneter bruchmechanischer Modelle werden das zyklische Verformungs- und Schädigungsverhalten bei hohen und sehr hohen Lastspielzahlen analysiert, um zwischen anriss- und rissfortschrittsdominierten Verhalten zu separieren. Die Schädigungsevolution wird zusätzlich über eine computertomografische Defekt- bzw. Rissanalyse hochauflösend vom Ausgangszustand über Anriss bis zum Versagen erfasst und mit den struktursensitiven Messgrößen zwecks Kalibrierung korreliert. Die bruchmechanischen Modellierungsansätze ermöglichen die Ermittlung der lokalen Beanspruchung am Defekt in Form des Spannungsintensitätsfaktors und durch Nutzung des Shiozawa-Modells für rissfortschrittsdominiertes Ermüdungsverhalten eine defektbereinigte Beurteilung der Leistungsfähigkeit in Abhängigkeit von prozess- und materialabhängigen Struktureigenschaften in Form von spezifischen Shiozawa- bzw. Schädigungstoleranz-Kurven anstelle von konventionellen Wöhler-Kurven. Darüber hinaus konnte das $\sqrt{area}$-Modell von Murakami-Noguchi zur defekt- und härtebasierten Abschätzung der Ermüdungsfestigkeit validiert werden. Beide Ansätze zur Bewertung der Schädigungstoleranz werden zur defektbereinigten Quantifizierung des Einflusses von Hochfrequenz-Prüfverfahren und des Wechsels von Ermüdungsmechanismen – von Oberflächen- zum Volumenanriss – im VHCF-Bereich genutzt.

Die entwickelten und validierten Charakterisierungs- und Modellierungsmethoden dienen somit dem Verständnis über die werkstoff- und umgebungsabhängige Ausbildung der Ermüdungseigenschaften und Schädigungstoleranz im HCF- und VHCF-Bereich. Die Erkenntnisse gewährleisten eine optimierte Ausnutzung des Leistungsvermögens, eine vereinfachte Auslegung defektbehafteter Werkstoffe und dadurch einen sicheren Betrieb langzeitbeanspruchter Strukturen aus Aluminiumgusswerkstoffen.

Dortmund   Frank Walther
März 2022

Vorwort

*Wer immer tut, was er schon kann, bleibt immer
das, was er schon ist*

Henry Ford, 1863–1947

Die vorliegende Arbeit wurde im Zeitraum Februar 2016 bis Februar 2021 am Lehrstuhl für Werkstoffprüftechnik der Technischen Universität Dortmund angefertigt. Sie entstand im Rahmen des von der Deutschen Forschungsgemeinschaft (DFG) geförderten Projekts 282318703, das in Kooperation mit der Hochschule Osnabrück und der Rheinisch-Westfälischen Technischen Hochschule (RWTH) Aachen bearbeitet wurde. An dieser Stelle sei neben dem Fördergeber allen herzlich gedankt, die zum Gelingen dieser Arbeit beigetragen haben. Besonders folgender Personenkreis sei in diesem Zusammenhang ausdrücklich erwähnt:

Herr Prof. Dr.-Ing. habil. F. Walther für die hervorragende fachliche und persönliche Betreuung, die Unterstützung und die Möglichkeit, diese Arbeit unter seiner wissenschaftlichen Leitung anzufertigen. Herr Prof. Dr.-Ing. habil. U. Krupp, Leiter des Lehrstuhls für Werkstofftechnik der Metalle und Instituts für Eisenhüttenkunde an der RWTH Aachen, für die Übernahme des Korreferats. Herr Prof. Dr.-Ing. Prof. h.c. D. Biermann, Leiter des Instituts für Spanende Fertigung der Technischen Universität Dortmund, und Herr Priv.-Doz. Dr.-Ing. A. Zabel, Oberingenieur des Instituts für Spanende Fertigung der Technischen Universität Dortmund, für deren Bereitschaft im Promotionsverfahren mitzuwirken.

Alle Mitarbeiter/innen des Lehrstuhls für Werkstoffprüftechnik für die kollegiale Zusammenarbeit und die angenehme Arbeitsatmosphäre. Hier besonders die

Herren Dr.-Ing. D. Hülsbusch, F. Stern und G. Frieling für den stets intensiven inhaltlichen Austausch.

Herr Prof. Dr.-Ing. W. Michels, Metallurgie und Fertigungstechnologie der Hochschule Osnabrück, und die Herren S. Knorre, S. Gerbe und S. Scherbring von Hochschule Osnabrück für die exzellente wissenschaftliche Zusammenarbeit und die Bereitstellung der Proben im Projekt.

Frau K. Chrzan und die Herren A. Koch, K. Bleicher und S. Klute, die als langjährige studentische und wissenschaftliche Hilfskräfte und durch ihre studentischen Arbeiten maßgeblich zum Gelingen dieser Arbeit beigetragen haben.

Herr D. Winkelmann für das unterstützende Lektorat von dieser Arbeit.

Abschließend möchte ich herzlich meinen Eltern, meinen Geschwistern und besonders meinem Bruder André für die immerwährende Ermutigung und Unterstützung während meines Studiums und meinem Weg zur Promotion danken.

Dortmund
März 2022

Jochen Tenkamp

Kurzfassung

Charakterisierung und Modellierung des Ermüdungsverhaltens und der Schädigungstoleranz aushärtbarer Al-Si-Mg-Gusslegierungen im HCF- und VHCF-Bereich

Im Rahmen des Grünen Deals der Europäischen Union (EU) müssen die Automobilhersteller die CO_2-Emissionen ihrer Neuwagenflotten drastisch bis zum Jahr 2030 reduzieren. Dies erfordert neue Antriebs- und Leichtbaukonzepte. Im Bereich der Motoren- und Strukturbauteile bieten sich moderne, aushärtbare Al-Si-Gusslegierungen mit einer Gewichtseinsparung von 40–50 % im Vergleich zu Stahl- und Eisengusswerkstoffen an. Aushärtbare Al-Si-Gusslegierungen weisen verfahrensbedingte Defekte im Bauteil auf, die wie eine (Vor-)Schädigung wirken und zu einer deutlichen Reduktion der Ermüdungsfestigkeit und -lebensdauer führen. Dies grenzt die Nutzung konventioneller Auslegungsmodelle zur Realisierung weiterer Gewichtseinsparungen ein und erfordert den Einsatz und die Validierung innovativer schädigungstoleranter Auslegungsmodelle auf Basis lokaler Defektgrößen. Hierdurch kann zukünftig für aushärtbare Al-Si-Gussbauteile das volle Leichtbaupotential genutzt werden, bei gleichzeitiger Gewährleistung der Sicherheit unter Ermüdungsbeanspruchung im HCF- und VHCF-Bereich.

In der vorliegenden Arbeit wurde eine neuartige defektbasierte Charakterisierungsstrategie auf Basis innovativer bruchmechanischer Modellierungsansätze zur struktursensitiven Bewertung des Ermüdungs- und Schädigungsverhaltens bei hohen und sehr hohen Lastspielzahlen für AlSi7Mg0,3-Gusslegierungen entwickelt. Die untersuchten Werkstoffzustände wurden hinsichtlich Gießverfahren (Kokillen- und Sandguss), Nachverdichtung (heiß-isostatisches Pressen, HIP) sowie T6- und T64-Wärmebehandlung (Lösungsglühung, Warmauslagerung) variiert. Der Einfluss der prozessdinduzierten Veränderungen der Mikrostruktur (Dendritenarmabstand, eutektische Si-Partikel, Aushärtungszustand), Defekte

"

(Größe, Lage) und des Verformungsverhaltens (quasi-statisch, zyklisch) auf das Ermüdungsverhalten und die Schädigungstoleranz bei hohen und sehr hohen Lastspielzahlen in AlSi7Mg0,3-Gusslegierungen wurde mittels konventioneller (Wöhler) und innovativer Prüfstrategien (Murakami, Shiozawa, Kitagawa-Takahashi) charakterisiert.

Die untersuchten Werkstoffzustände wiesen eine primäre Abhängigkeit von den maximalen Defektgrößen und der Härte auf. Diese variierten zwischen 50–500 µm und 90–110 HV10. Bei Vergleich der HCF- und VHCF-Versuche am Resonanz- (70 Hz und 1 kHz) und Ultraschallprüfsystem (20 kHz) zeigte sich darüber hinaus ein starker Prüffrequenzeinfluss. Dieser war mit einer Lebensdauererhöhung um zwei Dekaden bei 20 kHz und einer Dekade bei 1 kHz im Vergleich zu den 70 Hz-Versuchen verknüpft. Auf Basis messtechnisch instrumentierter Ermüdungsversuche an den 70 Hz- und 20 kHz-Prüfsystemen konnten die Rissfortschrittsraten während des Ermüdungsversuchs quantifiziert werden und die Schädigungsmechanismen mittels REM analysiert werden. Die Bruchflächenmerkmale bei 20 kHz waren charakteristisch für Ermüdungsversuche unter Vakuum und konnten auf eine frequenzinduzierte Unterdrückung der Reaktion der Luftfeuchtigkeit mit den frisch erzeugten Rissflächen während der Rissfortschrittsphase zurückgeführt werden.

Darauf aufbauend wurde die Anwendbarkeit des $\sqrt{\text{area}}$-Modells nach Murakami zur defekt- und härtebasierten Abschätzung der Ermüdungsfestigkeit unter Berücksichtigung der Erweiterung nach Noguchi für Leichtmetalle evaluiert (Murakami-Noguchi-Modell). Aufgrund des veränderten Schädigungsverhaltens im VHCF-Bereich musste die Auswertemethodik des Murakami-Noguchi-Modells mechanismenspezifisch angepasst werden. Die Validierung des Murakami-Noguchi-Modells ermöglichte die zuverlässige Abschätzung der Ermüdungsfestigkeiten aller untersuchten Werkstoffzustände. Der Vergleich des Murakami-Noguchi-Modells mit dem El Haddad-Modell für das Kitagawa-Takahashi-Diagramm zeigte eine sehr gute Übereinstimmung im Defektgrößenbereich 100–500 µm. Durch die Verknüpfung beider bruchmechanischer Ansätze konnte eine vereinfachte Auswertemethode entwickelt werden, um allein auf Basis von Härtemessungen das Kitagawa-Takahashi-Diagramm zutreffend vorhersagen zu können. Darüber hinaus konnte der Ansatz nach Shiozawa zur Abschätzung der Restlebensdauer für alle untersuchten AlSi7Mg0,3-Gusszustände validiert werden. Die Verknüpfung dieser bruchmechanischen Modelle (Murakami-Noguchi, Shiozawa, El Haddad, Kitagawa-Takahashi) mit der 3D-CT-Defektanalyse könnte somit zukünftig die defekt- und härteabhängige Vorhersage der Ermüdungsfestigkeit, des Schädigungsfortschritts und der Restlebensdauer ermöglichen. Diese Arbeit liefert dadurch einen Beitrag zur zuverlässigen Auslegung und Nutzung des vollen Leichtbaupotentials von aushärtbaren Al-Si-Gussbauteilen im HCF- und VHCF-Bereich auf Basis innovativer und struktursensitiver Charakterisierungsmethoden.

Abstract

Characterization and modeling of the fatigue behavior and damage tolerance of age-hardenable Al-Si-Mg cast alloys in the HCF and VHCF regime

As part of the Green Deal by the European Union (EU), car manufacturers have to reduce CO2 emissions from their new car fleets up drastically until 2030. This requires new drive and lightweight design concepts. In the field of engine and structural components, modern age-hardenable Al-Si cast alloys offer weight savings of 40–50 % compared to steel and cast iron materials. Age-hardenable Al-Si cast alloys feature process-induced defects, which acting like pre-damage and reduce the fatigue strength and life. This limits the use of conventional design models to realize further weight savings and requires the use and validation of innovative damage-tolerant design models based on local defect sizes. This will allow to fully use the lightweight potential for age-hardenable Al-Si cast alloys in the future, while ensuring safety under fatigue loading in the HCF and VHCF range.

Within the current study, a novel defect-based characterization strategy based on innovative fracture mechanical modeling approaches has been developed for structure-sensitive assessment of fatigue and damage behavior in the HCF and VHCF regime for AlSi7Mg0.3 cast alloys. The investigated material configurations were varied with respect to casting process (die and sand casting), post-densification (hot isostatic pressing, HIP) as well as T6 and T64 heat treatment (solution annealing, artificial hardening). The influence of process-induced changes in microstructure (dendrite arm spacing, eutectic Si particles, hardening condition), defects (size, location) and deformation behavior (quasi-static, cyclic) on fatigue behavior and damage tolerance in the HCF and VHCF regime in AlSi7Mg0.3 casting alloys was characterized using conventional (Wöhler) and innovative testing strategies (Murakami, Shiozawa, Kitagawa-Takahashi).

The studied material configurations showed a primary dependence on maximum defect sizes and hardness. These varied from 50–500 μm and 90–110 HV10. Furthermore, when comparing the HCF and VHCF tests on the resonant (70 Hz and 1 kHz) and ultrasonic (20 kHz) fatigue test systems, a significant test frequency effect could be prooved. This was related with a fatigue life increase of two decades at 20 kHz and one decade at 1 kHz in comparison to the 70 Hz fatigue tests. Based on metrologically instrumented fatigue tests on the 70 Hz and 20 kHz test systems, it was possible to quantify the crack propagation rates during the fatigue test and analyze the damage using SEM. The fracture surface features at 20 kHz were characteristic for fatigue tests under vacuum and could be attributed to frequency-assisted suppression of the reaction of ambient humidity with the freshly generated crack surfaces during the crack propagation phase.

Furthermore, the applicability of Murakami's $\sqrt{\text{area}}$ model for defect- and hardness-based fatigue strength estimation was evaluated considering Noguchi's modification for light metals (Murakami-Noguchi model). Due to the change in damage behavior in the VHCF region, the evaluation methodology of the Murakami-Noguchi model had to be adapted to be mechanism-specific. The validation of the Murakami-Noguchi model allowed the reliable estimation of the fatigue limits of all studied material configurations. The comparison of the Murakami-Noguchi model with the El Haddad model for the Kitagawa-Takahashi diagram showed a very good agreement in the defect size range of 100–500 μm. By combining both fracture mechanical models, a simplified evaluation method could be developed to accurately estimate the Kitagawa-Takahashi diagram based on hardness measurements. In addition, the Shiozawa model for estimation remaining lifetime was validated for all studied AlSi7Mg0.3 material configurations. The linking of these fracture mechanical models (Murakami-Noguchi, Shiozawa, El Haddad, Kitagawa-Takahashi) with 3D CT defect analysis ultimately enabled the defect- and hardness-dependent estimation of fatigue limit, damage evolution and remaining lifetime. This study thus contributes to the reliable design and utilization of the full lightweight potential of age-hardenable Al-Si castings in the HCF and VHCF regime based on innovative and structure-sensitive characterization methods.

Inhaltsverzeichnis

Abkürzungsverzeichnis

Abkürzung	Bezeichnung
2D	Zweidimensional
3D	Dreidimensional
AA	Engl.: Aluminum Association
AC	Wechselstrom (engl.: Alternating Current)
ACPD	Wechselstrompotentialsonde (engl.: Alternating Current Potential Drop)
Ag	Silber
Al	Aluminium
ASTM	Engl.: American Society for Testing and Materials
B	Bor
BDG	Bundesverband der Deutschen Gießerei-Industrie
CAN	Engl.: Contact Acoustic Nonlinearity
CGM	Engl.: Crack Growth Monitor
CMS	Engl.: Condition Monitoring System
COD	Engl.: Crack Opening Displacement
Cr	Chrom
CT	Röntgen-Computertomographie
Cu	Kupfer
DAS	Dendritenarmabstand (engl.: Dendrite Arm Spacing)
DC	Gleichstrom (engl.: Direct Current)
DCPD	Gleichstrompotentialsonde (engl.: Direct Current Potential Drop)
DFG	Deutsche Forschungsgemeinschaft
DIC	Engl.: Digital Image Correlation
DIN	Deutsches Institut für Normung
DMS	Dehnungsmessstreifen

EDX	Energiedispersive Röntgenspektroskopie
EN	Europäische Norm
ESV	Einstufenversuch
EU	Europäische Union
F	Fluor
FAL	Engl.: Fatigue Active Length
FAV	Engl.: Fatigue Active Volume
Fe	Eisen
FE, FEM	Finite-Elemente, Finite-Elemente-Methode
FFT	Engl.: Fast Fourier Transformation
FKM	Forschungskuratorium Maschinenbau
Gew.-%	Gewichtsprozent
GP	Guinier-Preston
H	Wasserstoff
HCF	Engl.: High Cycle Fatigue
HF	Hohe Frequenzen (engl.: High Frequency)
HIP	Heißisostatisches Pressen
HV	Härte nach Vickers
HV*	Umgerechnete Härte nach Vickers
IEHK	Institut für Eisenhüttenkunde, RWTH Aachen
ISO	Engl.: International Organization for Standardization
IST	Engl.: Incremental Step Tests (konst. Blockmaxima)
IST+	Engl.: IST mit ansteigenden Blockmaxima
JIS	Engl.: Japanese Industrial Standard
K	Kokillenguss
kfz	Kubisch-flächenzentriert
KM	Kontrastmittel
krz	Kubisch-raumzentriert
KT	Kitagawa-Takahashi
LCF	Engl.: Low Cycle Fatigue
LF	Engl.: Low Frequency
Li	Lithium
LM	Lichtmikroskop
LSV	Laststeigerungsversuch
MK	Mischkristall
Mn	Mangan
Mo	Molybdän
MSV	Mehrstufenversuch
MW	Mittelwert

N	Stickstoff
Na	Natrium
O	Sauerstoff
OES	Optische Emissionsspektroskopie
OPS	Engl.: Oxide Polishing Suspension
P	Phosphor
PDAS	Engl.: Primary Dendrite Arm Spacing
PKW	Personenkraftwagen
PSB	Persistente Gleitbänder (engl.: Persistent Slip Bands)
QSD-Kurve	Quasi-statische Spannungs-Dehnungs-Kurve
REM	Rasterelektronenmikroskop
ROI	Engl.: Region Of Interest
RT	Raumtemperatur
RWTH	Rheinisch-Westfälische Technische Hochschule
S	Sandguss
Sb	Antimon
SDAS	Engl.: Secondary Dendrite Arm Spacing
SENB	Engl.: Single Edge Notched Bending
Si	Silizium
SIF	Spannungsintensitätsfaktor
Sr	Strontium
Ti	Titan
USF	Engl.: Ultrasonic Fatigue
VHCF	Engl.: Very High Cycle Fatigue
Zn	Zink
ZSD-Kurve	Zyklische Spannungs-Dehnungs-Kurve
ZTU	Zeit-Temperatur-Umwandlung

Formelzeichenverzeichnis

Lateinische Symbole

Formelzeichen	Bezeichnung	Einheit
a	Risslänge	m
a^*	Eigenrisslänge nach El Haddad	m
a^{**}	Defektbehaftete Eigenrisslänge nach Tanaka	m
a_i	Defektgröße, bruchauslösende Defektgröße Anfangsrisslänge, Anfangsdefektgröße	m
a_1, a_2	Koeffizienten zur DAS-Berechnung	–
a_{aq}	Kantenlänge des Äquivalenzvierecks	m
a_c	Kritische Risslänge (engl. critical)	m
a_R	Rissgröße	m
a_{Si}	Si-Partikelgröße	m
$A1, A_1$	Amplitude der ersten harmonischen Schwingung, Grundschwindungsamplitude	dB
$A2, A_2$	Amplitude der zweiten harmonischen Schwingung	dB
A	Fläche	m^2
A_i	Defektfläche, bruchauslösende Defektfläche	m^2
A_0	Prüfquerschnitt	m^2
$A_{D,max}$	Maximal geschädige Querschnittsfläche	m^2
$A_{eff,i}$	Effektive (bruchauslösende) Defektfläche	m^2
A_t	Totale Bruchdehnung	–
A_{min}	Minimal tragender Querschnitt	m^2

Formelzeichen	Bezeichnung	Einheit
A_p	Projizierte Kontaktfläche	m^2
b	Ermüdungsfestigkeitsexponent	–
b^*	Normierter Ermüdungsfestigkeitsexponent	–
B	Blockzahl	–
c	Oberflächenrisslänge	m
c'	Zyklischer Duktilitätsexponent	–
c^*	Oberflächen-Eigenrisslänge	m
c_{eff}	Effektive Oberflächen-Eigenrisslänge	m
c_l	Longitudinale Schallgeschwindigkeit	$m \cdot s^{-1}$
c_Q	Spezifische Wärmekapazität	$J \cdot (kg \cdot K)^{-1}$
C_1, C_2	Koeffizienten zur Berechnung der verformungsabhängigen Änderung des Ohmschen Widerstands	–
C, C', C^*	Rissfortschrittskoeffizient (Paris-Gleichung)	m
d	Korngröße	m
d_0	Prüfdurchmesser	m
d_h	Mikrostruktureller Hindernisabstand	m
D	Dämpfung	–
D	Schädigungsgrad	–
D_1, D_2	Probendurchmesser	m
D_{aq}	Äquivalenzdurchmesser	m
D_{max}, D_{Feret}	Maximaer umschließender Durchmesser, Feretdurchmesser	m
D_d	Porendurchmesser	m
E	Elastizitätsmodul, E-Modul	GPa
E_{Al}	Elastizitätsmodul von Aluminium	GPa
E_{dyn}	Dynamischer Elastizitätsmodul	GPa
E_{IT}	Eindringmodul	GPa
E_{St}	Elastizitätsmodul von Stahl	GPa
f	Prüffrequenz	Hz
f_0	Eigenfrequenz	Hz
f_1, f_2	Gewichtungsfaktoren ΔJ-Integral	–
f_{AC}	Frequenz des Wechselstroms	Hz
f_R	Resonanzfrequenz	Hz
F	Kraft, Prüfkraft	N

Formelzeichen	Bezeichnung	Einheit
F_{max}	Maximale Prüfkraft (Härteprüfung)	N
h	Materialstärke	m
H_{IT}	Eindringhärte	GPa
I	Strahlungsintensität (des Röntgenstrahls)	$W{\cdot}sr^{-1}$
I	Stromstärke	A
I_0	Initiale Strahlungsintensität ohne eingebauten Prüfkörper	$W{\cdot}sr^{-1}$
I_{eff}	Effektivwert der Wechselstromstärke	A
k	Federkonstante	$N{\cdot}m^{-1}$
k	Hall-Petch Koeffizient	–
k	Neigungskennzahl der Wöhler-Kurve	–
K	Einsinniger Verfestigungskoeffizient	MPa
K'	Zyklischer Verfestigungskoeffizient	MPa
K_{cl}	Rissschließ-Spannungsintensitätsfaktor	$MPa{\cdot}m^{1/2}$
K_I	Spannungsintensitätsfaktor im Mode I	$MPa{\cdot}m^{1/2}$
$K_{I,max}, K_{max}$	Maximaler Spannungsintensitätsfaktor (Mode I)	$MPa{\cdot}m^{1/2}$
K_{II}	Spannungsintensitätsfaktor im Mode II	$MPa\sqrt{m}$
K_{III}	Spannungsintensitätsfaktor im Mode II	$MPa\sqrt{m}$
K_{Ic}	Kritischer Spannungsintensitätsfaktor (Mode I)	$MPa{\cdot}m^{1/2}$
K_{op}	Rissöffnungs-Spannungsintensitätsfaktor	$MPa{\cdot}m^{1/2}$
l_0	Prüflänge, Ausgangslänge einer Dehnungsmessung	m
L, L_1, L_2	Probenlänge	m
$L_{E,max}$	Länge der Hauptachse einer Ellipse	m
$L_{E,min}$	Länge der Nebenachse einer Ellipse	m
m	Masse	kg
m, m^*	Rissfortschrittsexponent (Paris-Gleichung)	–
M	Messgröße, Werkstoffreaktionsgröße	–
n	Einsinniger Verfestigungsexponent	–
n'	Zyklischer Verfestigungsexponent	–
n_1, n_2	Exponent zur DAS-Berechnung	–
N	Lastspielzahl	–
N^*	Erweiterte Lastspielzahl	–
N_A	Anrisslastspielzahl, Anrisslebensdauer	–
$N_{A0,25}$	Anrisslastspielzahl bei 0,25 mm Risslänge	–

Formelzeichen	Bezeichnung	Einheit
$N_{A0,5}$	Anrisslastspielzahl bei 0,5 mm Risslänge	–
$N_{A1,0}$	Anrisslastspielzahl bei 1 mm Risslänge	–
$N_{A2,0}$	Anrisslastspielzahl bei 2 mm Risslänge	–
N_B	Bruchlastspielzahl	–
N_G	Grenzlastspielzahl	–
N_R	Rissfortschrittslastspielzahl	–
P	Schädigungsparameter	MPa
P	Wasser-Partialdruck des Umgebungsmediums	Pa
P_{He}	Schädigungsparameter nach Heitmann	MPa
P_{HL}	Schädigungsparameter nach Haibach und Lehrke	MPa
P_J	Schädigungsparameter nach Vormwald	MPa
P_S	Gesättigter Wasser-Partialdruck	Pa
P_{SWT}	Schädigungsparameter nach Smith, Watson und Topper	MPa
P/f	Wasserbeladung	Pa·s
Q_{CT}	CT-Bildqualitätsmaß	–
Q_{HCF}	Qualitätsindex-HCF	–
Q_V	Wärme	J
r	Abstand zur Rissfront	m
R	Ohmscher Widerstand, Wirkwiderstand	Ω
R	Kerbradius	m
R, R_σ	Spannungsverhältnis	–
r^2	Bestimmtheitsmaß	–
R_1, R_2	Probenradius	m
R_D	Dauerfestigkeit	MPa
R_e	Streckgrenze	MPa
R_m	Zugfestigkeit	MPa
R_m'	Zyklische Zugfestigkeit	MPa
$R_{p0,02}$	0,02 %-Dehngrenze	MPa
$R_{p0,02}'$	Zyklische 0,02 %-Dehngrenze	MPa
$R_{p0,2}$	0,2 %-Dehngrenze	MPa
$R_{p0,2}'$	Zyklische 0,2 %-Dehngrenze	MPa
R_W	Wechselfestigkeit	MPa
R_ε	Dehnungsverhältnis	–

Formelzeichen	Bezeichnung	Einheit
Rz	Gemittelte Rautiefe	m
s_a	Wegamplitude	m
s_m	Wegmittelwert	m
O_{aq}	Äquivalenzoberfläche	m^2
O_{kugel}	Oberfläche einer idealen Kugel	m^2
O_{real}	Reale Oberfläche	m^2
t	Oberflächenabstand	m
t_f	Erstarrungszeit (engl.: Freezing Time)	s
T	Temperatur	°C
u	Verschiebung	m
U	Wechselspannung	V
U	innere Energie	J
U	Rissöffnungsverhältnis	–
U_{eff}	Effektivwert der Wechselspannung	V
v_f	Erstarrungsrate (engl.: Freezing Rate)	K/s
V_{real}	Reales Volumen	m^3
w_e	Elastische Verformungsenergiedichte	$J \cdot mm^{-3}$
w_p	Plastische Verformungsenergiedichte	$J \cdot mm^{-3}$
$w_{e,eff}$	Effektiver Anteil der elastischen Verformungsenergiedichte	$J \cdot mm^{-3}$
$w_{p,eff}$	Effektiver Anteil der plastischen Verformungsenergiedichte	$J \cdot mm^{-3}$
W_p	Plastische Verformungsarbeit	J
X	Blindwiderstand	Ω
Y	Geometriefaktor	–
Z	Impedanz, Scheinwiderstand	Ω
Z	Z-Integral	$J \cdot m^{-2}$
Z_0	Impedanz zum Versuchsstart	Ω
$\sqrt{area}$	Bruchauslösende Defektfläche	m

Griechische Symbole

Formelzeichen	Bezeichnung	Einheit
α	Linearer Ausdehnungskoeffizient	–
α_ε	Linearer Ausdehnungskoeffizient	K^{-1}
α_k	Kerbzahl	–
α_ρ	Widerstandstemperaturkoeffizient	K^{-1}
β	Nicht-Linearitätsfaktor	dB
β_0	Nicht-Linearitätsfaktor zum Versuchsstart	dB
β_{rel}	Relativer Nicht-Linearitätsfaktor	dB
δ	Verschiebung an der Rissspitze	m
δ_{AC}	Eindringtiefe des Wechselstroms	m
$\Delta\delta$	Zyklische Verschiebung an der Rissspitze	m
$\Delta\varepsilon_{eff}$	Effektive Dehnungsschwingbreite	–
$\Delta\varepsilon_{m,t}$	Änderung der totalen Mitteldehnung	–
$\Delta\varepsilon_p$	Plastische Dehnungsschwingbreite	–
Δf	Änderung der Prüf- oder Resonanzfrequenz	Hz
ΔJ	Zyklisches J-Integral	$J \cdot m^{-2}$
ΔJ_{eff}	Effektives zyklisches J-Integral	$J \cdot m^{-2}$
ΔK	Schwingbreite des Spannungsintensitätsfaktors, zyklischer Spannungsintensitätsfaktor	$MPa \cdot m^{1/2}$
ΔK_I	Zyklischer Spannungsintensitätsfaktor (Mode I)	$MPa \cdot m^{1/2}$
ΔK_{eff}	Effektiver zykl. Spannungsintensitätsfaktor	$MPa \cdot m^{1/2}$
ΔK_i	Defektspezifischer Spannungsintensitätsfaktor	$MPa \cdot m^{1/2}$
ΔK_J	ΔK-Vergleichswert für das J-Integral	$MPa \cdot m^{1/2}$
ΔK_{th}	Schwellenwert des zykl. Spannungsintensitätsfaktors für Kurz- und Langrisse	$MPa \cdot m^{1/2}$
ΔK_{th}^{*}	Schwellenwert des zykl. Spannungsintensitätsnungsintensitätsfaktor für Langrisse	$MPa \cdot m^{1/2}$
ΔK_{th}^{**}	Abgeschätzter ΔK_{th} nach $\sqrt{\text{area}}$-Modell	$MPa \cdot m^{1/2}$
$\Delta K_{th,eff}$	Effektiver Schwellenwert des zykl Spannungsintensitätsfaktors für Kurzrisse	$MPa \cdot m^{1/2}$
Δl	Längenänderung	m
ΔR	Änderung des Ohmschen Widerstands	Ω

Formelzeichen	Bezeichnung	Einheit
$\Delta R_{komp.}$	Änderung des Ohmschen Widerstands mit Temperaturkompensation	Ω
$\Delta\sigma$	Spannungsschwingbreite	MPa
$\Delta\sigma_L$	Schwingbreite der Ermüdungsfestigkeit	MPa
$\Delta\sigma_L^*$	Intrinsische Schwingbreite der Ermüdungsfestigkeit	MPa
$\Delta\sigma_L^{**}$	Abgeschätzte $\Delta\sigma_L$ nach $\sqrt{}$area-Modell	MPa
$\Delta\sigma_{eff}$	Effektive Spannungsschwingbreite	MPa
ΔT	Temperaturänderung	K
ΔU	Wechselspannungsänderung	V
ΔZ	Änderung der (elektr.) Impedanz	Ω
$\Delta Z_{komp.}$	Änderung der (elektr.) Impedanz mit Temperaturkompensatoin	Ω
ε	Dehnung	$-$
$\dot{\varepsilon}$	Dehnrate	s^{-1}
$\dot{\varepsilon}_{Lc}$	Abgeschätzte Dehnrate	s^{-1}
ε_a	Dehnungsamplitude	$-$
$\varepsilon_{a,e}$	Elastische Dehnungsamplitude	$-$
$\varepsilon_{a,p}$	Plastische Dehnungsamplitude	$-$
$\varepsilon_{a,t}$	Totaldehnungsamplitude	$-$
$\varepsilon_{a,t}^{max}$	IST-Blockmaximum der Totaldehnungsamplitude	$-$
$\varepsilon_{a,t}^{min}$	IST-Blockminimum der Totaldehnungsamplitude	$-$
ε_B'	Zyklischer Duktilitätskoeffizient	$-$
ε_{cl}	Rissschließdehnung	$-$
ε_e	Elastische Dehnung	$-$
ε_m	Mitteldehnung	$-$
ε_{max}	Maximale Dehnung	$-$
ε_{min}	Minimale Dehnung	$-$
$\varepsilon_{m,t}$	Totale Mitteldehnung	$-$
ε_{op}	Rissöffnungsdehnung	$-$
ε_p	Plastische Dehnung	$-$
$\varepsilon_{v,p}$	Plastische Vergleichsdehnung	$-$
λ_1	Engl.: Primary Dendrite Arm Spacing	m
λ_2	Engl.: Secondary Dendrite Arm Spacing	m

Formelzeichen	Bezeichnung	Einheit
μ	Linearer Schwächungskoeffizient	–
μ	Erwartungswert	–
μ_0	Magnetische Feldkonstante	$V \cdot s (A \cdot m)^{0,5}$
μ_r	Relative Permeabilitätszahl	$V \cdot s (A \cdot m)^{-1}$
ν	Querkontraktionszahl, Poissonzahl	–
ρ	Dichte des Werkstoffs	$kg \cdot m^{-3}$
ρ	Spezifischer elektrischer Widerstand	$\Omega \cdot m$
ρ_{Defekt}	Spezifischer elektr. Widerstand durch Defekte	$\Omega \cdot m$
$\rho_{Elektron}$	Spezifischer elektr. Widerstand durch Elektronen	$\Omega \cdot m$
ρ_{Phonon}	Spezifischer elektrischer Widerstand durch Gitterphononen	$\Omega \cdot m$
σ	Spannung	MPa
σ^2	Varianz	–
σ_0	Startspannung der Versetzungsbewegung	MPa
σ_a	Spannungsamplitude	MPa
σ_a^{max}	Spannungsamplitude bei Erreichen des IST-Blockmaximums $\varepsilon_{a,t}^{max}$	MPa
$\sigma_{a,S}$	Sättigungswert der Spannungsamplitude	MPa
$\sigma_{a,start}$	Startspannungsamplitude im LSV	MPa
σ_a	Ermüdungsfestigkeit	MPa
$\sigma_{aL,1E7}$	Ermüdungsfestigkeit bei 10^7 Lastspiele	MPa
σ_{aL}^*	Intrinsische Ermüdungsfestigkeit	MPa
σ_{aL}^{**}	Abgeschätzte σ_{aL} nach $\sqrt{area}$-Modell	MPa
σ_B'	Ermüdungsfestigkeitskoeffizient	MPa
σ_{cl}	Rissschließspannung	MPa
σ_m	Mittelspannung	MPa
σ_o	Oberspannung	MPa
σ_{op}	Rissöffnungsspannung	MPa
$\sigma_{Si/Al}$	Lokale Spannung an Si/Al-Phasengrenze	MPa
σ_u	Unterspannung	MPa
σ_{xx}	Normalspannung in x-Richtung	MPa
σ_{yy}	Normalspannung in y-Richtung	MPa
τ_{xy}	Schubspannung	MPa

Formelzeichen	Bezeichnung	Einheit
φ	Relative Luftfeuchtigkeit (in %)	–
φ	Winkel zur Rissfront	–
χ	Konstante des effektiven Schwellenwerts des zyklischen Spannungsintensitätsfaktors für Kurzrisse	$\sqrt{m}$
Ψ_{3D}	Dreidimensionale Sphärizität	–
Ψ_S, $\Psi_{S,Si}$	Seitenverhältnis (eines Si-Partikels)	–
ω	Winkelgeschwindigkeit	s^{-1}
ω_0	Eigenkreisfrequenz	s^{-1}

Abbildungsverzeichnis

Tabellenverzeichnis

Einleitung 1

Im Rahmen des Grünen Deals der Europäischen Union (EU) ist eine neue Wirtschaftsstrategie verabschiedet worden, die eine Klimaneutralität bis zum Jahr 2050 vorsieht. Diese Vereinbarung verschärft den Klimaschutzbeitrag der EU im Rahmen des Pariser Klimaabkommens hinsichtlich der Reduktion der Treibhausgase bis 2030 von 40 % auf 50 % gegenüber dem Jahr 1990. Vom Verkehrssektor, der 25 % der Treibhausgasemissionen verantwortet, ist zur Erreichung des Grünen Deals bis 2050 eine Reduktion um 90 % erforderlich. In diesem Rahmen müssen die Automobilhersteller die CO_2-Emissionen ihrer Neuwagenflotten bis zum Jahr 2030 um weitere 37,5 % (PKW) bzw. 31 % (Nutzfahrzeuge) verringern. Zusammen mit den Zielvorgaben für den Anteil recycelter sowie recyclingfähiger Werkstoffe stellt der Grüne Deal den Verkehrssektor vor große Herausforderungen. Diese können nur durch einen massiven Ausbau der Elektromobilität und den breiten Einsatz rein-elektrischer und hybrider Antriebsstränge realisiert werden. Der Einsatz von elektrischen und hybriden Antriebslösungen ist allerdings mit zusätzlichem Gewicht und Kosten verbunden. Dadurch wird der wirtschaftliche Leichtbau, der bereits durch die Gewichtszunahme infolge von Sicherheits-, Qualitäts- und Komfortverbesserungen in den Fokus der Automobilhersteller gerückt ist, in Zukunft weiter an Bedeutung gewinnen.

Moderne Leichtbaukonzepte aus Aluminiumguss- und -knetwerkstoffen bieten aufgrund des geringen Gewichts, der hohen spezifischen Festigkeit und der hohen Recyclingrate von 80–90 % Vorteile gegenüber Konstruktionen aus Stahl oder Verbundwerkstoffen. So konnte bereits im Jahr 1994 im Audi A8 Spaceframe® Konzept aus Al-Stranggussprofilen und -Formgussteilen eine Gewichtseinsparung von 40 % zu Stahlausführungen realisiert werden. In Motorblöcken können heute

J. Tenkamp, *Charakterisierung und Modellierung des Ermüdungsverhaltens und der Schädigungstoleranz aushärtbarer Al-Si-Mg-Gusslegierungen im HCF- und VHCF-Bereich*, Werkstofftechnische Berichte | Reports of Materials Science and Engineering, https://doi.org/10.1007/978-3-658-38333-6_1

durch Al-Si-Gusswerkstoffe Gewichtseinsparungen von bis zu 50 % erreicht werden. Die Gesamtenergiebilanz für eine Karrosserie aus Aluminium (Mittelklasse) ist im Vergleich zu einer Stahlkonstruktion zudem positiv infolge·des verringerten Treibstoffverbrauchs und des höheren Restwerts der Al-Karrosserie. Entsprechend stieg der durchschnittliche Aluminiumanteil im PKW von 32 kg in den 1970er Jahren auf über 160 kg im Jahr 2010 an.

Zu den gebräuchlichsten Al-Gusslegierungen gehören die aushärtbaren Al-Si-Legierungen mit einem Anteil von fast 90 % (z. B. AlSi7Mg0,3, AlSi8Cu3). Bei der Auslegung von Al-Si-Gussbauteilen muss beachtet werden, dass es zur Entstehung von Erstarrungsdefekten wie Poren, oxidischen Einschlüssen und Warmrissen kommen kann. Diese können durch konstruktive und gießtechnische Maßnahmen reduziert werden, nach BDG-Richtlinie P202 aber nicht ausgeschlossen werden. Da lokale Gussdefekte in aushärtbaren Al-Si-Gusswerkstoffen das Ermüdungsverhalten primär steuern, sollte neben dem Einfluss der Mikrostruktur vor allem der Einfluss von Gussdefekten für eine sichere Auslegung bekannt sein. Für die konkrete Auslegung von Gussbauteilen erfolgt die Defektanalyse mittels Schliffprüfung (2D) oder mittels Röntgen-Computertomographie (3D), die exemplarisch in Abbildung 1.1 dargestellt sind.

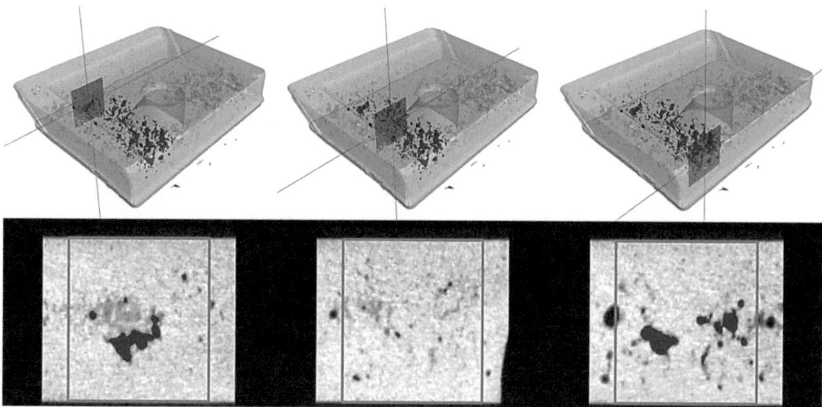

Abbildung 1.1 Vergleich von 2D- und 3D-Defektanalyse anhand von 2D-CT-Schnitten in Abhängigkeit von der Bauteilposition und 3D-CT-Volumen, nach [1]

Die 2D-Ermittlung der lebensdauerbestimmenden Defektgröße ist allerdings mit einer hohen Unsicherheit verbunden, da immer nur einzelne Schnittebenen betrachtet werden, und die bruchauslösenden Defektgrößen in Folge dessen oft stark unterschätzt werden. Al-Gussbauteile sind überlicherweise zudem komplex geformt, um zusätzliche Funktionen z. B. durch Kühlrippen zu realisieren. Die Minimierung des Ressourceneinsatzes durch bionisch strukturierte Gussbauteile, die den primären Belastungslinien im Einsatz nachempfunden sind, erschwert die Auslegung zusätzlich, da die lokal stark variierenden Erstarrungs- und Abkühlbedingungen zu gradierten strukturellen und mechanischen Eigenschaften im Gussbauteil führen. Traditionelle computertomographische (CT) Analysen ermöglichen in diesem Zusammenhang innerhalb von mehreren Minuten bis Stunden eine 3D-Defektanalyse. Aufgrund der hohen Kritizität von Defekten in Al-Si-Gussbauteilen kann die 3D-CT-Defektanalyse somit eine bauteilspezifische Lebensdauervorhersage auf Basis der lokalen Defektverteilungen und Beanspruchungen ermöglichen. Eine signifikante Überdimensionierung wäre in diesem Fall nicht mehr notwendig, wodurch Gussbauteile leichter sowie kosten- und ressourceneffizienter hergestellt werden könnten.

Zur defektbasierten Vorhersage der Ermüdungsfestigkeit und Wöhler-Kurven von metallischen Werkstoffen wurden Modelle auf Basis der linear-elastischen Bruchmechanik vorzugsweise für Stahlwerkstoffe entwickelt. Als Grundlage und Maß für die Schädigungs- oder Defekttoleranz dient der Schwellenwert des zyklischen Spannungsintensitätsfaktors für Kurz- und Langrisse. Die Annahme ist, dass Defekte mit Anrissen nur zum Probenbruch führen können, wenn die Anrisse wachstumsfähig sind. Die Ermittlung der Kennwerte und die Versuchsdurchführung sind zeit- und ressourcenaufwendig, sodass eine Vereinfachung und Vereinheitlichung der Prüfstrategie die Übertragbarkeit in die industrielle Auslegung deutlich vereinfachen würde. Für AlSi7Mg0,3-Gusswerkstoffe fehlt zudem eine ganzheitliche Validierung der bruchmechanischen Modelle insbesondere im VHCF-Bereich. Darüber hinaus ist bislang wenig über die mikrostruktur- und defektabhängige Schädigungsentwicklung in aushärtbaren Al-Si-Mg-Gusswerkstoffen bekannt, da eine genaue, aber diskontinuierliche Verfolgung nur mit der zeit- und ressourcenaufwendigen Replika-Technik realisiert werden konnte. Eine effizientere Prüfstrategie zur kontinuierlichen Charakterisierung des Ermüdungsfortschritts in defektbehafteten AlSi7Mg0,3-Gusswerkstoffen durch eine messtechnische Instrumentierung von Ermüdungsprüfsystemen existiert bislang nicht oder nur eingeschränkt.

Um diese offenen wissenschaftlichen Forschungsfragen aufzugreifen, werden im Rahmen dieser Arbeit neuartige Prüfstrategien zur kontinuierlichen und intermittierenden Ermittlung der qualitativen als auch quantitativen Schädigungsentwicklung angewandt. Zur Analyse der Schädigungsentwicklung während der Ermüdungsbeanspruchung müssen geeignete Messsysteme identifiziert und adaptiert werden, um den Schädigungszustand im Prüfkörper quantitativ ermitteln zu können. Die mikrostruktur- und defektbasierte Beschreibung der Anrissbildung und des Rissfortschrittsverhaltens und die Korrelation mit der Ermüdungsfestigkeit und den Wöhler-Kurven erfolgt durch Übertragung und Erweiterung bruchmechanischer Modelle für Stähle und Leichtmetalle. Hierzu werden AlSi7Mg0,3-Gussproben mit unterschiedlichen Defektzuständen, Dendritenarmabständen und Wärmebehandlungen genutzt, die mittels Kokillen- und Sandgussverfahren hergestellt wurden, um eine breite Übertragbarkeit auf industriell hergestellte aushärtbare Al-Si-Mg-Gusswerkstoffe zu gewährleisten. Die gießtechnische Herstellung und Wärmebehandlung der Gussproben erfolgte im Rahmen eines gemeinsamen Projektes (2015–2020) der Deutschen Forschungsgemeinschaft (DFG, Nr. 282318703) am Laborbereich Materialdesign und Werkstoffzuverlässigkeit der Hochschule Osnabrück und am Institut für Eisenhüttenkunde (IEHK) der Rheinisch-Westfälischen Technischen Hochschule (RWTH) Aachen.

Das Ziel dieser Arbeit stellt damit die mikrostruktur- und defektbasierte Charakterisierung des quasi-statischen und zyklischen Verformungs- und Schädigungsverhaltens in AlSi7Mg0,3-Gusslegierungen und die anschließende Beschreibung des Ermüdungsverhaltens und der Schädigungstoleranz bei hohen und sehr hohen Lastspielzahlen mittels bruchmechanischer Modelle dar. Dies erfolgt durch den Einsatz struktursensitiver, mechanischer, thermischer, elektrischer und optischer Messsysteme am Resonanz- (HCF) und Ultraschallprüfsystem (VHCF), um durch die simultane Erfassung des zyklischen Verformungs- und Schädigungsverhaltens während der Ermüdungsbeanspruchung eine Separierung hinsichtlich der Anrissbildung und des Rissfortschritts zu ermöglichen. Die Identifikation der Schädigungsmechanismen und die quantitive Erfassung der bruchauslösenden Defekt- und Rissflächen erfolgte anhand von 2D- und 3D-Defekt- und Schadensanalysen vor, während und nach der Ermüdungsbeanspruchung mittels Röntgen-Computertomographie (CT), Licht- und Rasterelektronenmikroskopie. Die weiterentwickelte CT-Nutzung zur Ermittlung der Defekt- und Rissgrößen im Ausgangszustand und während der Ermüdungsuntersuchungen wird ganzheitlich beschrieben und die Anwendbarkeit zur Kalibrierung der struktursensitiven Messsysteme evaluiert. Mit Blick auf eine defektbasierte Betrachtung der Ermüdungsfestigkeit und der Restlebensdauer wurde die Anwendbarkeit des $\sqrt{area}$-Modells nach Murakami mit Erweiterung nach Noguchi (Ermüdungsfestigkeit) und des Modells von Shiozawa (Restlebensdauer) für unterschiedliche Mikrostruktur- und Defektzustände evaluiert und auf den VHCF-Bereich erweitert. Der Vergleich des Murakami-Modells mit dem El Haddad-Modell zur Erstellung von Kitagawa-Takahashi-Diagrammen zeigte eine sehr gute Übereinstimmung im Defektgrößenbereich 100–400 µm. Durch die Verknüpfung beider bruchmechanischer Ansätze mit Hilfe des Tanaka-Modells konnte eine vereinfachte Auswertemethode entwickelt werden, um auf Basis von Makro- oder Mikrohärtemessungen das Kitagawa-Takahashi-Diagramm zutreffend vorhersagen zu können. Die abschließende defektbasierte Bewertung der Ermüdungsfestigkeiten als auch der Dehngrenze und Zugfestigkeit erfolgte anhand eines erweiterten Kitagawa-Takahashi-Diagramms und ermöglicht eine defektabhängige Vorhersage der maximal ertragbaren quasi-statischen ($N = ¼$) und zyklischen Beanspruchungen (LCF, HCF, VHCF) bis zur Grenzlastspielzahl von 10^7–10^9 Lastspielen. Diese Arbeit liefert somit einen Beitrag zum vorgangsbasierten Verständnis des Ermüdungsverhaltens und zur zuverlässigen und schädigungstoleranten Auslegung von aushärtbaren Al-Si-Mg-Gussbauteilen mit Hilfe erweiterter bruchmechanischer Modellierungsansätze auf Basis lokaler struktureller und mechanischer Eigenschaften im HCF- und VHCF-Bereich.

Stand der Technik 2

2.1 Aluminium und Al-Si-Mg-Gusslegierungen

Aluminium ist das häufigste Metall in der Erkruste (ca. 8 Gew.-%) und kommt aufgrund seines sehr unedlen Charakters in der Natur niemals rein vor. Als Ausgangsrohstoff wird Aluminium in Form seiner oxidischen und silikatischen Mineralien abgebaut, die in der Erdkruste praktisch in unerschöpflichen Mengen vorliegen. Hierzu wird fast ausschließlich Bauxit mit 20–30 Gew.-% Aluminium verwendet. Die Herstellung von Primäraluminium erfolgt heute weltweit in einem zweistufigen Prozess nach dem Bayer-Verfahren (1. Stufe) und dem Hall-Heroult-Prinzip (2. Stufe). Das Endprodukt ist eine reine Aluminiumschmelze, die eine höhere Dichte als die Restschmelze (Kryolith-Aluminiumoxid-Schmelze) besitzt, zu Boden sinkt und von dort zwecks Weiterverarbeitung abgesaugt wird. [3]

2.1.1 Technologische Eigenschaften

Aluminium kristallisiert kubisch-flächenzentriert (kfz) und ist bei allen Temperaturen unterhalb der Solidustemperatur stabil (keine Allotropie wie z. B. bei Eisen und Titan). [2] Da bei Aluminium plastische Verformungen durch Zwillingsbildung nicht möglich sind, erfolgt diese durch Versetzungsbewegung. [3] Die Versetzungsbewegung findet bevorzugt auf den dichtest gepackten {111} Ebenen in Richtung der <110> Flächendiagonalen mit dem geringsten Atomabstand statt. Das kfz-Gitter besitzt insgesamt vier verschiedene Orientierungen für {111} Ebenen mit jeweils drei verschiedenen <110> Flächendiagonalen, wodurch sich

J. Tenkamp, *Charakterisierung und Modellierung des Ermüdungsverhaltens und der Schädigungstoleranz aushärtbarer Al-Si-Mg-Gusslegierungen im HCF- und VHCF-Bereich*, Werkstofftechnische Berichte | Reports of Materials Science and Engineering, https://doi.org/10.1007/978-3-658-38333-6_2

zwölf aktive Gleitsysteme für Versetzungen ergeben, die für die sehr gute Kalt- und Warmumformbarkeit von Aluminium verantwortlich sind. [2]

Aluminium bildet eine natürliche Oxidschicht aus („Passivschicht"), die als dünne, dichte und festhaftende, amorphe Al_2O_3-Schutzschicht eine sehr gute Korrosionsbeständigkeit aufweist. Die Schutzschicht setzt sich aus einer dünnen Grundschicht, der sog. Sperrschicht ($\approx$ 1–2 nm), und einer hiermit verbundenen Deckschicht ($\approx$ 5–10 nm) zusammen. Die Deckschicht besteht aus porösen Mischoxiden mit geringen kristallinen Anteilen. Die Sperrschicht wirkt als Isolator bei elektrochemischen Grenzflächenreaktionen und bildet sich im Passivbereich spontan neu, wenn diese beispielsweise mechanisch oder witterungsbedingt verletzt wird. Die Oxidschicht kann durch verschiedene Behandlungsverfahren wie der anodischen (z. B. Eloxieren) oder chemischen Oxidation (z. B. Chromatieren) je nach Einsatzfall weiter verstärkt werden. Zu den weiteren Eigenschaften, die Aluminium und Al-Legierungen auszeichnen, gehören die hohe elektrische und thermische Leitfähigkeit sowie gute Lebensmittelverträglichkeit. [2,3]

Als technische Konstruktionswerkstoffe werden in den meisten Fällen Al-Legierungen eingesetzt, da diese ein deutlich verbessertes Eigenschaftsprofil für den jeweiligen Einsatzfall und Herstellungsprozess besitzen (z. B. Festigkeit, Gießbarkeit, Umformbarkeit). Entsprechend erfolgt die Einteilung von Al-Legierungen nach dem Herstellungsverfahren (a) Gusslegierung oder (b) Knetlegierung und den Hauptlegierungselementen. Zu den wichtigsten Legierungselementen für Al-Legierungen gehören Cu, Si, Mg, Zn, Mn und Li. [4] Während Si die Gießbarkeit verbessert und Mn die Rekristallisationstemperatur erhöht, führen die weiteren Legierungselemente zu einer Festigkeitserhöhung (u. a. Zugfestigkeit) um den Faktor 2–10 im Vergleich zu reinem Aluminium mit 55 MPa [4] (z. B. Al-Si-Mg-Gussleg.: 159–345 MPa, Al-Cu-Gussleg.: 353–467 MPa, Al-Zn-Mg-Knetleg.: 380–520 MPa). [5] Al-Legierungen weisen damit teils vergleichbare Festigkeitseigenschaften zu Stählen auf, bei nur einem Drittel der Dichte von Stahl, wodurch sich ein enormes Leichtbaupotential ergibt mit Gewichtseinsparung von 25–35 % für Fahrzeugrahmen und bis zu 50 % für Motorenblöcke im Automobilbereich. [6]

2.1.2 Aushärtbare Al-Si-Mg-Gusslegierungen

Zu den gebräuchlisten Gusslegierungen gehören die Al-Si-Legierungen ohne und mit Zugabe von Magnesium und/oder Kupfer zur Ausscheidungshärtung durch Kalt- und Warmauslagerung. [2] Aushärtbare Al-Si-Gusslegierungen umfassen fast 90 % aller produzierten Formgussbauteile. [5] Al-Si-Gusslegierungen werden bezüglich ihres Si-Gehalts in hypoeutektisch (<11 Gew.-% Si), eutektisch (11–13 Gew.-% Si) und hypereutektisch (>13 Gew.-% Si) eingeteilt. Das binäre Al-Si-Phasendiagramm ist in Abbildung 2.1a dargestellt. Die eutektische Zusammensetzung liegt bei 12,6 % Si mit einer Liquidustemperatur von 577 °C. Die maximale Löslichkeit von Silizium im α-Aluminium-Mischkristall liegt bei 577 °C mit 1,65 Gew.-% und fällt mit sinkender Temperatur rapide ab, bis es unterhalb von 200 °C praktisch unlöslich ist (RT: max. 0,05 Gew.-% Si). [2]

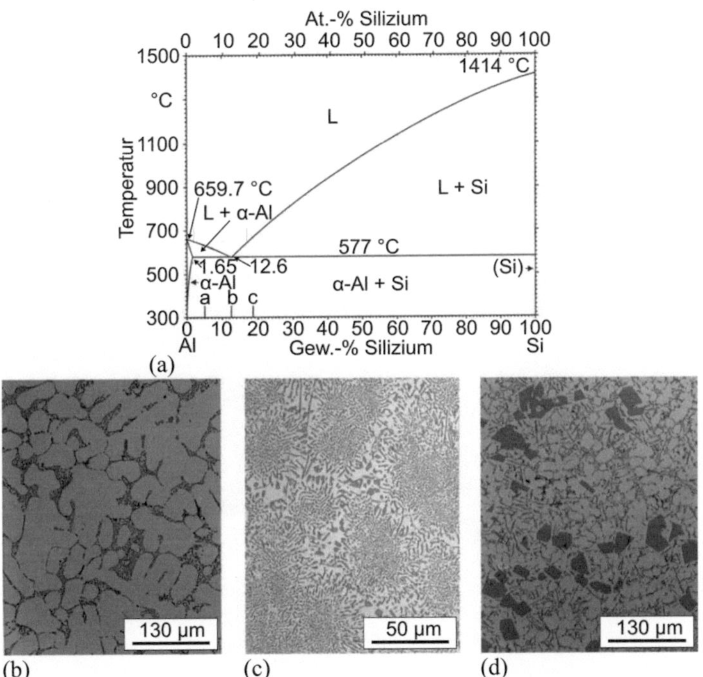

Abbildung 2.1 Binäres Al-Si-Phasendiagramm und charakteristische Mikrostrukturaufnahmen einer (b) hypoeutektischen, (c) eutektischen und (d) hypereutektischen Legierung [7]

Die Gefügeausbildung hängt vom Si-Gehalt ab und ist in Abbildung 2.1b-d mittels repräsentativer Gefügeaufnahmen von hypoeutektischen, eutektischen und hypereutektischen Al-Si-Gusslegierungen gegenübergestellt. Das zweiphasige

Gefüge setzt sich aus der dendritischen Phase des α-Aluminium-Mischkristalls (α-Al: helle Bereiche) und der interdendritischen Phase des Al-Si-Eutektikums mit den Silizium-Primärausscheidungen (Si-Partikel: dunkle Bereiche) zusammen. [2] In allen Al-Si-Gusslegierungen kommt es bei Unterschreitung der eutektischen Temperatur („Soliduslinie") zur Erstarrung der Restschmelze (hypo- und hypereutektisch) bzw. Schmelze (eutektisch) als Al-Si-Eutektikum. Dieses ist jeweils als feine Anordnung dunkler, faser- bzw. plattenförmiger Si-Ausscheidungen (Si-Partikel) neben der hellen Matrix (α-Al) zu erkennen. [8] In hypoeutektischen Legierungen erstarrt das α-Al vorwiegend in dendritischer Form (Griech.: dendros = Baum), während in hypereutektische Legierungen zuerst das primäre Silizium kristallisiert [2]. Das Aussehen dendritisch erstarrter Al-Si-Gusslegierungen ist in Abbildung 2.2 schematisch sowie anhand einer licht-mikroskopischen Aufnahme gezeigt. Die baumartigen Strukturen sind deutlich erkennbar.

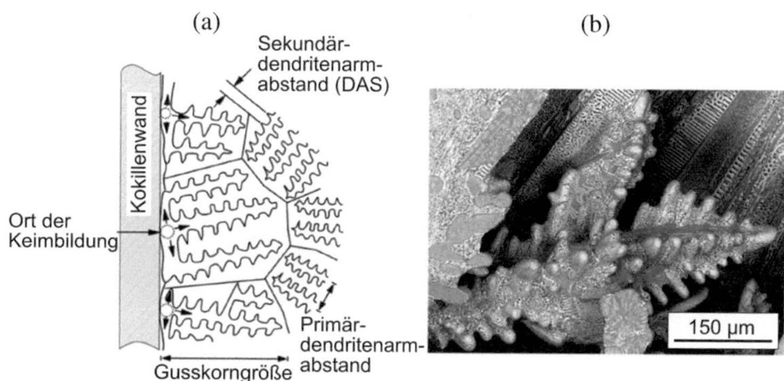

Abbildung 2.2 Dendritische Erstarrung von Al-Si-Gusslegierung: (a) Schematische Darstellung am Beispiel des Kokillenabgusses mit den wichtigsten Gefügebezeichungen [2][1], (b) metallographische Aufnahme der räumlichen Ausprägung am Beispiel einer Al-Cu-Ag-Legierung [4]

Der Abstand zwischen den einzelnen Dendriten wird als primärer Dendriten-armabstand bezeichnet (engl.: Primary Dendrite Arm Spacing, PDAS, λ_1) und der Abstand der Dendritenarme bzw. -äste als sekundärer Dendritenarmstand (engl.: Secondary Dendrite Arm Spacing, SDAS, λ_2). Da der SDAS stark mit

---

[1] Reprinted/adapted by permission from Springer Nature: Springer Anwendungstechnologie Aluminium by F. Ostermann; Springer-Verlag (2014).

der Porosität und den Festigkeitseigenschaften korreliert, wird er auch als DAS abgekürzt. [2] Der DAS ist direkt von der Erstarrungsrate v_s bzw. -zeit t_s (engl.: Solidification Rate, v_s bzw. Solidification Time, t_s) abhängig und wird nach Robles-Hernandez und Sokolowski [9] über folgendes Potenzgesetz beschrieben:

$$\lambda_2 = DAS = a_1 \cdot (t_s)^{n_1} = a_2 \cdot (v_s)^{-n_2} \tag{2.1}$$

Der Koeffizient a_1 bzw. a_2 ist legierungsabhängig und der Exponent n_1 bzw. n_2 liegt typischerweise bei 0,3–0,4 (AlSi7Mg: $a_1 = 11,0$ und $n_1 = 0,33$ nach BDG-Richtlinie P220 [10] bzw. $a_2 = 36,7$ und $n_2 = 0,32$ nach [11]). Ein eindeutiger Zusammenhang zwischen Gusskorngröße und Erstarrungsgeschwindigkeit besteht nicht. Neben der α-Al-Matrix und dem Al-Si-Eutektikum kommt es während des Erstarrungsprozesses zur Ausbildung unerwünschter Phasen, wie beispielsweise der eisenhaltigen Phasen α-Al$_{15}$(Fe,Mn,Cr)$_3$Si$_2$ (Chinesenschrift) und β-Al$_5$FeSi (nadel- oder plättchenförmig). [8]

Die eutektischen Si-Partikel besitzen eine Diamantkristallstruktur, die sich durch einen deutlich erhöhten E-Modul und Härte auszeichnet. Von den Si-Partikeln geht eine signifikante Kerbwirkung aus, sodass diese zur Steigerung der Duktilität von Gusslegierungen zu einer sehr feinkörnigen, teilweise faserigen Morphologie eingeformt werden. Hierzu gibt es verschiedene Möglichkeiten, die teilweise zusammen angewandt werden können: [2]

- Hohe Erstarrungsgeschwindigkeiten (geringer DAS)
- Schmelzenzugabe von Spurenelementen (z. B. Na, Sr, Sb, P)
- Homogenisierungsglühung (bis DAS von 50 μm möglich)

Eine hohe Erstarrungsgeschwindigkeit führt zu einer Erstarrung im thermodynamischen Ungleichgewicht, wodurch die Si-Ausscheidungen aus einer starken Übersättigung und Unterkühlung in einem kurzen Zeitintervall gebildet werden. Die Wirkung auf die Einformung des eutektischen Siliziums ist in Abbildung 2.3 für eine langsam und schnell erstarrte AlSi7-Gusslegierung gezeigt. [12]

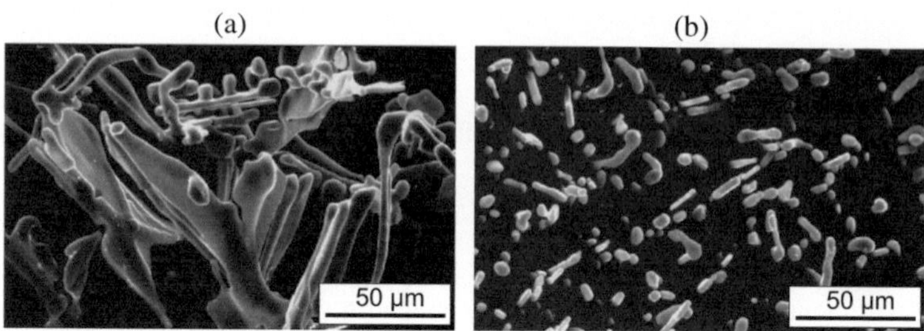

Abbildung 2.3 Einfluss der Erstarrungsgeschwindigkeit auf die eutektischen Si-Partikel:
(a) Niedrige Erstarrungsgeschwindigkeit, DAS = 50 μm; (b) hohe Erstarrungsgeschwindigkeit, DAS = 26 μm [12]

Die Zugabe von Spurenelementen Natrium, Strontium, Antimon oder Phos-
phor als Veredelung der Schmelze dient zur Behinderung der Keimbildung der
Si-Ausscheidungen in der Restschmelze. Hierdurch wird die eutektische Temperatur gesenkt und die Si-Ausscheidung erfolgt aus einer starken Übersättigung
und Unterkühlung. Natrium hat im Vergleich zu Strontium eine zeitlich sehr kurze
Veredelungswirkung. Die Homogenisierungsglühung führt durch Diffussionsvor-
gänge zu einer Einformung der eutektischen Si-Ausscheidungen (Si-Partikel)
und erfolgt abhängig vom Ausgangsgefüge bei 540–550 °C für 15–30 min
bei veredelten bzw. 6–18 h bei unveredelten Gussbauteilen. Die Wirkung der
Homogenisierungsglühung ist auf feine DAS von max. 50 μm begrenzt. [2]
    Zu den aushärtbaren Al-Si-Gusslegierungen gehören nach der Aluminium
Assossiation (AA) die Serien 2xx.x (Al-Cu), 3xx.x (Al-Si-Mg, Al-Si-Cu, Al-
Si-Cu-Mg) und 7xx.x (Al-Zn). Die Aushärtung erfolgt im Anschluss an die
Lösungsglühung und kann bei Raumtemperatur und niedrigen Temperaturen bis
100 °C („Kaltauslagerung") sowie bei erhöhten Temperaturen („Warmauslagerung") durchgeführt werden und bewirkt eine signifikante bis starke Festigkeitssteigerung. Die Festigkeitssteigerung ist auf dem Mechanismus der Teilchenverfestigung zurückzuführen und ist in Abbildung 2.4 schematisch dargestellt.
[2] Hierbei erschweren feinste Ausscheidungen im α-Al die Versetzungsbewegung durch Verzerrung des Gitters und führen als Hindernis zum Aufstau
von Versetzungen. Das Schneiden (Kelly-Fine-Mechanismus) oder Umgehen
(Orowan-Mechanismus) ist dann nur bei erhöhten Schubspannungen möglich.
Zur Aushärtung wird vorzugsweise Magnesium oder Kupfer hinzulegiert. Die
maximale Aushärtung wird bei der Warmauslagerung erreicht, weswegen die

grundlegenden Vorgänge am Beispiel einer Al-Si-Mg-Gusslegierungen mit typischen Legierungenanteilen von 7–10 Gew.-% Silizium und 0,3–0,6 Gew.-% Mg erläutert werden. [2]

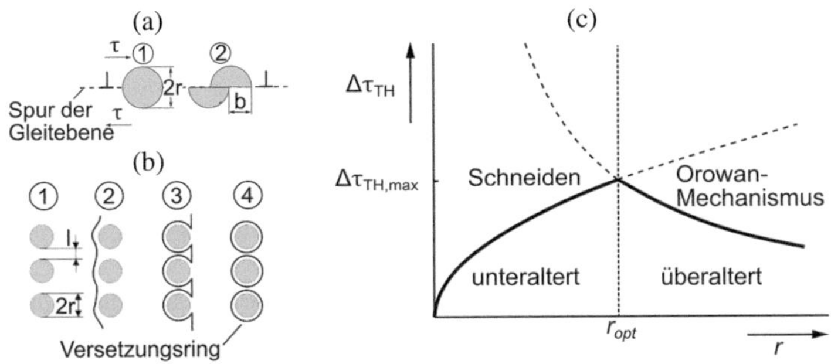

Abbildung 2.4 Abhängigkeit der Teilchenverfestigung $\Delta\tau_{TH,max}$ von der Teilchengröße r: (a) Versetzungsschneiden nach Kelly und Fine, (b) Versetzungsumgehen nach Orowan, (c) schematische Darstellung der mechanismenabhängigen Teilchenverfestigung $\Delta\tau_{TH,max}$ (vgl. [13][2])

Unter Gleichgewichtsbedingungen bilden sich in Al-Si-Mg-Legierungen neben dem α-Al-Mischkristall und den eutektischen Si-Ausscheidungen zusätzlich β-Mg$_2$Si-Phasen aus. Das quasi-binäre Gleichgewichts-Phasendiagramm für Al-Mg$_2$Si-Legierungen nach Mondolfo [14] und Zhang et al. [15] ist in Abbildung 2.5a gezeigt. Infolge der Lösungsglühung gehen die beim Erstarrungs- und Abkühlvorgang entstandenen Mg$_2$Si-Phasen in Lösung. Die Voraussetzung für die anschließende Warmauslagerung von Al-Si-Mg-Legierungen ist das Vorliegen eines an Mg und Si übersättigten α-Al-Mischkristalls und wird durch ein Abschrecken in Wasser oder an Luft erreicht. Je nach Legierung sind hierzu unterschiedliche Abkühlgeschwindigkeiten erforderlich, um die vorzeitige Bildung der β-Gleichgewichtsphase Mg$_2$Si während des Abschreckvorgangs zu unterbinden. Der kritische Temperaturbereich bei der Abkühlung liegt bei 290–400 °C und ist in Abbildung 2.5b beispielhaft anhand eines Zeit-Temperatur-Umwandlungs-(ZTU-)Diagramms für die Legierung AW-6060 nach Lynch [16] dargestellt. [2]

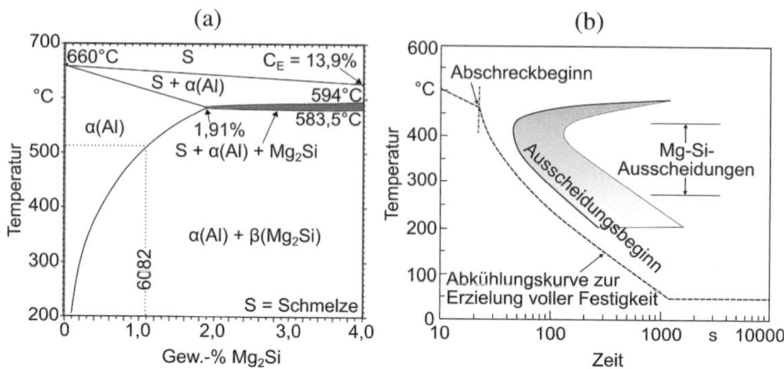

Abbildung 2.5 (a) Quasi-binäres Al-Mg₂Si-Gleichgewichts-Phasendiagramm nach Mondolfo [14] und Zhang et al. [15] und (b) Zeit-Temperatur-Umwandlungs-Diagramm für die Legierung AW-6060 nach Lynch [16] (vgl. [2][3])

Je nach Auslagerungszeit und -temperatur werden unterschiedliche Aushärtungszustände erreicht, die nach DIN EN 1706 [17] wie folgt eingeteilt werden:

- T6: Lösungsgeglüht und vollständig warmausgelagert,
- T64: Lösungsgeglüht und nicht vollständig warmausgelagert (Unteralterung),
- T7: Lösungsgeglüht und über T6 hinaus warmausgelagert (Überalterung).

Die T6-Warmauslagerung erfolgt in der Praxis bei Temperaturen von 160–185 °C für 5–8 h. Eine Zwischenauslagerung bei Raumtemperatur – zwischen Lösungsglühung und Warmauslagerung – reduziert das erreichbare Härtemaximum und verlängert die T6-Aushärtungsdauer. Das Härtemaximum wird durch feine, nadelförmige β''-Ausscheidungen bewirkt. Im Übergang vom übersättigten α-Al zu β''-Ausscheidungen kommt es zunächst zur lokalen Anhäufung von Mg und Si Legierungsatomen ohne erkennbare Struktur und Ordnung, den sog. Clustern, deren Auftreten stark vom Leerstellenangebot gesteuert wird. Die Cluster reifen zu Zonen mit innerer Struktur der Atomanordnung und günstiger Kohärenz zum α-Al-Gitter und werden als GP-Zonen nach Guinier [18] und Preston [19] benannt. Diese besitzen bei der Warmauslagerung vorzugsweise eine nadelförmige Anordnung und werden dann als GP(II)-Zonen bezeichnet, um diese von

---

[3] Reprinted/adapted by permission from Springer Nature: Springer Anwendungstechnologie Aluminium by F. Ostermann; Springer-Verlag (2014).

den kugelförmigen GP(I)-Zonen, die bei der Kaltauslagerung entstehen, abzugrenzen. Diese GP(II)-Zonen wandeln sich in Legierungen mit Si-Überschuss bei weiterer Warmauslagerung in nadelförmige β''-Phasen mit der Zusammensetzung Mg_5Si_6 um, die entlang der Nadelachse kohärent mit der Matrix des α-Al sind. Bei Überalterung im Rahmen einer T7-Wärmebehandlung wird diese β''-Phase zunächst durch die teilkohärente, stäbchenförmige β'-Phase Mg_9Si_5 abgelöst (vgl. [20]), bis aus der β'-Phase bei sehr langer Warmauslagerung wiederum die inkohärente, plattenförmige β-Gleichgewichtsphase Mg_2Si hervorgeht. Es wird vom stabiliserten Zustand gesprochen. Das Härtemaximum in der T6-Wärmebehandlung entspricht dem Übergang von β'' zu β', neben der auch noch stabile GP(II)-Zonen im Gefüge vorliegen. Die höchste Härtesteigerung wird durch eine hohe Teilchenzahl, geringen Teilchenabstand und gleichmäßige Teilchenverteilung erreicht. [2]

2.1.3 Verfahrensbedingte Defekte

Während des Erstarrungs- und Abkühlvorgangs von Aluminiumgusslegierungen kommt es neben der Ausbildung der Mikrostruktur zur Entstehung von Erstarrungsfehlern bzw. -defekten wie Porosität, oxidische Einschlüsse und Warmrisse. Diese Erstarrungsdefekte können nach BDG-Richtlinie P202 [21] (BDG P202) durch konstruktive und gießtechnische Maßnahmen minimiert, jedoch nicht ausgeschlossen werden. Erstarrungsdefekte reduzieren infolge ihrer Kerbwirkung die mechanische Festigkeit bei statischer und dynamischer Beanspruchung, wobei der Einfluss unter Ermüdungsbeanspruchung besonders kritisch ausfällt. Entsprechend müssen für defektbehaftete Al-Gusslegierungen die Ausprägungen der Erstarrungsdefekte bekannt sein, um eine zuverlässige Auslegung für sicherheitsreitsrelevante Strukturbauteile zu gewährleisten. [2]

Nach BDG P202 [21] kann Porosität in Schwindungs- und Gasporosität unterteilt werden. Schwindungsporosität, auch Lunker genannt, entsteht in Al-Gusslegierungen infolge der erstarrungsbedingten Volumenkontraktion (Erstarrungskontraktion, auch Schrumpfung genannt) sowie der abkühlungsbedingten Volumenkontraktion der Schmelze (Flüssigkeitskontraktion) und des erstarrten Werkstoffs (Festkörperkontraktion, auch Schwindung genannt). Die Temperaturabhängigkeit des spezifischen Volumens von Rein-Aluminium ist in Abbildung 2.6a dargestellt.

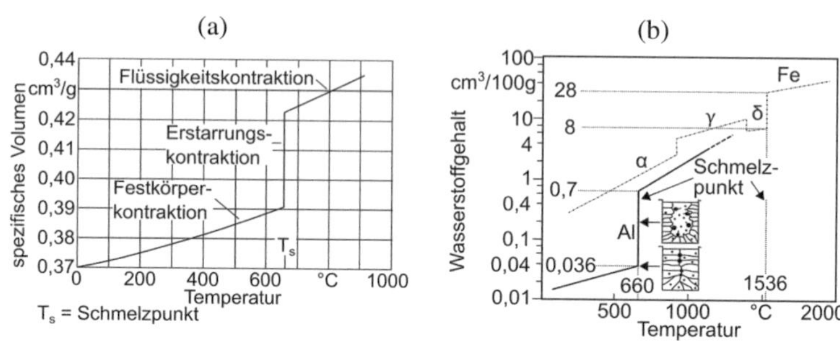

Abbildung 2.6 Temperaturabhängigkeit (a) des spezifischen Volumens nach BDG P202 [21] und (b) der Wasserstofflöslichkeit von Rein-Aluminium im Vergleich zu Eisen [2][4]

Infolge des durch Schrumpfung versursachten Volumendefizits kann die Restschmelze, die sich zwischen der vorerstarrten Schmelze befindet, die Zwischenräume nicht mehr vollständig ausfüllen, wodurch Hohlräume bzw. Schwindungsporen zurückbleiben. [22] Dadurch weisen Schwindungsporen eine stark zerklüftete, dreidimensionale Morphologie mit dendritisch-geformten konvexen und konkaven Bereichen auf. Die Volumenkontraktion kann insbesondere durch die Zugabe von Si von 7,1 % (Rein-Aluminium) auf bis zu 4 % gesenkt werden, da Si bei der Erstarrung eine Volumenzunahme erfährt. Darüber hinaus kann Schwindungsporosität durch Nachspeisen kompensiert bzw. minimiert werden, sofern die kritischen Bereiche des Gussteils durch vorerstarrte Schmelze nicht blockiert sind. In sicherheitsrelevanten Gussbauteilen ist die Produktionskontrolle auf Schwindungsporosität erforderlich. [2]

Gasporosität ist auf die abnehmende Löslichkeit für Wasserstoff mit der Erstarrung und der Abkühlung des Werkstoffs zurückzuführen. Die Temperaturabhängigkeit der Wasserstofflöslichkeit von Rein-Aluminium ist in Abbildung 2.6b dargestellt. Mit der Erstarrung fällt die Wasserstofflöslichkeit um den Faktor 20. Durch die verfahrenstypisch hohen Abkühlraten (keine Gleichgewichtsbedingungen) und den sprunghaften Abfall der Wasserstofflöslichkeit ist die Restschmelze an Wasserstoff übersättigt und atomar gelöster Wasserstoff kann zu H_2-Molekülen rekombinieren, die sich als Blasen ausscheiden. Gasporosität bildet sich daher vorzugsweise an bereits vorhandenen bzw. vorerstarrten inneren Oberflächen wie beispielsweise oxidischen Einschlüssen, Resteutektikum

---

[4] Reprinted/adapted by permission from Springer Nature: Springer Anwendungstechnologie Aluminium by F. Ostermann; Springer-Verlag (2014).

oder Ausscheidungen während des Erstarrungsprozesses (BDG P202: Thermodynamisch bedingte Gasporosität). In Abbildung 2.7 ist der Erstarrungsvorgang und deren Wechselwirkung mit der Bildung von Gasporosität schematisch dargestellt.

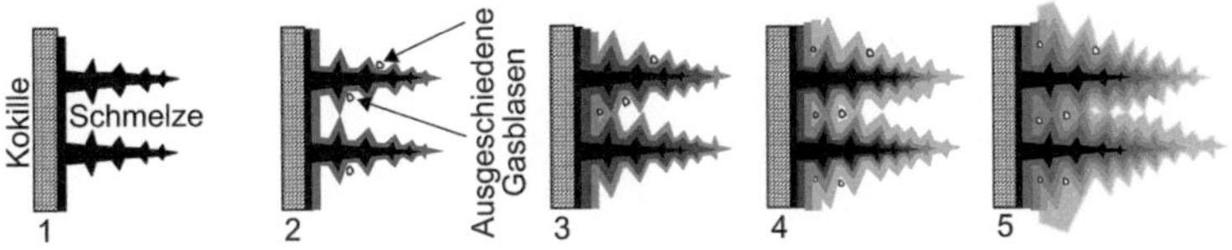

Abbildung 2.7 Schematische Darstellung des dendritischen Erstarrungsvorgangs in Aluminiumgusslegierung und deren Wechselwirkung mit der Bildung von Gasporosität, in der an Wasserstoff übersättigten Restschmelze [23]

Ziel ist daher die Reduzierung des Wasserstoffgehalts in der Schmelze sowie des Gehalts an nichtmetallischen Einschlüssen durch Schmelzereinigung. Zusätzlich muss die Aufnahme von Gasen aus der Umgebungsluft z. B. durch turbulente Metallströmung (BDG P202: Strömungsmechanisch bedingte Gasporosität) oder durch thermisch aktivierte Kontaktreaktionen der Metallschmelze mit den Formstoffen und Formhilfsstoffen (u. a. Trennstoffe, Schlichte) unter Freisetzung von Gasen (BDG P202: formstoffbedingte Gasporosität) verhindert werden. Gasporosität weist aufgrund der Grenzspannungsverhältnisse zwischen Gas und Schmelze in der Regel eine sphärische Form auf. [2,21]

Je nach Ausdehnung der Porosität wird nach BDG P202 [21] zwischen Makro- und Mikroporosität unterschieden. Poren mit Ausdehnungen $\geq 0{,}5$ mm werden als Makroporosität bezeichnet und können mit dem menschlichen Auge oder mit technischen Hilfsmitteln mit vergleichbarem Auflösungsvermögen bestimmt werden. Poren mit kleineren Ausdehnungen werden als Mikroporosität bezeichnet und können mit dem menschlichen Auge oder technischen Hilfsmitteln mit vergleichbaren Auflösungsvermögen nicht zuverlässig beurteilt werden. [21]

Oxidische Einschlüsse können beim Abgussprozess durch die Bildung einer dünnen und zähen Oxidhaut auf der Aluminiumschmelze in das Gussbauteil eingebracht werden. Die oxidischen Einschlüsse aus Aluminiumoxid (Al_2O_3) verhalten sich der Schmelze gegenüber inert, besitzen einen hohen Schmelzpunkt von 2050 °C und eine um 60 % höhere Dichte ($3{,}9$ kg/dm^3) als die Aluminiumschmelze, wodurch Oxidhäute in die Aluminiumschmelze absinken und im Schwebezustand gehalten werden können. Die Oxidhaut auf der Aluminiumschmelze wird über Filter zurückgehalten. In sicherheitsrelevante Gussbauteilen müssen die Menge und Größe von oxidischen Einschlüssen begrenzt sein. [2]

Als besonders kritisch für die mechanischen Eigenschaften, insbesondere für die Ermüdungsfestigkeit, kann die Schwindungsporosität bewertet werden. Für die Schwindungsporosität und deren Ausdehnung ist die Abkühl- bzw. Erstarrungsgeschwindigkeit von besonderer Bedeutung. Je höher die Erstarrungsgeschwindigkeit, desto geringer ist die Porosität (und desto geringer der DAS, vgl. Gl. 2.1). [24,25] Zudem sinkt die Sphärizität von Poren mit wachsender Ausdehnung, wodurch die Kerbwirkung weiter erhöht wird. Buffière et al. [26] konnten feststellen, dass mehrere Körner an einer Schwindungspore angrenzen und sich an den konvex gekrümmten Bereichen der Poren Al-Si-Eutektika ausbilden, wie es in Abbildung 2.8a gezeigt ist.

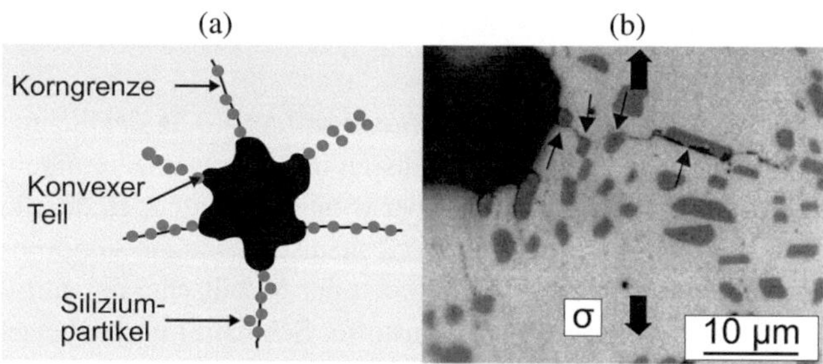

Abbildung 2.8 (a) Schematische Darstellung der eutektischen Bereiche und Korngrenzen an den konvexen Porenbereich und (b) deren Wechselwirkung mit der Rissinitiierung in AlSi7Mg0,3-Gusslegierungen, nach [26]

In den eutektischen Bereichen der Korngrenzen kommt es unter Ermüdungsbeanspruchung zur Rissbildung (Abbildung 2.8b), wobei die eutektischen Si-Partikel die lokale Spannungskonzentration hinsichtlich Rissbildung weiter erhöhen, während diese beim Rissfortschritt als wirksame Barriere agieren können, da Kurzrisse diese nicht schneiden können und daher umgehen müssen. [26]

2.2   Ermüdungsverhalten metallischer Werkstoffe

In metallischen Werkstoffen kommt es unter zeitlich veränderlicher und häufig wiederholter schwingender Beanspruchung zur Schädigung oder zum Versagen von Werkstoffen und Bauteilen. Dieser Vorgang wird als Werkstoffermüdung oder Ermüdung bezeichnet und ist auf lokale strukturelle Veränderungen im Mikro-

und Makrobereich zurückzuführen. Eine wiederholende Beanspruchung wird Zyklus, Schwingspiel oder Lastspiel genannt. Die strukturellen Veränderungen äußern sich schädigungsseitig in der Ausbildung und Ausbreitung von mikro- und makroskopischen Rissen und nehmen mit steigender Lastspielzahl zu. Die Schädigung wird durch mechanische Beanspruchungen induziert, die weit unterhalb der (quasi-)statischen Festigkeit des Werkstoffs liegen und letztlich zum Versagen führen kann. Je höher die wirkende Beanspruchung ist, desto kürzer ist die Lastspielzahl, die zum Versagen bzw. Bruch des Werkstoffs oder Bauteils führt und Bruchlastspielzahl (N_B) genannt wird. Ermüdung tritt bevorzugt an Fehlstellen, Kerben und Querschnittsübergängen auf, an denen es zur Verformungskonzentrationen kommt. Die Ermüdungsschädigung gehört auch heute noch zu den häufigsten Schädigungsfällen im Ingenieurwesen. Sie trat in den Fokus der Bauteilauslegung durch die sukzessive Steigerung der Leistungsanforderungen an Maschinen, Flugzeugen und Automobilen im 19. und 20. Jahrhundert auf und führte zu zahlreichen, katastrophalen Schadensfällen. [27]

Das Ermüdungsverhalten von metallischen Werkstoffen ist durch das zyklische Verformungsverhalten – auch Wechselverformungsverhalten genannt – und der anschließenden Schädigungsentwicklung durch Einleitung und Ausbreitung mikroskopischer und makroskopische Risse bestimmt, deren Grundlagen in diesem Kapitel erläutert werden.

2.2.1 Grundlagen der Werkstoffermüdung

Zur Vermeidung von Ermüdungsschäden in Bauteilen wurde ab 1858 das Wöhler-Diagramm [28] als Auslegungskriterium genutzt. In diesem war die Wechselbiegebeanspruchung – in Form der Spannungsamplitude σ_a bzw. $\Delta\sigma/2$ – über die Bruchlastspielzahl N_B aufgetragen. Hiermit konnte für eine definierte Grenzlastspielzahl (N_G) die Spannungsamplitude ermittelt werden, die ohne Ermüdungsbruch ertragen werden kann und als Dauerfestigkeit R_D bzw. Wechselfestigkeit R_W bezeichnet wurde. Nach DIN 50100 [29] wurde der Begriff Dauerfestigkeit durch Ermüdungsfestigkeit σ_{aL} ersetzt bzw. $\sigma_{aL,1E7}$, wenn die Grenzlastspielzahl 10^7 Lastspiele beträgt. Da die Ermüdungsschädigung bei Spannungen deutlich unterhalb der Streckgrenze R_e bzw. 0,2 %-Dehngrenze $R_{p0,2}$ erfolgte, wurde die Ermüdungsursache ursprünglich auf rein-elastische Verformungen zurückgeführt und plastische Verformungen nicht berücksichtigt. [30] In Abbildung 2.9 sind zwei charakteristische Wöhler-Kurvenverläufe gegenübergestellt, wobei die Spannungsamplitude über die Zugfestigkeit normiert wurde.

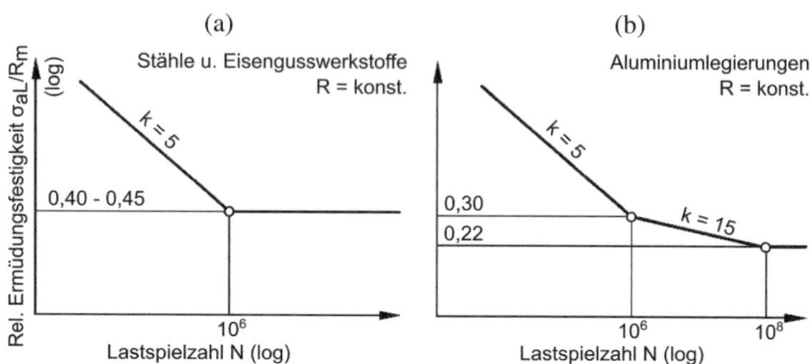

Abbildung 2.9 Relative Wöhler-Kurven von Stählen, Eisengusswerkstoffen und Al-Legierungen in logarithmischer Darstellung mit der Neigungskennzahl k nach FKM-Richtlinie [31] (vgl. [27][5])

Die Achsen sind bei metallischen Werkstoffen überlicherweise logarithmisch skaliert, sog. doppellogarithmische Darstellung. Der Zusammenhang zwischen Spannungsamplitude und Bruchlastspielzahl erscheint dann als Gerade, der sog. Wöhler-Linie oder -Kurve, und kann nach Basquin [32] wie folgt

$$\sigma_a = \sigma'_B \cdot (2N_B)^b \qquad (2.2)$$

über den Ermüdungsfestigkeitskoeffizient σ'_B und -exponent b beschrieben werden. Im Rahmen dieser Arbeit wird die modifizierte Basquin-Gleichung genutzt:

$$\sigma_a = \sigma'_B \cdot (N_B)^b \qquad (2.3)$$

Je nach Werkstoff ergeben sich unterschiedliche Verläufe der Wöhler-Kurve bei hohen und sehr hohen Lastspielzahlen. Bei ungekerbten Proben aus unlegierten Stählen und Titanlegierungen ergibt sich ein horizontaler Verlauf bei sehr hohen Lastspielzahlen, wie in Abbildung 2.9a gezeigt. Dies kann für kubisch-raumzentrierte Gitter auf interstitiell gelösten Kohlen- oder Stickstoff (Zwischen-gitteratome) zurückzuführen werden, die das Abgleiten von Versetzungen bei niedrigen Beanspruchungen blockieren. Bei Metallen mit kubisch-flächenzentrierter Gitterstruktur wie legierten Stählen, Aluminium- und Kupferlegierungen ergibt

---

[5] Reprinted/adapted by permission from Springer Nature: Springer Ermüdungsfestigkeit by D. Radaj and M. Vormwald; Springer-Verlag (2007).

sich nach Erreichen der Ersatzgrenzlastspielzahl von 10^6 Lastspielen ein weiterer stetiger Abfall der Ermüdungsfestigkeit hin zu sehr hohen Lastspielzahlen von 10^8 nach FKM-Richtlinie [31], wie in Abbildung 2.9b gezeigt. [27]

Zyklische Beanspruchungskenngrößen
Der schematische zeitliche Verlauf der zyklischen Beanspruchung ist anhand der Spannung in Abbildung 2.10a gezeigt. Die Beanspruchung je Lastspiel setzt sich aus der Spannungsamplitude σ_a und der Mittelspannung σ_m bzw. der Oberspannung σ_o und der Unterspannung σ_u zusammen. Für den zeitlichen Verlauf der Dehnung bzw. Totaldehnung ergibt sich ein vergleichbarer Verlauf mit den Kennwerten Dehnungsamplitude ε_a und Mitteldehnung ε_m bzw. der maximalen Dehnung ε_{max} und der minimalen Dehnung ε_{min}. Werden die beiden Beanspruchungsgrößen Spannung und Dehnung für ein Lastspiel gegeneinander aufgetragen, so ergibt sich bei elastisch-plastischer Beanspruchung ein nichtlinearer Zusammenhang zwischen Spannung und Dehnung, der die Form einer Hystereseschleife aufweist und in Abbildung 2.10b gezeigt ist.

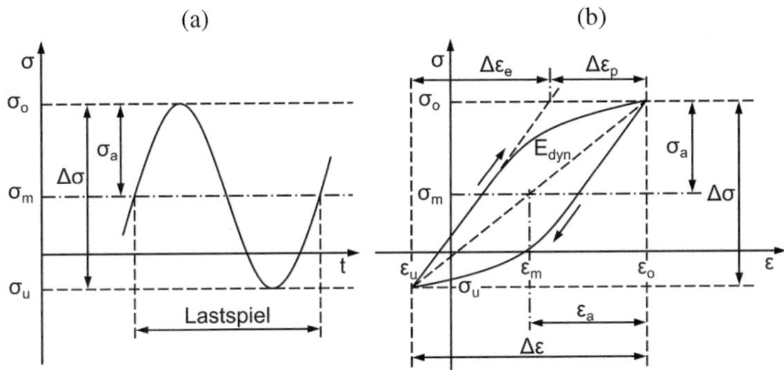

Abbildung 2.10 (a) Darstellung der Beanspruchungskennwerte bei zyklischer Beanspruchung [4] und (b) schematische Darstellung der zyklischen Spannungs-Dehnungs-Hysteresekurve bei elastisch-plastischer Beanspruchung [33][6]

Diese Spannungs-Dehnungs-Hystereseschleife setzt sich aus einem Belastungsast (Beanspruchung steigt) und einem Entlastungsast nach dem Beanspruchungsmaximum (Beanspruchung sinkt) zusammen. Der Be- und Entlastungsast

---

[6] Reprinted/adapted by permission from Springer Nature: Springer Werkstoffermüdung by M. Bäker, H. Harders, J. Rösler; Springer-Verlag (2012).

umschließen die Fläche der Hystereseschleife, deren Flächeninhalt der verrichteten plastische Verformungsarbeit je Lastspiel entspricht. Diese plastische Verformungsarbeit führt zu bleibenden strukturellen Veränderungen des Werkstoffs bzw. der Mikrostruktur in Form von Versetzungsaktivierung und -bewegung bis hin zur Risseinleitung und -fortschritt. Der Aufweitung der Hysterese $\Delta\varepsilon_p$ in Form der plastischen Dehnungsamplitude $\varepsilon_{a,p}$ als einfacher Vergleichskennwert zum Flächeninhalt kommt dabei eine besondere Bedeutung zu und wird im Abschnitt 2.2.2 näher erläutert. Von der Verformungsarbeit führt nur ein Bruchteil zu strukturellen Veränderungen, da der Großteil dissipiert (ca. 90–95 % nach [34]) und einen Temperaturanstieg des Werkstoffs zur Folge hat. Dies bedeutet im Umkehrschluss, dass nur 5–10 % der plastischen Verformungsarbeit – pro Lastspiel und Volumeneinheit – zum Anstieg der inneren Energie U durch strukturelle Veränderungen in Form einer Erhöhung der Versetzungsdichte und/oder der Bildung von Versetzungsstrukturen führen. Der dynamische E-Modul E_{dyn} ergibt sich aus der Steigung der Verbindungslinie zwischen oberen und unteren Spitzenwerten. Die lastspielzahlabhängige Entwicklung korreliert mit der plastischen Dehnungsamplitude. Im Bereich rein-elastischer Beanspruchungen folgt der Spannungs-Dehnungs-Verlauf dem Hooke'schen Gesetz. [33]

Aus dem Verhältnis von Ober- und Unterspannung ergibt sich das Spannungsverhältnis $R = \sigma_u/\sigma_o$. Je nach Spannungsverhältnis wird zwischen Zugschwellbereich ($0 \leq R < 1$), Wechselbereich ($-\infty < R < 0$) oder Druckschwellbereich ($1 < R \leq \infty$) unterschieden. Eine Zugschwellbeanspruchung führt durch die wirkende statische Zugbeanspruchung (Zugmittelspannung) zu einer Senkung der Ermüdungsfestigkeit, da Ermüdungsrisse geöffnet und der Rissfortschritt beschleunigt werden. Entsprechend führen Druckmittelspannungen zu einer Verlängerung der Ermüdungslebensdauer, da der Riss geschlossen wird und sich der Rissfortschritt verlangsamt oder sogar gestoppt wird. Das Dehnungsverhältnis ergibt sich analog über max. und min. Dehnung zu $R_\varepsilon = \varepsilon_{min}/\varepsilon_{max}$. [27]

Verformungsorientierte Betrachtung
Der Zusammenhang zwischen zyklischer Beanspruchung und Bruchlastspielzahl wurde durch Manson [35] und Coffin [36] erweitert, da beide unabhängig voneinander herausfanden, dass die Bruchlastspielzahl mit der plastischen Dehnungsamplitude $\varepsilon_{a,p}$ wie folgt

$$\varepsilon_{a,p} = \varepsilon_B' \cdot (2N_B)^{c'} \tag{2.4}$$

über den zyklischen Duktilitätskoeffizienten ε_B' und -exponenten c' beschrieben werden kann. Aus der Manson-Coffin-Gleichung 2.4 kann gefolgert werden, dass die Ermüdungsschädigung durch die Akkumulation plastischer Verformungen erfolgt. Diese plastische Verformung wird als „mikroplastische" Verformung bezeichnet, während die plastische Verformung bei einsinniger Verformung – wie im Zugversuch – als „Makroplastizität" bezeichnet wird. Durch Feindehnungsmessungen konnten Lukás et al. [37] zeigen, dass das Manson-Coffin-Gesetz 2.4) im Bereich niedriger (engl.: Low Cycle Fatigue, LCF) und hoher Lastspielzahlen (engl.: High Cycle Fatigue, HCF) gültig ist. Die Überlegenheit des Manson-Coffin-Gesetz 2.4) über die Basquin-Beziehung 2.2) konnte insbesondere in Ermüdungsversuchen bei unterschiedlichen Temperaturen von Lukás u. Kunz [37] gezeigt werden, in denen gleiche plastische Dehnungsamplituden zu vergleichbaren Bruchlastspielzahlen führten, während sich die zugehörigen Spannungsamplituden signifikant unterschieden. [30]

Vorgangsorientierte Betrachtung
Die Ermüdung eines metallischen Werkstoffs setzt sich aus dem zyklischen Verformungsverhalten und der Ermüdungsschädigung zusammen und ist in Abbildung 2.11 schematisch eingeteilt. Das zyklische Verformungsverhalten befasst sich mit der mechanischen und mikrostrukturellen Reaktion eines Werkstoffs auf eine zyklische Beanspruchung. Es beinhaltet die Vorgänge der zyklischen Ver- und Entfestigung sowie Sättigung im Werkstoffvolumen, bis es zu Dehnungslokalisierungen auf mikrostruktureller Ebene kommt. [30]

Abbildung 2.11
Unterteilung der Ermüdungsvorgänge in zyklische Verformung und Ermüdungsschädigung nach Mughrabi [38] (vgl. [30][7])

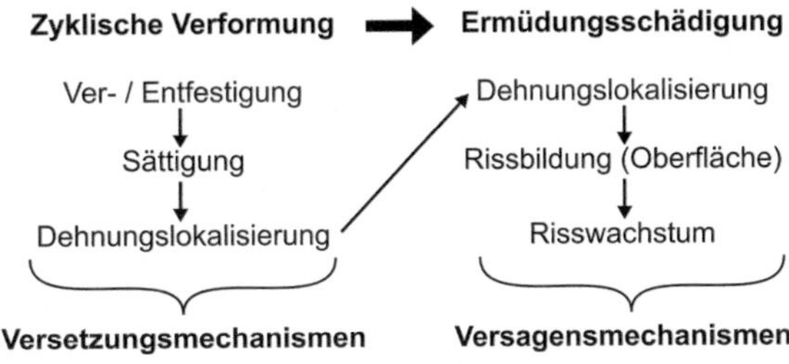

Diese Dehnungslokalisierung stellt den Übergang zur Ermüdungsschädigung dar, die in metallischen Werkstoffen meist lokalisiert erfolgt und im weiteren Verlauf zur Rissbildung und zum Risswachstum bzw. -fortschritt führt. Der

---

[7] Reprinted/adapted by permission from Springer Nature: Springer Wechselverformung von Metallen by H.-J. Christ; Springer-Verlag (1991).

Rissfortschritt setzt sich aus Kurz- und Langrissfortschritt zusammen. Ein schematischer Überblick über die Einzeleffekte der zyklischen Verformung und der Ermüdungsschädigung ist in Abbildung 2.11 gegeben, wobei nach Christ [30] keine einheitliche zeitliche Abfolge dieser Einzeleffekte vorliegt. So können die Dehnungslokalisierung und die daraus resultierende Rissbildung bereits vor der zyklischen Sättigung des Spannungs-Dehnungs-Verhaltens erfolgen. [30]

2.2.2 Zyklisches Verformungsverhalten bis Rissbildung

Das zyklische Verformungsverhalten von Metallen ergibt sich beanspruchungs- und lastspielabhängig aus der Spannungs-Dehnungs-Hystereseschleife im ESV (Abbildung 2.10b), deren Veränderung infolge unterschiedlicher Verformungsmechanismen schematisch in Abbildung 2.12 am Beispiel spannungskontrollierter Ermüdungsversuche im Wechselbereich gezeigt wird. Die zyklische Entfestigung führt zu einem Anstieg der plastischen Dehnungsamplitude, während die zyklische Verfestigung zu einem Abfall führt. In zyklisch verfestigenden Werkstoffen steigt somit der Widerstand gegen Einleitung plastischer Verformungen mit der Lastspielzahl. Mit zunehmender zyklischer Ver- oder Entfestigung kommt es zur Sättigung des zyklischen Verformungsverhaltens, d. h. die zyklische Spannungs-Dehnungs-Hystereseschleife bleibt über einen spezifischen Lastspielzahlbereich näherungsweise konstant, wie es in Abbildung 2.12 (rechts) schematisch gezeigt ist. Der Bereich I des zyklischen Verformungsverhaltens wird als „transientes" Verhalten bezeichnet und beschreibt den Übergang zum Bereich II der zyklischen Sättigung. Im Anschluss an den Sättigungsbereich kommt es analog zu Abbildung 2.11 infolge der Dehnungslokalisation zur Ermüdungsschädigung (Bereich III). [30] Nach Biallas et al. [39] kommt es vor dem Probenbruch im Bereich III infolge von Rissöffnungs- und -schließvorgängen zum Anstieg von $\varepsilon_{a,p}$. Das transiente zyklische Verformungsverhalten kann auf unterschiedliche Versetzungsmechanismen zurückgeführt werden und ist in aushärtbaren Al-Si-Legierungen maßgeblich von der Ausscheidungscharakteristik abhängig. [30]

Bei zyklischer Beanspruchung mit überlagerter Mittelspannung oder Mitteldehnung (R $\neq$ −1) treten die Verformungsvorgänge des zyklischen Kriechens (konst. Spannungsamplitude und Mittelspannung) oder der Mittelspannungsrelaxation (konst. Dehnungsamplitude und Mitteldehnung) auf. In spannungskontrollierten Versuchen mit überlagerter Mittelspannung kann eine Mitteldehnung mit steigender Lastspielzahl aufgebaut werden. Dieser Vorgang wird als zyklisches Kriechen (engl.: Ratcheting) bezeichnet. Dabei wird meist ein stabilisierter

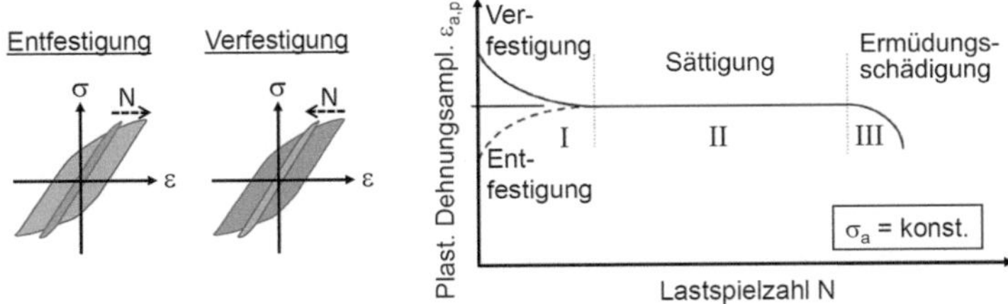

Abbildung 2.12 Unterteilung des Wechselverformungsverhaltens metallischer Werkstoffe hinsichtlich (I) zyklischer Ver- oder Entfestigung, (II) zyklischer Sättigung und (III) Ermüdungsschädigung (vgl. [30][8])

Zustand von Mittelspannung und Mitteldehnung erreicht, der im Englischen als „shake down" bezeichnet wird. Bei dehnungskontrollierter Beanspruchung kann die aus der Mitteldehnung resultierende Mittelspannung mit steigender Lastspielzahl abgebaut werden und wird als Mittelspannungsrelaxation bezeichnet. [30]

Zyklische Spannungs-Dehnungs-Kurve
Das charakteristische zyklische Verformungsverhalten wird typischerweise in Form der stabilisierten zyklischen Spannungs-Dehnungs-(ZSD-)Kurve beschrieben (Abbildung 2.12, Bereich II). Die Ermittlung der zyklischen Spannungs-Dehnungs-Kurve ist schematisch in Abbildung 2.13 dargestellt. [30]

Die Spitzenwerte aus der Totaldehnungsamplitude $\varepsilon_{a,t}$ und Spannungsamplitude σ_a werden hierzu in Einstufenversuchen (ESV), Mehrstufenversuchen (MSV) oder Incremental Step Tests (IST) in spannungs- oder dehnungskontrollierter Versuchsführung ermittelt, deren charakteristischen Beanspruchungsverläufe in Abbildung 2.14 gegenübergestellt sind. Im ESV wird analog zu Abbildung 2.12 das Wertepaar bei zyklischer Sättigung ermittelt. [30] Sofern sich keine zyklische Sättigung einstellt, wird das Wertepaar aus Dehnungsamplitude und Spannungsamplitude bei halber Anrisslastspielzahl verwendet. [27] Durch ESV auf verschiedenen, betriebsrelevanten Beanspruchungsniveaus kann die zyklische Spannungs-Dehnungs-Kurve ermittelt werden (Abbildung 2.13b). Im MSV wird jeder Stufe bzw. jedem Beanspruchungsniveau ein Sättigungswertepaar zugeordnet. Entsprechend ist eine Stufenlänge zu wählen, bei der die transienten Verformungsvorgänge bis zum Ende der Stufe abgeschlossen sind.

---

[8] Reprinted/adapted by permission from Springer Nature: Springer Wechselverformung von Metallen by H.-J. Christ; Springer-Verlag (1991).

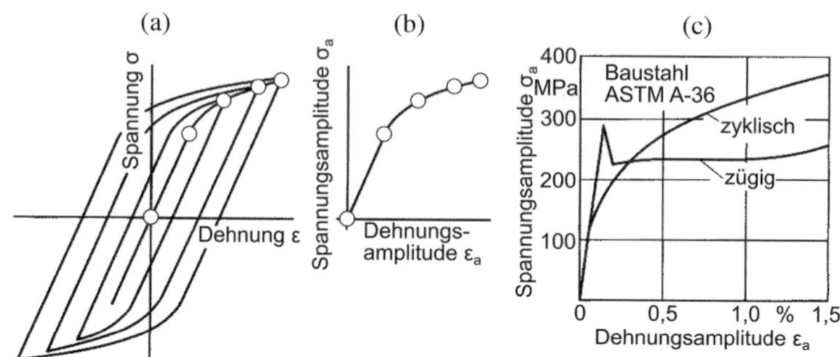

Abbildung 2.13 Zyklische Spannungs-Dehnungs-Kurve: (a) Hystereseschleifen für verschiedene Beanspruchungen, (b) Spannungs-Dehnungs-Diagramm auf Basis der Spitzenwerte und (c) Vergleich der einsinnigen (sog. zügiger) und zyklischen Spannungs-Dehnungs-Kurve (vgl. [27][9])

Der IST wird dehnungsgeregelt durchgeführt und der Blockbeanspruchungsverlauf mit aufsteigender und abfallender Beanspruchung wird bis zum Versagen oder Erreichen des Sättigungszustands fortgesetzt. Für jeden Block können für den aufsteigenden und absteigenden Bereich jeweils eine zyklische Spannungs-Dehnungs-Kurve bestimmt werden. Mit fortlaufender Blockzahl stellt sich eine gesättigte ZSD-Kurve ein. [30]

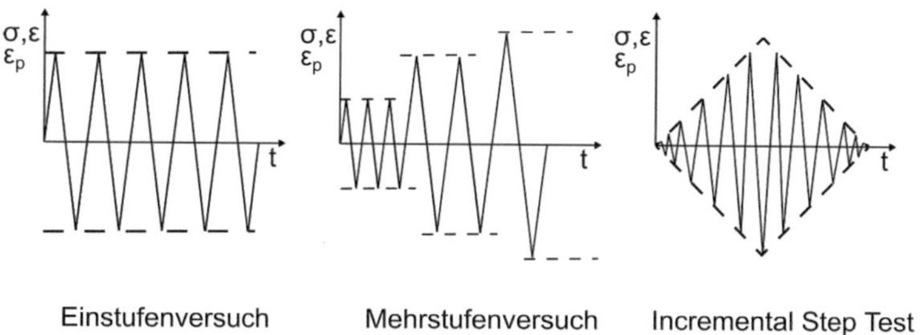

Abbildung 2.14 Charakteristische Beanspruchungsverläufe im Einstufenversuch, Mehrstufenversuch und Incremental Step Test (vgl. [30][10])

---

[9] Reprinted/adapted by permission from Springer Nature: Springer Ermüdungsfestigkeit by D. Radaj and M. Vormwald; Springer-Verlag (2007).

[10] Reprinted/adapted by permission from Springer Nature: Springer Wechselverformung von Metallen by H.-J. Christ; Springer-Verlag (1991).

Während die Ermittlung der ZSD-Kurve mittels ESV bei unterschiedlichen Dehnungsamplituden [40] ressourcen- und zeitaufwendig ist, kann im IST [41] eine ZSD-Kurve mit nur einer Probe charakterisiert werden. [27] Die ZSD-Kurve kann über den Dreiparameteransatz nach Ramberg und Osgood [42] wie folgt beschrieben werden:

$$\varepsilon_{a,t} = \frac{\sigma_a}{E} + \left(\frac{\sigma_a}{K'}\right)^{1/n'} \qquad (2.5)$$

Gleichung 2.5 setzt sich aus dem Hooke'schen Gesetz ($E = $ E-Modul)

$$\varepsilon_{a,e} = \frac{\sigma_a}{E} \qquad (2.6)$$

und dem Potenzgesetz nach Morrow [43] zusammen (sog. Morrow-Gleichung)

$$\varepsilon_{a,p} = \left(\frac{\sigma_a}{K'}\right)^{1/n'} \qquad (2.7)$$

in Analogie zu der Ludwik-Hollomon-Beziehung für einsinnige Verformung:

$$\varepsilon_p = \left(\frac{\sigma}{K}\right)^{1/n} \qquad (2.8)$$

Hierbei sind K' und n' der zyklische Verfestigungskoeffizient und -exponent sowie K und n der einsinnige Verfestigungskoeffizient und -exponent. [30]

Einfluss des Gleitcharakters auf die ZSD-Kurve
Die Veränderung der ZSD-Kurve während des transienten Verformungsverhaltens und das Erreichen einer gesättigten ZSD-Kurve sind vom Versetzungsverhalten des jeweiligen Werkstoffs und Werkstoffzustands abhängig. Je nach Beanspruchungsamplitude sowie je nach Beanspruchungsart z. B. ESV, MSV oder IST können sich trotz gleichem Werkstoff und Werkstoffzustand unterschiedliche ZSD-Kurven ausbilden (vgl. [44]). Dies hängt von der beanspruchungsabhängigen Versetzungsanordnung des Werkstoffzustands ab und wird als Gleitcharakter bezeichnet. Kubisch-flächenzentrierte (kfz) Metalle wie Al-Legierungen weisen je nach Legierung und Werkstoffzustand einen planaren oder welligen Gleitcharakter auf. Der Einfluss des planaren und welligen Gleitcharakters auf die mittels ESV und MSV ermittelten ZSD-Kurve sowie die Versetzungsanordnung ist in Abbildung 2.15a schematisch dargestellt. [30]

Das zyklische Verfestigungsverhalten in nicht-kaltverfestigten Al-Legierungen (z. B. Al-Gusslegierungen) ist auf die Erhöhung der Versetzungsdichte unter zyklischer Beanspruchung durch die Ansammlung von Versetzungsringen und -dipolen in den aktivierten Gleitebenen zurückzuführen. Diese Versetzungen stauen sich an Hindernissen (u. a. Korngrenzen, Dispersions- und Primärphasenpartikeln) auf und führen bei nicht-ausscheidungsgehärteten Al-Legierungen aufgrund der ausgeprägten Neigung zum Versetzungsquergleiten des kfz-Gitters zur zyklischen Verfestigung durch Bildung von Versetzungszellstrukturen. Dies entspricht einem welligen Gleitcharakter. [2]

In ausscheidungsgehärteten Al-Legierungen ist die Bildung von Versetzungszellstrukturen durch das „quasi"-planare Gleitverhalten behindert. Das quasi-planare Gleitverhalten resultiert aus dem Versetzungsschneiden von Ausscheidungen nach dem Kelly u. Fine-Mechanismus [45]. Der durch das Teilchenschneiden verringerte Widerstand gegen Versetzungsgleiten in der Schnittebene des Teilchens bzw. Gleitebene der Versetzung führt zu einer Konzentration der Versetzungsbewegung in diesen Gleitebenen und zu einer Behinderung oder Minimierung des energetisch-ungünstigeren Versetzungsquergleitens. Die fortlaufende zyklische Verformung erhöht die Versetzungsdichte in den aktivierten Gleitebenen und die lokale Verfestigung, wodurch benachbarte Gleitebenen aktiviert werden

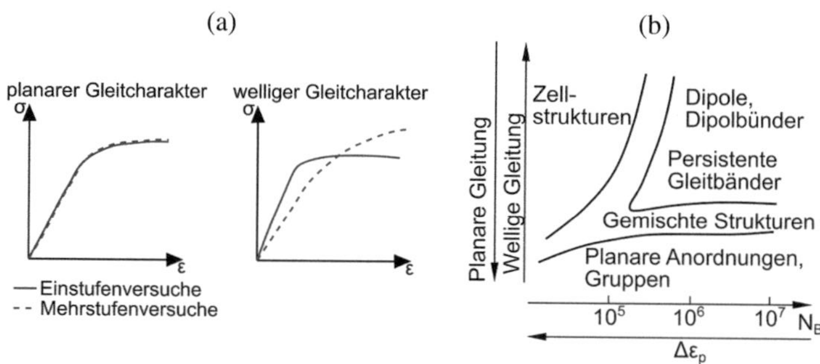

Abbildung 2.15 Einfluss des planaren und welligen Gleitcharakters auf (a) die gesättigte ZSD-Kurve in Ein- und Mehrstufenversuchen [44][11] und (b) auf die Versetzungsanordnung [30][12]

[11] Reprinted/adapted by permission from Springer Nature: Springer Additive Fertigung von Bauteilen und Strukturen by H.A. Richard, B. Schramm, T. Zipsner; Springer-Verlag (2017).

[12] Reprinted/adapted by permission from Springer Nature: Springer Wechselverformung von Metallen by H.-J. Christ; Springer-Verlag (1991).

und sich zu Gleitbändern mit hoher Versetzungsdichte vereinigen. Diese werden als Taylor-Strukturen [46] oder „persistente Gleitbänder" (engl.: Persistent Slip Bands, PSB) bezeichnet. [2]

Dehnungs-Wöhler-Kurve

Wie im Abschnitt 2.2.1 beschrieben, kann die ZSD-Kurve in Abhängigkeit vom Gleitcharakter mittels spannungs- oder dehnungskontrollierter ESV, MSV oder IST ermittelt werden. Mit Hilfe der Gleichung 2.5 kann in Abhängigkeit von der gemessenen Totaldehnungsamplitude $\varepsilon_{a,t}$ z. B. auf der Bauteiloberfläche die Spannungsamplitude σ_a und plastische Dehnungsamplitude $\varepsilon_{a,p}$ über die Werkstoffkennwerte E, K' und n' ermittelt werden. Die Beanspruchungsgrößen σ_a und $\varepsilon_{a,p}$ können anschließend zusammen mit den Gleichungen 2.2 und 2.4 zur Lebensdauervorhersage genutzt werden. Der Ermüdungsfestigkeitskoeffizient σ'_B und der zyklische Duktilitätskoeffizient ε'_B können für viele Werkstoffe näherungsweise durch die einsinnige Bruchspannung σ_B und Bruchdehnung ε_B abgeschätzt werden. [30] Der Ermüdungsfestigkeitsexponent b und der zyklische Duktilitätsexponent c' lassen sich nach Morrow [43] über den zyklischen Verfestigungsexponenten n' wie folgt bestimmen:

$$b = -n'/\left(1 + 5n'\right) \qquad (2.9)$$

$$c' = -1/\left(1 + 5n'\right) \qquad (2.10)$$

Hieraus ergibt sich folgender Zusammenhang zwischen n', b und c':

$$n' = b/c' \qquad (2.11)$$

Die Lebensdauer für eine vorgegebene Totaldehnungsamplitude $\varepsilon_{a,t}$ kann additiv aus den Anteilen der Spannungsamplitude 2.2) und plastischen Dehnungsamplitude 2.4) berechnet werden:

$$\varepsilon_{a,t} = \frac{\sigma'_B}{E} \cdot (2N_B)^b + \varepsilon'_B \cdot (2N_B)^{c'} \qquad (2.12)$$

Die ermittelte Dehnungs-Wöhler-Kurve ist in Abbildung 2.16 dargestellt und ergibt sich additiv aus der Basquin- und der Manson-Coffin-Beziehung.

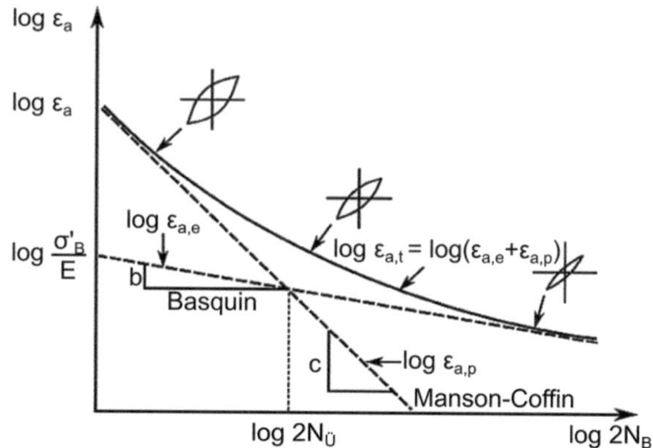

Abbildung 2.16 Additive Zusammensetzung der Dehnungs-Wöhler-Kurve über die Basquin- [32] und die Manson-Coffin-Beziehung (vgl. [27][13])

Schädigungsparameter-Wöhler-Kurve

Zur Lebensdauervorhersage unter Berücksichtigung des Mittelspannungseinflusses und Reihenfolgeeffekte wurden Schädigungsparameter P entwickelt, die eine Vergleichsbeanspruchungsgröße zur getätigten elastischen w_e und plastischen Verformungsenergiedichte w_p der Spannungs-Dehnungs-Hystereseschleife darstellen. Der bekannteste Schädigungsparameter ist nach Smith, Watson und Topper [40] definiert: [27]

$$P_{SWT} = \sqrt{\sigma_o \cdot \varepsilon_{a,t} \cdot E}$$ (2.13)

Das Produkt aus Oberspannung und Dehnungsamplitude kennzeichnet die Verformungsenergiedichte des oberen Teils der Hystereseschleife. Der Mittelspannungseinfluss wird hierbei über die Oberspannung σ_o berücksichtigt und beinhaltet Mittelspannungsempfindlichkeiten bis 0,4, wodurch dieser Schädigungsparameter für höherfeste Werkstoffe und eine Vielzahl von Aluminiumgusswerkstoffen (M = 0,4 bis 0,6) ungeeignet ist. [47]

Aus bruchmechanischen Überlegungen und dem Rissschließverhalten kurzer Risse leiteten Haibach und Lehrke [48], Heitmann [49] und Vormwald [50,51] die erweiterten Schädigungsparameter P_{HL}, P_{He} und P_J ab. Eine Schädigung

---

ergibt sich nur, wenn der Riss geöffnet ist. Für den Schädigungsparameter P_{HL} nach Haibach und Lehrke [48] wird das Produkt aus effektiver Spannungsschwingbreite $\Delta\sigma_{eff}$ und Dehnungsschwingbreite $\Delta\varepsilon_{eff}$ als schädigungswirksam definiert:

$$P_{HL} = \sqrt{\sigma_{eff} \cdot \varepsilon_{eff} \cdot E} \qquad (2.14)$$

Rissöffnung tritt demnach bei einer Dehnung ε_{op} im Belastungsast im Zugspannungsbereich ($\sigma > 0$) auf. Zum Rissschließen kommt es im Entlastungsast bei Erreichen der Öffnungsdehnung $\varepsilon_{cl} = \varepsilon_{op}$ im Druckspannungsbereich ($\sigma < 0$). Die Rissöffnungs- und -schließspannung sind somit unterschiedlich. Es wurde von Haibach und Lehrke eine vergleichbare Formulierung zu Smith, Watson und Topper gewählt (Spannung), auf Kosten der Vergleichbarkeit zu den Schädigungsparametern nach Heitmann P_{He} [49] und Vormwald P_J [50,51] (Verformungsenergiedichte). Die Schädigungsparameter P_{He} bzw. P_J sind direkt mit J-Integral verknüpft und werden im nächsten Kapitel näher erläutert.

2.2.3 Bruchmechanik für Lang- und Kurzrisse

Der Ermüdungsfortschritt ist nach Abbildung 2.11 vom zyklischen Verformungs- und Schädigungsverhalten abhängig. Von besonderer Bedeutung für die Auslegung von Bauteilen und Strukturen ist die Ermüdungsschädigung. [27] Die Rissbildung und der Rissfortschritt können nach Abbildung 2.17 in insgesamt fünf Phasen unterteilt werden. [27,52]

Die Rissbildung wird hinsichtlich der Abmessungen zwischen physikalischer und technischer Risseinleitung unterteilt. Die physikalische Rissbildung beinhaltet die Versetzungsbewegung, die Dehnungslokalisation in Gleitbändern und die Risskeimbildung. Diese endet mit dem Anwachsen des Risskeims auf die Größe eines Mikrorisses bzw. Kurzrisses, d. h. sobald die Risslänge der Korngröße entspricht. Ab dieser Länge kann der Riss als Kurzriss weiterwachsen. Während der Phase des Kurzrissfortschritts kommt es zum Wachstum vereinzelter Kurzrisse und zur Vereinigung benachbarter Kurzrisse (Koagulation). Bei Erreichen einer Risslänge in der Größenordnung von 0,25 bis 1 mm (u. a. werkstoff- und beanspruchungsabhängig) ist das Kurzrisswachstum und damit die technische Rissbildung abgeschlossen. Hieran schließt sich der stabile Langrissfortschritt an, der mit einem beschleunigten Rissfortschritt einhergeht. Der instabile Rissfortschritt kündigt das Versagen des Bauteils durch statische Überbeanspruchung

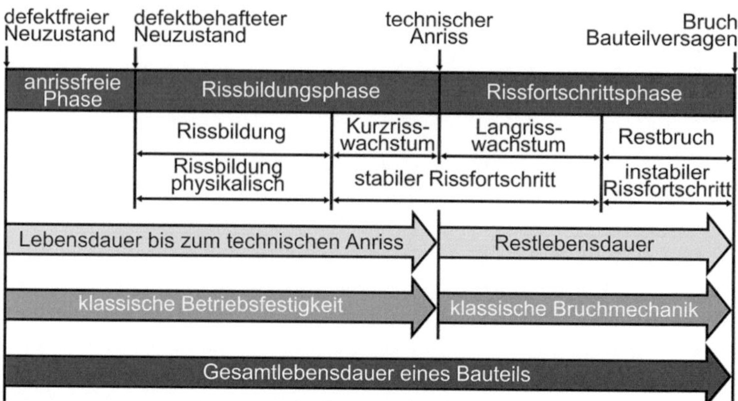

Abbildung 2.17 Phasen der Ermüdungsschädigung [53][14]

des Restquerschnitts an. Der stabile und instabile Langrissfortschritt decken die Spanne des technischen Rissfortschritts ab. Bei spröden Werkstoffen kann der Restbruch bereits während des Kurzrissfortschritts erfolgen, sodass die Langrissfortschrittsphase sogar entfällt.

Die Anteile der verschiedenen Phasen der Ermüdungsschädigung an der Gesamtlebensdauer können stark variieren und sind u. a. vom Werkstoff, Werkstoffzustand, Probentyp (ungekerbt, gekerbt), Spannungsverhältnis, Bruchlastspielbereich (LCF, HCF, VHCF) und den Umgebungsbedingungen abhängig. Die physikalische Rissbildung nimmt nach Neumann et al. [54,55] für ungekerbte Proben eines homogenen Werkstoffs bei Wechselbeanspruchung (R = − 1) ca. 10 % der Gesamtlebensdauer ein, während etwa 90 % auf den Kurzrissfortschritt entfallen. In diesem Fall nimmt die Kurzrisslebensdauer einen bedeutend größeren Anteil als die Langrisslebensdauer ein, was für entsprechende Anwendungsfälle bei der Dimensionierung des Bauteils und Auswahl des Werkstoffs und Werkstoffzustands berücksichtigt werden muss. [27]

Linear-elastische Bruchmechanik

Das Rissfortschrittsverhalten wird zunächst für den Fall langer Risse für Beanspruchungen σ_a unterhalb der zyklischen Fließgrenze $R'_{p0,2}$ betrachet und erläutert. Brown [56] gibt den Bereich der linear-elastischen Bruchmechanik

---

[14] Reprinted/adapted by permission from Springer Nature: Springer Sicherheit und Betriebsfestigkeit von Maschinen und Anlagen by M. Sander; Springer-Verlag (2018).

mit $\sigma_a \leq R'_{p0,2}/3$ an, während Nisitani [57] den Bereich auf $\sigma_a \leq R'_{p0,2}/2$ festlegt. Der Rissfortschritt lässt sich für diesen Fall auf Basis kontinuumsmechanischer Modelle mit Hilfe der linear-elastischen Bruchmechanik als Teilbereich der technischen Bruchmechanik beschreiben. In der linear-elastischen Bruchmechanik werden die drei Rissbeanspruchungsarten Mode I, II und III unterschieden, die in Abbildung 2.18 gegenübergestellt sind, und superpositioniert werden können. Mode I stellt eine Normalbeanspruchung senkrecht zur Rissebene dar, Mode II eine Schubbeanspruchung senkrecht zur Rissfront und Mode III eine Schubbeanspruchung längs der Rissfront. Die nachfolgende Beschreibung der Rissfrontbeanspruchung mittels linear-elastischer Bruchmechanik behandelt den Mode I, da dieser auch in den im Rahmen dieser Arbeit durchgeführten Untersuchungen die dominierende Rissbeanspruchungsart darstellte.

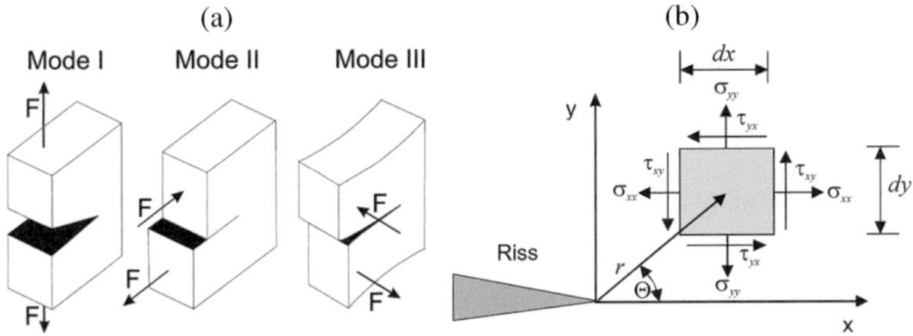

Abbildung 2.18 Beanspruchungsarten der Rissfront: (a) Mode I, II und III, (b) kontinuumsmechanische Beschreibung des lokalen Spannungstensors vor der Rissspitze [58]

Nach dem Rissmodell von Griffith [59] und den Nahfeldgleichungen nach Sneddon [60] sind die Beanspruchungen an der Rissfront für linear-elastisches Verformungsverhalten unendlich groß und damit singulär. Mit steigendem Abstand r zur Rissfront fällt die Beanspruchung hyperbelförmig und proportional zu $\sqrt{r}$ ab. Über die Nahfeldgleichungen nach Sneddon ($r \ll a$) können die lokalen Normal- und Schubspannungen vor der Rissfront (Mode I), d. h. in Abhängigkeit vom Abstand r und Winkel φ, wie folgt berechnet werden: [27]

$$\sigma_{xx} = \frac{K_I}{\sqrt{2\pi r}} \cdot \cos\left(\frac{\varphi}{2}\right)\left[1 - \sin\left(\frac{\varphi}{2}\right)\sin\left(\frac{3\varphi}{2}\right)\right] \qquad (2.15)$$

$$\sigma_{yy} = \frac{K_I}{\sqrt{2\pi r}} \cdot \cos\left(\frac{\varphi}{2}\right)\left[1 + \sin\left(\frac{\varphi}{2}\right)\sin\left(\frac{3\varphi}{2}\right)\right] \qquad (2.16)$$

$$\tau_{xy} = \frac{K_I}{\sqrt{2\pi r}} \cdot \cos\left(\frac{\varphi}{2}\right) \sin\left(\frac{\varphi}{2}\right) \cos\left(\frac{3\varphi}{2}\right) \qquad (2.17)$$

Die Höhe der hyperbelförmig abfallenden Normal- und Schubspannungen kann über den Spannungsintensitätsfaktor K_I bestimmt werden. Der Spannungsintensitätsfaktor K_I ist somit ein Maß für die Höhenlage bzw. Intensität der Normalspannungshyperbel und hat die Dimension N/mm$^{3/2}$ oder MPa$\sqrt{m}$. Die Normalbeanspruchung senkrecht zur Rissebene σ_{yy} entlang der x-Achse ergibt sich somit zu:

$$\sigma_{yy} = K_I \frac{1}{\sqrt{2\pi r}} \qquad (2.18)$$

Der Spannungsintensitätsfaktor (SIF) K_I ist abhängig von der Risslänge a, der Normalspannung σ senkrecht zur Rissebene und dem Geometriefaktor Y (u. a. abhängig von Rissgeometrie /-lage, Bauteilgeometrie und Beanspruchungsart vgl. [61]) und kann über folgende Gleichung für verschiedene Risse bestimmt werden:

$$K_I = \sigma \cdot \sqrt{\pi a} \cdot Y \qquad (2.19)$$

Unter zyklischer Beanspruchung ergibt sich der zyklische SIF ΔK_I aus der Spannungsschwingbreite $\Delta\sigma$ zu:

$$\Delta K_I = \Delta\sigma \cdot \sqrt{\pi a} \cdot Y \qquad (2.20)$$

Bei metallischen Werkstoffen wächst ein Riss unter zyklischer Beanspruchung exponentiell bis zum Bruch an. Je höher die zyklische Beanspruchung, desto schneller wächst der Riss und desto eher tritt der Bruch durch statische Überbeanspruchung ein. Die Zusammenhänge sind in Abbildung 2.19a schematisch gezeigt. Aus den Kurven von Abbildung 2.19a kann über die Kurvensteigung die lastspielspezifische Rissfortschrittsrate und über die zyklische Beanspruchung $\Delta\sigma$, die Risslänge a und den Geometriefaktor Y der zykl. SIF ΔK bestimmt werden (auf die explizite Angabe von „I" für Mode I wird im Folgenden verzichtet).

Die Rissfortschrittsrate und der zykl. SIF werden logarithmisch zueinander aufgetragen und ergeben die charakteristische Rissfortschrittskurve in Abbildung 2.19b. Die verschiedenen Rissfortschrittsversuche finden sich nun auf dieser

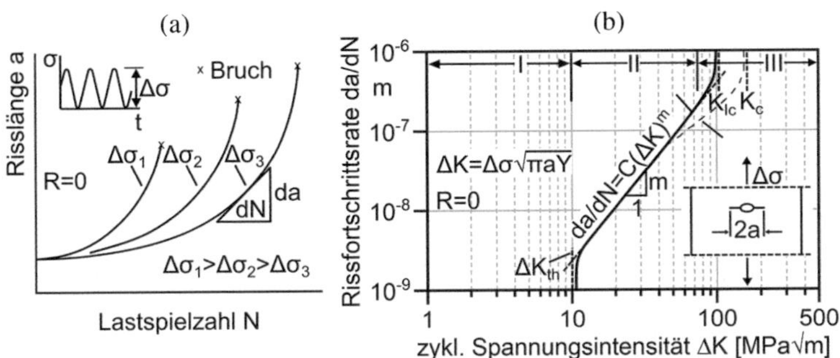

Abbildung 2.19 Rissfortschrittsverhalten metallischer Werkstoffe: (a) Risslänge a über der Lastspielzahl N in Abhängigkeit von der zyklischen Beanspruchung $\Delta\sigma$ und (b) Rissfortschrittsrate da/dN über dem zyklischen Spannungsintensitätsfaktor ΔK (vgl. [27][15])

einen Rissfortschrittskurve wieder. Es können drei Bereiche I, II und III unterschieden werden. Bereich I stellt den Schwellenwertbereich dar, indem der Riss unterhalb des Schwellenwerts des zykl SIFs ΔK_{th} keinen signifikanten Rissfortschritt von $da/dN < 10^{-10}$ m pro Lastspiel erfährt, d. h. über $\Delta N = 10^7$ ist $\Delta a \leq 1$ mm. Im Bereich II ergibt sich infolge der logarithmischen Skalierung die sog. Paris-Gerade mit dem Paris-Koeffizienten C und -Eponenten m, mit der sich die Rissfortschrittsrate sich über die folgende Paris-Gleichung beschreiben lässt: [27]

$$\frac{da}{dN} = C \cdot (\Delta K)^m \qquad (2.21)$$

Im Bereich III wird der kritische SIF K_{Ic} erreicht und der Werkstoff zeigt zunächst ein stabiles Reißen unabhängig von der Paris-Gerade auf, bis es durch instabiles Risswachstum ab der Risslänge a_c zum Bruch kommt. [27]

Der Schwellenwert des zykl. SIFs (Bereich I) wird stark durch die Mikrostruktur, das Spannungsverhältnis (Mittelspannungseinfluss) und das Umgebungsmedium sowie die Risslänge (Kurzriss < Langriss) beeinflusst. Diese Einflüsse wirken sich im Bereich II weniger stark aus und sind erst im Bereich III wiederum stärker aktiv. Bereich III zeigt zudem eine starke Abhängigkeit von der Probendicke. [27]

---

[15] Reprinted/adapted by permission from Springer Nature: Springer Ermüdungsfestigkeit by D. Radaj and M. Vormwald; Springer-Verlag (2007).

Rissschließ- und -öffnungsverhalten

Die Vorgänge des Rissschließens und Rissöffnens an den Rissflanken dominieren das Rissfortschrittsverhalten und erklären unter anderem den starken
Mittelspannungseinfluss [62,63]. Rissschließen bedeutet, dass sich die Rissflanken wechselseitig berühren und Druckkräfte übertragen können. Dies zeigt sich
bei Auftragung der Spannung σ über die Verschiebung der Rissspitze δ in Abbildung 2.20a durch eine Steifigkeitsänderung. Während des Rissschließens ist die
Spannungssingularität an der Rissspitze unterbrochen, wodurch nach Kujawski [64] ein Rissfortschritt oder eine Schädigung ausgeschlossen werden kann.
Rissschließen tritt nicht zwangsläufig im Übergang von Zug- auf Druckgrund-
beanspruchungen auf, sondern auch oberhalb oder unterhalb dieses Übergangs.
Die Rissöffnungsbeanspruchung σ_{op} stimmt zudem nicht zwangsläufig mit der
Rissschließbeanspruchung σ_{cl} überein. Als maßgebend für die Schädigung unter
zyklischer Beanspruchung wird die Spannungsschwingbreite oberhalb der Riss-
öffnungsspannung $\Delta\sigma - \sigma_{op}$ angesehen, die effektive Spannungsschwingbreite.
genannt wird. Das Verhältnis von ΔK_{eff} zu ΔK wird als Rissöffnungsverhältnis
U bezeichnet und wie folgt definiert:

$$U = \frac{\Delta\sigma_{eff}}{\Delta\sigma} = \frac{\Delta K_{eff}}{\Delta K} \qquad\qquad (\,2.22)$$

Ist das Rissöffungs- und -schließverhalten bekannt, kann die Lebensdauervorhersage für Einstufen- und Mehrstufenversuche signifikant verbessert werden. Zu
den wichtigsten Rissschließmechanismen gehören nach Suresh u. Ritchie [65] (a)
die Aufdickung der Rissflanken durch plastische Verformung, (b) die spannungs-
induzierte Austenit-Martensit-Transformation, (c) die Oxidation der Rissflanken,
(d) die Oberflächenrauheit der Rissflanken und (e) viskose Flüssigkeiten im Riss.
Bei duktilen Werkstoffen ist die Aufdickung der Rissflanken durch plastische
Verformung maßgebend. Bei spröden Werkstoffen spielen die Oberflächenrauheit
und die Oxidation der Rissflanken eine entscheidende Rolle. [27]

Die unterschiedlichen Komponenten des zykl. SIFs sind in Abbildung 2.20b
nach Schijve [66] dargestellt. Mit Erreichen von K_{op} wird der Riss geöffnet, sodass die Differenz aus ΔK und K_{op} als treibende Beanspruchung für
den Rissfortschritt wirkt und als effektiver zykl. SIF ΔK_{eff} bezeichnet wird.
Das Rissfortschrittsverhalten im Bereich II kann nach Newman [67] analog zu
Gl. 2.21 durch Einführung von ΔK_{eff} beschrieben werden:

$$\frac{da}{dN} = C \cdot \left(\Delta K_{eff}\right)^{m} \qquad\qquad (\,2.23)$$

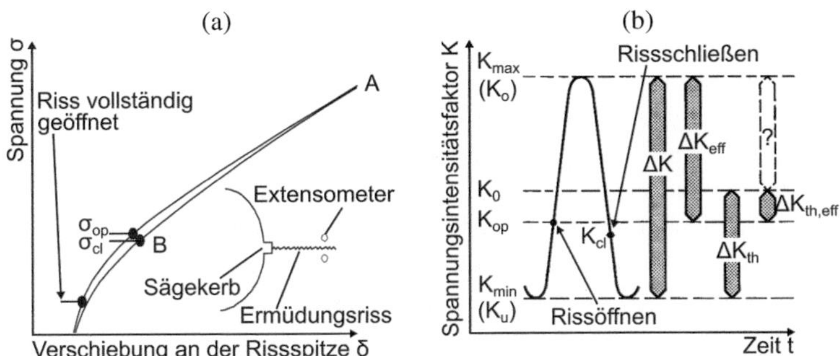

Abbildung 2.20 Rissschließen und -öffnen: (a) Schematische Darstellung des Spannungs-Rissöffnungs-Diagramms [58] und (b) Definition des effektiven zyklischen Spannungsintensitätsfaktors [66]

Nach Chapetti et al. [68] ergibt sich die Triebkraft für Rissfortschritt aus der Differenz des zykl. SIFs und des Schwellenwerts des zykl. SIFs ΔK_{th}, die in Abbildung 2.20b von Schijve [66] als unbekannte Größe (Fragezeichen) gekennzeichnet wurde, da deren Rolle bezüglich Rissfortschrittsverhalten der des effektischen zykl. SIFs untergeordnet wurde. Untersuchungen von Zheng [69], Steimbreger u. Chapetti [70], Aigner et al. [71] und Zerbst et al. [72] zeigen, dass eine derartige bruchmechanische Betrachtung eine einheitliche Beschreibung des Lang- und Kurzrissfortschritts über folgende Gleichung ermöglicht:

$$\frac{da}{dN} = C \cdot (\Delta K - \Delta K_{th})^{m} \tag{2.24}$$

Die Triebkraft als Differenz $\Delta K - \Delta K_{th}$ kann zudem über die Differenz aus effektiven zykl. SIF ΔK_{eff} und dem „intrinsischen" bzw. effektiven Schwellenwert $\Delta K_{th,eff}$ berechnet werden. Der effektive Schwellwert des zykl. SIFs kann über den E-Modul E wie folgt berechnet werden:

$$\Delta K_{th,eff} = \chi \cdot 10^{-5} \cdot E \tag{2.25}$$

Aus der Literatur sind Korrelationsfaktoren χ von 1,3–1,64 $\sqrt{m}$ [73–76] bekannt. Da dieser für das Kurzrissverhalten von besonderer Bedeutung ist, wird er im folgenden Kapitel näher erläutert.

Elastisch-plastische Bruchmechanik

Die Entwicklung der Rissfortschrittsrate in Abhängigkeit von der Risslänge ist in Abbildung 2.21a für unterschiedliche Grundbeanspruchungen nach Kujawski u. Ellyin [77] dargestellt. Während die Rissfortschrittsrate für Langrisse unabhängig von der Grundbeanspruchung kontinuierlich ansteigt, zeigen Kurzrisse für Grundbeanspruchungen unterhalb der Zugfestigkeit des Werkstoffs einen Abfall der Rissfortschrittsrate über die Risslänge bis zum Übergang zum Langriss. Dieser Abfall der Rissfortschrittsrate kann bei Grundbeanspruchungen unterhalb der Ermüdungsfestigkeit (σ_{aL}) sogar zum Rissstillstand führen, sodass dieser ohne Erhöhung der Grundbeanspruchung oder der Umgebungsbedingungen nicht mehr wachstumsfähig ist. Insgesamt führt eine höhere Grundbeanspruchung bei Kurz- wie Langrissen zur Erhöhung der Rissfortschrittsrate bei gleicher Risslänge. Der Übergang von Kurz- zum Langrissverhalten ist auf mikrostrukturelle Hindernisse, wie Korn- und Phasengrenzen zurückzuführen, und wird über den mikrostrukturellen Hindernisabstand d_h beschrieben. Dieser umfasst als Dimension meist die Abstände mehrerer Einzelabstände von mikrostrukturellen Hindernissen (z. B. Korn- oder Phasengröße, Dendritenarmstand). Abbildung 2.21b zeigt die Wirkung verschiedener Einflussgrößen auf die Rissfortschrittskurve in doppellogarithmischer Darstellung. Eine Erhöhung der Beanspruchung oder der Temperatur führen zu einem Anstieg der Rissfortschrittrate bei gleichem ΔK. Eine korrosive Umgebung zeigt einen vergleichbaren Einfluss, während ein Vakuum zur Reduktion der Rissfortschrittsrate führt. Die Mikrostruktur beeinflusst besonders ΔK_{th}.

Der Grund für das unterschiedliche Rissfortschrittsverhalten von Kurz- und Langrissen liegt in der Ausbildung der plastisch verformten Zone am Riss bzw. an der Rissspitze. Diese ist bei Langrisswachstum auf das Nahfeld der Rissspitze begrenzt, während Kurzrisse plastischen Zonen in der Größenordnung des Kurzrisses selbst ausgesetzt sind. Dies führt bei Kurzrissen zu einer signifikanten Ausrundung der Rissspitze, wodurch die Kerbschärfe und Spannungskonzentration reduziert werden (Langriss: kleine Ausrundung, hohe Spannungskonzentration). Bei sehr kurzen Rissen dominieren Mikrostruktureffekte, wie Korn- und Phasengrenzen, Poren und Mikrolunker das Rissfortschrittsverhalten. Je nach Kurzrissgröße wird zwischen mikrostrukturellen und physikalisch kurzen Rissen unterschieden. Mikrostrukturelle Kurzrisse besitzen eine Risslänge unterhalb des mikrostrukturellen Hindernisabstands d_h. Deren Rissfortschrittsverhalten wird auf Basis mikrostrukturbasierter Rissfortschrittsmodelle, wie den Barrieremodellen nach Tanaka et al. [79,80] und Vormwald [50] sowie nach Navarro und de los Rios [81,82], beschrieben und berücksichtigen die kristallografische Orientierung sowie die statistische und räumliche Verteilung von Korn- und Phasengrenzen. Physikalisch kurze Risse mit Dimensionen oberhalb von d_h können wie

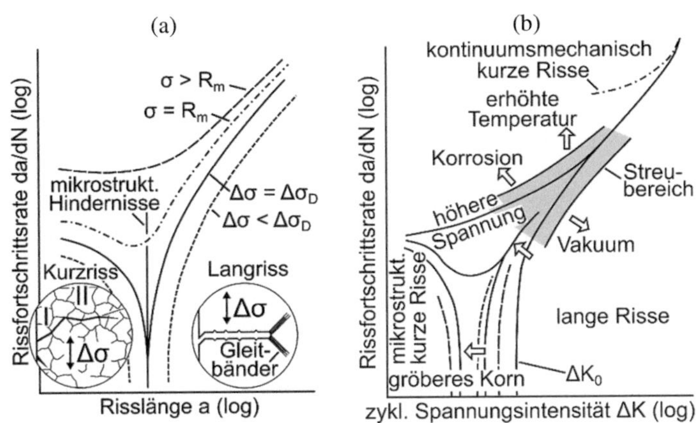

Abbildung 2.21 Schematische Darstellung der Rissstadien I und II: Kurzrisseinleitung und -fortschritt im Stadium I und II sowie Langrissfortschritt im Stadium II und deren Einfluss auf die Rissfortschrittsrate in Abhängigkeit von (a) der Risslänge und Beanspruchung nach Kujawski und Ellyin [77] und (b) dem zykl. Spannungsintensitätsfaktor und dessen Wechselwirkung mit äußeren und inneren Einflussgrößen nach Nowack et al. [78] (vgl. [27][16])

Langrisse über kontinuumsmechanische Rissfortschrittsmodelle, wie dem Z- oder J-Integral beschrieben werden [27]. Das betrachtete Rissfortschrittsverhalten in dieser Abhandlung umfasst den Bereich physikalisch kurzer Risse und Langrisse, weswegen die kontinuumsmechanische Beschreibung der Kurzrissbruchmechanik im Folgenden näher erläutert wird.

Elastisch-plastische Rissbeanspruchung mit Rissschließen
Als Beanspruchungsgröße der Risspitze kann bei Kurzrissen die zyklische Rissöffnungsverschiebung $\Delta\delta$ und das zyklische J-Integral ΔJ genutzt werden und soll im Folgenden anhand des zyklischen J-Integrals erläutert werden. Das zyklische J-Integral ΔJ kann nach Dowling [83] durch additive Überlagerung der elastischen und plastischen Anteile der Verformungsenergiedichten w_e und w_p über unterschiedliche Gewichtungsfaktoren f_1 und f_2 bestimmt werden:

$$\Delta J = \left(f_1 \cdot w_e + f_1 \cdot f\left(n'\right) \cdot w_p\right) \cdot a \qquad (2.26)$$

[16] Reprinted/adapted by permission from Springer Nature: Springer Ermüdungsfestigkeit by D. Radaj and M. Vormwald; Springer-Verlag (2007).

Die Gewichtungsfaktoren sind u. a. von der Rissgeometrie abhängig (Durchriss: $f_1 = 2\pi$; halbkreisförmiger Oberflächenanriss: $f_1 = \left(1 - v^2\right) \cdot 0,68^2 \cdot 2\pi = 0,42 \cdot 2\pi$ für $v = 0,3$) sowie vom werkstoffspezifischen zyklischen Verfestigungskoeffizient n'. Die elastische und plastische Verformungsenergiedichte ergibt sich nach Dowling [83] wie folgt:

$$w_e = \frac{\Delta\sigma^2}{2E} \qquad (2.27)$$

$$w_p = \frac{\Delta\sigma \cdot \Delta\varepsilon_p}{n' + 1} \qquad (2.28)$$

Die Umrechnung des ΔJ-Integrals auf den quasi-elastischen ΔK-Wert ΔK_J kann zu Vergleichszwecken über folgende Gleichung erfolgen:

$$\Delta K_J = \sqrt{E \cdot \Delta J} \qquad (2.29)$$

Unter Berücksichtigung des Rissschließens haben Heitmann [49] und Vormwald [51] unterschiedliche Lösungen für wirksame ΔJ_{eff}-Integral entwickelt. Die Lösung von Heitmann et al. [49,54] soll im Folgenden näher erläuert werden. Sie basiert auf einer numerischen Lösung von He und Hutchinson [84], nach dem das Rissschließen lediglich den schädigungswirksamen Anteil der elastischen Verformungsenergiedichte w_e beeinflusst, indem der effektive Anteil $w_{e,eff}$ genutzt wird. Hierzu wird der Ansatz für Rissschließen nach Schijve [85] (experimentell für Al-Legierungen ermittelt) verwendet:

$$\Delta\sigma_{eff} = \frac{3,72}{(3 - R)^{1,74}} \cdot \Delta\sigma \qquad (2.30)$$

Der gesamte Anteil der plastischen Verformungsenergiedichte w_p je Zyklus wirkt nach Heitmann [49] schädigend auf den Kurzriss und wird entsprechend nicht durch das Rissschließen beeinflusst. Das ΔJ_{eff}-Integral nach Heitmann ist auch als Z-Integral bekannt und ist wie folgt für den halbkreisförmigen Oberflächenanriss für den ebenen Spannungszustand definiert:

$$\Delta J_{eff} = Z = \left[2,9 \cdot \frac{\left(\Delta\sigma_{eff}\right)^2}{2E} + 2,5 \cdot \Delta\sigma \cdot \frac{\Delta\varepsilon_p}{n' + 1}\right] \cdot a = P_{He} \cdot a \qquad (2.31)$$

Die ΔJ_{eff}-Integrale nach Heitmann [49] ermöglicht die Beschreibung des stabilen Risswachstums (Bereich II, Paris-Bereich) für unterschiedliche elastische sowie elastisch-plastische Beanspruchung über eine „Paris-Gerade". Dies ist mit Hilfe des zyklischen Spannungsintensitätsfaktors ΔK bzw. dessen Effektivwert ΔK_{eff} nicht zwangsläufig möglich und ist in Abbildung 2.22 im Vergleich zum ΔJ_{eff}-Integral nach Heitmann [49] gezeigt. Eine erhöhte Beanspruchung führt in Abbildung 2.22a dazu, dass die Rissfortschrittsrate als Funktion von ΔK_{eff} bei elastisch-plastischer Beanspruchung überschätzt wird. Das ΔJ_{eff}-Integral kann den Einfluss der elastisch-plastischen Beanspruchung auf die Rissspitzenbeanspruchung kontiuumsmechanisch berücksichtigen, wodurch sich die Rissfortschrittskurven für unterschiedliche elastisch-plastische Beanspruchungen überlagern und ein Bereich des stabilen Kurzriss- und Langrissfortschritts analog zum Paris-Gesetz beschrieben werden kann:

$$\frac{da}{dN} = C^* \cdot \left(\Delta J_{eff}\right)^{m^*} \qquad (2.32)$$

Aus dem Zusammenhang des ΔJ-Integrals mit dem ΔK-Wert nach Gl. 2.29 ergibt sich im Grenzfall linear-elastischen Verhaltens der Zusammenhang der Koeffizienten zu $m^* = 0,5m$ und entsprechend $C^* = C \cdot E^{m^*}$. Das kontinuumsmechanische Kurzrissverhalten kann über diese Zusammenhänge auf Basis des linear-elastischen Langrissverhaltens abgeschätzt werden.

Schwellenwert von Kurzrissen

Im Bereich kurzer Risse zeigt der Schwellenwert des zykl. Spannungsintensitätsfaktors ΔK_{th} eine starke Abhängigkeit von der Risslänge im Gegensatz zum Langrissbereich, wo sich der Schwellenwert asymptotisch dem charakteristischen Schwellenwert des zykl. Spannungsintensitätsfaktors von Langrissen ΔK_{th}^* annähert. Eine erhöhte Beanspruchung verstärkt diesen Effekt und führt auch bei Langrissen zu verringerten Schwellenwerten, wie es in Abbildung 2.22 deutlich wird. Frost [86] konnte dies erstmals für unterschiedliche metallische Werkstoffe (Stahl, Aluminium, Kupfer) zeigen. Die Risslänge, ab der ΔK_{th} abfällt, ist von der Mikrostruktur abhängig. Tanaka et al. [87] konnte dies auf die Korngröße zurückführen (Gleitbandblockierung an Korngrenzen) und feststellen, dass ΔK_{th} sich proportional zu Quadratwurzel der Korngröße verhält ($\Delta K_{th} \sim \sqrt{d}$), während sich die Ermüdungsfestigkeit $\Delta \sigma_L$ sich invers zur Quadratwurzel der Korngröße verändert ($\Delta \sigma_L \sim 1/\sqrt{d}$). Der reduzierte ΔK_{th} bei mikrostrukturellen Kurzrissen wird auf die umschließende plastische Zone zurückgeführt, wodurch der Riss sich nicht schließen kann und auch bei hohen Druckbeanspruchungen

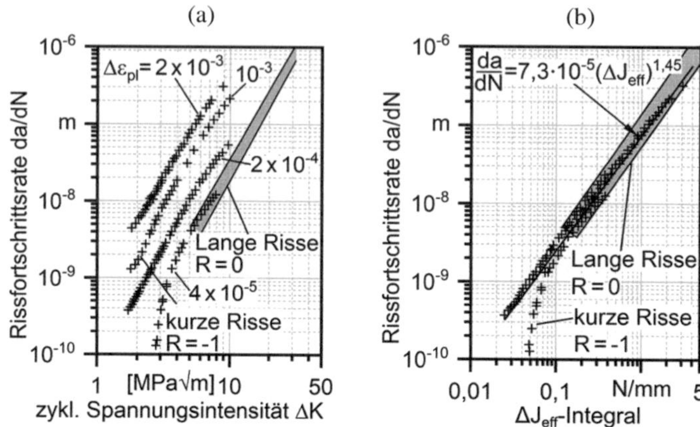

Abbildung 2.22   Rissfortschrittsrate von Kurz- und Langrissen bei unterschiedlichen plastischen Dehnungsschwingbreiten $\Delta\varepsilon_p$ (a) als Funktion des ΔK_{eff}-Werts und (b) des ΔJ_{eff}-Integrals nach Heitmann et al. [49] (vgl. [27][17])

geöffnet bleibt. Die Ausbildung eines Schwellenwerts ist für mikrostrukturelle Kurzrisse daher nicht primär auf das Rissschließen (vgl. Langrisse) zurückzuführen, sondern, wie von Tanaka et al. [87] erläutert, mit dem Gleitbandblockieren an mikrostrukturellen Korn- und Phasengrenzen zu begründen. [27]

Die Darstellung der Ermüdungsfestigkeit $\Delta\sigma_L$ als Funktion der Risslänge a wird als Kitagwa-Takahashi-Diagramm (KT-Diagramm) bezeichnet (nach Kitagawa und Takahashi [88]) und ist in Abbildung 2.23 in logarithmischer Skalierung dargestellt. Es zeigt die Ermüdungsfestigkeit $\Delta\sigma_L$ als Funktion der Risslänge a, der intrinsichen Ermüdungsfestigkeit $\Delta\sigma_L^*$ und des Schwellenwerts des zykl. Spannungsintensitätsfaktors für Langrisse ΔK_{th}^*. Die intrinsische Ermüdungsfestigkeit $\Delta\sigma_L^*$ entspricht der Ermüdungsfestigkeit für den rissfreien Werkstoffzustand bzw. bei defektbehafteten Werkstoffen für den riss- und defektfreien Werkstoffzustand und stellt eine Werkstoffkonstante dar. $\Delta\sigma_L^*$ und ΔK_{th}^* umschließen einen Bereich A-B-C, unterhalb dessen es zum Rissstillstand kommt.

El Haddad [89,90] konnte zeigen, dass der Übergang zwischen beiden Grenzkurzen fließend verläuft und mit Hilfe des Übergangsparameters a^* als Eigenrisslänge und Werkstoffkonstante beschrieben werden kann ($Y = 1$):

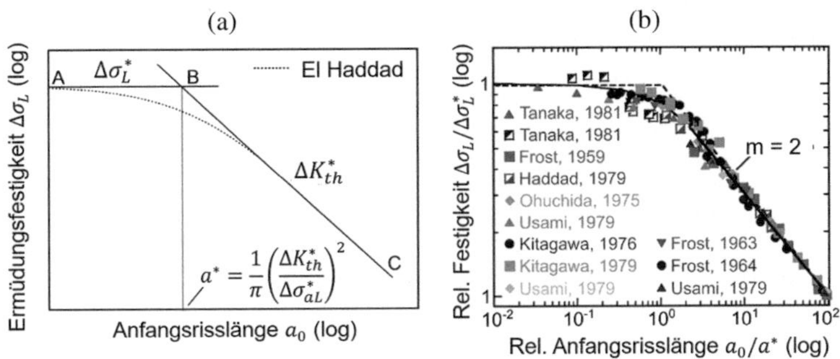

Abbildung 2.23   Kitagawa-Takahashi-Diagramm mit El Haddad-Kurve: (a) Schematische Darstellung [89,90] und (b) experimentelle Validierung [91]

$$\Delta\sigma_L = \frac{\Delta K_{th}^*}{\sqrt{\pi \cdot (a + a^*)}} \tag{2.33}$$

$$a^* = \frac{1}{\pi}\left[\frac{\Delta K_{th}^*}{\Delta\sigma_L^*}\right]^2 \tag{2.34}$$

Der Schwellenwert des zyklischen Spannungsintensitätsfaktors ΔK_{th} in Abhängigkeit von der Risslänge a kann nach El Haddad et al. [89,90] über folgende Gleichung ermittelt werden ($Y = 1$):

$$\Delta K_{th} = \Delta\sigma_L \cdot \sqrt{\pi \cdot (a + a^*)} \tag{2.35}$$

Durch die Erweiterung nach El Haddad nähert sich ΔK_{th} bei wachsender Risslänge asymtotisch dem Schwellenwert des zykl. Spannungsintensitätsfaktors für Langrisse ΔK_{th}^* an und fällt für kurze Risse signifikant ab bis zum Erreichen des effektiven Schwellenwert (Gl. 2.25).

Der Zusammenhang nach El Haddad im Kitagawa-Takahashi-Diagramm kann auf Basis der Untersuchungsergebnisse von Blom et al. [92] in Abbildung 2.24a an Al-Legierungen den verschiedenen Rissstadien Ia (schubspannungsgesteuerte Rissbildung), Ib (schubspannungsgesteuerter Rissfortschritt in Mode I-Richtung, vgl. [93])und II (normalspannungsgesteuerter Rissfortschritt) zugeordnet werden.

Insgesamt lassen sich drei Bereiche unterscheiden: Stadium Ia (Kurzriss), Stadium Ib (Kurzriss) und Stadium II (Langriss). Ein signifikanter Abfall

Abbildung 2.24 (a) Zuordnung der Rissstadien I und II für Kurz- und Langrisse im Kitagawa-Takahashi-Diagramm in Abhängigkeit von der Oberflächenrisslänge c und (b) in Korrelation zu Rissschließeffekten für Al-Werkstoffe nach Blom et al. [92] (vgl. [27][18])

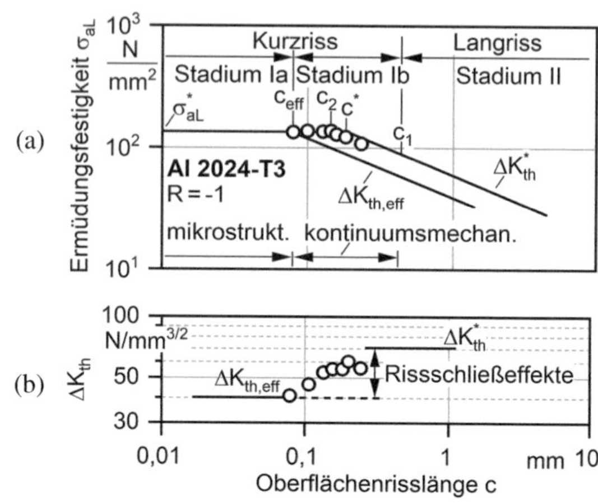

der Ermüdungsfestigkeit $\Delta\sigma_L$ ergibt sich ab der Oberflächen-Risslänge c_2 im Übergangsbereich von II auf. Unterhalb des KT-Diagramms ist zusätzlich der Schwellenwert des zykl. Spannungsintensitätsfaktors ΔK_{th} aufgetragen und kann charakteristischen Oberflächen-Risslängen c zugeordnet werden. ΔK_{th} nähert sich asymptotisch zwei Grenzwerten an. Zum einen dem Schwellenwert des zykl. Spannungsintensitätsfaktor für Langrisse ΔK_{th}^* mit Erreichen der Oberflächen-Eigenrisslänge c_0 nach El Haddad (Stadium Ib, Kurzriss). Zum anderen dem intrinsischen bzw. effektiven Schwellenwert des zykl. Spannungsintensitätsfaktors $\Delta K_{th,eff}$ hin zu mikrostrukturellen Kurzrissen mit Erreichen der effektiven Oberflächen-Eigenrisslänge c_{eff} (Stadium Ia, Kurzriss). Rissschließeffekte wirken oberhalb von c_{eff} und $\Delta K_{th,eff}$ und sind maximal bei ΔK_{th}^* (Stadium II, c_1) näherungsweise mit Erreichen der Oberflächen-Eigenrisslänge c^* nach El Haddad. Unterhalb von $\Delta K_{th,eff}$ ist der Schwellenwert des zyklischen Spannungsintensitätsfaktors ΔK_{th} unabhängig von Rissschließeffekten und abhängig von mikrostrukturellen Hindernissen wie z. B. dem Gleitbandblockieren durch Korn- und Phasengrenzen. Bei Charakterisierung der Kennwerte können (i) die intrinsische Ermüdungsfestigkeit $\Delta\sigma_L^*$, (ii) der Schwellenwert des zykl. Spannungsintensitätsfaktors für Langrisse ΔK_{th}^* und (iii) der effektive Schwellenwert des zykl. Spannungsintensitätsfaktors $\Delta K_{th,eff}$ der Rissstadien I und II den Kurz- und Langrissphasen zugeordnet werden.

---

[18] Reprinted/adapted by permission from Springer Nature: Springer Ermüdungsfestigkeit by D. Radaj and M. Vormwald; Springer-Verlag (2007).

2.2.4 Lebensdauervorhersage defektbehafteter Werkstoffe

Frost [86] konnte für gekerbte Proben mit konstanter Kerbtiefe herausfinden, dass die Ermüdungsfestigkeit mit steigender Spannungskonzentration abfällt und dass es einen Schwellenwert gibt, ab dem die Ermüdungsfestigkeit nicht weiter abfällt und einen konstanten Wert annimmt. Damit hatte der Krümmungsradius des Kerbs mit Erreichen dieses Schwellenwerts keine Wirkung mehr auf die Ermüdungsfestigkeit. Smith und Miller [94] konnten diesen empirischen Befund darauf zurückführen, dass die Kerbgrundbeanspruchung mit Erreichen dieses Schwellenwerts der Rissgrundbeanspruchung eines Langrisses mit gleicher Risslänge entspricht (Kerbtiefe = Risslänge). Dadurch konnte der Einfluss der Kerbtiefe oder Risslänge auf die Ermüdungsfestigkeit $\Delta\sigma_L$ über folgende Gleichung aus der linear-elastischen Bruchmechanik vorhergesagt werden (Schwellenwert des zykl. Spannungsintensitätsfaktors für Langrisse ΔK_{th}^*):

$$\Delta\sigma_L = \frac{\Delta K_{th}^*}{\sqrt{\pi a} \cdot Y} \qquad (2.36)$$

Kitagawa-Takahashi-Diagramm und der Ansatz nach El Haddad
Dieser Zusammenhang findet heute bei der Auslegung anriss- oder defektbehafteter Werkstoffe und Strukturen mittels KT-Diagramm Anwendung (s. Abbildung 2.23a). Sadananda und Sakar [91] haben eine Vielzahl an Untersuchungen analysiert und die intrinsische Ermüdungsfestigkeit $\Delta\sigma_L^*$ und intrinsische Risslänge a^* gegeneinander in Abbildung 2.23b aufgetragen. Dieses normierte KT-Diagramm zeigt für unterschiedliche Untersuchungen an Stahl-, Al- und Ti-Werkstoffen, dass ein kontinuierlicher Übergang zwischen $\Delta\sigma_L^*$ und ΔK_{th}^* vorliegt.

Der Einfluss verschiedener Riss- oder Defektgeometrien, die sich hinsichtlich der Lage im Bauteil (Oberflächen- oder Volumenpore) oder der Proben- bzw.- Bauteilgröße (Verhältnis Risslänge zur Probenbreite) unterschieden, können nicht in einem KT-Diagramm direkt verglichen werden, da die Gl. 2.33 und Gl. 2.34 hierzu um den Geometriefaktor Y erweitert werden müssen, um einen konsistenten und stetigen Übergang zwischen den Grenzwerten $\Delta\sigma_L^*$ und ΔK_{th}^* zu realisieren [95,96]:

$$\Delta\sigma_L = \frac{\Delta K_{th}^*}{Y \cdot \sqrt{\pi \cdot (a + a^*)}} \qquad (2.37)$$

$$a^* = \frac{1}{\pi}\left[\frac{\Delta K_{th}^*}{Y \cdot \Delta\sigma_L^*}\right]^2 \tag{2.38}$$

Dadurch ist die Eigenrisslänge a^* vom Geometriefaktor Y abhängig und somit keine Werkstoffkonstante mehr. Atzori et al. [22] haben diese Problemstellung gelöst, indem der Geometriefaktor Y allein mit der Risslänge a verknüpft wird, wodurch a^* wieder nach Gl. 2.34 (nicht Gl. 2.38) bestimmt und als Werkstoffkonstante mitgeführt werden kann. Im modifizierten KT-Diagramm wird die Ermüdungsfestigkeit $\Delta\sigma_L$ als Funktion des Riss- bzw. Defektparameter $Y^2 \cdot a$ aufgetragen, wodurch unterschiedliche riss- oder defektspezifische Einflüsse auf die Ermüdungsfestigkeit mittels eines vereinheitlichten KT-Diagramms über die modifizierte Gleichung von El Haddad [89,90] gegenübergestellt werden können:

$$\Delta\sigma_L = \frac{\Delta K_{th}^*}{\sqrt{\pi \cdot \left(Y^2 \cdot a + a^*\right)}} \tag{2.39}$$

Die Anwendung des KT-Diagramms benötigt die Kenntnis über die intrinsische Ermüdungsfestigkeit $\Delta\sigma_L^*$ und den Schwellenwert des zykl. Spannungsintensitätsfaktors für Langrisse ΔK_{th}^*. Bei defektbehafteten Werkstoffen ist die Ermittlung der intrinsischen Ermüdungsfestigkeit meist mit hohen verfahrenstechnischen Aufwänden (z. B. Nachverdichtung durch HIP-Behandlung) verbunden oder nicht möglich. Sofern für einen defektbehafteten Werkstoff die bruchauslösende „initiale" Riss- oder Defektgröße a_i, der Geometriefaktor Y und die „defektbehaftete" Ermüdungsfestigkeit $\Delta\sigma_L$ bekannt ist, kann $\Delta\sigma_L^*$ (inkl. a^*) nach Tanaka et al. [31] über folgende Gleichungen abgeschätzt werden:

$$a^{**} = \frac{1}{\pi}\left[\frac{\Delta K_{th}^*}{Y \cdot \Delta\sigma_L}\right]^2 \tag{2.40}$$

$$a^* = a^{**} - a_i \tag{2.41}$$

$$\Delta\sigma_L^* = \Delta\sigma_L\sqrt{\frac{a^{**}}{a^*}} \tag{2.42}$$

Modell nach Murakami ($\sqrt{area}$-Modell)

In Werkstoffen und Bauteilen besitzen Anrisse und Defekte keine ideale zweidimensionale (2D) Struktur, sondern eine komplexe dreidimensionale (3D) Struktur. Die Ermittlung der Riss- oder Defekttiefe bzw. -größe ist damit schwer bzw. nur mit einem hohen zeitlichen Aufwand möglich. Aufgrund dessen haben Murakami et al. [97,98] den Defektparameter $\sqrt{area}$ bzw. $\sqrt{A}$ als Maß für die Größe eines Anrisses oder Defekts eingeführt. Als festigkeitsmindernd wird die projizierte Querschnittsfläche senkrecht zur Normalspannung A gesehen bzw. deren Quadratwurzel $\sqrt{A}$. Nach Murakami et al. muss anstelle der „realen" projizierten Querschnittsfläche A die umhüllende, konvexe Querschnittsfläche A_{eff} („effektiv") genutzt werden, da von den konkaven Oberflächenbereichen eine vernachlässigbare Stützwirkung ausgeht. Die komplexe 3D-Struktur eines Anrisses oder Defekts kann somit in eine eindimensionale (1D) Schädigungsgröße $\sqrt{A_{eff}}$ übertragen werden. Der maximale Spannungsintensitätsfaktor ergibt sich damit zu:

$$K_{max} = Y \cdot \sigma_{max} \cdot \sqrt{\pi \cdot \sqrt{A_{eff,i}}} \qquad (\,2.43)$$

Der Wahl des Geometriefaktors Y ist abhängig vom Oberflächenabstand t des Anrisses oder Defekts und kann nach Mayer et al. [34] über den äquivalenten Durchmesser D_{aq} des Anrisses oder Defekts ermittelt werden. In dieser Arbeit wurde statt D_{aq} die Kantenlänge des Äquivalenzvierecks $\sqrt{A_{eff}}$, da die Unterschiede gering sind und eine reduzierte Defektparameteranzahl verwendet werden kann. Die Klassierung von Defekten nach Murakami ist in Abbildung 2.25 schematisch dargestellt zuzüglich des Geometriefaktors Y für Gl. 2.43 und C für Gl. 2.45. Die Besonderheit liegt in der Separierung zwischen Oberflächendefekt und oberflächennahem Defekt. Für oberflächennahe Defekte ($0 < t \leq \sqrt{A_{eff}}$) wird die Fläche zwischen Defekt und Oberfläche der Defektfläche A_{eff} hinzuaddiert, da aufgrund der hohen Spannungskonzentration von einer schnellen Rissbildung zwischen Defekt und Oberfläche ausgegangen werden kann.

Mit Hilfe des Murakami-Modells [97] gibt es zudem die Möglichkeit die Ermüdungsfestigkeit σ_{aL} auf Basis der Makrohärte HV und der bruchauslösenden Defektgröße $\sqrt{A_{eff,i}}$ abzuschätzen. Dies geschieht mit Hilfe des empirischen Zusammenhangs der Makrohärte und bruchauslösender Defektgröße mit dem Schwellenwert des Spannungsintensitätsfaktors ΔK_{th}. Die Hypothese ist, dass die Ermüdungsfestigkeit bei hohen und sehr hohen Lastspielzahlen erreicht wird, wenn der zustandsspezifische Schwellenwert ΔK_{th} als Funktion der Defektgröße und Makrohärte unterschritten wird. Hierbei konnte abhängig von der Lage des

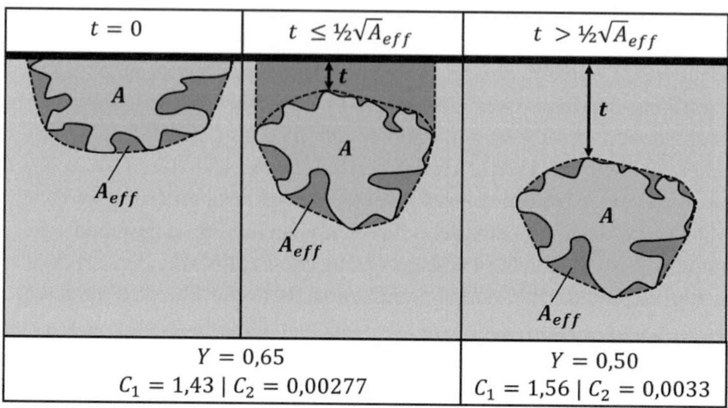

Abbildung 2.25 Anwendung des Murakami-Modells: (a) Vermessung der bruchauslösenden, konvexen Defektfläche A_{eff} und (b) Ermittlung der Geometriefaktoren Y und C anhand des Oberflächenabstands t

Defekts, d. h. an der Oberfläche oder im Volumen, die folgende Gleichung zur Vorhersage der Ermüdungsfestigkeit ermittelt werden (Oberfl.: $C_1 = 1{,}43$; Vol.: $C_1 = 1{,}56$):

$$\sigma_{aL}^{**} = \frac{C_1 \cdot (HV + 120)}{\left(\sqrt{A_{eff,i}}\right)^{1/6}}$$ (2.44)

Das Murakami-Modell wurde zusätzlich auf die Anwendung bei sehr hohen Lastspielzahlen in Stählen, unter Ausbildung sog. „Fish-eye"-Bruchflächen an nicht-metallischen Einschlüssen, optimiert [99].

Mit Hilfe des Murakami-Modells kann der Schwellenwert der zykl. Spannungsintensitätsfaktors ΔK_{th}^{**} für Kurzrisse bzw. Defekte wie folgt abgeschätzt werden (Oberfl.: $C_2 = 0{,}00277$; Vol.: $C_2 = 0{,}0033$):

$$\Delta K_{th}^{**} = C_2 \cdot (HV + 120) \cdot \left(\sqrt{A_{eff,i}}\right)^{1/3}$$ (2.45)

Die Gültigkeit konnte durch Liu et al. [100] und Yan et al. [101] an hochfesten Stählen u. a. martensitischen Federstählen validiert werden. Die bruchauslösende

Defektgröße $\sqrt{A_{eff,i}}$ wird im Weiteren als a_i, d. h. als Anfangsdefektgröße oder initiale Defektgröße analog zur Anfangsrissgröße bezeichnet.

Modell nach Shiozawa

Für das Modell nach Shiozawa wird das Paris-Erdogan-Gesetz zur Beschreibung der Rissfortschrittsrate am bruchauslösenden Defekt a_i, wie von Tanaka u. Akiniwa [102] detailliert erläutert, genutzt:

$$\frac{da}{dN} = C \cdot (\Delta K_i)^m \qquad (2.46)$$

Durch Integration von Gl. 2.46 zwischen der anfänglichen Defektgröße a_i und einer spezifischen Rissgröße z. B. beim Probenbruch a_c ergibt sich folgender Zusammenhang: [103]

$$(\Delta K_i)^m \cdot \left(\frac{N_B}{a_i}\right) = \frac{2}{C(m-2)} \left[1 - \frac{1}{\left(\sqrt{\frac{a_c}{a_i}}\right)^{m/2-1}} \right] \qquad (2.47)$$

Dieser Zusammenhang kann unter der Bedingung $a_c \gg a_i$ wie folgt vereinfacht werden: [103]

$$(\Delta K_i)^m \cdot \left(\frac{N_B}{a_i}\right) = \frac{2}{C(m-2)} \qquad (2.48)$$

Diese Gleichung kann wie folgt umgestellt werden, um die Analogie zur Basquin-Gleichung zu erkennen:

$$\Delta K_i = \left[\frac{C(m-2)}{2}\right]^{-1/m} \cdot \left(\frac{N_B}{a_i}\right)^{-1/m} \qquad (2.49)$$

Wird ΔK_i auf der Ordinate und (N_B/a_i) auf der Abzisse doppellogarithmisch aufgetragen, so wird der Zusammenhang für rissfortschrittsdominiertes Ermüdungsverhalten als Gerade vergleichbar zur Wöhler-Kurve dargestellt. Mit Hilfe des ermittelten Potenzgesetzes können der Rissfortschrittsexponent m und der Rissfortschrittskoeffizient C nach Gl. 2.46 bestimmt werden. Dieses Vorgehen konnte Shiozawa et al. [103] für Stähle validieren und zur Abschätzung der

Rissfortschrittsraten zwischen bruchauslösendem Einschluss und der äußersten Grenze der „Fish-eye"-Bruchflächen im VHCF-Bereich nutzen. Zudem eignet sich dieser Zusammenhang, um die Lebensdauer für „beliebige" Kombinationen aus Beanspruchung $\Delta\sigma$ und Defektgrößen a_i anhand von ΔK_i abschätzen zu können. [103]

2.3   Struktursensitive Mess- und Prüfverfahren

Der Ermüdungsfortschritt geht mit Änderungen des zyklischen Verformungs- und Schädigungszustands einher. Die Anrissbildung wird durch zyklische Verformungsvorgänge bestimmt, die infolge der Verformungskonzentration an Defekten in Al-Gusswerkstoffen zur Anrissbildung führen. Zur Detektion des aktuellen Verformungs- und Schädigungszustands sowie deren Entwicklung über die Lastspiele wurden in den letzten Jahrzehnten eine Vielzahl an Mess- und Prüfverfahren entwickelt und hinsichtlich des Einsatzes während des Ermüdungsversuchs modifiziert. Eine Vielzahl an Fortschritten konnte hinsichtlich Metallen [34,39,104–106] insbesondere für Al-Legierungen [107,108] erreicht werden. Im Rahmen dieses Kapitels wird ein Überblick über den aktuellen Stand der Mess- und Prüfverfahren zur zerstörungsfreien Zustandsüberwachung während Ermüdungsuntersuchungen ohne (*in situ*) und mit Probenausbau (*ex situ*) gegeben.

Der Zusammenhang einer struktursensitiven Messgröße M eines Messsystems, sog. Werkstoffreaktionsgröße, mit der Bruchlastspielzahl kann in der Regel analog zur Manson-Coffin-Gleichung 2.4 über ein Potenzgesetz beschrieben werden:

$$\varepsilon_{a,p} = \varepsilon'_B \cdot (2N_B)^c \ \rightarrow \ M = \varepsilon'_{B,M} \cdot (2N_B)^{c_M} \qquad (2.50)$$

Die Kurve erscheint bei logarithmischer Skalierung als Gerade und ist beispielhaft für die plastische Dehnungsamplitude, die Temperaturänderung und elektrische Widerstandsänderung in Abbildung 2.26a am Beispiel der Al-Knetlegierung Al-3Mg-Mn gezeigt. Eine weitere Analogie zur plastischen Dehnungsänderung ergibt sich hinsichtlich der Abhängigkeit der struktursensitiven Messgrößen von der Spannungsamplitude, die vergleichbar zur Morrow-Gleichung 2.7 über ein Potenzgesetz beschrieben werden kann:

$$\sigma_a = K' \cdot \left(\varepsilon_{a,p}\right)^{n'} \sigma_a = K'_M \cdot (M)^{n'_M} \qquad (2.51)$$

Bei logarithmischer Darstellung erscheinen auch diese Zusammenhänge als Gerade und werden im Weiteren „messgrößenunabhängig" als Morrow-Kurven bezeichnet. Die Morrow-Kurven sind am Beispiel der Al-Knetlegierung Al-3Mg-Mn in Abbildung 2.26b dargestellt.

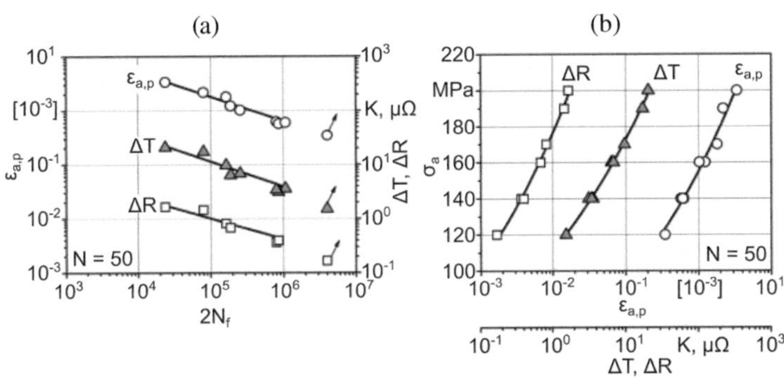

Abbildung 2.26 (a) Manson-Coffin-Kurven und (b) Morrow-Kurven auf Basis der plastischen Dehnungsamplitude, Temperaturänderung und elektrischen Widerstandsänderung für die Al-3Mg-Mn Knetlegierung [107]

Die Ermittlung der charakteristischen Werkstoffreaktionsgrößen M ist abhängig vom zyklischen Verformungs- und Schädigungsverhalten sowie des Vorhandenseins eines Plateaus infolge zyklischer Sättigung. Überlicherweise wird die charakteristische Werkstoffreaktionsgröße M bei zyklischer Sättigung [30], bei halber Bruchlastspielzahl [34,106] (ggf. auch Anrisslastspielzahl) oder bei einer spezifischen Bruchlastspielzahl wie z. B. 50 für die Aluminiumknetlegierung Al-3Mg-Mn [107] oder 10^4 für Stahl [105] ermittelt. Ersteres kann erst *post mortem* bestimmt werden und ermöglicht aufgrund der überlicherweise stärkeren Werkstoffreaktion eine bessere Korrelation in den Manson-Coffin- und Morrow-Kurven. Das Zweitere hingegen kann *in situ* also während des Ermüdungsversuchs ermittelt und zur Abschätzung der Restlebensdauer genutzt werden. Hinsichtlich der Übertragbarkeit auf Zustandsüberwachungssysteme (engl.: Condition Monitoring System, CMS) zur Bauteilüberwachung während des Betriebs stellt der zweite Ansatz die praxisnähere Lösung dar.

Im Folgenden werden die Grundlagen der thermometrischen, elektrischen Messverfahren, der Schwingungs-Dämpfungs-Messung und der computertomographischen Analyse beschrieben und auf ausgewählte, für die Arbeit relevante, Forschungsarbeiten verwiesen. Die Spannungs-Dehnungs-Hysteresemessung zur

Charakterisierung des zyklischen Verformungs- und Schädigungsverhaltens wurden bereits im Abschnitt 2.2.1 und 2.2.2 ausführlich beschrieben.

2.3.1 Thermometrische Messung

Da 90–95 % der geleisteten, plastischen Verformungsarbeit W_p während Ermüdungsbeanspruchung (Verlustarbeit) in Wärme Q_V umgesetzt [34] werden (s. Abschnitt 2.2.1), konnte die Temperaturänderung ΔT in zahlreichen Forschungsarbeiten direkt mit der Entwicklung der plastischen Dehnungsamplitude $\varepsilon_{a,p}$ korreliert werden [34,105,109]. Diese Korrelation zeigte sich u. a. für Aluminiumknetlegierungen in Abbildung 2.26. Entsprechend kann die Temperaturänderung analog zu Manson [35] und Coffin [36] über Gl. 2.50 mit der Bruchlastspielzahl verknüpft werden (Abbildung 2.26a). Die Temperaturänderung kann mit Hilfe der umgesetzen Wärme Q_V ($\approx W_p$), der Masse m und spezifischen Wärmekapazität c sowie eines Korrekturfaktors, der die Abweichung von einer adiabatischen Versuchsführung quantifiziert, wie folgt berechnet werden [34] (f = Korrekturfaktor):

$$\Delta T = f \cdot \frac{Q_V}{m \cdot c} \tag{2.52}$$

Grundsätzlich führt eine zyklische Entfestigung zu einem Temperaturanstieg, während eine zyklische Verfestigung einen Temperaturabfall zur Folge hat. Bei zyklischer Sättigung (Gleichgewicht aus Ent- und Verfestigungsmechanismen) ergibt sich entsprechend keine Temperaturänderung. Die Entwicklung erfolgt somit proportional zur plastischen Dehnungsamplitude und der geleisteten, plastischen Verformungsarbeit.

Im Bereich der Ultraschall-Ermüdungsprüfung bei Prüffrequenzen von 20 kHz konnte die Temperaturänderung während des Versuchs durch Papakyriacou et al. [110] ebenfalls mit der plastischen Dehnungsamplitude korreliert werden. Die Temperaturänderung über N Lastspiele konnte mit Hilfe der Dichte des Werkstoffs ρ, der spezifischen Wärmekapazität c_Q und der Spannungsamplitude σ_a wie folgt berechnet werden [111,112]:

$$\Delta T = \frac{\pi}{\rho \cdot c_Q} \cdot \varepsilon_{a,p} \cdot \sigma_a \cdot N \tag{2.53}$$

Im Bereich der Ultraschall-Ermüdungsprüfung bei Prüffrequenzen von 20 kHz erwärmt sich die Werkstoffprobe nach Papakyriacou et al. [110] bei konstanter Spannungsamplitude und plastischer Dehnungsamplitude (für den Fall zyklischer Sättigung) proportional zur Lastspielzahl. Deswegen werden geeignete Kühlkonzepte z. B. Druckluftkühlung benötigt, um eine kritische Selbsterwärmung der Probe zu vermeiden.

2.3.2 Elektrische Widerstandsmessung

Der elektrische Widerstand in einem gleichmäßig durchflossenen zylindrischen Leiter ergibt sich nach dem Ohmschen Gesetz aus der Länge L und der Querschnittfläche A des Zylinders sowie des spezifischen elektrischen Widerstands des Werkstoffs ρ zu: [113]

$$R = \rho \cdot \frac{L}{A} \qquad (2.54)$$

Dieser elektrische Widerstand wird auch als Ohmscher Widerstand bezeichnet. Ein gleichmäßiger Stromfluss wird bei Gleichstrompotentialsonden-Messungen (engl.: Direct Current Potential Drop, DCPD) und näherungsweise bei Wechselstrompotentialsonden-Messungen (engl.: Alternating Current Potential Drop, ACPD) bei niedrigen Frequenzen bis ca. 1 kHz (engl.: Low Frequency, LF) nach Hering et al. [113] erreicht. Der Ohmsche Widerstand ergibt sich dann aus der Spannung U und der Stromstärke I zu: [113]

$$R = \frac{U}{I} \qquad (2.55)$$

Im Bereich hoher Frequenzen (engl.: High Frequency, HF) wirken zusätzlich zum Ohmschen Widerstand (sog. Wirkwiderstand) kapazitive und induktive Widerstände, wobei letztere zum Blindwiderstand zusammengefasst werden. Der Gesamtwiderstand, der als Impedanz Z oder Scheinwiderstand bezeichnet wird, ergibt sich als komplexe Größe $\underline{Z}$ in der Gauß'schen Zahlenebene aus dem Wirkwiderstand R (Realteil von $\underline{Z}$) und dem Blindwiderstand X (Imaginarteil von $\underline{Z}$) über die folgende Gleichung ($j = \sqrt{-1}$): [113]

$$\underline{Z} = R + j \cdot X \qquad (2.56)$$

Der Blindwiderstand führt zu einer Phasenverschiebung zwischen Spannung und Strom im Wechselstromkreis der ACPD-Messung. Während der Wirkwiderstand frequenzunabhängig ist, nimmt der kapazitive Blindwiderstand mit steigender Frequenz ab, während der induktive Blindwiderstand mit steigender Frequenz zunimmt. Die Impedanz ergibt sich aus den zeitlichen quadratischen Mittelwerten der Spannung U_{eff} und des Stroms I_{eff} (Effektivwert, eff) in Analogie zu Gl. 2.55 wie folgt: [113]

$$Z = \frac{U_{eff}}{I_{eff}} \qquad (2.57)$$

Die Effektivwerte entsprechen den $1/\sqrt{2}$-fachen der Spitzenwerte der Wechselspannung und des Wechselstroms. Der Wechselstrom führt im Leiter zur Induktion von Wirbelströmen, die im Inneren entgegen und an der Oberfläche mit dem Wechselstrom fließen. Dadurch wird der Wechselstrom in Richtung Oberfläche gedrückt. Dies ist als Skin-Effekt bekannt, da bei besonders hohen Frequenzen von über 10 MHz lediglich die Außenhaut durchgeströmt wird. Die Detektionstiefe bzw. Eindringtiefe δ_{AC} ergibt sich mit der Prüffrequenz f_{AC}, dem spezifischen Widerstand ρ, der relativen Permeabilität μ_r und der magnetischen Feldkonstante μ_0 zu: [113]

$$\delta_{AC} = \sqrt{\frac{\rho}{\pi \cdot f_{AC} \cdot \mu_r \cdot \mu_0}} \qquad (2.58)$$

Bei Erreichen der Eindringtiefe ist die Stromstärke auf $1/e \approx 1/3$ im Vergleich zur Oberfläche abgefallen. Bei den in dieser Arbeit genutzten niedrigen Frequenzen (0,27 kHz) und einfachen Probengeometrien wird die Impedanz maßgeblich vom Ohmschen Widerstand abhängen. Im Folgenden soll daher der Einfluss ermüdungsinduzierter struktureller Veränderungen auf den Ohmschen Widerstand detailliert betrachtet werden. [113]

Der spezifische Widerstand ρ bestimmt sich nicht allein über die Anzahl verfügbarer Ladungsträger in metallischen Werkstoffen (freies Elektronengas), sondern durch deren Wechselwirkung mit Gitterdefekten ρ_{Defekt} [114–117] und Gitterphononen ρ_{Phonon} (infolge thermisch induzierter Gitterschwingungen) [114,118,119] sowie der Elektronen untereinander $\rho_{Elektron}$ [114], da diese zu Streuprozessen der Elektronen führen. Entsprechend setzt sich der spezifische Widerstand aus einem temperaturunabhängigen Anteil ρ_{Defekt} und den temperaturabhängigen Anteilen ρ_{Phonon} und $\rho_{Elektron}$ zusammen: [114]

$$\rho = \rho_{\text{Defekt}} + \rho_{\text{Phonon}}(T) + \rho_{\text{Elektron}}(T) \qquad (2.59)$$

Die Abhängigkeit von den Gitterdefekten umfasst die Mikrostruktur und Defekte, u. a. Korn- und Phasengrenzen, nichtmetallische Einschlüsse und Poren sowie die Bildung und Annihilation von Versetzungen und Versetzungsstrukturen. [117]

Einfluss der Temperatur
Die Abhängigkeit des spezifischen Widerstands von der Temperatur T kann mit Hilfe der Matthiessen-Regel [118,119] beschrieben werden:

$$\rho = \rho_0 \cdot \left(1 + \alpha_M \cdot T + \beta_M \cdot T^2\right) \qquad (2.60)$$

Zur Beschreibung der Temperaturabhängigkeit im Bereich der Raumtemperatur (RT) kann diese Gleichung wie folgt über den Widerstandstemperaturkoeffizienten α_ρ vereinfacht werden: [120,121]

$$\rho = \rho_{\text{RT}} \cdot \left[1 + \alpha_\rho(T + T_{RT})\right] = \rho_{\text{RT}}\left(1 + \alpha_\rho \cdot \Delta T\right) \qquad (2.61)$$

Dieser lineare Zusammenhang zwischen elektrischem Widerstand und der Temperaturänderung wurde von Smaga et al. [108] um den Einfluss der thermisch induzierten Widerstandsänderung für Aluminium-Matrix-Verbundwerkstoffe über folgenden linearen Zusammenhang quantifiziert:

$$\Delta R_T = C_\rho \cdot \Delta T \qquad (2.62)$$

Die Ermittlung des linearen Zusammenhangs ist in Abbildung 2.27a gezeigt.

Die Berechnung der Änderung des elektrischen Widerstands mit Temperaturkompensation $\Delta R_{komp.}$ erfolgt über folgende Gleichung:

$$\Delta R_{komp.} = \Delta R - \Delta R_T = \Delta R - C_\rho \cdot \Delta T \qquad (2.63)$$

Dies ermöglicht die Analyse der ermüdungsinduzierten elektrischen Widerstandsänderung infolge des zyklischen Verformungs- und Schädigungsverhaltens unabhängig von der verformungsinduzierten Temperaturänderung der Probe. [108]

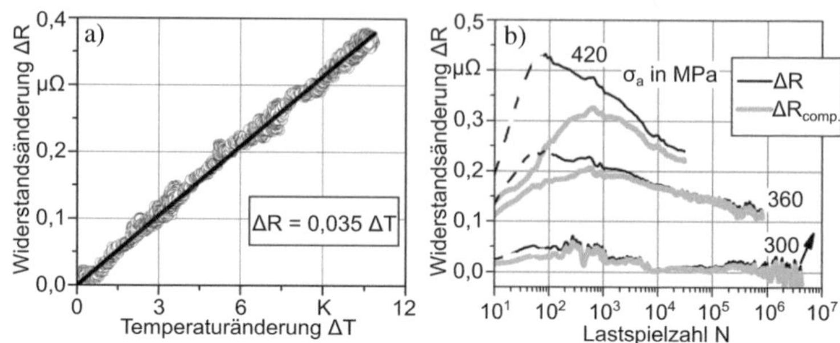

Abbildung 2.27 (a) Linearer Zusammenhang zwischen Temperaturänderung ΔT und elektrischer Widerstandsänderung ΔR und (b) lastspielzahlabhängige Entwicklung des elektrischen Widerstands mit ($\Delta R_{komp.}$) und ohne (ΔR) Temperaturkompensation im Ermüdungsversuch [108]

Einfluss elastisch-plastischer Verformungen
Der Einfluss elastischer ε_e und plastischer Dehnungen ε_p auf den Ohmschen Widerstand konnte von Charrier u. Roux [122] wie folgt berechnet werden:

$$\Delta R = R_0 \big\{ \varepsilon_e [1 + 2v(C_1 - C_2)] + \varepsilon_p (2 + C_1 - C_2) \big\} \qquad (\,2.64)$$

Dieser Zusammenhang kann über zwei werkstoffspezifische Konstanten C_1 und C_2 zusammen mit der Querkontraktionszahl v bestimmt werden.

Eine zyklische Ent- oder Verfestigung des Werkstoffs bewirkt nach Piotrowski u. Eifler [34] infolge der steigenden Defektdichten jeweils eine Erhöhung des elektrischen Widerstands. Rider u. Foxon [117] stellten hingegen für Aluminium einen linearen Zusammenhang zwischen dem spezifischen Widerstand und der Versetzungsdichte fest. Eine Kaltverfestigung führt somit zu einem Anstieg des spezifischen Widerstands infolge des Anstiegs der Versetzungsdichte. Werden die kaltverfestigten Werkstoffe angelassen, so sinkt der spezifische Widerstand infolge der Reduktion der Versetzungsdichte. [117]

Einfluss der Schädigung
Eine Schädigung der Probe führt zu einer Reduktion des Querschnitts und entsprechend zu einer Erhöhung des elektrischen Widerstands [34]. Eine Separierung von verformungs- und schädigungsinduzierten Änderungen des elektrischen

Widerstands bedarf daher der Anwendung weiterer struktursensitiver Messsysteme. Zur Beschreibung des quantitativen Einflusses der Schädigung auf den elektrischen Widerstand wurden in der Literatur unterschiedliche Gleichungen erarbeitet, die im Folgenden näher erläutert werden.

Die Schädigung der Proben bzw. des Probenquerschnitts ergibt sich aus der maximal geschädigten Querschnittfläche $A_{D,max}$ und der (Ausgangs-) Querschnittfläche der Probe A_0. Die Kenngrößen können direkt [123] oder indirekt [122,124] über den Schädigungsgrad D mit der schädigungsinduzierten Widerstandsänderung ΔR korreliert werden. Der Schädigungsgrad D ergibt sich aus dem Verhältnis vom minimal tragenden Querschnitt A_{min} zum Ausgangsquerschnitt A_0 der Probe:

$$D = \frac{A_{min}}{A_0} = \frac{A_0 - A_{D,max}}{A_0} = 1 - \frac{A_{D,max}}{A_0} \qquad (2.65)$$

Charrier u. Roux [122] erweiterten Gl. 2.64 um den Schädigungsgrad D wie folgt:

$$\Delta R = R_0 \frac{\varepsilon_e[1 + 2v(C_1 - C_2)] + \varepsilon_p(2 + C_1 - C_2) + D}{1 - D} \qquad (2.66)$$

Sun et al. [124] stellten folgende Korrelation zwischen Schädigungsgrad und elektrischer Widerstandsänderung her:

$$\Delta R = R_0 \left(\frac{1 + 2D^{3/2}}{1 - D} - 1 \right) \qquad (2.67)$$

Für die Anwendung auf Wechselstrompotentialsondenmessungen erarbeiteten Bentele et al. [125] für Fügeverbindungen einen mathematischen Zusammenhang, der den Einfluss der Schädigung auf die elektrische Spannungsänderung ΔU bezieht. Hierbei wird als Schädigungsgrad D die maximal geschädigte Querschnittsfläche $A_{D,max}$ und die über den elektrischen Spannungsabgriff gemittelte (Ausgangs-)Querschnittsfläche $\overline{A_0}$, die überlicherweise den verjüngten Prüfbereich und den Probenabsatz enthält, genutzt. Der Zusammenhang ergibt sich zu:

$$\Delta U = k \left(\frac{1}{\overline{A_0} - A_{D,max}} - \frac{1}{\overline{A_0}} \right) \qquad (2.68)$$

Dieser Zusammenhang wurde von Borsutzki et al. [126] erfolgreich für die Beschreibung des Rissfortschritts an Flachproben unter Ermüdungsbeanspruchung bei hohen und sehr hohen Lastspielzahlen eingesetzt.

2.3.3 Schwingungs-Dämpfungs-Messung

Das Schwingungs-Dämpfungs-Verhalten von metallischen Werkstoffen wird maßgeblich durch das elastisch-plastische Verformungsverhalten, die Dichte und die Schallgeschwindigkeit bestimmt. Ermüdungsinduzierte Schädigungen im Werkstoff verändern das Schwingungs-Dämpfungs-Verhalten von Werkstoffen und Bauteilen zusätzlich, sodass die Überwachung charakteristischer Kennwerte des Schwingungs-Dämpfungs-Verhaltens zur Detektion ermüdungsinduzierter struktureller Veränderungen von großer Relevanz ist. Dies trifft insbesondere dann zu, wenn die Überwachung des Ermüdungsfortschritts mit konventionellen Messverfahren wie der Spannungs-Dehnungs-Hysteresemessung oder elektrischen Widerstandsmessung betriebs- und prüfsystembedingt nicht möglich ist. Zu den wichtigsten Kennwerten der Schwingungs-Dämpfungs-Messung zur Bewertung des Ermüdungsfortschritts zählen nach Jhang et al. [127], Koster et al. [128] und Kumar et al. [129,130] die folgenden Kennwerte:

- Resonanzfrequenz (z. B. in Resonanzprüfsystemen) [127],
- Nicht-Linearitätsfaktor des Hooke'schen Gesetzes [127,129,130].

Diese Kennwerte sollen im Weiteren näher erläutert werden.

Resonanzfrequenz
Die Resonanz im Resonanz- und Ultraschallprüfsystem kann für den vereinfachten Fall als Feder-Masse-System abgebildet werden (keine Dämpfung, keine äußere Erregerkraft). Für dieses System ergibt sich die Resonanzfrequenz f_R aus der Eigenfrequenz f_0 bzw. der Eigenkreisfrequenz ω_0 als Funktion der Masse m und der Federkonstante k zu: [131]

$$ f_R = f_0 = \frac{\omega_0}{2\pi} = \frac{1}{2\pi}\sqrt{\frac{k}{m}} \tag{2.69} $$

Bei genauerer werkstofftechnischer Betrachtung der Resonanzfrequenz muss Gl. 2.69 um die Dämpfung D wie folgt erweitert werden: [131]

$$f_R = \frac{\omega_R}{2\pi} = \frac{\sqrt{1 - 2D^2}}{2\pi} \cdot \omega_0 \qquad (2.70)$$

Infolge von Schädigungen in der Werkstoffprobe kommt es zum Abfall der Resonanzfrequenz eines Schwingprüfsystems [128,130,132,133]. Dies kann auf die Reduktion der Steifigkeit der Werkstoffprobe und der damit verbundenen Reduktion der Eigenfrequenz f_0 nach Gl. 2.69 zurückgeführt werden. Zudem nimmt die Dämpfung von metallischen Werkstoffen infolge der Schädigung zu, wodurch die Resonanzfrequenz ebenfalls nach Gl. 2.70 abfällt. [131]

Nicht-Linearitätsfaktor des Hooke'schen Gesetzes
Wird eine Werkstoffprobe oder ein ganzes Prüfsystem in Schwingung oder gar Resonanz versetzt, z. B. im Ultraschallprüfsystem mit 20 kHz durch den piezoelektrischen Aktuator, so erfolgt die Anregung – als idealisierte Vorstellung – durch eine rauschfreie Sinusschwingung von 20 kHz. Die Schwingung bewegt sich als elastische Welle durch die Werkstoffprobe und wechselwirkt mit der Mikrostruktur (u. a. Korn- und Phasengrenzen) und den lokalen Defekten (u. a. Poren und Risse), sodass die ursprüngliche, „perfekte" Sinusschwingung verzerrt wird, obgleich die Grundschwingung von 20 kHz unverändert bleibt. Diese Verzerrung kann mit Hilfe der „Schnellen Fourier-Transformation" (engl.: Fast Fourier Transformation, FFT) ermittelt werden und ist in Abbildung 2.28a gezeigt.

Die Verzerrung der Grundschwingung (= erste harmonische Schwingung) durch die zweite harmonische Schwingung und harmonische Schwingungen höherer Ordnung können als struktursensitiver Indikator für ein nicht-lineares elastisches Verformungsverhalten und für strukturelle Fehler in der Probe bzw. im Bauteil (u. a. Poren, Risse) gesehen werden. Hierzu wird die Korrelation zwischen der Grundschwingung und der zweiten harmonischen Schwingung genutzt:

$$\beta \sim \frac{a_2}{(a_1)^2} \qquad (2.71)$$

Der Nicht-Linearitätsfaktor β wird zur Beschreibung des nicht-linear elastischen Verformungsverhaltens eingeführt. Das elastische Verformungsverhalten wird in den angewandten Ingenieurwissenschaften in guter Näherung über das Hooke'sche Gesetz 2.6) der ersten Ordnung beschrieben, obwohl dieser lineare Zusammenhang bei genauere Betrachtung nicht der Realität entspricht, wie u. a. Christ [30] und Na et al. [134] zeigen konnten. Das Hooke'sche Gesetz zweiter

Ordnung, d. h. ein nicht-linearer Zusammenhang zwischen Spannung und elastischer Dehnung, wie in der folgenden Gleichung 2.71 gezeigt, beschreibt den Zusammenhang in metallischen Werkstoffen besser: [127]

$$\sigma = E \cdot \varepsilon_e \cdot (1 + \beta \cdot \varepsilon_e) \qquad (2.72)$$

An dieser Stelle wird der Nicht-Linearitätsfaktor β (kurz: NL-Faktor) eingeführt. Der NL-Faktor hängt vom Werkstoffzustand (z. B. Korngröße, Ausscheidungsphasen, Porosität) ab und verändert sich während zyklischer Beanspruchung durch ermüdungsinduzierte strukturelle Veränderungen. [127]

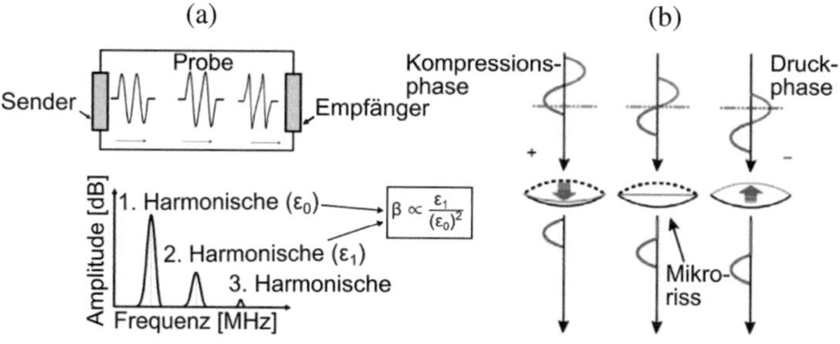

Abbildung 2.28 Nicht-Linearitätsfaktor β: (a) Verzerrung der sinusförmigen Anregung durch die Probe bis zum Empfänger und FFT-Analyse des Empfängersignals zur Detektion der ersten und zweiten harmonischen Schwingungen A_1 und A_2. (b) Verstärkung des Nicht-Linearitätsfaktors β durch den CAN-Effekt infolge von Rissschließeffekten [127]

Der Einfluss der Schädigung, d. h. von Kurz- und Langrissen, wird bei Ultraschallbeanspruchung auf den „Contact Acoustic Nonlinearity"-Effekt (CAN-Effekt) nach Kim et al. [135] zurückgeführt und basiert im Wesentlichen auf dem Rissschließen. Dieser ist schematisch in Abbildung 2.28b dargestellt und zeigt, dass eine Ultraschallwelle, die sich durch den Werkstoff bewegt und lokal auf einen Riss trifft, den Riss lediglich während des Rissschließens passieren kann. Dies bedeutet, dass die sinusförmige Schwingung während des Rissöffnens lokal gestoppt wird und eine Verzerrung der sinusförmigen Grundschwingung signifikant verstärkt wird, d. h. insbesondere die Intensität der zweiten harmonischen Schwingung nimmt zu [136] und damit der Nicht-Linearitätsfaktor β. [127] Deswegen kann der Nicht-Linearitätsfaktor als Kennwert für die Zustandsüberwachung in Ultraschallprüfsystemen genutzt werden [127,130,132]. Die Herleitung des Nicht-Linearitätsfaktors ist in [127] ausführlich beschrieben. Zentrale Schritte der Herleitung sind auf die Störungstheorie [137] und die Lösungsansätze von Brillouin [138] und Murnaghan [139] zurückzuführen. Das Ergebnis ist folgende Gleichung:

$$\beta = \frac{8}{k^2 x} \frac{a_2}{(a_1)^2} \qquad (2.73)$$

Durch Logarithmieren der Gl. 2.73 vereinfacht sich diese zu:

$$20\log(\beta) = 20\log(k) + 20\log(a_2) - 2 \cdot 20\log(a_1) \qquad (2.74)$$

$$20\log(\beta) = K + A_2 - 2 \cdot A_1 \qquad (2.75)$$

In der Anwendung als Zustandsüberwachungskennwert wird der Nicht-Linearitätsfaktor β auf den „ungeschädigten" Ausgangswert β_0 bezogen, um unterschiedliche Ermüdungsversuche besser vergleichen zu können. Dieser relative Kennwert β_{rel} ergibt sich somit zu β/β_0 und ist über die folgende Gleichung mit den logarithmierten Amplituden (20 log) der ersten (Grundschwingung) und zweiten harmonischen Schwingung zu berechnen:

$$20\log(\beta/\beta_0) = (A_2 - 2 \cdot A_1) - (A_2 - 2 \cdot A_1)_0 \qquad (2.76)$$

2.3.4 Röntgen-Computertomographie

Die Röntgen-Computertomographie (CT) ist in der DIN EN ISO 15708 [140] genormt, gehört zu den radiographischen Prüfverfahren und ermöglicht die zerstörungsfreie, volumenbildgebende Charakterisierung von Werkstoffen und Strukturen dar. Mittels Röntgenstrahlung wird der zu untersuchende Werkstoff oder die Struktur durchstrahlt und die lokale, material- und dichteabhängige Schwächung der Röntgenstrahlung, die über den linearen Schwächungskoeffizienten beschrieben wird, von einem Detektor zweidimensional als unterschiedliche Grauwerte in 2D-CT-Projektionen oder -Schnittbildern erfasst. Die Erfassung von 2D-Projektionen der Probe aus unterschiedlichen Winkeln wird als CT-Abtastung bezeichnet und ermöglicht über Algorithmen die dreidimensionale Rekonstruktion des Probenvolumens. Die volumetrische Darstellung des linearen

Schwächungskoeffizienten für die Röntgenstrahlung als 3D-CT-Volumen erfolgt über eine endliche Anzahl an Volumenelementen, sog. Voxel, die als dreidimensionale Pixel betrachtet werden können und sich aus der Detektorauflösung für die 2D-CT-Projektionen ergeben. 3D-CT-Volumina ermöglichen damit die Lokalisierung und quantitative Bestimmung volumetrischer Details. [140,141]

Die 3D-CT-Analyse kann neben der Ermittlung der äußeren und inneren Geometrie beispielsweise für Soll-/Ist-Vergleiche oder „Reverse Engineering" auch zur Detektion innerer Material- und Dichteunterschiede von Defekten z. B. durch Hohlräume (z. B. Poren, Anbindungsfehler) oder Einschlüsse (z. B. Oxide) genutzt werden. Da die CT-Analyse ein indirektes Prüfverfahren darstellt, müssen die Ergebnisse hinsichtlich Wandstärke oder Defektgrößen mit absoluten Messverfahren verglichen werden. Damit ermöglicht die CT-Prüfung eine 3D-Defektanalyse von Werkstoffen und Strukturen, die mittels ebener licht- oder rasterelektronenmikos-kopischer Verfahren nicht oder nur eingeschränkt möglich wären. Dadurch kann die CT-Prüfung zur 3D-Schädigungsanalyse genutzt werden (vgl. [142–145]), da auch Rissstrukturen bei ausreichender Öffnung oder Kontrastierung z. B. mittels Kontrastmittel (vgl. [146,147]) charakterisiert werden können. [141,143,144]

Während traditionelle CT-Analysen einige Minuten bis mehrere Stunden benötigen und damit einer *in line* Prozesskontrolle von Bauteilen und Strukturen hinsichtlich 100 %-Prüfung im Wege stehen, können durch neuartige CT-Systeme und -Analyseansätze Prüfzeiten von unter 30 Sekunden erreicht werden. [148] Aufgrund der hohen Kritizität von Porosität und Oxiden in Aluminiumgussbauteilen können diese neuartigen CT-Ansätze somit eine bauteilspezifische Lebensdauervorhersage auf Basis der individuellen Defektverteilung in Abhängigkeit vom Beanspruchungsniveau ermöglichen. Die Notwendigkeit hoher Sicherheitsbeiwerte wäre in diesem Fall nicht mehr notwendig, wodurch Strukturen und Bauteile leichter sowie kosten- und ressourceneffizienter hergestellt werden könnten.

In diesem Kapitel sollen dazu die Grundlagen der CT-Analyse sowie der aktuelle Stand zur CT-basierten Defekt- und Schadensanalyse mit Fokus auf die Anwendung an Aluminiumgusswerkstoffen erläuert werden.

Grundlagen der Computertomographie
Ein CT-System besteht nach DIN EN ISO 15708 [140] im Wesentlichen aus vier Hauptkomponenten: der Röntgenstrahlenquelle, dem Detektor, dem Probenmanipulator (Fixierung und Positionierung der Probe) und dem Rekonstruktions-/Visualisierungssystem. Eine schematische Darstellung und Verknüpfung der Hauptkomponenten eines CT-Systems ist in Abbildung 2.29 gezeigt.

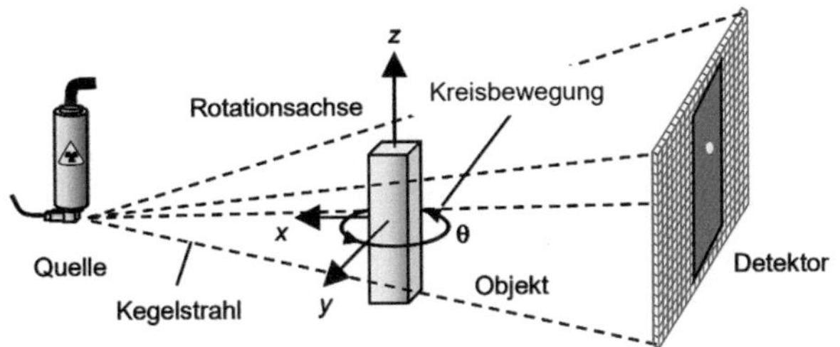

Abbildung 2.29 Schematische Darstellung der Komponenten eines CT-Systems zur Erfassung von 2D-Projektionen und Rekonstruktion zu 3D-Volumen [141]

Die Röntgenstrahlenquelle ist überlicherweise feststehend, während die Prüfkörper durch den Probenmanipulator im Strahlengang bewegt und letztlich für die CT-Abtastung in inkrementellen Winkeländerungen um 360° gedreht werden. Die Voxelgröße als Maß für die räumliche Auflösung wird maßgeblich durch die Brennfleckgröße der Röntgenröhre, der geometrischen Vergrößerung (Verhältnis der Abstände von Röntgenquelle-Detektor zu Röntgenquelle-Probe) und die Detektorauflösung bestimmt. [140]

Im Rahmen der CT-Abtastung zur Erstellung von 3D-CT-Volumen werden 2D-Projektionen systematisch aus unterschiedlichen Betrachtungswinkeln aufgenommen. Die lokale Schwächung des Röntgenstrahls durch die Probe wird in der 2D-Projektion als Pixel des Detektors erfasst und charakterisiert den mittleren, linearen Schwächungskoffizienten je Pixel. Die Wechselwirkung mit der Materie wird im Röntgen-CT durch die Compton-Streuung [149,150] und die photoelektrische Absorption [151,152] dominiert. Der lineare Schwächungskoeffizient μ wird daher maßgeblich durch die Kernladungszahl der Materialien, der Materialdichte (proportional) und der Energie der Röntgenstrahlung (energiespezifisches Absorptionsverhalten) beeinflusst. Zusätzlich ist die Schwächung der Strahlungsintensität I des Röntgenstrahls im Vergleich zur initialen Strahlungsintensität I_0 abhängig von der Materialstärke h und wird über folgende Gleichung beschrieben:

$$I = I_0 \cdot e^{-(\mu \cdot h)} \qquad (2.77)$$

Die nachweisbare oder detektierbare Mindestgröße struktureller Inhomogenitäten in einer 2D-CT-Projektion bzw. im 3D-CT-Volumen ist nicht der Pixel- bzw. Voxelgröße als Maß für die räumliche Auflösung gleichzusetzen, da strukturelle

Inhomogenitäten im Sub-Pixel- bzw. -Voxelbereich den zugehörigen mittleren, linearen Schwächungskoeffizienten signifikant beeinflussen können. Dieser Effekt wird „Teilvolumen-Effekt" genannt und führt in der Grauwertdarstellung zu einem sichtbaren Kontrast. Die lokale Schwächung der Strahlungsintensität ergibt sich über die Flächen- bzw. Volumenanteilen der material- und dichteabhängigen linearen Schwächungskoeffizienten μ_i und Materialstärken h_i in einem Pixel bzw. Voxel und kann über folgende Gleichung erfasst werden:

$$I = I_0 \cdot e^{-\sum_{i=1}^{n}(\mu_i \cdot h_i)} \tag{2.78}$$

Über die Anzahl der 2D-CT-Projektionen bzw. der Betrachtungswinkel kann das Signal-Rausch-Verhältnis und damit die Detailerkennung im 3D-CT-Volumen verbessert werden. Zur Korrektur von Detektoranomalien (u. a. inhärente Artefakte, Verzeichnungskorrektur) werden Referenzbilder für Untergrund und Verstärkung (Dunkelbilder zur Offset-Korrektur: Röntgenstrahlung aus; Hellbilder zur Gain-Korrektur: Röntgenstrahlung an, ohne Probe im Sichtfeld) erfasst. Die CT-Abtastung inklusive Referenzbilder ermöglicht die Rekonstruktion der 2D-CT-Projektionen in ein 3D-Volumen mit Hilfe von Algorithmen und stellt den Hauptschritt der Computertomographie dar. Die Rekonstruktion beinhaltet Korrekturberechnungen der 2D-Projektionen zur Verringerung des Rauschens, von Strahlaufhärtungs- und Streustrahlungseffekten. [140]

Die Qualität eines CT-Scans kann anhand des Grauwerthistogramms des 3D-CT-Volumens berechnet werden. Typischerweise bilden sich im Grauwerthistogramm zwei Peaks aus, d. h. es liegt eine bimodale Verteilung der Grauwerte vor. Der erste Peak bei niedrigen Grauwerten kann der umgebenden Luft und den Hohlräumen im Werkstoff bzw. Bauteil zugeordnet werden. Der zweite Peak bei signifikant erhöhten Grauwerten gehört zum Werkstoff. Die Verteilung der Grauwerte von Luft und Werkstoff können jeweils über deren spezifischen Erwartungswert μ und Varianz σ^2 beschrieben werden. Das CT-Bildqualitätsmaß Q_{CT} als Maß für die Trennung zweier Materialklassen ergibt sich aus den materialspezifischen Mittelwerten und Varianzen über folgende Gleichung [153]:

$$Q_{CT} = \frac{|\mu_1 - \mu_2|}{\sqrt{\sigma_1^2 + \sigma_2^2}} \tag{2.79}$$

Demnach bedingt ein hoher CT-Bildqualitätsindex einen großen Abstand der Erwartungswerte beider Materialklassen (proportionaler Zusammenhang) und eine geringe Varianz in den Grauwerten beider Materialklassen. Das Verhältnis der eingeschlossenen Flächen der Grauwertverteilungen beider Materialklassen hängt vom Volumenanteil im 3D-CT-Volumen ab und ist schematisch in Abbildung 2.30 mit normierter Ordinate dargestellt. Demnach erhöht sich die eingeschlossene Fläche unterhalb der Grauwertverteilung für den Werkstoff, je größer der Volumenanteil des Werkstoffs am 3D-CT-Gesamtvolumen ist. [1]

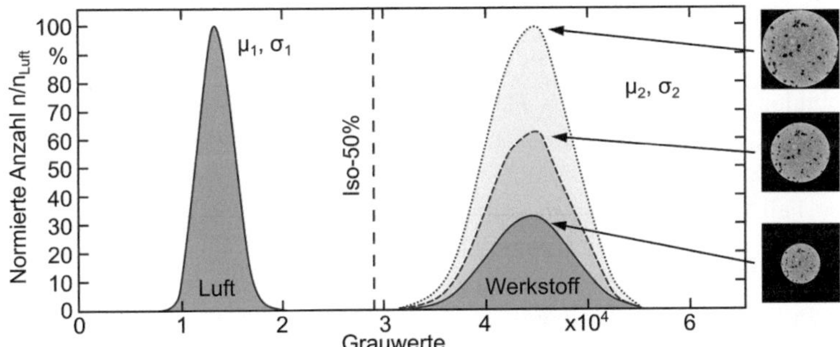

Abbildung 2.30 Schematische Darstellung des Grauwerthistogramms einer zyklindrischen, porösen Probe umgeben von Luft in Abhängigkeit vom 3D-CT-Volumenanteil (in Anlehnung an [1])

Die anschließende Analyse und Visualisierung der äußeren und inneren Struktur der Probe erfolgt in Schichtansichten (2D) und/oder Volumenansichten (3D). Mit Hilfe geeigneter Algorithmen können im gesamten Probenvolumen oder in Ausgewählten Bereichen (engl.: Region Of Interest, ROI) Defektanalysen (u. a. Porosität, Einschlüsse) und Schadensanalysen (u. a. Außen- und Innenanrisse) durchgeführt werden. Deren Grundlagen sollen in den folgenden beiden Unterkapiteln näher erläuert werden.

CT-basierte Defektanalyse
Die CT-basierte Defekt- und besonders Porositätsanalyse von Aluminiumgusswerkstoffen bietet zahlreiche Vorteile im Vergleich zu konventionellen Methoden wie der Schliff- und Schnittprüfung, der Ultraschallprüfung oder Dichteprüfung. Die Vor- und Nachteile dieser Methoden sind ausführlich in den BGD-Richtlinien P202 [21] und P203 [1] beschrieben. Die Schliff- und Schnittprüfung stellt die typische Methode zur Bewertung der (lokalen) Porosität und Porengrößen

sowie -abstände dar und gehört zu den zerstörenden Prüfverfahren. Sie ermöglicht eine 2D-Bewertung des Porositäts- und Porenzustands an einer begrenzten Anzahl an Schnitten und ist zeit- und ressourcenaufwendig. Durch die zerstörende Prüfung ist zudem keine 100 % Prüfung bzw. Prüfung von Einzelbauteilen hinsichtlich Freigabe möglich, sondern (lediglich) an Begleit- und Referenzbauteilen. Die 2D-Porositätsanalyse mittels Schliff- und Schnittprüfung ist aufgrund der begrenzten Anzahl an 2D-Schnitten mit einer erhöhten Unsicherheit verbunden, da immer nur eine Schnittebene der Poren betrachtet werden kann und nicht jeweils die Schnittebene mit den maximalen Porendimensionen. [1]

Nach Boileau et al. [154] wird der Maximalwert des Äquivalenzdurchmessers für Al-Si-Gusslegierungen (hier: W319-T7) durch die Schliffpräparation um den Faktor 2–5 unterschätzt. Der Grund für diese erheblichen Unterschiede ist in Abbildung 2.31 anhand von Flächen- und Volumenporositätsanalysen in einer Bauteil-ROI gezeigt. Es zeigen sich lokal starke Unterschiede in der Porosität von 0,12–4,66 %, während die Volumenporosität bei 1,22 % liegt. Dies kann im kritischen Fall zu einer Unterdimensionierung und letztlich zum „unvorgesehenen" Bauteilversagen im Betrieb führen. [1]

Bei der CT-basierten Porositätsanalyse ist zu beachten, dass die CT ein indirektes Prüfverfahren ist und bei der 3D-Grauwertanalyse zur Separierung von Werkstoff und Hohlräumen (sog. Segmentierung) der Grauwert-Schwellenwert einen maßgeblichen Einfluss auf die quantitativen Porositätskennwerte hat. Ein Abgleich der Porositätskennwerte mit metallographischen Schliffpräparationen oder fraktogrphischen Analysen von bruchauslösenden Poren ist daher empfehlenswert. Der Einfluss des Grauwert-Schwellenwerts bei der Segmentierung ist in Abbildung 2.32 gezeigt. [1]

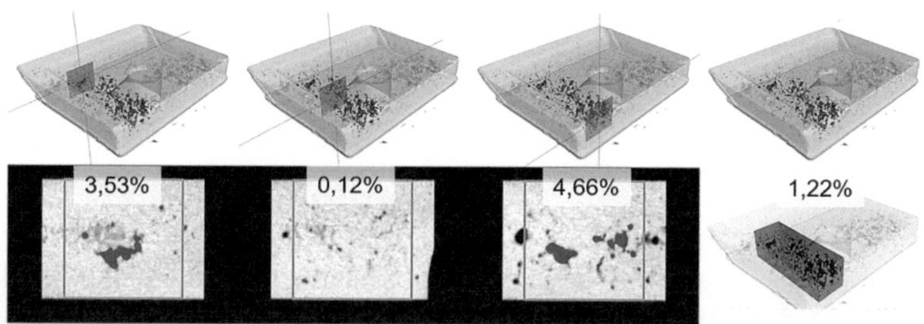

Abbildung 2.31 Vergleich von Porositätsanalysen anhand von 2D-CT-Schnitten (Flächenporosität) in Abhängigkeit von der Bauteilposition und vom 3D-CT-Volumen (Volumenporosität) in der Bauteil-ROI [1]

Aufgrund der Einfachheit wird der Schwellenwert häufig aus den Erwartungswerten der Klassen Luft μ_1 und Werkstoff μ_2 gelegt, das sog. Iso-50 %-Verfahren. Weitere Schwellenwertdefinitionen gibt es nach Otsu [155] und nach Kittler u. Illingworth [156]. Hierbei ist das Verfahren nach Kittler u. Illingworth [156] hervorzuheben, da es keinen globalen Grauwert-Schwellenwert darstellt, sondern einen lokalen. Das bedeutet, das 3D-CT-Volumen wird geclustert und für jedes Teilvolumen-Cluster ergibt sich der Grauwert-Schwellenwert aus dem Minimum der bimodalen Grauwertverteilung zwischen dem Peak von Luft und Material. Dieses Verfahren zur lokalen Grauwert-Schwellenwertsetzung kann die Segmentierung bei hoher Varianz der Grauwerte des Werkstoffs deutlich verbessern, für komplexe Strukturen mit unterschiedlichen Wandstärken oder signifikanten Strahlaufhärtungsartefakte in der Randzone der Probe. [1]

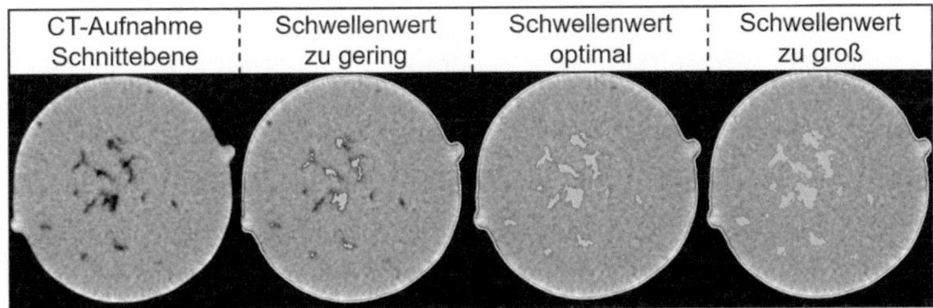

Abbildung 2.32 Einfluss des globalen Grauwert-Schwellenwerts bei der Segmentierung zwischen Werkstoff (grau) und Hohlräumen (gelb) an 2D-CT-Schnittbildern [1]

Bei optimalen CT-Systemeinstellungen können Details mit einer Kantenlänge von 2 bis 3 Voxelgrößen erkannt werden, d. h. dass eine ideal runde Pore sich mindestens über 2^3 bis 3^3 Voxel erstrecken muss. Poren, die dieses Mindestvolumen von 8 bis 27 Voxeln überschreiten, können über unterschiedliche Kennwerte zur Beschreibung der Größe und Form bewertet werden. Die Porengröße wird in der BDG-Richtlinie P203 [1] zwischen Porendurchmesser D_p und Äquivalenzdurchmesser D_{aq} unterteilt, wie in in Abbildung 2.33 (links) schematisch gezeigt. Der Porendurchmesser D_p entspricht dem Durchmesser einer Kugel, die die gesamte Einzelpore umschließt. Der Äquivalenzdurchmesser D_{aq} ergibt sich aus dem Durchmesser einer volumengleichen Kugel wie der detektierten Pore.

Die Form einer Pore wird überlicherweise anhand der dreidimensionalen Sphärizität $_{3D}$ als Verhältnis der Äquivalenzoberfläche O_{aq} einer volumengleichen Kugel wie der realen Pore (V_{real}) bezogen auf die reale Oberfläche O_{real} über folgende Gleichung nach Wadell [157] charakterisiert:

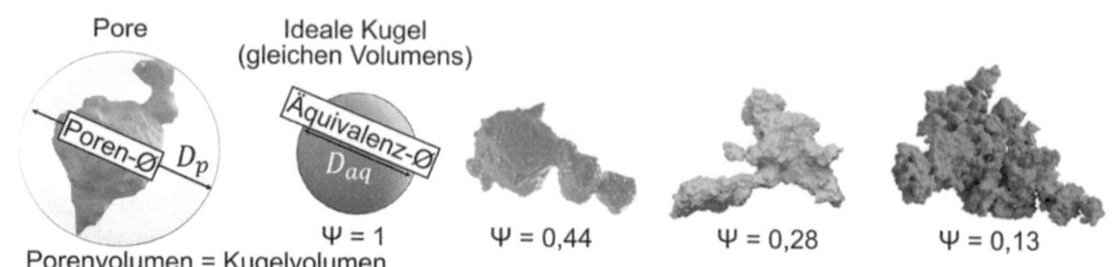

Abbildung 2.33 Schematische Darstellung des Porendurchmessers D_p und Äquivalenz-durchmessers D_{aq} [1]

$$\Psi_{3D} = \frac{O_{aq}(V = V_{real})}{O_{real}} = \frac{\sqrt[3]{\pi \cdot (6 \cdot V_{real})^2}}{O_{real}} \qquad (2.80)$$

Die 3D-Sphärizität Ψ_{3D} nimmt Dimensionen zwischen 0 und 1 ein, wobei 0 einer riss- bis schwammartigen Pore nahekommt und 1 einer ideal kugelförmigen Pore entspricht. Beispiele für die typische Porensphärizitäten sind in Abbildung 2.33 (rechts) gegeben. Hierbei ist zu beachten, dass die Sphärizitätswerte stark von der Auflösung der Pore abhängen, da eine Pore mit einer geringen Voxelanzahl nicht ausreichend diskretisiert werden kann und sich entsprechend höhere Sphärizitäten ergeben. Die Sphärizität sollte daher nur zwischen volumengleichen Poren, d. h. vergleichbar diskretisierten bzw. aufgelösten Poren, verglichen werden.

CT-basierte Vorhersage von mechanischen Eigenschaften
Mit Hilfe der CT-basierten Porenanalyse konnten Buffière et al. [26] anhand von Äquivalenzdurchmesser-Sphärizitäts-Diagrammen zwischen Gas- und Schwindungsporosität unterscheiden. Gasporosität zeigt hierbei eine deutlich stärkere Abhängigkeit der Sphärizität vom Äquivalenzdurchmesser. Die Porengrößenverteilung kann am besten mit Hilfe der Lognormalverteilung beschrieben werden [142,158]. Die beste Übereinstimmung im Vergleich zur Weibull- oder Gumbelverteilung zeigt sich neben der Verteilung der Porengröße auch für die der Ermüdungsfestigkeit [158]. In verschiedenen Forschungsarbeiten [144,159,160] zur Ermüdungsfestigkeit defektbehafteter Werkstoffe konnte gezeigt werden, dass eine CT-basierte Identifikation der bruchauslösenden Pore/n anhand der Porengröße des Feretdurchmessers D_{max}, Äquivalenzdurchmessers D_{aq} oder Äquivalenzvierecks $\sqrt{A}$ bzw. a_{aq} nur eingeschränkt möglich ist. Eine defektbasierte Betrachtung der lokalen Beanspruchung mit Hilfe des Spannungsintensitätsfaktors $K_{I,max}$ [144] oder mit Hilfe der Kerbzahl α_k [142,144,158,161] ermöglichte

die CT-basierte Identifikation der kritischen und damit bruchauslösenden Poren im Prüfvolumen.

Zur CT-basierten Vorhersage der Zugfestigkeit R_m und Bruchdehnung A_t wurde von Kohla et al. [162] das Verhältnis aus Porenanzahl und Porosität entlang der Bruchzone identifiziert. Bei halblogarithmischer Darstellung wird der Zusammenhang von Zugfestigkeit oder Bruchdehnung mit dem Verhältnis von Kohla et al. als eine Gerade abgebildet. Mit steigendem Verhältnis erhöht sich die Zugfestigkeit und die Bruchdehnung, d. h. je stärker sich die Porosität über die Porenanzahl aufteilt (fein verteilte Poren), desto höher sind die mechanischen Kennwerte und umgekehrt (wenige große Poren) [162]. Entsprechend kann dieses Verhältnis als Kehrwert des mittleren Porenvolumen entlang der Bruchzone verstanden werden.

2.4 Ermüdungseigenschaften von AlSi7Mg-Gusslegierungen

2.4.1 Zyklisches Verformungsverhalten

Das zyklische Verfestigungsverhalten in aushärtbaren Al-Si-Mg-Gusslegierungen ist auf die Erhöhung der Versetzungsdichte in den aktivierten Gleitebenen unter zyklischer Beanspruchung zurückzuführen. Diese Versetzungen stauen sich an Hindernissen (u. a. Korngrenzen, Dispersions- und Primärphasenpartikeln) auf und führen bei nicht-aushärtbaren Al-Legierungen aufgrund der ausgeprägten Neigung zum Versetzungsquergleiten des kfz-Gitters zur zyklischen Verfestigung durch Bildung von Versetzungszellstrukturen. Dies entspricht einem welligen Gleitcharakter. In aushärtbaren Al-Si-Mg-Legierungen ist die Bildung von Versetzungszellstrukturen durch das „quasi"-planare Gleitverhalten behindert. Das quasi-planare Gleitverhalten ist Folge des Versetzungsschneidens von Ausscheidungen nach dem Kelly u. Fine-Mechanismus [45]. Der durch das Teilchenschneiden verringerte Widerstand gegen Versetzungsgleiten in der Schnittebene des Teilchens bzw. Gleitebene der Versetzung, führt zu einer Konzentration der Versetzungsbewegung in diesen Gleitebenen und zu einer Behinderung oder Minimierung des energetisch-ungünstigeren Versetzungsquergleitens. Die fortlaufende zyklische Verformung erhöht die Versetzungsdichte in den aktivierten Gleitebenen und die lokale Verfestigung, wodurch benachbarte Gleitebenen aktiviert werden und sich zu Gleitbändern mit hoher Versetzungsdichte vereinigen. Diese werden als Taylor-Strukturen [46] oder „persistente Gleitbänder" (PSB) bezeichnet. [2]

Der Einfluss der Mikrostruktur auf das zyklische Verformungsverhalten von AlSi7Mg-Werkstoffen wurde detailliert von Wang et al. [163] und Caceres et al. [164,165] untersucht. Der Einfluss des SDAS und der eutektischen Si-Partikel ist in Abbildung 2.34 dargestellt. Es konnte kein deutlicher Einfluss des SDAS auf die ZSD-Kurven festgestellt werden.

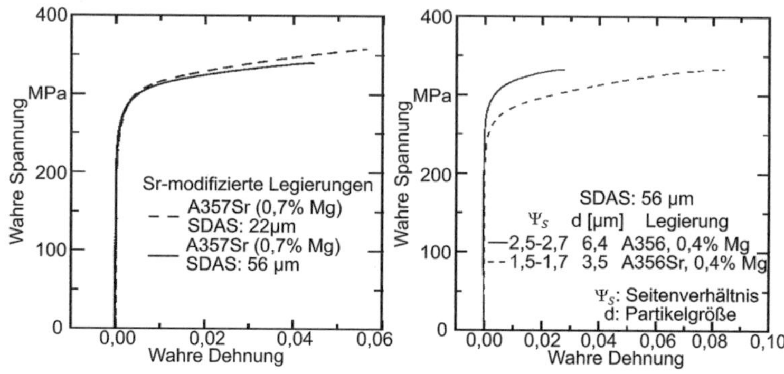

Abbildung 2.34 Zyklisches Spannungs-Dehnungs-Verhalten in Abhängigkeit vom (a) DAS und (b) Seitenverhältnis Ψ_S und Durchmesser d der eutektischen Si-Partikel [163]

Werkstoffe mit feinerem SDAS erreichten allerdings höhere Festigkeiten im Sättigungszustand, was sich insbesondere an erhöhten Dehngrenzen und maximal ertragbaren Spannungen zeigt. Die Einformung der eutektischen Si-Partikel hatte einen stärkeren Einfluss auf das ZSD-Verhalten. Je höher das Seitenverhältnis Ψ_S der Si-Partikel war, d. h. je nadelförmiger die Si-Partikel eingeformt waren, desto stärker verfestigten die AlSi7Mg-Gusswerkstoffe. Dies konnte unabhängig von dem Mg-Gehalt der AlSi7Mg-Gusswerkstoffe festgestellt werden und ist auf die Kerbwirkung der Si-Partikel und die stärkere Plastifizierung im Kerbgrund der nadelförmigen Si-Partikel zurückzuführen. Die lokalisiertere Plastifizierung an den nadelförmigen Si-Partikeln führte jedoch auch zu einer erhöhten Dichte an gebrochenen Si-Partikeln und zu einem verfrühten Werkstoffversagen im Vergleich zu Werkstoffzuständen mit sphärischen Si-Partikeln. Das Seitenverhältnis wird über die Haupt- und Nebenachse des elliptischen Partikels $L_{E,max}$ bzw. $L_{E,min}$ über folgende Gleichung bestimmt:

$$\Psi_S = \frac{L_{E,max}}{L_{E,min}} \approx \frac{\pi \cdot \left(L_{E,max}\right)^2}{4 \cdot A} \qquad (2.81)$$

Hierbei nimmt das Seitenverhältnis Ψ_S Dimensionen zwischen 1 (kreisförmig) und ∞ (nadelförmig) ein. Dieser Formkennwert wird genutzt, da nach Brechet et al. [223] und Caceres et al. [164,165] die lokale Spannung an der Si/Al-Phasengrenze, die das Bruchverhalten der Si-Partikel primär bestimmt, proportional zum Seitenverhältnis Ψ_S der Si-Partikel nach folgender Gleichung steigt:

$$\sigma_{Si/Al} = k \cdot \Psi_{S,Si} \cdot \varepsilon_{v,p} \tag{2.82}$$

($\varepsilon_{v,p}$ = plast. Vergleichsdehnung der Al-Matrix)

Die Zusammenhänge zwischen Dehngrenze, SDAS und Seitenverhältnis der Si-Partikel konnte darüber hinaus quantitativ beschrieben werden. Im elastischplastischen Beanspruchungsbereich korrelieren die ertragbaren Beanspruchungen mit dem Si-Seitenverhältnis $\Psi_{S,Si}$ und dem SDAS bzw. DAS (λ_2). Die Korrelation mit den Festigkeiten der AlSi7Mg-Gusswerkstoffe kann vereinfacht wie folgt beschrieben werden: [163]

$$R_p = k_1 \cdot \sqrt{\Psi_{S,Si}} \, \frac{k_2}{\sqrt{\lambda_2}} \tag{2.83}$$

Caceres et al. [164,165], der insbesondere das Versagen der Si-Partikel detailliert untersucht hat, kommt zu folgender Gleichung:

$$R_p = k_1 \cdot \Psi_{S,Si} + \frac{k_2}{\sqrt{\lambda_2}} \tag{2.84}$$

Der Einfluss der Einformung der Si-Partikel wird von Caceres et al. [164,165] damit als deutlich kritischer bewertet. Die Abhängigkeit der Festigkeit vom SDAS verhält sich vergleichbar zur Korngrenzenverfestigung, die über die Hall-Petch-Beziehung in Gl. 2.85 beschrieben wird. Diese beschreibt die Fließ- bzw. Dehngrenze R_p als Funktion der Startspannung der Versetzungsbewegung σ_0, der Korngröße d und dem Koeffizienten k als Grad der Abhängigkeit von der Korngröße d. Der Koeffizient k ist für Aluminium und Al-Legierungen im Vergleich zu Stahl um den Faktor 3–10 verringert, wodurch sich eine deutlich geringere Abhängigkeit der Fließgrenze von der Korngröße ergibt. [2]

$$R_p = \sigma_0 + \frac{k}{\sqrt{d}} \tag{2.85}$$

In AlSi7Mg-Legierungen geht vom interdendritischen Eutektikum und deren Al-Si-Phasengrenzen eine Barrierewirkung für die Versetzungsbewegung und die Ausbildung von Gleitbändern aus, was von Wang et al. [163] und Caceres et al. [165] anhand von Nomarski-Interferenzkontrastmikroskopie gezeigt werden konnte. Die Mischkristallverfestigung ist aufgrund der geringen Löslichkeit von Fremdatomen im Aluminium (z. B. <0,05 % Silizium bei Raumtemperatur) stark von der Legierung abhängig [2,3].

2.4.2 Ermüdungsverhalten und Defekteinfluss

Das Ermüdungsverhalten von AlSi7Mg-Legierungen bei hohen Lastspielzahlen war bereits Gegenstand in einer Vielzahl von Untersuchungen. Der Fokus lag dabei auf der Bewertung der Ermüdungsfestigkeit oder Lebensdauer bei einer spezifischen Beanspruchung in Abhängigkeit von der Porosität [26,71,154,158–162,166–178], der Porenlage [143], der Oxide [166,167], der Einformung des eutektischen Silliziums [179–181], des Dendritenarmabstands [179,182], Mg-Gehalt und Aushärtungszustand [167], des Fe-Gehalts [183], der Umgebungsatmosphäre [143,184–186], der multiaxialen Beanspruchung [177,178] und des Spannungsgradienten [187]. Nur wenige Untersuchungen [166,188] haben sich hierbei auf den Einfluss der Defektgrößen auf die Wöhler-Kurve konzentriert und wie dieser experimentell einheitlich charakterisiert werden kann. Zudem wurde der Großteil der Untersuchungen im Zugschwellbereich (z. B. R = 0,1) unter axialer Beanspruchung oder mittels Umlaufbiegeprüfung ermittelt. Dies schränkt die Vergleichbarkeit und die Verknüpfung der Ergebnisse ein.

Die Untersuchungen kommen zu dem Schluss, dass die Rissbildung und der Rissfortschritt von Poren und Oxiden dominiert wird. Poren können dabei nach Wang et al. [166,167] kritischer als Oxide eingestuft werden. Als kritische Poren- und Oxidgrößen a_i konnten Dimensionen von 25 µm bzw. 50 µm identifiziert werden, d. h. unterschreiten AlSi7Mg-Gusswerkstoffe Porengrößen von 25 µm und Oxidgrößen von 50 µm ist keine Lebensdauer- oder Ermüdungsfestigkeitsminderung im Vergleich zu poren- und oxidfreien Zuständen feststellbar [166]. Die kritische Porengröße in der Größenordnung von 25 µm wurde auch von Couper et al. [176] identifiziert. Die max. erreichten Ermüdungsfestigkeiten für die Grenzlastspielzahl 10^7 und R = −1 lagen bei 120 MPa für 10 µm Defektgröße [168] und bei 100–110 MPa bei Defektgrößen von 50–80 µm [167,168]. Mit erhöhten max. Porengrößen von 100 µm, 200 µm, 500–600 µm und 1.000 µm sank die Ermüdungsfestigkeiten auf 90 MPa [167], 70–75 MPa [167,168], unter 60 MPa [167,168] bzw. 50 MPa [154] ab.

Der SDAS zeigt für R = 0,1 einen signifikanten Einfluss auf die Ermüdungs-festigkeit und -lebensdauer. Je feiner der SDAS war, desto höher die Lebensdauer (Faktor 2–3). Für gröbere SDAS konnte ein Minimum um 60 μm festgestellt wer-den und ein anschließender leichter Anstieg der Lebensdauer für gröbere SDAS (Faktor 2) infolge der Si-Barrierewirkung. [179] Boileau et al. [154,175], Kohla et al. [162] und Powazk et al. [161] konnten für R = −1 zeigen, dass die Ver-besserung der Festigkeits-, Duktilitäts- und Ermüdungseigenschaften bei hohen Abkühlraten maßgeblich auf die reduzierte Porosität zurückzuführen ist. Der Den-dritenarmabstand spielt demnach eine sekundäre Rolle, was von Campbell [189] bestätigt wurde. Um eine vergleichbare Porosität wie bei sehr hohen Abkühlraten zu erreichen, wurde von Boileau et al. [154,175] erfolgreich die Nachverdich-tung von porösen Gusszuständen mittels HIP-Behandlung eingesetzt. Hierdurch konnten für Gusszustände mit gröberen DAS – mit überlicherweise erhöhter Poro-sität – Ermüdungsfestigkeit vergleichbar zu feineren DAS erreicht werden. [175] Dies unterstreicht, dass der Einfluss der Defekte (engl.: Effect of Defects) primär betrachtet werden sollte.

Für die Einformung des eutektischen Siliziums zeigte sich bei R = 0,1, dass eine Sr-Veredelung der Mikrostruktur zu einer signifikanten Erhöhung der Lebensdauer führt (Faktor 2–3). [179] Der Mg-Gehalt und die daraus resultie-rende Änderung des Aushärtungszustands zeigte bei R =−1 keinen signifikanten Einfluss [167], während bei R = 0,1 eine signifikante Reduktion der Ermü-dungslebensdauer für Mg-Gehalte von 0,7 % im Vergleich zu 0,4 % festgestellt werden konnte (Faktor 2–4). [179] Ein erhöhter Fe-Gehalt führt bei R = −1 unabhängig vom Porositätszustand zu einer erheblichen Reduktion der Ermü-dungsfestigkeit um 15–20 % infolge der Erhöhung der mittleren Feretgröße der Fe-reichen intermetallischen Phasen von 7–8 μm auf 23–27 μm [168].

Korrelation der Ermüdungsfestigkeit mit der Defektgröße
Die Korrelation der Ermüdungsfestigkeit von aushärtbaren Al-Si-Gusswerkstoffen mit den bruchauslösenden Defektgrößen mittels Kitagawa-Takahashi-Diagrammen wurde bereits für die Legierungen AlSi7Mg0,3-T6 [178,190,191], AlSi7Mg0,3-T7 [192] und AlSi8Cu3-T6 [193] unter uniaxialer als auch multiaxialer Beanspruchung überprüft. Während für die Anwendbarkeit des KT-Diagramms unter multiaxialer Beanspruchung noch Verbesserungspotential identifiziert werden konnte [178], konnte unter uniaxialer Beanspruchung eine sehr gute Übereinstimmung und sichere Vorhersage getroffen werden.

Das Murakami-Modell [97] (Gl. 2.44) zur defekt- und härtebasierten Vor-hersage der Ermüdungsfestigkeit von Stählen wurde von Noguchi et al. [184]

hinsichtlich der Anwendbarkeit auf Leichtmetalle insb. für Al-Legierungen überprüft und auf Basis der Ergebnisse um das Verhältnis der E-Module z. B. einer
Al-Legierung E zum Stahl E_{St} ($= 206$ GPa) wie folgt erweitert:

$$\sigma_{aL}^{**} = \frac{C \cdot (HV + 120 \cdot E/E_{St})}{(a_i)^{1/6}} \qquad (2.86)$$

Diese Gleichung zeigt zudem eine gute Übereinstimmung mit den Untersuchungsergebnissen von Ueno et al. [194] zum Zusammenhang zwischen
Defektgröße, Makrohärte und Ermüdungsfestigkeit für AlSi7Mg0,3-Legierungen.
Das erweiterte Murakami-Modell wird im Weiteren Murakami-Noguchi-Modell
genannt.

2.4.3 Prüffrequenzeinfluss im HCF- und VHCF-Bereich

Der Einfluss der Prüffrequenz in aushärtbaren Al-Si-Gusslegierungen für 20 kHz-
Ultraschallprüfsystem wurde ausführlich von Zhu et al. [195–197], Li et al. [186]
und Engler-Pinto et al. [185,186] am Beispiel der AlSi6Cu4-Gusslegierung (AA:
E319) im Zustand T7 (überaltert) untersucht. Es bestimmen maßgeblich drei
Faktoren den Frequenzeinfluss:

- Dehnratenempfindlichkeit,
- Temperaturempfindlichkeit,
- Umgebungsmedium bzw. -atmosphäre am Defekt und Riss.

Die Dehnratenempfindlichkeit in metallischen Werkstoffen betrifft das elastisch-
plastische Verformungsverhalten und besonders die Dehngrenze. Je höher die
Dehnrate im Zugversuch ist, desto stärker ist die Aktivierung von Gleit-
versetzungen je Zeiteinheit. [198] Dies lässt sich auf zyklisch beanspruchte
Werkstoffe übertragen, bei denen die Dehnratenempfindlichkeit maßgeblich von
den zyklisch-aktivierten plastischen Verformungen auf dem jeweiligen Beanspruchungsniveau abhängt und im VHCF-Beanspruchungsbereich umso ausgeprägter
ist, je stärker der Werkstoff zyklisch plastifiziert. Es wurde für reine Metalle
[110] und weiche Stähle [199,200] eine signifikante Dehnratenempfindlichkeit
festgestellt. Allgemein weisen kfz-Metalle eine geringere Dehnratenempfindlichkeit als krz-Metalle auf. [201] Insbesondere bei Raumtemperatur kann für

Al-Legierungen eine geringe Dehnratenempfindlichkeit angenommen werden [202].

Eine starke Selbsterwärmung bei 20 kHz von $\Delta T > 20$ K nach DIN 50100 [29] kann für Al-Si-Legierungen aufgrund der guten Wärmeleitfähigkeit im HCF-Bereich bei moderaten Pulse-Pause-Verhältnissen von 50:50 [203,204] sowie im VHCF-Bereich bei kontinuierlicher Prüfung [204] ausgeschlossen werden.

Die Wechselwirkung von Prüffrequenz und Umgebungsmedium wurde vielfach untersucht. Holper et al. [205,206] konnten für Aluminium-Knetlegierungen bei 20 kHz und 20 Hz unter Vakuum keinen Frequenzeinfluss feststellen. Wei et al. [207,208] konnten hingegen einen signifikanten Frequenzeinfluss für Al-Knetlegierungen bestimmen, der stark von der Luftfeuchtigkeit abhängt. Analog zu diesen Untersuchungen befassten sich Zhu et al. mit AlSi6Cu4-Gusslegierung (AA: E319) und konnten einen signifikanten Frequenzeinfluss feststellen, der auf das Umgebungsmedium und deren Wechselwirkung mit der Rissfront zurückgeführt werden konnte. Der Quotient P/f aus Wasser-Partialdruck des Umgebungsmediums P und der Prüffrequenz f wurde als maßgeblicher Faktor identifiziert und als Wasserbeladung P/f benannt. Der Wasser-Partialdruck von Luft ergibt sich aus dem gesättigten Wasser-Partialdruck $P_s = 2338$ Pa und der relativen Luftfeuchtigkeit φ zu: [196]

$$P = P_s \cdot \varphi \qquad (2.87)$$

Der Partialdruck von Wasser liegt bei 10^5 Pa. Die Wechselwirkung des Wasserdampfs mit dem Riss, die zum beschleunigten Rissfortschritt führt, lässt sich nach Wei et al. [207,208] in drei aufeinander folgende Mechanismen aufteilen:

- H_2O-Transport an die Rissspitze, der sog. Knudsen-Fluss [209],
- H_2O-Reaktion mit der „frisch"-geformten Rissfläche unter Freisetzung von Wasserstoffatomen (Zersetzungsreaktion),
- H-Diffusion in die plastische Zone der Rissspitze und H-unterstützter Rissfortschritt z. B. durch lokal erhöhte Dekohäsion oder Plastifizierung [210].

Der Ablauf der Mechanismen an der Rissspitze ist in Abbildung 2.35 schematisch dargestellt und kann nach Wei et al. [207,208] wie folgt erläutert werden. Die Wassermoleküle werden infolge des Knudsen-Fluss im Rissspalt transportiert. Dort reagieren die Wassermoleküle mit der „frisch"-geformten Rissfläche unter Freisetzung von Wasserstoff nach folgender Reaktionsgleichung: [207,208]

$$2Al + 4H_2O = Al_2O_3 \cdot H_2O + 6H \qquad\qquad (2.88)$$

Der Wasserstoff diffundiert in die plastische Zone der Rissspitze und beschleunigt dort den Rissfortschritt. Der Wasserstoff-unterstützte Rissfortschritt kann nach [210] auf eine erhöhte Dekohäsion, Versetzungsbildung und Lokalisierung der plastischen Verformung zurückgeführt werden.

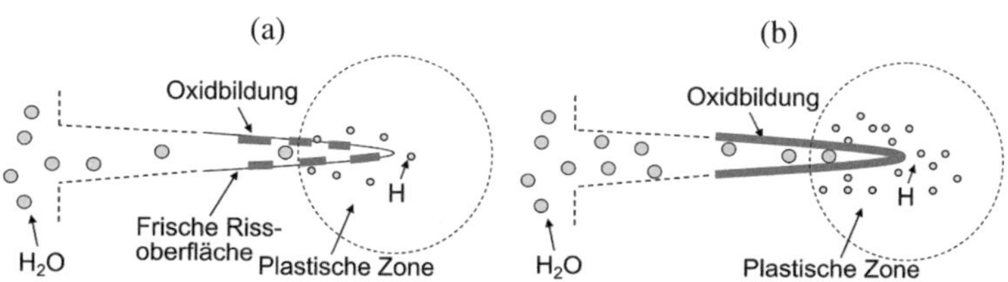

Abbildung 2.35 Schematische Darstellung der Mechanismen bei der Reaktion der Rissspitze mit Wassermolekülen des Umgebungsmediums zur Ausbildung von Oxiden auf der Rissfläche und Wasserstoffdiffusion in die plastische Zone der Rissspitze: (a) Partielle Reaktion und (b) abgeschlossene „gesättigte" Reaktion an der Rissspitze [196]

Zhu et al. [195,196] konnten die zeitlichen Anteile der drei Mechanismen für die Gusslegierung AlSi6Cu4-T7 (1) H_2O-Transport, (2) H_2O-Reaktion und (3) H-Diffusion an der Rissspitze zu 1000:120:1 (t_1:t_2:t_3) in Anlehnung an Wei et al. [207,208] modellbasiert abschätzen. Der H_2O-Transport ist mit einem zeitlichen Anteil von fast 90 % der zeitlich steuernde Mechanismus an der Rissspitze und kann durch den Knudsen-Fluss [209] modellhaft beschrieben werden.

Der daraus resultierende Frequenzeinfluss ist in Abbildung 2.36a für Prüffrequenzen von 1 Hz, 30 Hz und 20 kHz bei Raumtemperatur und einer relativen Luftfeuchtigkeit von 40 % gezeigt. Die Rissfortschrittsrate bei 1 Hz und 30 Hz sind vergleichbar, während bei 20 kHz ein signifikanter Abfall der Rissforschrittsrate bei gleichem zyklischen Spannungsintensitätsfaktor ΔK zu verzeichnen ist. Für $\Delta K = 2$ MPa$\sqrt{m}$ ist in Abbildung 2.36b die Rissfortschrittsrate da/dN in Abhängigkeit von der Wasserbeladung P/f gegenübergestellt.

Ab P/f > 10 bildet sich ein Plateau aus, ab dem der Transport der Wassermoleküle für die Prüffrequenzen ausreichend schnell verläuft, um die nachfolgenden Reaktionen nicht mehr „auszubremsen". Der Abfall der Rissfortschrittsrate für kleine Wasserbeladungen von P/f $\leq$ 10 ist schematisch anhand der sechs Datenpunkte eingezeichnet und ist auf den langsamen und damit eingeschränkten Transport von Wassermolekülen an die Rissspitze begründet. Hierdurch werden

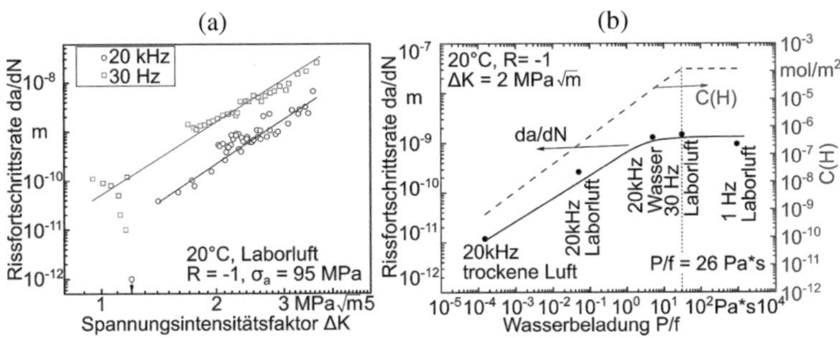

Abbildung 2.36   (a) Prüffrequenzeinfluss auf die Rissfortschrittsskurve und (b) Vergleich der Rissfortschrittsraten in Abhängigkeit von der Wasserbeladung P/f als Funktion des Umgebungsmediums P und der Prüffrequenzen f [196]

mehrere Lastspiele benötigt bis sich eine „gesättigte" Reaktion an der Rissspitze einstellt. Je trockener die Luft ist, desto geringer ist die Wechselwirkung mit der Umgebung und desto langsamer verläuft der Rissfortschritt, wie es für viele metallische Werkstoffe unter Vakuumbedindungen bekannt ist. [196] Durch Anpassung der Atmosphäre kann somit eine „gesättigte" Reaktion an der Rissspitze eingestellt werden.

Li et al. [186] konnten für 20 kHz-Ermüdungsprüfungen unter hoher Luftfeuchtigkeit (>99 %) vergleichbare Ermüdungsfestigkeit zu „konventionellen" servohydraulischen Ermüdungsprüfungen (30 Hz und normale Luftfeuchtigkeit) erreichen. Engler-Pinto et al. [185] konnten vergleichbare Ermüdungsfestigkeiten im HCF- und VHCF-Bereich an 75 Hz- und 20 kHz-Prüfsystemen einstellen, wenn die Ermüdungsprüfung bei 20 kHz unter destilliertem Wasser durchgeführt wurde. Diese Atmosphäre war in den Untersuchungen von Li et al. [186] nicht erfolgreich und führte zu deutlich reduzierten Ermüdungsfestigkeiten von über -25 % zum servohydraulischen Prüfsystem.

2.4.4   Schädigungsmechanismen unter Ermüdungsbeanspruchung

Bei Betrachtung der VHCF-Untersuchungen von Zhu et al. [195–197] und Engler-Pinto Jr. et al. [185,186] im vorherigen Kapitel wird deutlich, dass das Rissfortschrittsverhalten und damit die Ermüdungslebensdauer maßgeblich durch die zeitgetriggerte Wechselwirkung der Atmosphäre mit der Rissfront pro Lastspiel gesteuert wird (Wasserbeladung P/f) und zu Vakuum-ähnlichen Rissfortschrittsraten führen kann. Dies ist auf die Änderung der Schädigungsmechanismen zurückzuführen und soll auf Basis der Untersuchungergebnisse von Serrano-Munoz et al. [143] an AlSi7Mg0,4-Gusslegierungen näher erläutert werden.

AlSi7Mg-Gusslegierungen zeigen je nach Ort des bruchauslösenden Defekts und der Umgebung der Probe (Luft oder Vakuum) bzw. des Defekts (Vakuum, eingeschlossenes Gas) unterschiedliche Bruchflächen, die auf verschiedene Schädigungsmechanismen zurückgeführt werden können und in Abbildung 2.37 anhand von fraktographischen Analysen schematisch dargestellt sind. Für Oberflächendefekte an Luft zeigt sich der Stadium II Rissfortschritt mit einer glatten Bruchfläche senkrecht zur Normalspannung. Oberflächendefekte im Vakuum zeigen einen Stadium I-ähnlichen (I*) Rissfortschritt, der sich makroskopisch in der Ebene max. Normalspannung bewegt, während die mikroskopische Schädigung durch die schubspannungsgesteuerte Bildung kristallographischer Facetten parallel zur {111} Gleitebene erfolgt. Entsprechend ist die Bezeichnung nicht Stadium I sondern Stadium I-ähnlich (I*). Bei künstlichen Volumendefekten zeigte sich unabhängig von der Umgebung der Probe zunächst ein Stadium II Rissfortschritt, der auf das eingeschlossene Gas im Defekt zurückgeführt werden konnte. Das Stadium II Versagen geht mit steigender Risslänge in ein facettenartiges Stadium I* Versagen über. Tritt der Riss im Anschluss an die Oberfläche, erfolgt der weitere Rissfortschritt je nach Probenumgebung im Stadium II (Luft) oder Stadium I (Vakuum). Der Rissfortschritt im Stadium II zu Beginn der Schädigung konnte nicht für natürliche Schwindungsporen (Vakuum) beobachtet werden. Diese zeigten direkt ein Stadium I Versagen vergleichbar zum Oberflächendefekt im Vakuum.

Im Stadium II unter Atmosphäre zeigen die Ermüdungsrisse eine deutlich beschleunigte Rissfortschrittsrate im Vergleich zum Stadium I*. Dieses vorteilhafte Stadium I* Verhalten ist nach Pelloux [211] unter anderem auf die ausbleibende Oxidbildung auf den frisch erzeugten Rissflächen zurückzuführen, wodurch ein reversibles zyklisches Abgleiten in den Gleitbändern an der Rissspitze möglich ist. Der beschleunige Rissfortschritt unter Umgebungsatmosphäre erfolgt nach Wei et al. [207,208] und Petit u. Henaff [212–215] durch Wasserstoff-unterstützten Rissfortschritt bei niedrigen Spannungsintensitätsfaktoren und Wasserdampfadsorptions-unterstützten Rissfortschritt bei hohen Spannungsintensitätsfaktoren. Diese Schädigungsmechanismen sind aus dem vorherigen Abschnitt 2.4.3 zum Frequenzeinfluss unter Ultraschall-Ermüdungsbeanspruchung bekannt, wo sie ebenfalls eine dominierende Rolle spielen. Infolge des verlangsamten Rissfortschritts bei Stadium I* Rissfortschritt

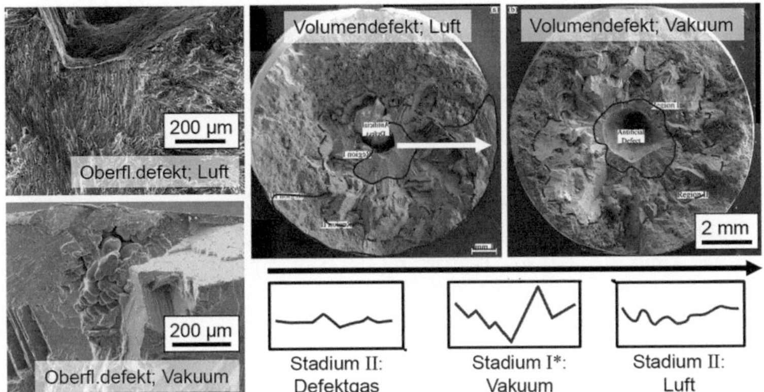

Abbildung 2.37 Schädigungsmechanismen in AlSi7Mg-Gusslegierungen unter Ermüdungsbeanspruchung bei hohen und sehr hohen Lastspielzahlen in Abhängigkeit vom Defektort und von der Umgebung der Probe

war die Lebensdauer im HCF-Bereich von Oberflächendefekten im Vakuum um eine Dekade zu Oberflächendefekten an Luft erhöht. Zudem zeigten die Gussproben mit natürlichen Oberflächendefekten (200–600 µm) im Vergleich zu den künstlichen Oberflächendefekten ($\approx$ 1.200 µm) keine signifikant erhöhte Lebensdauer, obwohl die initiale Defektgröße um mehr als den Faktor 2 erhöht war. [143]

2.4.5   Wissenschaftliche Fragestellungen

Aus dem Stand der Technik lassen sich folgende offene wissenschaftliche Fragestellungen ableiten:

- Kann die Ermüdungsverhalten von defektbehafteten Werkstoffen mittels Wöhler-Kurven zuverlässig bewertet werden?
- Wie kann die Schädigungstoleranz von defektbehafeten Werkstoffen zuverlässig und einheitlich beschrieben werden?
- Sind die Modelle von Murakami-Noguchi und Shiozawa zur zuverlässigen Abschätzung des HCF-Verhaltens geeignet?

- Wie kann das Kitagawa-Takahashi-Diagramm und die El Haddad-Kurve ermittelt und die „intrinsische" Ermüdungsfestigkeit auf Basis von defektbehafteten Werkstoff- bzw. Gusszuständen zuverlässig abgeschätzt werden?
- Ist eine einheitliche Abschätzung des Ermüdungsverhaltens und der Schädigungstoleranz für verschiedene Prozessrouten bei Gusswerkstoffen möglich?
- Wie beeinflusst das quasi-statische und zyklische Verformungsverhalten das Ermüdungsverhalten und die Schädigungstoleranz?
- Dominiert die Rissbildung oder der Rissfortschritt das Ermüdungsverhalten und wie kann dies bei der Bewertung der Schädigungstoleranz berücksichtigt werden?
- Welchen Einfluss hat die Prüffrequenz im VHCF-Bereich auf die Rissbildung und den Rissfortschritt?

Werkstoff und Gießverfahren 3

Dieses Kapitel gibt einen Überblick über die gießtechnische Herstellung und Weiterverarbeitung der untersuchten AlSi7Mg0,3-Gusslegierungen und beinhaltet die Charakterisierung der Mikrostruktur, Härte und Defekte für die verschiedenen Werkstoffzustände.

3.1   Probenherstellung

Die Probenherstellung und die chemische Analyse der Kokillen- und Sandabgüsse erfolgte am Laborbereich Materialdesign und Werkstoffzuverlässigkeit der Hochschule Osnabrück (Osnabrück, Deutschland). Die chemische Zusammensetzung wurde mittels optischer Emissionsspektroskopie (OES) überprüft. Die Ergebnisse sind in Tabelle 3.1 aufgelistet. Alle Abgüsse halten die zulässigen Grenzwerte für die chemische Zusammensetzung nach DIN EN 1706 [17] für die Legierung AlSi7Mg0,3 ein, mit Ausnahme des Si-Gehalts. Der Si-Gehalt ist um 0,10–0,25 Gew.-% erhöht. Dies entspricht + 1,3–3,3 % zum oberen Grenzwert und sollte keinen signifikanten Einfluss auf die mechanischen Eigenschaften haben.

Inhalte dieses Kapitels basieren zum Teil auf Vorveröffentlichungen [190,193,216] und auf den studentischen Arbeiten [217,218].

J. Tenkamp, *Charakterisierung und Modellierung des Ermüdungsverhaltens und der Schädigungstoleranz aushärtbarer Al-Si-Mg-Gusslegierungen im HCF- und VHCF-Bereich*, Werkstofftechnische Berichte | Reports of Materials Science and Engineering, https://doi.org/10.1007/978-3-658-38333-6_3

Tabelle 3.1 Chemische Zusammensetzung der AlSi7Mg0,3-Gusswerkstoffe im Vergleich zur DIN EN 1706 (in Gew.-%)

Element	Si	Mg	Fe	Cu	Mn	Zn	Ti	Al
DIN EN 1706	*6,5–7,5*	*0,25–0,45*	*$\leq$ 0,19*	*$\leq 0,05$*	*$\leq$ 0,10*	*$\leq 0,07$*	*$\leq 0,25$*	*Rest*
AlSi7Mg0,3-K	7,60	0,27	0,08	0,003	0,002	0,002	0,16	Rest
AlSi7Mg0,3-S	7,75	0,25	0,09	0,015	0,004	0,001	0,14	Rest

Die wichtigsten internationalen Legierungsbezeichnungen von der Aluminum Association (AA) über ISO und EN 1780 bis hin zur Japanese Industrial Standard (JIS) sind in Tabelle 3.2 nach DIN EN 1706 aufgelistet. Im weiteren Verlauf wird die ISO-Legierungsbezeichnung AlSi7Mg0,3 genutzt.

Tabelle 3.2 Legierungsbezeichnungen nach den internationalen Normen der AA, ISO, DIN EN 1780 und JIS

AA – Numerisch –	ISO – Chemisch –	DIN EN 1780 – Numerisch –	DIN EN 1780 – Chemisch –	JIS – Numerisch –
A356.0	AlSi7Mg0,3	AC-42100	AC-AlSi7Mg0,3	AC4CH

Im Folgenden wird die Herstellung des Probenmaterials erläutert. Das Ausgangsmaterial für die Abgüsse ist in Masseln von der Fa. Ohm & Häner Metallwerk (Drolshagen, Deutschland) bereitsgestellt worden. Diese sind im elektrischen Widerstandsofen (Kokillenguss) oder Induktionsofen (Sandguss) aufgeschmolzen und auf 730 °C (Kokillenguss) und 750 °C (Sandguss) erhitzt worden. Der Schmelze wurde als Kornfeinungsmittel eine Vorlegierung aus AlTi5B1 hinzulegiert. Neben der Kornfeinung wurde eine Dauer-Veredelung des eutektischen Siliziums mit Strontium realisiert, indem der Schmelze kurz vor Abguss eine Vorlegierung aus AlSr10 hinzulegiert wurde. Die Schmelze der Kokillenabgüsse wurde einer Reinigung mit stickstoffabgegebenen Tabletten unterzogen (Schmelzereinigung). Auf die Schmelzereinigung wurde bei den Kokillenabgüssen für ausgewählte Versuchsreihen verzichtet, um deren Wirkung auf die Mikrostruktur- und Porositätsausbildung zu untersuchen.

Die vereinfachte Abfolge beim Kokillenabguss ist in Abbildung 3.1 dargestellt. Die Schmelze wurde in eine Stahlkokille abgegossen, die auf 450 °C vorgeheizt war. Über den Anguss floss die Schmelze in Richtung Kokillengrund und füllte die Kokillenform von unten. Der Speiser oberhalb des Probenstabs (Länge 195 mm, Ø20 mm) reduzierte die Bildung von Lunkern und Mikroporosität.

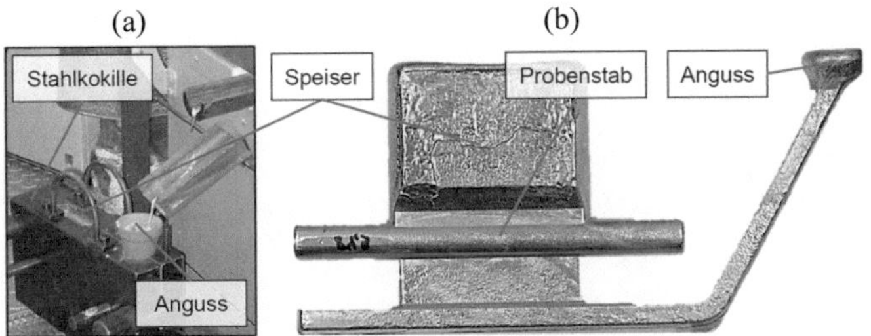

Abbildung 3.1 Kokillengussherstellung: (a) Kokillenabguss der Schmelze, (b) Aufteilung des Kokillenabgusses in Anguss, Probenstab und Speiser[1]

Die Abfolge beim Sandguss ist prinzipiell vergleichbar mit dem Kokillenguss. Um die geforderten Erstarrungsraten zu erreichen, wurde eine Kühlplatte aus phosphordesoxidiertem Kupfer unter den Stufenkeil platziert. Ein partielles Aufschmelzen der Cu-Kühlplatte wurde durch Aufsprühen einer Bornitridschlichte verhindert. Aufgrund der Komplexität des Stufenkeils besteht die Sandgussform aus Ober- und Unterkasten, deren Trennschicht mit Talkum eingerieben wurde. Als Formsand wurde bentonitgebundener Quarzsand verwendet. Im ersten Schritt wird der Unterkasten mit Cu-Kühlplatte und unterer Gussform stufenweise mit Formsand gefüllt und verdichtet. Der fertige Unterkasten wird anschließend gedreht und der Oberkasten aufgesetzt. Im Anschluss wird die obere Gussform (Stufenkeil) und der Anguss platziert und stufenweise mit Formsand gefüllt und verdichtet. Im letzten Schritt werden Ober- und Unterkasten getrennt, die Gussformen entnommen, die Entlüftungslöcher manuell eingebracht und anschließend beide Gusskästen wieder zusammengesetzt. Der Abguss der Schmelze erfolgte bei 750 °C in den Anguss. Für die Sandabgüsse wurde auf eine Schmelzereinigung verzichtet, da im Rahmen des Untersuchungsprogramms an den Kokillengusszuständen festgestellt wurde, dass die Schmelzereinigung zu einer Erhöhung der Porosität führt (Abbildung 3.2).

Die Abkühlprofile während des Kokillen- und Sandabgusses wurden zusätzlich mittels WinCast am Laborbereich Materialdesign und Werkstoffzuverlässigkeit der Hochschule Osnabrück berechnet. Aus den berechneten Erstarrungszeiten können über Gl. 2.1 und legierungsspezifische Werkstoffdaten der lokale (sekundäre) Dendritenarmabstand (DAS bzw. SDAS) durch WinCast abgeschätzt

---

[1] Aufnahmen vom Laborbereich Materialdesign und Werkstoffzuverlässigkeit der Hochschule Osnabrück.

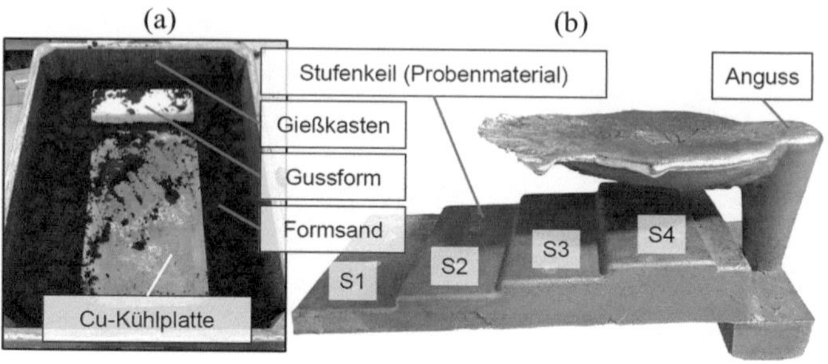

Abbildung 3.2 Sandgussherstellung: (a) Sandgusskasten mit Gussform, Kupferkühlplatte und Formsand, (b) Aufteilung der Sandabgüsse in Anguss und Stufenkeil sowie nach Abkühlrate S1, S2, S3 und S4[2]

werden. Der lokale DAS ist in Abbildung 3.3 für den Kokillen- und Sandabguss als farblicher Verlauf der jeweiligen Abgussgeometrie überlagert.

Der Probenstab beim Kokillenabguss wurde für die Probenfertigung in der Mitte geteilt, sodass je Abguss zwei Proben gefertigt werden konnten. Je Schmelze konnten 6 bis 8 Abgüsse realisiert werden, sodass je Schmelze 12 bis 16 Proben zur Verfügung standen. Der DAS kann für die Probenmitte zu 30–40 μm abgeschätzt werden (DAS-Stufe 1, Kürzel: K1).

Beim Sandguss wurde ein Stufenkeil hergestellt, der aus vier Stufenhöhen mit jeweils unterschiedlichen Abkühlzeiten besteht (Abbildung 3.3b). Je größer die Stufenhöhe, desto höher ist die Abkühlzeit. Die Stufenhöhe steigt von S1 nach S4 in den Stufen 21 mm, 31 mm, 42 mm und 52,5 mm näherungsweise linear. Von links (Kürzel: S1) nach rechts (Kürzel: S4) steigt die Abkühlzeit und damit der DAS. Für die Positionen S1 bis S4 kann der DAS zu 30–45 μm (DAS-Stufe 1, vgl. K1), 40–55 μm (DAS-Stufe 2), 55–75 μm (DAS-Stufe 3) und 75–90 μm (DAS-Stufe 4) über die WinCast-Berechnungen abgeschätzt werden. Die jeweilige Probenentnahme ist hinsichtlich Position und Ausrichtung in Abbildung 3.3 schematisch als weiße Kontur eingezeichnet. Für den Kokillenabguss ergab sich für die Standardproben nur eine Möglichkeit der Probenentnahme. Beim Sandguss wurde die angezeigte Probenentnahme durchgeführt, um eine minimale Variation des DAS im Prüfbereich der Proben zu erhalten.

Um den Einfluss der Mikrostruktur weitestgehend unabhängig vom Porositätszustand charakterisieren zu können, wurde die Porosität standardmäßig

---

[2] Aufnahmen vom Laborbereich Materialdesign und Werkstoffzuverlässigkeit der Hochschule Osnabrück.

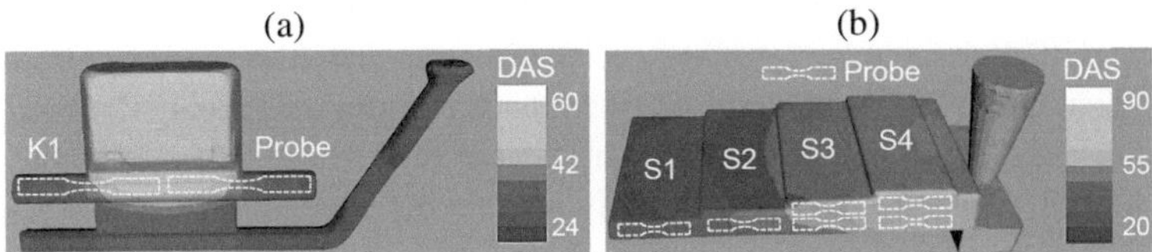

Abbildung 3.3 Berechnungsergebnisse zum abkühlbedingten DAS-Profil mittels Win-Cast: (a) Kokillenguss und (b) Sandguss als Stufenkeil inkl. schematischer Darstellung der Probenentnahme[3]

durch eine Nachverdichtung mittels heißisostatischem Pressen (HIP) reduziert. Dies erfolgte vor der T6-Wärmebehandlung. Die HIP-Behandlung wurde von der Fa. Bodycote Technology (Haag-Winden, Deutschland) nach dem patentierten Densal^{TM}-Verfahren durchgeführt. Bei der HIP-Behandlung wird unter hohem isostatischen Druck und hohen Temperaturen von mind. 70 % der Schmelztemperatur über Diffusionsvorgänge ein Porenschließen und ein stoffschlüssiges Verbinden der Porenoberflächen induziert [219]. Weitere Informationen zu den Verfahrensparametern unterliegen der Geheimhaltung.

Die Proben wurden im Anschluss einer T6- oder T64-Wärmebehandlung unterzogen. Die Lösungsglühung erfolgte standardmäßig bei 545 °C für 1 h im Ofen mit Luftumwälzung mit anschließender Wasserabschreckung bei Raumtemperatur. Die Warmauslagerung erfolgt bei 160 °C für 5 h für die T6-Wärmebehandlung und 2 h für die T64-Wärmebehandlung (unteraltert).

Die Zustandsbezeichnung in dieser Arbeit ergaben sich wie folgt:

- Gießverfahren: (K) Kokillenguss, (S) Sandguss
- DAS-Stufe: (1) bis (4) analog zu den DAS-Stufen im Sandabguss
- HIP-Behandlung: (P1) kein HIP, (P2) kein HIP, keine Schmelzereinigung
- Wärmebehandlung: (L) geänderte Lösungsglühtemperatur = 530 °C, (A) geänderte Auslagerungszeit = 2 h (T64)

Der DAS wurde dabei je nach Feinheit in die DAS-Stufen 1 bis 4 eingeteilt in Abhängigkeit von der erreichten DAS-Stufen im Sandabguss. Für den standardmäßigen Verfahrensweg mit HIP- und T6-Wärmebehandlung ergeben sich für die

---

[3] Berechnungen und Aufnahmen vom Laborbereich Materialdesign und Werkstoffzuverlässigkeit der Hochschule Osnabrück.

Kokillen- und Sandgüsse der DAS-Stufe 1 die Bezeichnungen K1 bzw. S1. Wurde auf die HIP-Behandlung verzichtet, wird dies mit dem Kürzel P für Porosität gekennzeichnet. Eine geänderte T6-Wärmebehandlung z. B. bei der Lösungsglühung oder Auslagerung wurde über die Kürzel L bzw. A verdeutlicht. Die verschiedenen Werkstoffzustände sind in Tabelle 3.3 gegenübergestellt

Tabelle 3.3 Klassierung der untersuchten Guss- und Werkstoffzustände

Gießverfahren	HIP-Behandlung	T6-Wärme behandlung	Schmelze reinigung	Kürzel
Kokille	Ja	T6	Ja	K1
Kokille	Ja	T6-L	Ja	K1L
Kokille	Nein	T6	Ja	K1P1
Kokille	Nein	T6	Nein	K1P2
Sand	Ja	T6	Nein	S1…S4
Sand	Ja	T64	Nein	S3A

Es wurden mit 4 Kokillenguss- und 5 Sandgusszuständen insgesamt 9 Werkstoffzustände der AlSi7Mg0,3-Gusslegierungen untersucht.

Identifikation primärer und sekundärer Struktur-Eigenschafts-Zusammenhänge
Mit Hilfe der neun Werkstoffzustände der AlSi7Mg0,3-Gusslegierungen wird der Einfluss unterschiedlicher (mikro)struktureller Eigenschaften auf das Ermüdungs- und Schädigungsverhalten bei hohen und sehr hohen Lastspielzahlen untersucht. Primäre Herstellungsparameter sind die Erstarrungsrate beim Abguss und die T6-bzw. T64-Wärmebehandlungsparameter. Die Erstarrungsrate beeinflusst maßgeblich die Porosität, den DAS und die Veredelung der eutektischen Si-Partikel. Über die T6-Wärmebehandlungsparameter wird die Ausgangshärte des α-Al-Mischkristalls eingestellt (Warmauslagerung) und die Veredelung der eutektischen Si-Partikel abgeschlossen (Lösungsglühung). Die Untersuchungsstrategie zur Quantifizierung der primären und sekundären Prozess-Struktur-Eigenschafts-Zusammenhänge sind in Abbildung 3.4 schematisch dargestellt und den neun Werkstoffzuständen in Tabelle 3.3 zugeordnet.

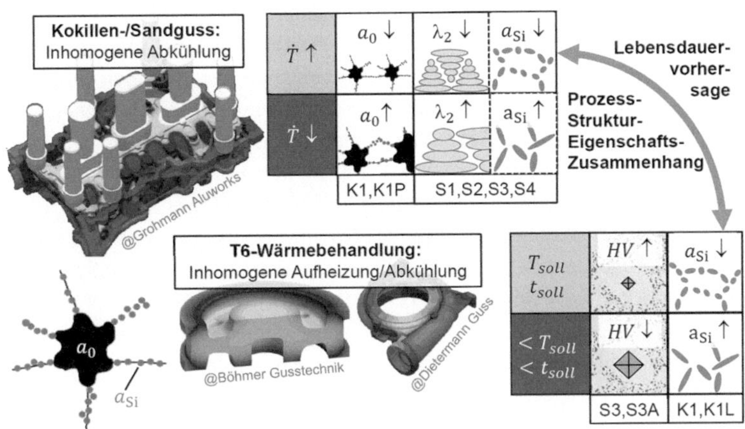

Abbildung 3.4 Schematische Darstellung der Untersuchungsstrategie zur Nutzung der Prozess-Struktur-Eigenschafts-Zusammenhänge für die Lebensdauervorhersage von aushärtbaren Al-Si-Mg-Gusswerkstoffen und -bauteilen

Die Porosität und der Dendritenarmabstand werden maßgeblich durch die mittlere Erstarrungsrate bzw. -zeit bestimmt. Je höher die Erstarrungsrate desto niedriger der DAS [8,11] und desto niedriger die Porosität [154,175]. Die Festigkeits- und Duktilitätseigenschaften verbessern sich gleichermaßen und damit die Ermüdungseigenschaften. Entsprechend werden in der Praxis versagenskritische Bereiche von aushärtbaren Al-Si-Gussbauteilen dünnwandig dimensioniert (z. B. Kokillenguss) und/oder mit zusätzlichen, lokalen Kühleisen ausgestattet (z. B. Sandguss), um die lokale Erstarrungsrate und damit die lokalen technologischen Eigenschaften hinsichtlich Lebensdauer zu verbessern. Boileau et al. [154,175], Kohla et al. [162] und Powazk et al. [161] konnten zeigen, dass die Verbesserung der Festigkeits-, Duktilitäts- und Ermüdungseigenschaften bei hohen Abkühlraten primär auf die reduzierte Porosität und nicht den DAS zurückzuführen ist. Der DAS spielt demnach eine sekundäre Rolle, was insb. von Campbell [189] bestätigt wurde. Eine separierte Betrachtung des Ermüdungsverhaltens hinsichtlich Porosität und DAS ist gießtechnisch schwierig, da mit steigender Abkühlrate beide Kennwerte kleiner bzw. feiner werden. Um für einen DAS-Bereich unterschiedliche Porositäten zu erreichen, wurde von Boileau et al. [154,175] erfolgreich die Nachverdichtung von hochporösen Gusszuständen mittels HIP-Behandlung eingesetzt. Analog wurde in dieser Arbeit mit K1 und

K1P1 vorgegangen. Mit dem Zustand K1P2 (ohne Schmelzereinigung) konnte ein zusätzlicher, dritter Porositätszustand bei vergleichbaren DAS realisiert werden.

Zusätzlich wurde der Einfluss der Erstarrungsrate u. a. auf den DAS anhand von Sandgussproben untersucht, deren DAS in vier Stufen zwischen 40 und 100 µm variierte (S1 bis S4). Alle Sandgusszustände wurden mittels HIP-Behandlung nachverdichtet, um den Einfluss der Porosität im Vergleich zur Mikrostruktur zu minimieren. Die Erstarrungsrate beeinflusst neben der Porosität und DAS noch die Veredelungswirkung des Strontiums und damit die Ausprägung der eutektischen Si-Partikel. Nach Ostermann [2] tritt eine Minderung der Veredelungswirkung typischerweise bei grobzelligen Gussgefügen mit DAS größer 50 µm auf. Dies trifft auf die Sandgusszustände S2 bis S4 zu und wurde bei der Mikrostrukturanalyse und Bewertung der mechanischen Eigenschaften berücksichtigt.

In veredelten Kokillenabgüssen reichen bei 545 °C sehr kurze Glühzeiten von 30 bis 60 min aus, um das eutektische Silizium einzuformen und damit die Festigkeits- und Duktilitätseigenschaften zu verbessern. In großvolumigen Bauteilen können solch kurze Glühzeiten zu einer inhomogenen Temperaturverteilung beim Aufheizen und Abkühlen während der Lösungsglühung führen. Folglich wird es Bauteilzonen geben, die eine reduzierte Lösungsglühtemperatur und/oder -zeit erfahren haben. Dieser Effekt soll mit Hilfe der Lösungsglühung bei 530 °C (statt 545 °C) für 1 h bei ansonsten gleicher Abschreckung und Warmauslagerung (160 °C, 5 h) mit dem Zustand K1L nachgestellt werden.

Der Aushärtungszustand ist ein weiterer entscheidender Kennwert für die Festigkeits- und Dukitilitätseigenschaften aushärtbarer Al-Si-Gusslegierungen. Dieser bestimmt das Gleitverhalten (quasi-planar) und den Verfestigungsmechanismus (Kelly u. Fine). Im T6-Aushärtungszustand besitzen AlSi7Mg0,3-Legierungen eine hohe Dehngrenze und Zugfestigkeit bei moderater Duktilität. Dieser Zustand wurde bis auf den Sandgusszustand S3A in allen Gusszuständen eingestellt. Im T64-Zustand weist der Werkstoff eine reduzierte Dehngrenze und Zugfestigkeit bei erhöhter Duktilität auf. In sicherheitsrelevanten Bauteilen wird ein T6-Aushärtungszustand angewandt, da dieser Zustand die besten Ermüdungseigenschaften aufweist. Der Aushärtungszustand kann durch verschiedene Verfahrensschritte negativ beeinflusst werden. Dazu zählen u. a. eine rasche Abschreckung nach der Lösungsglühung ($\leq$ 10 s), die Temperatur des Abschreckmediums, die Zeit der Zwischenauslagerung und Bauteilgeometrie (inhomogene Temperaturfelder bei kurzen Aushärtungszeiten). Um den Effekt einer unzureichenden T6-Wärmebehandlung nachzustellen, wurden ausgewählte Proben einer T64-Wärmebehandlung bei 160 °C für 2 h (Zustand S3A) unterzogen.

Probengeometrie und -fertigung

Der Zuschnitt der Kokillen- und Sandabgüsse durch Sägen erfolgte in den Werkstätten der Hochschule Osnabrück. Hierzu zählte das Entfernen von Anguss und Speiser. Für die Sandabgüsse wurden zusätzlich die Stufen voneinander getrennt. Der weitere Probenzuschnitt und die spanende Fertigung der Rundproben, deren Probengeometrien in Abbildung 3.5 gezeigt sind, erfolgte in Form von Sägen, Fräsen und Drehen in der Zentralwerkstatt der Fakultät Maschinenbau und der Werkstatt der Fakultät Physik der TU Dortmund.

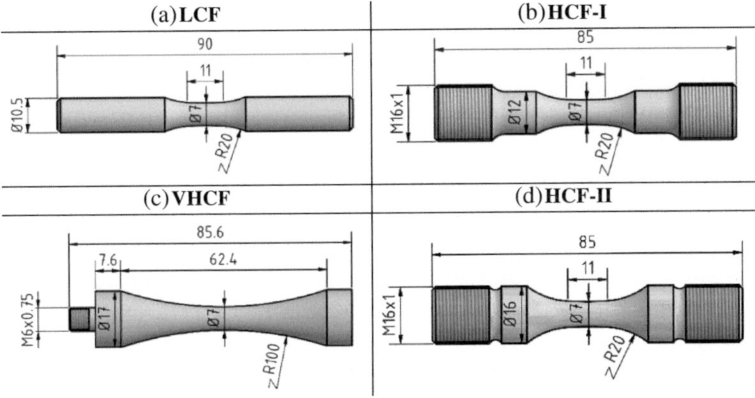

Abbildung 3.5 Probengeometrien: (a) Servohydraulisches Prüfsystem mit Dehnungsgeregelung; (b) Resonanzprüfsystem mit Spannungsgeregelung; (c) Ultraschallprüfsystem mit Wegregelung; (d) Resonanzprüfsystem mit elektrischer Widerstandsmessung

Die Abgussproben wurden im ersten Schritt zugeschnitten, damit die HIP- und Wärmebehandlung für die Kokillen- und Sandabgüsse an vergleichbaren Querschnitten erfolgte und eine homogene Druck- und Temperaturverteilung für beide Behandlungsverfahren sichergestellt ist. Der Probenstab beim Kokillenabguss konnte hierzu als Ganzes genutzt werden. Beim Sandguss wurden die einzelnen Stufen abhängig von der gewählten Probengeometrie auf einen Querschnitt von 14 mm × 14 mm (LCF-Probe, Abbildung 3.5a) und 20 mm × 20 mm (HCF- und VHCF-Probe, Abbildung 3.5b-d). Nach erfolgter HIP- und Wärmbehandlung wurden die Probenzuschnitte gemäß den Probenzeichnungen in Abbildung 3.5 mit definierten Schnittparametern und Wendeschneidplatten in Anlehnung an DIN 6072:2011 abgedreht. Die Probenbearbeitung des verjüngten Probenbereichs

(Prüfbereich inkl. Übergangsradien) erfolgte durch eine durchgängige Schnittbewegung. Experimentelle Untersuchungen hatten gezeigt, dass es bei hohen und sehr hohen Lastspielzahlen an Schweißpunkten auf dem Absatz Ø12 mm zur Anrissbildung kommt, wodurch dieser Absatz in den weiteren Untersuchungen auf Ø16 mm erhöht wurde (s. Abbildung 3.5d).

Die finale spanende Bearbeitung der Probenoberfläche erfolgte manuell mit definierten Schleif- und Polierstufen unter Verwendung einer Drehbank, um eine vergleichbare Oberflächentopographie der Proben sicherzustellen. Für die Schleif- und Polierstufen wurde Siliziumkarbid-Schleifpapier verschiedener Körnungen (P500 bis P4000) und DP-Dac Poliertuch mit diamantbasierter Polierpasten der Fa. Diamant (fein, extra-fein) genutzt. Bei besonderen Anforderungen an die Probenoberfläche wurde Diamandsuspension (1 μm, 3 μm, 6 μm) zusammen mit DP-Nap Poliertuch (6 μm, 3 μm) und DP-Dac (1 μm) verwendet. Die Ermüdungsproben wurden auf einen Rauheitswert von $Rz \leq 0{,}8$ μm poliert.

3.2   Mikrostrukturanalyse

Die Mikrostruktur der AlSi7Mg0,3-Kokillen- und Sandgusslegierungen wurde mittels lichtmikroskopischer Analyseverfahren charakterisiert. Die ausschlaggebenden mikrostrukturellen Merkmale sind der (sekundäre) DAS, die Ausprägung der eutektischen Si-Partikel und die Korngröße.

Die Ermittlung des DAS erfolgte an kalteingebetteten, OPS-polierten Schliffen (engl.: Oxide Polishing Suspension, OPS, ca. 0,3 μm) im Hellfeld mit Hilfe des Linienschnittverfahrens nach der BDG-Richtlinie P220 [10]. Hierzu wurden mindestens zehn Dendriten mit jeweils mindestens fünf sekundären Dendritenarmen vermessen. Repräsentative Aufnahmen der Dendritengrößenverteilung sind in Abbildung 3.6a für die verschiedenen Kokillen- und Sandgusszustände gezeigt. In Tabelle 3.4 sind die DAS-Kennwerte der verschiedenen Gusszustände aufgelistet. Die Kokillengusszustände weisen den gleichen DAS auf. Weder die HIP-Behandlung noch die Lösungsglühung zeigen einen signifikanten Einfluss. Die Zustände K1 und S1 weisen vergleichbare DAS-Kennwerte auf. Für die Zustände S1 bis S4 steigt der DAS mit sinkender Abkühlrate, wobei der Zustand S1 eine deutlich feinere Mikrostruktur als die Zustände S2 bis S4 zeigt. Der DAS steigt somit nicht proportional zur Stufenhöhe, die näherungsweise linear von S1 nach S4 ansteigt.

Die Korngrößenbestimmung erfolgte unter polarisiertem Licht an Barker-geätzten Schliffen nach dem Linienschnittverfahren in Anlehnung an DIN EN ISO 643 [220]. Die Proben wurden hierzu rückseitig angebohrt und

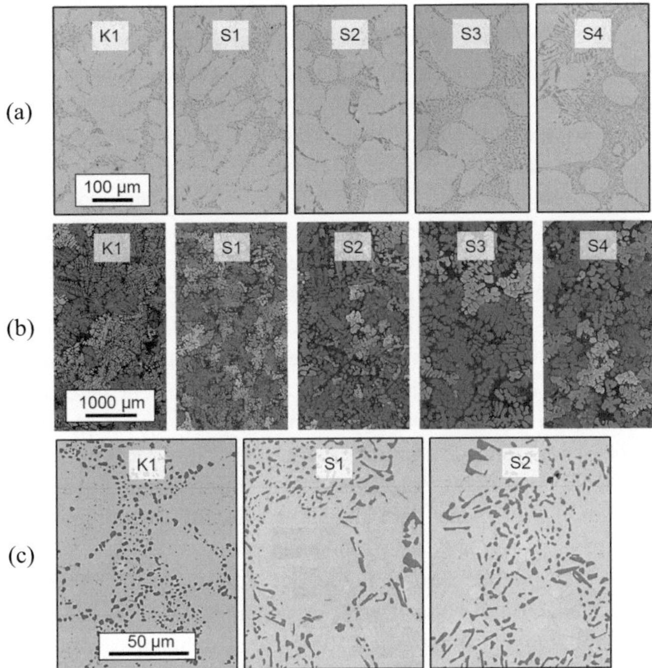

Abbildung 3.6 Lichtmikroskopische Aufnahmen der (a) DAS-Verteilung, (b) der Korngrößenverteilung und (c) eutektischen Si-Partikelgrößenverteilung in ausgewählten Kokillen-
und Sandgusszuständen

elektrisch kontaktiert. Die elektrolytische Ätzung in 35 %-iger Fluorborwas-
serstoffsäure (HBF$_4$) nach Barker wurde 90 s bei einer Spannung von 20 V
und einer Flussrate von 12 l/min durchgeführt. Für die Farbunterschiede von
Barker-geätzten Proben unter polarisiertem Licht ist nach Cerri u. Evangelista
[221] und Vander Voort [222] die Kornorientierung maßgeblich verantwortlich
und wird zusätzlich durch die chemische Zusammensetzung, die Schichtdicke
und den Winkel des Lichteinfalls beeinflusst. Die Präparationsparameter der
Barker-Ätzung wurden streng eingehalten und der Winkel des Lichtseinfalls über
eine Versuchsreihe konstant gehalten, z. B. bei 88°. Repräsentative Gefügeaufnahmen der Kornstruktur sind in Abbildung 3.6b gezeigt. Verglichen sind der
Kokillengusszustand K1 mit den Sandgusszuständen S1 bis S4. Die ermittelten

Korngrößen für die Kokillen- und Sandgusszustände sind in Tabelle 3.4 gegenübergestellt. Die Kokillengusszustände K1 bis K1P2 sowie K1L konnte kein Einfluss der HIP-Behandlung und Lösungsglühung auf die Korngröße nachgewiesen werden. Die Zustände K1 und S1 zeigen beim Linienschnittverfahren vergleichbare Korngrößen auf. Für die Zustände S1 bis S4 ist eine steigende Korngröße mit sinkender Abkühlrate zu erkennen. S1 weist somit die feinste und S4 die gröbste Korngrößenverteilung in den Sandgusszuständen auf.

Die statistische Verteilung der Größe und Form des interdendritischen, eutektischen Siliziums wurde mittels Grauwertanalyse unter Verwendung des Programms ImageJ (OpenAccess-Software) bestimmt. Je Zustand wurden mehr als 1.000 Si-Partikel ausgewertet, um eine abgesicherte Aussage über statistisch Verteilung der Größe und Form zu ermöglichen. Die Größe der Si-Partikel wurde anhand der Quadratwurzel der Fläche $\sqrt{A}$ als a_{Si} und dem Feret-Durchmesser D_{Feret} bewertet (Mittelwert/MW, Maximum/Max.). Die zweidimensionale Form der Si-Partikel wurde über das Seitenverhältnis Ψ_S bewertet (Gl. 2.81). Das Seitenverhältnis wurde durch das Programm ImageJ (Grauwertanalyse) automatisiert berechnet, indem vermessene Partikel durch eine Ellipse mit gleicher Fläche, Orientierung und Schwerpunkt nachgebildet werden.

Die Kennwerte für die Morphologie der eutektischen Si-Partikel sind in Tabelle 3.4 aufgelistet und anhand von ausgewählten lichtmikroskopischen Aufnahmen in Abbildung 3.6c dargestellt. Für die Kokillengusszustände führt die HIP-Behandlung zu einer signifikanten Vergröberung bzw. Reifung der Si-Partikel, wodurch deren Flächen und Feret-Durchmesser um 18 % bzw. 23 % im Mittelwert steigen. Das Seitenverhältnis zeigt keinen Einfluss der HIP-Behandlung. Die Maximalwerte weisen eine vergleichbare Entwicklung auf. Zwischen den porösen Zuständen K1P1 und K1P2 kann kein signifikanter Unterschied festgestellt werden. Die Schmelzereinigung hat also keinen signifikanten Einfluss auf die Morphologie der eutektischen Si-Partikel. Im Zustand K1L führt die reduzierte Lösungsglühtemperatur von 530 °C bei sonst unveränderter T6-Wärmebehandlung zu einer reduzierten Vergröberung der Si-Partikel im Vergleich zu K1. K1L weist dadurch eine vergleichbare Morphologie der Si-Partikel wie K1P1 und K1P2 auf.

Tabelle 3.4 Mikrostrukturparameter der Kokillen- und Sandgusszustände

Zustand	DAS (λ_2) [μm]	Korngröße [μm]	a_{Si} [μm]		$D_{Feret,Si}$ [μm]		$\Psi_{S,Si}$ [-]	
			MW	Max.	MW	Max.	MW	Max.
K1	35 ± 5	341 ± 26	2,02	7,90	3,34	23,76	1,77	6,26
K1L			1,71	6,54	2,69	15,13	1,65	5,76
K1P1	35 ± 5	404 ± 46	1,77	5,96	2,81	16,77	1,68	7,47
K1P2	34 ± 3	386 ± 46	1,68	6,12	2,62	14,88	1,84	5,90
S1	39 ± 7	365 ± 40	2,11	11,62	3,82	32,92	2,08	16,75
S2	67 ± 8	425 ± 26	2,95	21,81	6,28	69,07	2,73	15,65
S3	78 ± 9	534 ± 37	2,25	19,64	4,19	45,99	2,14	17,83
S3A	78 ± 11	538 ± 49	2,63	15,06	5,51	56,46	2,62	22,26
S4	97 ± 20	579 ± 59	2,57	20,78	4,85	59,05	2,15	15,07

Die Sandgusszustände weisen im Vergleich zu den Kokillengusszuständen (Referenz: K1) deutlich gröbere (Fläche, Feret-Durchmesser) und schärfere (Seitenverhältnis) Si-Partikel auf. Die Mittelwerte für Fläche, Feret-Durchmesser und Seitenverhältnis steigen zwischen 4 %, 14 % bzw. 18 % für S1 bis 46 %, 88 % bzw. 54 % für S2. Die Zustände S3 und S4 liegen zwischen S1 und S2. In den Maximalwerten von Fläche, Feret-Durchmesser und Seitenverhältnis zeigt sich die lokale Vergröberung des eutektischen Siliziums mit 47 %, 38 % bzw. 168 % für S1 bis 176 %, 191 % bzw. 185 % für S2. Die lichtmikroskopischen Aufnahmen in Abbildung 3.6a (Übersicht) und Abbildung 3.6c (Detail) zeigen, dass eine inhomogene Veredelung des eutektischen Siliziums vorliegt, d. h. neben feinverteilten, sphärischen Si-Partikeln liegen zusätzlich einzelne, grobe Si-Partikel vor. Eben diese inhomogene Veredelung des eutektischen Siliziums führt zu den erhöhten Mittelwerten und stark erhöhten Maximalwerten. Hierbei fällt auf, dass dieser Effekt im Sandgusszustand S1 im deutlich reduzierten Maße auftritt. Da die Erstarrungsraten ein wichtiger Faktor für eine vollständige Veredelungswirkung von Strontium sind, werden die vergleichbaren Erstarrungsbedingungen für K1 und S1 (DAS-Unterschied ≤ 11 %) für die bessere Veredelung in S1 verwantwortlich sein. Nach Ostermann [2] tritt dies typischerweise bei grobzelligen Gussgefüge mit DAS größer 50 μm auf (DAS > 67 μm für S2 bis S4). Das bedeutet, dass in den Zuständen S2 bis S4 das Gießverfahren und die geringen Erstarrungsraten zu einer Vergröberung des eutektischen Siliziums führen. Mit Ausblick auf die quasi-statischen und zyklischen Untersuchungen wird es sehr interessant sein, wie sich die unterschiedlichen Morphologien des eutektischen Siliziums auf die Eigenschaften auswirken.

3.3   Härteanalyse

Die Indentationsversuche wurden an Quer- und Längsschliffen aus dem Einspannbereich der Ermüdungsproben durchgeführt. Die Präparation der Schliffe erfolgte analog zur DAS-Ermittlung in Abschnitt 3.2 (Politur bis mindestens 1 μm Diamandsuspension). Die Makrohärteprüfung HV10 erfolgte am Wolpert Dia-Tester 2 RC, während die Kleinlast- und Mikrohärteprüfung HV1 und HV0,01 am Shimadzu HMV-G durchgeführt wurden. Für die instrumentierte Nanohärteprüfung (Eindringprüfung) wurde ein System der Fa. Nanomechanics vom Typ NanoFlip genutzt. Die Härteprüfung am NanoFlip wurde weggeregelt bis zu einer Eindringtiefe von 0,1 μm mit einem Berkovich-Indenter durchgeführt. Die Makro- und Mikrohärteprüfung erfolgte nach DIN 6507 [224] und die instrumentierte Eindringprüfung nach DIN 14577 [225].

3.3.1   Nanoindentation

Die phasenspezifischen mechanischen Eigenschaften Eindringhärte H_{IT} bzw. umgerechnete Vickershärte HV^* und Eindringmodul E_{IT} wurden mittels instrumentierter Eindringprüfung im Nanobereich (h $= 0{,}1$ μm) charakterisiert. Die Eindringhärte H_{IT} kann als Maß für den Werkstoffwiderstand gegen eine plastische Verformung betrachtet werden und ergibt sich aus dem Quotienten aus maximaler Prüfkraft F_{max} und der bleibenden projizierten Kontaktfläche A_p. Nach DIN 14577 [225] kann die Eindringhärte H_{IT} für den originalen Berkovich-Indenter über einen Skalierungsfaktor in einen Vickershärtewert über die folgende Gleichung umgewertet werden:

$$HV^*\left[\text{kgf/mm}\right] = 92,44 \cdot H_{IT}[\text{GPa}] \tag{3.1}$$

Das Eindringmodul E_{IT} kann als Maß für den Werkstoffwiderstand gegen eine elastische Verformung vergleichbar zum E-Modul betrachtet werden. E_{IT} kann über die Kraftrücknahmekurve abgeschätzt und anschließend bezüglich der radialen Webverschiebung der Indenteroberfläche korrigiert werden. Die Ergebnisse der Nanoindentationsversuche für den α-Al (dendritisch) und die eutektische

Si-Phase (interdendritisch) ist in Tabelle 3.5 gegenübergestellt. Hier muss berücksichtigt werden, dass die Eigenschaften der Si-Phase durch die Eigenschaften des „umhüllenden" α-Al beeinflusst werden können. Die Si-Phase weist eine um den Faktor 8 erhöhte Härte im Vergleich zur α-Al. Bezüglich des Eindringmoduls besitzt die Si-Phase ein um $+\ 71\ \%$ erhöhtes Eindringmodul zum α-Al.

Tabelle 3.5
Nanoindentations-Kennwerte der α-Al- und Si-Phase

Zustand	H_{IT} [GPa]	HV^* [kgf/mm^2]	E_{IT} [GPa]
K1: α-Al	$1{,}37 \pm 0{,}14$	126 ± 13	76 ± 6
K1: Si	$10{,}87 \pm 0{,}83$	1.005 ± 76	130 ± 11

In der Literatur wurden vergleichbare Härtekennwerte von 1,1 GPa [226], 1,0 GPa [227] und 1,45 GPa [228] für die α-Al-Phase sowie 11,5–12,5 GPa [229] und 11,13 GPa [228] für die Si-Phase festgestellt. Der Eindringmodul liegt mit 76 GPa [226], 80,1 GPa [227] und 84,6 GPa [228] für die α-Al-Phase sowie 140,3 GPa [230] und 147,6 GPa [228] für die Si-Phase ebenfalls auf einem vergleichbaren Niveau mit den erzielten Messwerten.

Aufgrund der erhöhten Steifigkeit und Härte geht von den eutektischen Si-Partikeln eine deutliche Kerbwirkung aus, die u. a. von Fan et al. [231–233] in experimentellen und simulativen Untersuchungen belegt werden konnten. Die eutektische Si-Partikel, die nach Buffiere et al. [234] bevorzugt in den anrissanfälligen, konvexen Porenbereichen zu finden sind (s. Abbildung 2.8, S. 18), verstärken somit die Kerbwirkung in porenbehafteten Al-Si-Mg-Gusslegierungen.

3.3.2 Makro- und Mikrohärte

Die Härtekennwerte für die Kokillengusszustände sind in Tabelle 3.6 gegenübergestellt. Die Zustände K1, K1L und K1P2 zeigen eine vergleichbare Makrohärte (HV10: d $\approx$ 420 μm), während K1P1 eine um 4–9 % reduzierte Makrohärte aufweist. Um zu überprüfen, ob der Härteabfall in K1P1 porositätsinduziert oder aushärtungsinduziert ist, wurden Mikrohärtemessungen HV0,01 (d $\approx$ 13 μm) für die Gefügebereiche Matrix (α-Al, dendritisch) und Eutektikum (Al-Si-Eutektikum, interdendritisch) durchgeführt. Alle Zustände zeigen einen „Indentation Size Effect", d. h. die Härtewerte sinken mit steigender Prüfkraft. Zwischen HV10 und HV0,01-Al steigt die Härte um ca. 10 kgf/mm^2. Auch hier wird zwischen K1P1 zu den anderen Zuständen ein relativer Härteunterschied von $-4\,\%$ bis $-8\,\%$ festgestellt. Das bedeutet, dass aufgrund von herstellungsbedingten Schwankungen eine geringere Aushärtung erreicht wurde.

In Tabelle 3.6 sind die Makro- und Mikrohärtekennwerte für die Sandgusszustände gegenübergestellt. Die Sandgusszustände im T6-Zustand (S1, S2, S3 und S4) weisen vergleichbare Härtewerte für HV10 und HV0,01 auf. Die T6-Wärmebehandlung führt damit unabhängig vom DAS zu einer vergleichbaren Warmaushärtung des α-Al-Mischkristalls. Die T64-Behandlung führt zu einer reduzierten Makro- und Mikrohärte für den Zustand S3A. Der Härteunterschied zum Zustand S3 (gleicher DAS) beträgt 8 HV10 ($-8\,\%$), und 17 HV0,01-Al ($-16\,\%$) sowie 28 HV0,01-Al/Si ($-20\,\%$). Der relative Härteabfall der Mikrohärte der Matrix (Al) und des Eutektikums (Al/Si) ist damit vergleichbar, was darauf hindeutet, dass der gemessene Härteabfall im Eutektikum maßgeblich durch die α-Al-Phase im Eutektikum bestimmt ist, die die Si-Phase umschließt.

Tabelle 3.6 Makro- und Mikro-Härtekennwerte der Kokillen- und Sandgusszustände

Zustand	HV10 [kgf/mm^2]	HV0,01-Al [kgf/mm^2]	HV0,01-Al/Si [kgf/mm^2]
K1	107 ± 2	119 ± 3	143 ± 15
K1L	103 ± 4	112 ± 2	133 ± 9
K1P1	97 ± 3	109 ± 2	133 ± 9
K1P2	106 ± 4	116 ± 5	144 ± 2
S1	105 ± 4	118 ± 3	138 ± 5
S2	103 ± 4	111 ± 6	137 ± 2
S3	101 ± 3	109 ± 6	141 ± 12
S3A	93 ± 3	92 ± 8	113 ± 1
S4	104 ± 3	102 ± 4	143 ± 13

Im Vergleich zu den T6-Kokillengusszuständen weisen die T6-Sandgusswerkstoffe vergleichbare Makro- und Mikrohärtekennwerte auf, sodass der Einfluss des Aushärtungszustands minimiert ist und der Einfluss des Gießverfahrens, der Dendritenarmabstände und der Morphologie des eutektischen Siliziums separiert untersucht und bewertet werden kann.

In Abbildung 3.7a wurde die integrale Makrohärte HV10 in Abhängigkeit von der lokalen Mikrohärte HV0,01 im α-Al-Mischkristall aufgetragen. Es zeigte sich ein linearer Zusammenhang zwischen beiden Härtekennwerten:

$$HV10^* = 54,77 + 0,43 \cdot HV0,01_{\alpha-Al} \tag{3.2}$$

Um zu bewerten, ob die Mikrohärte des α-Al-Mischkristall zusammen mit Gl. 3.2 zur Abschätzung der Ermüdungsfestigkeit mittels Murakami-Noguchi-Modell (Gl. 2.86) geeignet ist, wurden die Festigkeiten für die ermittelte Makrohärte HV10 und die abgeschätzte Makrohärte HV10* ins Verhältnis gesetzt und über die Mikrohärte im α-Al-Mischkristall in Abbildung 3.7b dargestellt.

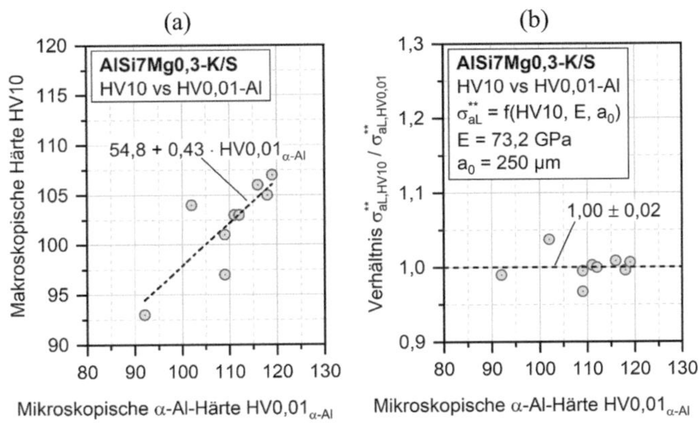

Abbildung 3.7 Nutzung der Mikrohärte HV0,01 für das Murakami-Noguchi-Modell: (a) Korrelation der Makrohärte HV10 mit der Mikrohärte HV0,01 im α-Al-Mischkristall, (b) Vorhersagegenauigkeit der Ermüdungsfestigkeit in Abhängigkeit von HV0,01

Es zeigt sich eine sehr gute Vorhersagegenauigkeit auf Basis der Mikrohärte mit einer geringen Standardabweichung von ± 2 %. Der Härtekennwert für das Murakami-Noguchi-Modell kann somit zerstörend mittels HV10-Makrohärteprüfung oder quasi-zerstörungsfrei mittels HV0,01-Mikrohärteprüfung erfolgen. Dies ermöglicht eine individuelle Bewertung der Ermüdungsfestigkeit nach dem Murakami-Noguchi-Modell für aushärtbare Al-Si-Mg-Gusswerkstoffe und -bauteile.

3.4 Defektanalyse

Der Einfluss der HIP-Behandlung (K1) und der N_2-Schmelzereinigung (mit: K1P1; ohne: K1P2) ist in Abbildung 3.8 anhand von röntgen-computertomographischen (CT) 3D-Volumenaufnahmen und lichtmikroskopischen Aufnahmen an repräsentativen Querschliffen (Ø 19 mm) qualitativ gezeigt.

Die Proben wurden hierzu analog zur DAS-Analyse in Abschnitt 3.2 metallographisch bis OPS präpariert. Zur detaillierten, quantitativen Charakterisierung der Porositätsmorphologie und deren Verteilung wurden CT Analysen durchgeführt.

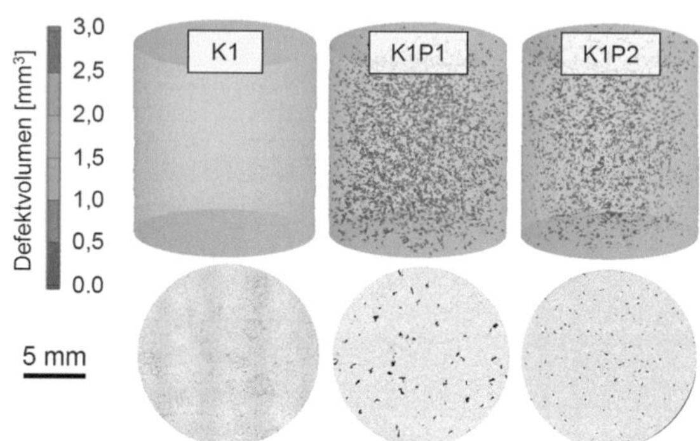

Abbildung 3.8
3D-CT-Analysen (oben) und lichtmikroskopische Aufnahmen (unten) der Porosität in den AlSi7Mg0,3-Kokillenabgüssen: (K1) mit N_2-Schmelzereinigung und HIP-Behandlung, (K1P1) mit N_2-Schmelzereinigung und (K1P2) ohne N_2-Schmelzereinigung

Die CT-Analysen erlauben die 3D-Bestimmung der Porengröße und -form sowie deren statistischen und räumlichen Verteilung. Im Vergleich zur metallographischen Porenanalyse, deren Ergebnisse stark von den gewählten Schnittebene und Anzahl abhängt, erfasst die CT-Porenanalyse im Prüfvolumen die Gesamtheit der Poren und zusammen mit modernen 3D-Bildanalyseverfahren die Charakterisierung der spezifischen Größe (z. B. Durchmesser oder Querschnittsfläche) und Form einer jeden Pore. Dies kann bei bekannter Belastungsrichtung mit Bezug auf die Ebene maximaler Beanspruchung erfolgen. Die N_2-Schmelzereinigung führt zu einer Erhöhung der Porosität. Diese Porosität kann mittels HIP-Behandlung näherungsweise geschlossen werden.

Die Durchführung der CT-Analysen ist im Abschnitt 4.4.1 näher erläutert. Die Porosität liegt für die Kokillenabgüsse ohne Schmelzereinigung bei 0,09 %, mit Schmelzereinigung bei 0,17 % und mit Schmelzereinigung und HIP-Behandlung bei unter 0,001 %. Die quantitative CT-Analyse deckt sich also mit den quantitativen Eindrücken der lichtmikroskopischen Aufnahmen in Abbildung 3.8. Der Zusammenhang zwischen Defektgröße a_i und Sphärizität ψ_{3D} sind in Abbildung 3.9a dargestellt. Als Defektgröße a_i wurde die Wurzel der projizierten Querschnittsfläche senkrecht zur Normalspannung genutzt, die nach Murakami et al. [97,98] als bruchauslösende Defektgröße genutzt werden kann. Zur Beschreibung der Porenform wurde die allgemeine 3D-Sphärizität Ψ_{3D} nach

Wadell [157] in Gl. 2.80 genutzt. 3D-Sphärizität Ψ_{3D} nimmt Dimensionen zwischen 0 und 1 ein, wobei 0 einer nadel- oder rissförmigen Pore entspricht und 1 einer ideal kugelförmigen Pore.

Es zeigt sich über alle Werkstoffzustände, dass die Sphärizität mit steigender Porengröße abnimmt und umgekehrt. Die Korrelation ist hierbei stark ausgeprägt, was nach Buffière et al. [234] typisch für Wasserstoff-induzierte Gasporosität ist, da Mikro-Schwindungsporen eine schwache Abhängigkeit zwischen Porengröße und Sphärizität aufweisen. Die Entstehung dieser Gasporen infolge der interdendritischen Einformung ist in Abbildung 2.7 gezeigt. Je nach Verhältnis des Gasporengröße zum DAS zeichnet sich dendritische Erstarrungstruktur stärker (große Pore) oder schwächer (kleine Pore) in der Porenmorphologie ab und folglich weisen große Gasporen eine reduzierte 3D-Sphärizität Ψ_{3D} als kleine Gasporen auf. Der Abhängigkeit zwischen Porengröße und 3D-Sphärizität ist dabei für alle Werkstoffzustände vergleichbar.

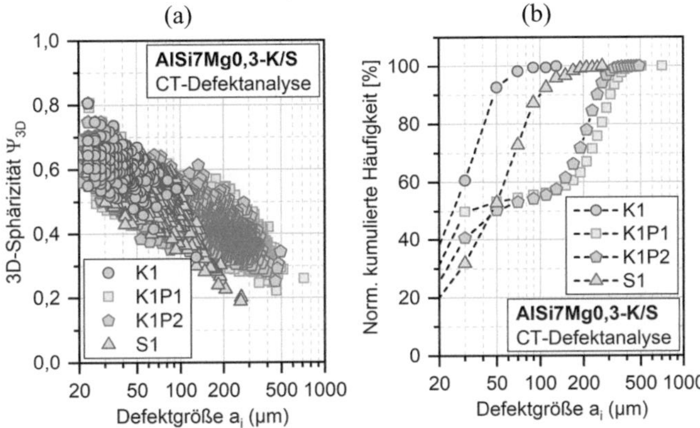

Abbildung 3.9 3D-CT-Defektanalyse: (a) Zusammenhang zwischen Defektgröße a_i und Sphärizität ψ_{3D} und (b) kumulatives Histogramm zur Defektgröße a_i für ausgewählte Kokillen- und Sandgusszustände

In Abbildung 3.9b zeigt die kumulierte relative Häufigkeit der Defektgrößen (Klassenbreite $H_k = 20$ µm) für ausgewählte Werkstoffzustände mit vergleichbaren DAS. Die Schmelzereinigung (K1P1) führt zu einer erhöhten Häufigkeit von großen Defekten oberhalb von 200 µm. Die mittlere Defektgröße für die Zustände K1P1 und K1P2 liegt bei 136 ± 127 µm bzw. 119 ± 99 µm. Die anschließende HIP-Behandlung (K1) reduziert die mittlere Defektgröße signifikant auf unter

39 ± 14 µm. Die HIP-Behandlung für den Sandguss (S1) führt ebenfalls zu einer reduzierten Porosität, wobei die mittlere Defektgröße mit 66 ± 37 µm höher als bei K1 und K1L liegt. Die max. Defektgrößen sind für K1P1 mit 718 µm signifikant zu K1P2 mit 494 µm erhöht und bilden zusammen mit den HIP-behandelten Zustände K1 und S1 mit max. Defektgrößen von 129 µm und 263 µm ein breites Defektgrößenspektrum mit näherungsweise drei Defektgrößenbereichen nach Abbildung 3.9b ab.

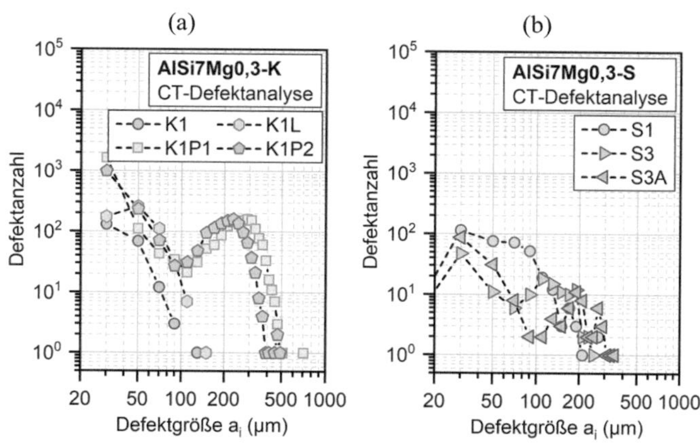

Abbildung 3.10 Histogramme der Defektgrößen a_i für die untersuchten (a) Kokillen- und (b) Sandgusszustände

Die gießverfahrensabhängigen Defektverteilungen sind anhand von Histogrammen in Abbildung 3.10a für Kokillenguss und Abbildung 3.10b für Sandguss gezeigt. Für die Kokillengusszustände zeigen die Histogramme eine deutlich reduzierte Defektanzahl und -dichte in den Zuständen K1 und K1L mit HIP-Behandlung. Für die Zustände K1P1 und K1P2 zeigt sich eine bimodale Defektverteilung. Die Defektverteilung bei geringen Defektgrößen korreliert gut mit den verdichteten Zuständen K1 und K1L. Die Defektverteilung bei hohen Defektgrößen weist einen Mittelwert von 230 µm für K1P2 und 290 µm für K1P1 auf. Die Zustände K1 und K1L weisen eine vergleichbare Defektgrößenverteilung auf, wobei für K1L eine erhöhte Defektdichte über den gesamten Defektgrößen festgestellt werden kann. Die HIP-behandelten Sandgusszustände weisen im Gegensatz zu K1 und K1L eine bimodale Defektgrößenverteilung auf. Bei geringen Defektgrößen liegen vergleichbare Defektdichten wie in den Zuständen K1 und K1L vor, während für alle Sandgusszustände S1, S3 und S3A eine zweite Defektverteilung für Defektgrößen von 100 µm bis 300 µm festgestellt werden kann. Aufgrund der verschiedenen Defektgrößenverteilungen und defektgrößenabhängigen Defektdichten kann der Vergleich mit den bruchauslösenden Defektgrößen Aufschluss bringen, welche Kennwerte der Defektgrößenverteilung für eine CT-basierte Auslegung von aushärtbaren Al-Si-Mg-Gusswerkstoffen notwendig sind.

Experimentelle Verfahren **4**

Im Folgenden werden die eingesetzten Mess- und Prüfsysteme für die mechanischen Untersuchungen als auch die computertomographischen und mikroskopischen Verfahren für die fraktographischen Analysen erläutert.

4.1 Prüfsysteme

4.1.1 Elektromechanisches Prüfsystem

Das quasi-statische Verformungsverhalten wurde mittels dehnraten- und weggeregelter Zugversuche am elektromechanischen (Universal-)Prüfsystem der Fa. Instron vom Typ 3369 mit einer Nennkraft von ± 50 kN bestimmt. Die Versuchsregelung erfolgte über das Längenänderungs-Messsystem (Extensometer) der Fa. Instron vom Typ 2620–603 (Klasse 0,2 gemäß DIN 9513 [235]) mit einer Ausgangslänge von $l_0 = 10$ mm und einem Messbereich von $\Delta l = \pm 1,0$ mm. Die Messgenauigkeit für Kräfte entspricht der Klasse 1,0 (gemäß DIN 7500–1 [236]) und für den Weg der Klasse 1,0 (gemäß DIN 9513 [235]). Die Zugversuche wurden mit der Software Bluehill® durchgeführt und die Messdaten aufgezeichnet. Die Wahl der Prüfparameter und die Versuchsdurchführung erfolgte gemäß Verfahren A der DIN 6892–1 [237].

© Der/die Autor(en), exklusiv lizenziert an Springer Fachmedien Wiesbaden   103
GmbH, ein Teil von Springer Nature 2022
J. Tenkamp, *Charakterisierung und Modellierung des Ermüdungsverhaltens
und der Schädigungstoleranz aushärtbarer Al-Si-Mg-Gusslegierungen im HCF- und
VHCF-Bereich*, Werkstofftechnische Berichte | Reports of Materials Science and
Engineering, https://doi.org/10.1007/978-3-658-38333-6_4

4.1.2　Servohydraulisches Prüfsystem

Die Charakterisierung des zyklischen Verformungsverhaltens und des Ermüdungsverhaltens im LCF-Bereich erfolgte am servo-hydraulischen Prüfsystem der Fa. Schenck vom Typ PC63M mit einer Nennkraft von ± 63 kN. Das Prüfsystem ist mit einem Mess- und Regelsystem der Fa. Instron vom Typ 8800 ausgestattet. Die Ermüdungsversuche wurden totaldehnungsgeregelt und mitteldehnungsfrei ($R_\varepsilon = -1$) bei Raumtemperatur durchgeführt. Die Versuchsregelung erfolgte über das Längenänderungs-Messsystem (Extensometer) der Fa. Instron vom Typ 2620–603 (Klasse 0,2 gemäß DIN 9513 [235]) mit einer Ausgangslänge von $l_0 = 10$ mm und einem Messbereich von $\Delta l = \pm 1,0$ mm. Die Messgenauigkeit für Kräfte < 20 kN entspricht der Klasse 1,0 (gemäß DIN 7500–1 [236]). Im servohydraulischen Prüfsystem erfolgt die Aufbringung der zyklischen Beanspruchung über das elektrohydraulische Regelventil (sog. Servoventil), das den Zu- und Abfluss des 2-Kammer-Hydraulikzylinders regelt. Die Ermüdungsversuche wurden mit der Software WaveMatrix^{TM} durchgeführt und die Messdaten aufgezeichnet.

4.1.3　Resonanzsprüfsystem

Die Charakterisierung des Ermüdungsverhaltens im HCF-Bereich erfolgte am Resonanzprüfsystem der Fa. Rumul vom Typ Testronic mit einer statischen Nennkraft von ± 150 kN und einer dynamischen Nennkraftamplitude von ± 75 kN bei Prüffrequenzen von ca. 70 Hz. Alle Ermüdungsversuche wurden spannungsgeregelt, mittellastfrei bei R $= -1$ und bei Raumtemperatur durchgeführt. Die Kraftregelung erfolgte über eine zusätzliche – im Kraftstrang zwischen Probe und 150 kN-Kraftmessdose installierte – 20 kN-Kraftmessdose mit einer Nennkraft von ± 20 kN und einer zulässigen Nennkraftamplitude von ± 10 kN (Klasse 1 im Kraftbereich gemäß DIN 7500–1 [236]). Die Dehnungsmessung zur Ermittlung der Spannungs-Dehnungs-Hysterese erfolgte über das Längenänderungs-Messsystem (Extensometer) der Fa. Sandner vom Typ EXA10–0,5 für die Untersuchungsreihe am Kokillenguss und EXA10–0,25 für die Untersuchungsreihe am Sandguss (Klasse 1 im Dehnungsbereich gemäß DIN 9513 [235]) mit einer Ausgangslänge von $l_0 = 10$ mm und einem Messbereich von $\Delta l = \pm 0,5$ mm (EXA10–0,5) und $\pm 0,25$ mm (EXA10–0,25).

Resonanzprüfsysteme stellen ein schwingfähiges Masse-Feder-System dar, das über das Regelsystem der Fa. Rumul vom Typ Topp mit Hilfe eines

Elektromagneten (Magnet-Aktuator) in eine Schwingung im Bereich seiner Resonanzfrequenz versetzt wird (elektromagnetisches Prüfsystem). Die Resonanzfrequenz entspricht somit der Prüffrequenz. Die Resonanzfrequenz des Systems ist neben der Prüfsystemkonfiguration (u. a. genutzte Massen und Federn) und den Prüfkräften maßgeblich von den mechanischen Eigenschaften der Probe (u. a. Steifigkeit, Dämpfungsverhalten, Dichte), deren Abmessungen (u. a. Prüfquerschnitt und -länge) und der Probeneinspannung (u. a. Einspannlänge) abhängig. Entsprechend kann die Prüffrequenz trotz gleicher Probengeometrien signifikant variieren. Die Resonanz wird darüber hinaus durch strukturelle Veränderung der Proben während der Ermüdungsprüfung beeinflusst, wie einer Verfestigung des Werkstoffs oder Schädigung in der Probe. Daher kann die Resonanzfrequenz zur struktursensitiven Überwachung des Ermüdungsfortschritts in den Proben genutzt werden.

4.1.4 Hochfrequenz-Resonanzprüfsystem

Die Charakterisierung des Ermüdungsverhaltens im HCF- und VHCF-Bereich erfolgte am Hochfrequenz-Resonanzprüfsystem der Fa. Rumul vom Typ Gigaforte[1] mit einer statischen Nennkraft von ± 50 kN und einer dynamischen Nennkraftamplitude von ± 25 kN (Klasse 1 im Kraftbereich gemäß DIN 7500–1 [236]) bei Prüffrequenzen von ca. 1 kHz. Alle Ermüdungsversuche wurden spannungsgeregelt, mittellastfrei bei R $= -1$ und bei Raumtemperatur durchgeführt.

Das HF-Resonanzprüfsystem (Hochfrequenz, HF) wird aus zwei Sub-Schwingsystemen (Feder-Masse-System) gebildet, deren Erstes, bestehend aus den in Reihe geschalteten Komponenten der seismischen Masse, Federpaketen und Schwingkörper, über das Regelsystem vom Typ Tutos durch Elektromagnete (Magnet-Aktuator) in Schwingung versetzt wird. [238] Diese Schwingung wird über eine Schwingfeder auf das zweite Sub-Schwingsystem übertragen, das die in Reihe geschalteten Komponenten Schwingkopf, Probe (Federkörper) und Traverse enthält. Die verbindenden Komponenten zwischen den beiden Sub-Schwingsystemen aus Schwingkörper (erstes Sub-Schwingsystem), Schwingfeder (keinem Sub-Schwingsystem zugehörig) und Schwingkopf (zweites Sub-Schwingsystem) werden als Resonator bezeichnet. Die Übertragung der Schwingung des ersten auf das zweite Sub-Schwingsystem durch den Resonator ermöglicht die zyklische Belastung der Probe. Durch Verschieben der Traverse relativ zur seismischen Masse können zudem Mittellasten aufgebracht

---

[1] Danksagung an die DFG für das Forschungsgroßgerät 424760282.

und VHCF-Prüfungen im Zug- und Druckschwellbereich durchgeführt werden. Die Prüffrequenz variiert aufgrund der festen Anzahl an Massen und Prüfsystemkomponenten auch bei Änderung der Probengeometrie oder Einspannvorrichtung nur geringfügig um ± 3 %. Die Resonanz wird während der Ermüdungsprüfung vergleichbar zum Resonanzprüfsystem durch strukturelle Veränderung der Proben verändert und kann daher zur Überwachung des Ermüdungsfortschritts genutzt werden.

4.1.5 Ultraschallprüfsystem

Die Charakterisierung des Ermüdungsverhaltens im VHCF-Bereich erfolgte bei 20 kHz am Ultraschallprüfystem der Fa. Shimadzu vom Typ USF-2000 A (engl.: UltraSonic Fatigue, USF) mit einer max. dynamischen Wegamplitude von ± 50 µm. Alle Ermüdungsversuche wurden weggeregelt, mittellastfrei bei $R = -1$ und bei Raumtemperatur durchgeführt. Da die VHCF-Prüfung bei sehr niedrigen Beanspruchungen durchgeführt wird, kann vereinfacht von einem linear-elastischen Verformung der Probe ausgegangen werden.

Zur Berechnung der dynamischen Beanspruchungen während Ultraschallbeanspruchung wurde die folgende analytische Lösung für Proben mit Uhrenglasprofil nach Green et al. [239,240] genutzt, bei der der Prüfbereich über eine hyperbolische Cosinusform angenähert wird [241]:

$$\sigma_a = s_a \cdot E_{dyn} \cdot b_2 \cdot \cos\left(\frac{\omega \cdot L_2}{c_l}\right) \cdot \cosh(b_1 \cdot L_1) \cdot \operatorname{csch}(b_2 \cdot L_1) \tag{4.1a}$$

$$b_1 = -\frac{1}{L_1} \cosh^{-1}\left(\frac{D_2}{D_1}\right) \tag{4.1b}$$

$$b_2 = \sqrt{(b_1)^2 - (\omega/c_l)^2} \tag{4.1c}$$

$$c_l = \sqrt{E_{dyn}/\rho} \tag{4.1d}$$

Die folgenden Kennwerte, Proben- und Prüfparameter können für die Berechnung der wirkenden Spannungen genutzt werden: Dynamischer E-Modul E_{dyn} = 72,5 GPa, longitudinale Schallgeschwindigkeit c_l = 5.221 m/s, Dichte ρ = 2,66 kg/dm^3, Probendurchmesser D_1 und D_2, Probenlängen L_1 und L_2, Winkelgeschwindigkeit $\omega = 2\pi f$ und die Wegamplitude am Probenende s_a. Die hierüber berechneten Spannungsamplituden stimmen gut mit denen der gerätespezifischen Software der Fa. Shimadzu vom Typ SuperSonic überein.

Die Probe wird für die Prüfung bei $R = -1$ einseitig mittels Gewinde in das Horn des Prüfsystems eingeschraubt und ist am unteren Ende frei. Das Funktionsprinzip und die lokale dynamische Auslenkung entlang der Maschinenachse sind in Abbildung 4.1a dargestellt.

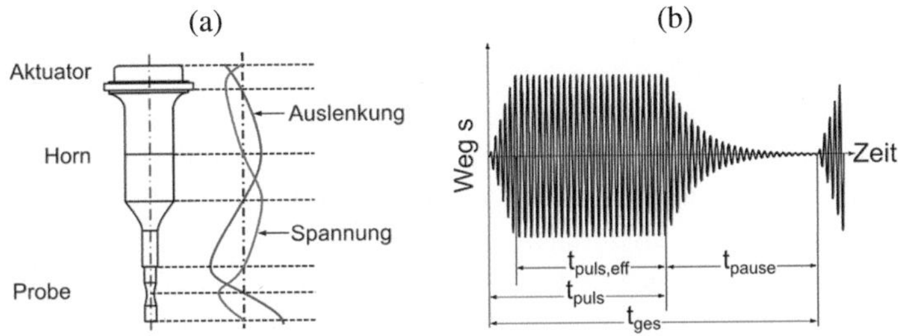

Abbildung 4.1 Ultraschallprüfsystem: (a) Prüfsystemkomponenten und Funktionsprinzip [203], (b) Puls-Pause-Beanspruchung zur Reduktion der verformungsinduzierten Temperaturentwicklung und Analyse der Probendämpfung während der Abklingphase (vgl. [242])

Als Hochfrequenz-Aktuator wird ein piezoelektrischer Kristall verwendet, der das Prüfsystem mit $20 \pm 0{,}5$ kHz in Schwingung versetzt. Die Prüffrequenz entspricht der Resonanzfrequenz des Aktuators. Für eine Prüfung bei 20 kHz müssen alle Komponenten des Prüfsystems z. B. Horn und Probe eine Resonanzfrequenz von 20 kHz aufweisen. Die dynamische Auslegung der Proben erfolgte über die gerätespezifische Software der Fa. Shimadzu vom Typ SuperSonic.

Die USF-2000 A ermöglicht die kontinuierliche und unterbrochene bzw. diskontinuierliche Ultraschall-Ermüdungsprüfung. Bei der diskontinuierlichen Ermüdungsprüfung wechseln sich Prüfsequenzen mit Ermüdungsbeanspruchung (Puls) und ohne Ermüdungsbeanspruchung (Pause) ab, wodurch die effektive Prüffrequenz entsprechend dem Verhältnis der Puls- und Pause-Sequenz gesenkt und die verformungsinduzierte Temperaturentwicklung signifikant reduziert wird. Der charakteristische Weg-Zeit-Verlauf am freien Ende der Probe ist schematisch in Abbildung 4.1b mit den wichtigsten Kennwerten dargestellt. Die Versuche wurden standardmäßig bei einem Puls-Pause-Verhältnis von 50:50 und einer Sequenzlänge von jeweils 200 ms geprüft. Die effektive Prüffrequenz betrug hiermit 10 kHz. Bei ausgewählten Versuchen mit sehr hohen Spannungsamplituden wurde die Pause-Sequenz erhöht (z. B. auf 800 ms), um eine Ermüdungsprüfung innerhalb der Vorgaben der DIN 50100 [29] von $\Delta T \leq 20$ K für alle Proben zu ermöglichen. Das Probenversagen wird von dem Prüfsystem über die Änderung der Resonanzfrequenz detektiert. Analog zu den Resonanzprüfsystemen führt die Ermüdungsschädigung zu einem Abfall der Resonanzfrequenz. Der Grenzwert für die Änderung der Resonanzfrequenz, bei dem der Versuch automatisiert gestoppt wird, betrug 0,5 kHz.

4.2 Messsysteme

Zur Charakterisierung des zyklischen Verformungsverhaltens und der Ermüdungsschädigung in metallischen Werkstoffen sind eine Vielzahl von Messverfahren bzw. Messgrößen geeignet. Die wichtigsten Messverfahren zur Detektion von ermüdungsinduzierten strukturellen Veränderungen im Prüfbereich für paramagnetische, metallische Werkstoffe sind im Folgenden aufgelistet, inkl. Beispiele möglicher Messgrößen:

- Spannungs-Dehnungs-Hysteresemessung (z. B. plast. Dehnungsamplitude),
- Thermometrische Messung (z. B. Temperatur),
- Elektrische Widerstandsmessung (z. B. Ohmscher Widerstand),
- Schwingungs-Dämpfungs-Messung (z. B. Resonanzfrequenz),
- Optische Risserkennung (z. B. Risslänge).

Diese Messverfahren zeigen unterschiedliche Empfindlichkeiten und Abhängigkeiten von strukturellen Veränderungen infolge von zyklischen Verformungs- und Schädigungsvorgängen. Die simultane Aufzeichnung und Korrelation dieser Messgrößen mit den strukturellen Veränderungen ermöglicht die Separierung des Verformungs- und Schädigungsverhaltens und damit die vorgangsbasierte Charakterisierung des Ermüdungsverhalten bei hohen und sehr hohen Lastspielzahlen in Abhängigkeit von der Beanspruchung und Lastspielzahl.

Das Ziel war die qualitative und quantitative Bewertung dieser Messverfahren hinsichtlich der Empfindlichkeit und Abhängigkeit von den ermüdungsinduzierten strukturellen Veränderungen in AlSi7Mg0,3-Gusslegierungen. Auf dieser Basis sollen für verschiedene Werkstoffzustände beanspruchungs- und lastspielabhängig die dominierenden Ermüdungsvorgänge identifiziert und geeignete Modellierungsansätze zur Lebensdauervorhersage abgeleitet werden.

4.2.1 Spannungs-Dehnungs-Hysteresemessung

Die Spannungs-Dehnungs-Hystereseschleife ergab sich aus der simultanen Aufzeichnung der Spannung, die über die Kraft (Kraftmessdose) und der Querschnittsfläche der Probe im Prüfbereich bestimmt wurde, und der Dehnung, die mittels taktilen Dehnungsaufnehmer (Extensometer) erfasst wurde. Für gekerbte Proben (Abschnitt 4.4.2) wird die Dehnung auf der Probenoberfläche ermittelt und die Spannung ergibt sich aus der Nennspannung im Netto-Querschnitt und der mittels FE-Analyse berechneten Kerbformzahl.

Am servohydraulischen Prüfsystem wurden die vollständigen Hystereseschleifen für jedes Lastspiel durch die Gerätesoftware WaveMatrix^{TM} aufgezeichnet und als CSV-Datei ausgegeben. Die Kennwerte der Spannungs-Dehnungs-Hystereseschleife wurden anschließend mit Hilfe eines webbasierten Programms (Programmiersprache: C-Sharp, C#), das am WPT entwickelt wurde, anhand der CSV-Datei berechnet. Die Ergebnisse werden tabellarisch und graphisch ausgegeben. Für ESV kann die Gerätesoftware WaveMatrix^{TM} ebenfalls die charakteristischen Kennwerte der Spannungs-Dehnungs-Hystereseschleife für jedes Lastspiel berechnen. Diese wurden zur Überprüfung des webbasierten Programms genutzt und wiesen keine signifikanten Unterschiede auf.

Am Resonanzprüfsystem wurden für jedes 500. Lastspiel drei vollständige Hystereseschleifen mit Hilfe eines LabView-basierten Programms LV-Hysterese, das am WPT entwickelt wurde, aufgezeichnet und während des Ermüdungsversuchs ausgewertet. Das Programm berechnet die charakteristischen Kennwerte der Spannungs-Dehnungs-Hystereseschleife. Das LabView-Programm wurde dahingehend erweitert, dass zusätzlich die Temperatur, der Spannungsabfall an der Wechselstrompotentialsonde und die Prüffrequenz aufgezeichnet wurden, um alle Messgrößen über eine einheitliche Zeitskala darstellen zu können.

Die Spannungs-Dehnungs-Hystereseschleife kann bis zum Probenanriss als maßgebende Werkstoffreaktion zur Charakterisierung der makroskopisch ablaufenden, zyklischen Verformungsvorgänge betrachtet werden. Die Einteilung zwischen zyklischer Ent- und Verfestigung des transienten Verformungsverhaltens sowie zyklischer Sättigung kann über die plastische Dehnungsamplitude $\varepsilon_{a,p}$ analog zu Abbildung 2.12 erfolgen. Diese spiegelt die Öffnung der Hystereseschleife wieder und kann damit als äquivalente Messgröße zur plastischen Verformungsarbeit bzw. Verlustarbeit gesehen werden, die der eingeschlossenen Fläche der Spannungs-Dehnungs-Hysterese entspricht. Zur Beurteilung von zyklischen Relaxationsvorgängen (dehnungsgeregelte Versuche) und Kriechvorgängen (spannungsgeregelte Versuche) wurde die Mittelspannung σ_m (dehnungsgeregelte Versuche) bzw. die totale Mitteldehnung $\varepsilon_{m,t}$ (spannungsgeregelte Versuche) als Kennwert der Hystereschleife betrachtet. Als Kennwerte für die Probensteifigkeit wurde der dynamische E-Modul E_{dyn} analog zu Abbildung 2.10 genutzt, da eine Schädigung in der Probe überlicherweise mit einer Reduktion der Probensteifigkeit einhergeht.

4.2.2 Thermometrische Messung

Die Messung der Temperaturentwicklung erfolgt mit Thermoelementen vom Typ K. Diese wurden in der Mitte des Prüfbereichs der Probe (T_1) sowie in der Mitte des oberen (T_2) und unteren Absatzes (T_3) der Probe platziert. Die Temperaturentwicklung wurde anhand der Temperaturänderung ΔT ermittelt:

$$\Delta T = T_1 - 0,5 \cdot (T_2 + T_3) \tag{4.2}$$

Die Betrachtung der Temperaturänderung ermöglicht die Kompensation äußerer Einflussgrößen, wie Erwärmung des Prüfsystems oder Temperaturänderung im Labor. Da die lokalen Temperaturen T_1 bis T_3 vor dem Start des Ermüdungsversuchs näherungsweise identisch waren, wird ΔT zum Versuchsstart immer gleich Null gesetzt. Die Temperatur wurde am servohydraulischen Prüfsystem mit einem LabView-Programm (LabView-Thermoelement), das am WPT entwickelt wurde, aufgenommen. Am Resonanzprüfsystem war die Temperaturmessung bereits in das LabView-basierte Programm LV-Hysterese integriert und wurde mit der gleichen Zeitskala wie die Hysteresemessungen, ACPD-Messung und Prüffrequenz aufgezeichnet.

Die Temperaturmessung am Ultraschall-Resonanzprüfsystem erfolgte berührungslos an der polierten Probe mittels Pyrometer der Fa. Calex Electronics Limited vom Typ PU301. Der Emissionsgrad war in der geräteeigenen Datenbank mit 0,11 für poliertes Aluminium angegeben.

4.2.3 Elektrische Widerstandsmessung

Der elektrische Widerstand wurde mit einer Wechselstrompotentialsonde (ACPD) der Fa. Matelect vom Typ CGM-5 (engl.: Crack Growth Monitor, CGM) überwacht. Dieses Messsystem findet breite Anwendung in Rissfortschrittsuntersuchungen an metallischen Werkstoffen zur Messung der Rissfortschrittsrate. Bei den untersuchten Werkstoffproben stand der Fokus auf der kontinuierlichen, zerstörungsfreien Prüfung des gesamten Prüfvolumens auf ermüdungsinduzierte strukturelle Änderungen während des Ermüdungsversuchs (Abbildung 4.2a). Hierzu wurde untersucht, mit welchen Prüfparametern ein vergleichbares Prüfvolumen wie bei der Gleichstrompotentialsondenprüfung (DCPD) möglich ist, d. h. eine Quasi-DC-Prüfung. Hierzu wurde die Prüffrequenz f_{AC} variiert und auf Basis der effektiven AC Wechselspannung U_{eff} und Stromstärke I_{eff} die Impendanz bzw. der Scheinwiderstand Z über Gl. 2.57 bestimmt.

Die Eindringtiefe der ACPD-Messung wurde mit der Gleichung Gl. 2.58 für eine elektrische Leitfähigkeit von $\sigma = 24{,}4 \cdot 10^6$ S/m für eine AlSi7-Legierung [243] sowie der relativen magnetischen Permeabilität $\mu_r \approx 1$ für paramagnetische Werkstoffe und der magnetischen Konstante $\mu_0 = 4\pi \cdot 10^{-7}$ N/A^2 ermittelt. Die Impedanz und die AC Eindringtiefe in Abhängigkeit von der Prüffrequenz sind in Abbildung 4.2b dargestellt.

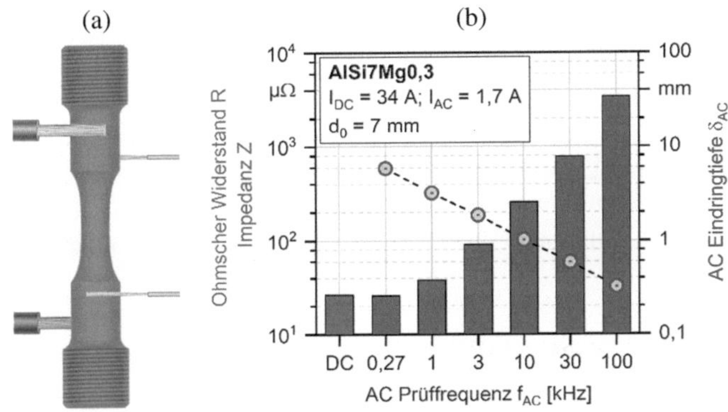

Abbildung 4.2 (a) Elektrische Kontaktierung der Proben und (b) Einfluss der ACPD Prüffrequenz auf die Impedanz und die AC Eindringtiefe im Vergleich zum Ohmschen Widerstand (DCPD-Messung)

Die logarithmische Skalierung der Ordinate zeigt den starken Einfluss des Blindwiderstands auf die Impedanz und damit auf die AC Wechselspannung. Um die Relation der Impedanz zum Ohmschen Widerstand festzustellen, wurde der Ohmsche Widerstand mittels einer Gleichstromquelle (DC-Quelle) der Fa. Sorensen vom Typ XTR6–110 (I = 34 A) und eines Datenrekorders zur Messung des DC Spannungsabfalls der Fa. HBK vom Typ Gen3i ermittelt. Dieser lag mit 26,3 Ω auf einem vergleichbaren Niveau wie die Impedanz 25,9 Ω der ACPD-Messung bei einer Prüffrequenz von 0,27 kHz. Diese Messungen wurden für unterschiedliche DC und AC Stromstärken wiederholt und zeigt ein vergleichbares Ergebnis. Dieses Ergebnis deckt sich mit der abgeschätzen Eindringtiefe der ACPD-Messung, die bei 0,27 kHz bei ca. 5,9 mm beträgt und damit näherungsweise den gesamten Probendurchmesser von 7,0 mm erfasst. Bei der nächst niedrigeren Prüffrequenz von 1 kHz dringt die ACPD-Messung infolge des Skin-Effekts nur bis zur Probenmitte ein (Eindringtiefe $\approx$ 3,2 mm) und die Impedanz steigt deutlich auf 38 Ω (+40 % zum Ohmschen Widerstand).

Die ACPD-Messungen wurden daher bei einer Prüffrequenz von 0,27 kHz durchgeführt und konnten aufgrund des dominaten Anteils des Ohmschen Widerstands näherungsweise als Quasi-DC-Messung betrachtet werden. Als charakteristische Messgröße der ACPD-Messung wird die ermüdungsinduzierte Änderung der Impedanz ΔZ angegeben, die zum Versuchsstart gleich Null gesetzt wird. Die effektive AC Stromstärke betrug 1,7 A und die Verstärkung 90 dB (Faktor 31.622). Zur Reduktion des Signalrauschens wurde ein Tiefpassfilter mit 0,67 Hz über den eingebauten Filter aktiviert. Das ACPD-Messsystem kann die Änderung der AC Wechselspannung mit einer Messrate von 2,5 Hz ausgeben. Dieses Signal wurde durch ein LabView-basiertes Programm LV-ACPD, das am WPT entwickelt wurde, aufgezeichnet. In der Arbeit wurde dieses Programm LV-ACPD mit dem Programm LV-Hysterese verknüpft, sodass eine simultane, kontinuierliche Aufzeichnung der Hysteresekennwerte, Temperatur und Impedanz mit einer einheitlichen Zeitskala mit dem Programm LV-Messtechnik möglich war.

4.2.4 Schwingungs-Dämpfungs-Messung

Die Schwingungs-Dämpfungs-Messung kam in den Resonanz- und Ultraschallprüfsystemen zur Anwendung. Entsprechend wurde für diese Schwingprüfsysteme die Änderung der Resonanzfrequenz Δf zur Charakterisierung des Ermüdungsfortschritts genutzt. Die Aufzeichnung erfolgte in den Resonanzprüfsystemen über die Gerätesoftware BlockXP alle 1.000 Lastspiele. Die Aufzeichnung der Anlaufphase wurde durch einen integrierten Trigger, der am Ende der Anlaufphase ausgelöst wird, vermieden. Die Resonanzprüfsysteme ermöglichen eine Resonanzfrequenzauflösung von 0,001 Hz, d. h. von weniger als 0,002 % bezogen auf 70 Hz. Das LabView-basierte Programm LV-Messtechnik wurde um die Ermittlung der Resonanzfrequenz aus dem Kraftsignal erweitert, damit die Veränderung der Resonanzfrequenz direkt mit Änderungen der Spannungs-Dehnungs-Hysteresekennwerte oder der Impedanz korreliert werden konnte. Im Ultraschallprüfsystem wurde die Resonanzfrequenz mit der

Gerätesoftware SuperSonic der Fa. Shimadzu in Abhängigkeit von der Grenz-lastspielzahl alle 10.000 bis 100.000 Lastspiele aufgezeichnet. Die Auflösung der Resonanzfrequenz lag bei 0,01 kHz, d. h. bei weniger als 0,005 %.

Für das Ultraschallprüfsystem wurde eine Methodik zur Charakterisierung der ermüdungsinduzierten Änderung des relativen Nicht-Linearitätsfaktors β_{rel} entwickelt. Hierzu wurde am freien Ende die statische und dynamische Weg-änderung mittels induktiven Wegaufnehmer der Fa. Lion Precision vom Typ ECL 101 gemessen und mit Hilfe des Hochgeschwindigkeits-Datenrekorders der Fa. HKM vom Typ Gen3i aufgezeichnet. Die Aufzeichnung erfolgte in Abhängig-keit von der Grenzlastspielzahl alle 100.000 bis 1.000.000 Lastspiele über zwei Puls-Pause-Sequenzen, um jeweils mindestens eine zusammenhängende Puls-Pause-Sequenz analysieren zu können. Die aufgezeichneten Daten wurden *post mortem* mittels eines C-basierten Programms ausgewertet, das am WPT im Rah-men einer Masterarbeit [244] entwickelt wurde. Je Puls-Pause-Sequenz wurde der relative Nicht-Linearitätsfaktor β_{rel} und zusätzlich die Resonanzfrequenz berechnet. Zusätzlich wurden die gemessene Wegamplitude s_a und der Wegmit-telwert s_m als charakteristische Kennwerte der zyklischen Probenbeanspruchung ermittelt.

4.2.5 Optische Risserkennung

Die optische Risserkennung erfolgte mit dem Digitalmikroskop der Fa. Keyence vom Typ VHX-500FD. Für das System wurde das Objektiv der Fa. Keyence vom Typ VH-Z20R mit einem Vergrößerungsbereich von $20\times$ bis $200\times$ genutzt. Mit dem Digitalmikroskop konnten Einzelaufnahmen (VHX-500) durchgeführt werden. Der Betrachungsbereich lag zwischen $6,10\times4,56$ mm (50x) und $3,05\times$ $2,28$ mm (100x) bei einem Betrachtungsabstand von 25,5 mm. Die Tiefen-schärfe ist bei diesen Vergrößerungen zu 6,0 mm (50x) und 1,6 (100x), sodass bei 50-facher Vergrößerung eine Betrachtung der gekrümmten Oberfläche (Ø7 mm) möglich war. Die Proben mit Flachkerb wurden bei 50-facher Ver-größerung betrachtet. Das Digitalmikroskop erfasst näherungsweise die gesamte Kerbbreite ($\approx$ 3 mm). Das Keyence VHX-500FD ermöglichte zeitgetriggerte Einzelaufnahmen mit einer Bildrate von 0,05 Bilder pro Sekunde (3 Bilder pro Minute).

Die Einzelaufnahmen ermöglichen die Erfassung von Rissen an der Oberfläche und in Verbindung mit den hochglanzpolierten Probenoberflächen im Prüfbe-reich die fraktographische Analyse der Wechselwirkung von Rissen mit der dendritischen Al-Matrix und dem interdendritschen Al-Si-Eutektikum. Anhand der Aufnahmen wurde für neue Proben der Zeitpunkt der Rissinitiierung und spezifischer Rissgrößen erfasst und zur Validierung und Kalibrierung der vorher genannten Messverfahren bzw. -systeme genutzt. Aufgrund des hohen Zeit- und Ressourcenaufwands konnte die optische Risserkennung nur in ausgewählten Untersuchungen eingesetzt werden.

4.3   Versuchsaufbau und -durchführung[2]

In den Ermüdungsuntersuchungen sind verschiedene Mess- und Prüfsysteme kombiniert worden, um je nach Lebensdauerbereich das Ermüdungs- und Schädigungsverhalten beanspruchungs- und lastspielabhängig charakterisieren zu können. Zur Übersicht sind in Tabelle 4.1 die genutzten Prüf- und Messsysteme aufgelistet und der simultane Einsatz gekennzeichnet (x). Der Versuchsaufbau und die Durchführung der Ermüdungsversuche mit simultanem Einsatz verschiedener Messsysteme wird im Folgenden für die genutzten Prüfsysteme erläutert.

Tabelle 4.1 Messtechnische Instrumentierung des servohydraul. Prüfsystems (LCF), Resonanz- (HCF) und Hochfrequenz-Resonanzprüfsystems (VHCF-I) sowie Ultraschallprüfsystems (VHCF-II)

Messsystem ↓ Prüfsystem →		LCF	HCF	VHCF-I	VHCF-II
σ-ε-Hysterese	$\varepsilon_{a,p}$	X	x		
Thermoelemente	ΔT	x	x	x	
Pyrometer	ΔT				x
ACPD Impedanzmessung	ΔZ	x	x		
Resonanzfrequenz	Δf		x	x	x
Nicht-Linearitätsfaktor	β_{rel}				x

Quasi-statisches Verformungsverhalten
Die Durchführung der quasi-statischen Zugversuche zur Ermittlung des quasi-statischen Spannungs-Dehnungs-(QSD-)Kurven erfolgte gemäß Verfahren A der DIN 6892–1 [237]. Vor Beginn des Zugversuchs wurde eine Vorkraft von 100 N aufgebracht. Der Zugversuch wurde bis zu einer Totaldehnung von 9 % mit einer konstanten Dehnrate von $\dot{\varepsilon} = 2{,}5 \cdot 10^{-4}$ s^{-1} durchgeführt (Bereich 1) und nach

---

[2] Inhalte dieses Kapitels basieren zum Teil auf Vorveröffentlichungen [190,216,193] und auf den studentischen Arbeiten [244,242].

Abnahme des Extensometers weggeregelt mit einer abgeschätzten Dehnrate von $\dot{\varepsilon}_{Lc} = 6{,}7{\cdot}10^{-3}\ \mathrm{s}^{-1}$ bis zum Probenbruch fortgesetzt (Bereich 2). Im Bereich 2 wurde die aufgebrachte Dehnung über die parallele Länge der Probe abgeschätzt.

Zyklisches Verformungsverhalten

Zur Charakterisierung des zyklischen Spannungs-Dehnungs-(ZSD-)Verhalten und der Ermittlung von ZSD-Kurven wurden Incremental Step Tests (IST) und Einstufenversuche (ESV) durchgeführt. Die Versuchsdurchführung erfolgt in Anlehnung an ISO 12106 [245]. Der Versuchsaufbau inkl. der messtechnischen Instrumentierung ist in Abbildung 4.3 gezeigt. Die Ermüdungsversuche wurden bei einer Prüffrequenz von 0,05 Hz durchgeführt, um für alle Messsysteme eine zyklengenaue Kennwerteermittelung bzw. Bildaufnahme zu ermöglichen. Es wurden Thermoelemente (Temperatur) und die ACPD-Messung (elektr. Impedanz) eingesetzt. Das Digitalmikroskop zur Erfassung struktureller Änderungen an der Probenoberfläche war mit einer Aufnahmerate von 0,05 Hz das limitierende Messsystem. Mit Hilfe der Wechselstrompotentialsonde (ACPD) konnte bei diesen geringen Prüffrequenzen zusätzlich zur statischen Änderung auch die zyklische Änderung der Impedanz aufgezeichnet werden.

Zu Beginn jeder Untersuchungsreihe wurde die zyklische Spannungs-Dehnungs-Kurve (ZSD-Kurve) mit Hilfe des „Incremental Step Test" ermittelt. Der standardisierte IST setzte sich analog zu Abbildung 2.13 aus ab- und aufsteigenden Halbblöcken zusammen, in denen die Dehnungsamplitude $\varepsilon_{a,t}$ im aufsteigenden Halbblock kontinuierlich um 0,01 % erhöht (ca. 7 MPa im linear-elastischen Bereich) und bei Erreichen den Blockmaximums $\varepsilon_{a,t}^{max}$ (zustandsabhängig zwischen 0,4 % und 0,7 %) im absteigenden Halbblock kontinuierlich bis zum Blockminimum $\varepsilon_{a,t}^{min}$ von 0,05 % (ca. 36 MPa) reduziert wurde. Diese Abfolge aus auf- und absteigendem Halbblock wurde bis zum technischen Anriss oder Probenbruch fortgesetzt. Aus der Erkenntnis, dass die LCF-Proben je nach Werkstoffzustand unterschiedlich hohe maximale Dehnungen ertragen konnten, wurde dem typischen IST mit konstantem Blockmaxima $\varepsilon_{a,t}^{max}$ ein IST+ mit ansteigendem Blockmaxima vorgeschaltet. Dieser IST+ startet mit einem Blockmaxima von $\varepsilon_{a,t}^{max} = 0{,}4$ % und wurde anschließend zu jedem ansteigenden Halblock um $\Delta\varepsilon_{a,t}^{max} = 0{,}1$ % bis zum technischen Anriss oder Probenbruch erhöht.

Im Anschluss wurde der IST bei einem Blockmaximum durchgeführt, das zwei bis drei Stufen unterhalb des bruchauslösenden Blockmaximums lag. Zwecks Vergleichbarkeit wurde zudem für vergleichbare Werkstoffzustände, z. B. gleiches Gießverfahren und T6-Wärmebehandlung, ein gemeinsames Blockmaximum für den IST gewählt, das sich am Werkstoffzustand mit der geringsten

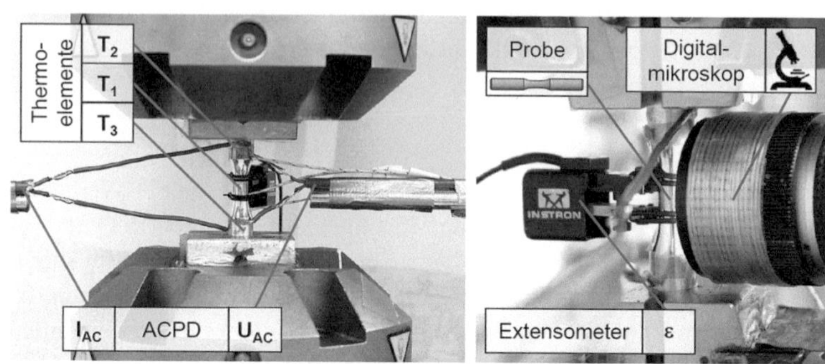

Abbildung 4.3 Versuchsaufbau der messtechnisch instrumentieren Ermüdungsversuche am servohydraulischen Prüfsystem (Schenck, PC63M)

Festigkeit im IST+ orientierte. Die ZSD-Kurve wurde für den ersten aufsteigen-den Halbblock ermittelt, in dem sich die Spannungsamplitude σ_a^{max} bei Erreichen des Blockmaximums $\varepsilon_{a,t}^{max}$ im Vergleich zum vorherigen aufsteigenden Halbblock um weniger als 5 % veränderte.

Ermüdungsverhalten im HCF-Bereich

Der schematische Aufbau des Resonanzprüfsystems und die messtechnische Instrumentierung sind in Abbildung 4.4 gezeigt. Um die Prüffrequenz zu minimieren, wurden alle Hauptmassen im Resonanzprüfsystem hinzugeschal-tet. Dadurch sollte der Einfluss der Probentemperatur durch Selbsterwärmung auf die weiteren Messsysteme (u. a. ACPD, Resonanzanalyse) auf ein Mini-mum reduziert werden. Aufgrund der Abhängigkeit der Resonanzfrequenz von der Probeneinspannung und -steifigkeit ergab sich ein Prüffrequenzbereich von 70 ± 10 Hz.

Die Ermüdungsversuche wurden mit der LabView-basierten Software BlockXP der Fa. Rumul durchgeführt und die Messdaten aufgezeichnet. Die Software BlockXP bestimmt für jedes 1.000ste Lastspiel die Spitzen- und Mit-telwerte der Spannungs-Dehnungs-Hystereseschleife. Zudem erfasst die Software die Resonanzfrequenz, Leistung und die statische und zyklische Wegänderung des Prüfsystems in Abhängigkeit von der Lastspielzahl.

Zur weiteren Überwachung des zyklischen Verformungsverhaltens und der Ermüdungsschädigung erfolgte in den Ermüdungsversuchen mittels Extensometer (Spannungs-Dehnungs-Hyserese), Thermoelementen (Temperatur), Wechselstrompotentialsonde (Impedanz) und Digitalmikroskopie (strukturelle

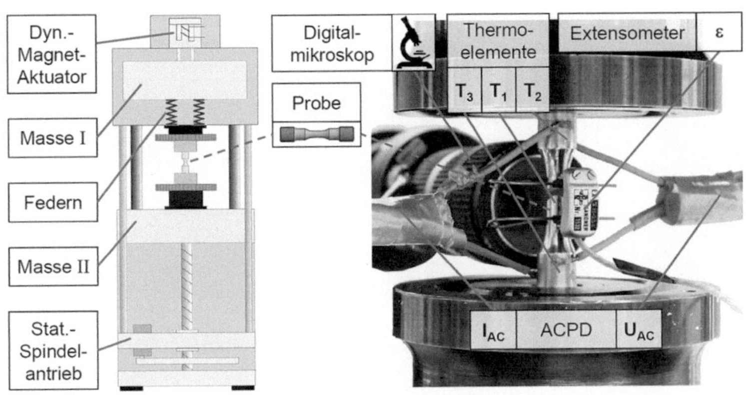

Abbildung 4.4 Versuchsaufbau der messtechnisch instrumentieren Ermüdungsversuche am Resonanzprüfsystem (Rumul, Testronic)

Veränderungen an der Probenoberfläche). Zusätzlich wurde die Änderung der Resonanzfrequenz des Prüfsystems als struktursensitive Messgröße während der Prüfung kontinuierlich überwacht.

Ermüdungsverhalten im HCF- und VHCF-Bereich (1 kHz)
Der Versuchsaufbau inkl. der messtechnischen Instrumentierung für das HF-Resonanzprüfsystem (Rumul, Gigaforte) ist in Abbildung 4.5 als Übersichts- und Detailaufnahme gezeigt. Die einstufigen Ermüdungsversuche wurden mit der LabView-basierten Software Block der Fa. Rumul parametrisiert, durchgeführt und aufgezeichnet. Die Software Block bestimmt für jedes 10.000ste Lastspiel die Spitzen- und Mittelwerte der Spannung und des Weges am Schwingkopf (Resonator). Die Wegmessung erfolgte aufgrund der hohen Prüffrequenzen berührungslos nach dem Prinzip der Laser-Triangulation. Zusätzlich erfasst die Software analog zum Resonanzprüfsystem Resopulser die Resonanzfrequenz und Leistung als struktursensitive Messgrößen in Abhängigkeit von der Lastspielzahl. Die Überwachung des Ermüdungszustands erfolgte zusätzlich über Thermoelemente vom Typ K (Temperaturänderung ΔT).

Die Kühlung der Probe erfolgte mittels Druckluft über die gesamte Probenlänge. Beim Anfahren kommt es beim HF-Resonanzprüfsystem aufgrund der hohen Prüffrequenzen zu einer signifikanten Selbsterwärmung des Prüfsystems.

Abbildung 4.5 Versuchsaufbau der messtechnisch instrumentieren Ermüdungsversuche am Hochfrequenz-Resonanzprüfsystem (Rumul, Gigaforte)

Die Erwärmung des Prüfsystems überlagerte die Messung der Temperaturänderung ΔT in den Vorversuchen. Um dies zu minimieren, wurden die Ermüdungsproben einer Vorbeanspruchung von $\sigma_a = 30$ MPa für 5 min unterzogen. In dieser Zeit konnte sich eine konstante Temperatur im Prüfsystem und über die Probenlänge (T_1 bis T_3) einstellen. Im Anschluss an die Vorbeanspruchung (ohne Unterbrechung der zyklischen Beanspruchung) wurde die Zielbeanspruchung über eine Rampe von 100.000 Lastspielen angefahren. Durch das langsame Anfahren der Zielbeanspruchung konnte das Überschwingen zu Versuchsbeginn auf unter 3 % für alle Beanspruchungen reduziert werden.

Ermüdungsverhalten im VHCF-Bereich (20 kHz)
Für das Ultraschallprüfsystem (Shimadzu, USF-2000 A) ist in Abbildung 4.6 der Versuchsaufbau inkl. der messtechnischen Instrumentierung als Übersichts- und Detailaufnahme gezeigt. Die Überwachung des Ermüdungsfortschritts erfolgte über ein Pyrometer (Temperatur in Probenmitte) und Wirbelstromwegsensor (Schwingungs-Dämpfungs-Messung). Die Temperaturmessung mittels Pyrometer erfolgte mit 1 Hz, d. h. alle 10.000 Lastspiele. Die Aufzeichnung des Schwingungs-Dämpfungs-Verhaltens erfolgte intermittiernd über mindestens zwei Pulse-Pause-Sequenzen und in Abhängigkeit von der Grenzlastspielzahl alle 100.000 bis 1.000.000 Lastspiele. Zusätzlich wurde die Änderung der

Prüffrequenz und der Leistungsaufnahme des Prüfsystems während der Prüfung als Reaktionsgröße der Probe kontinuierlich in Abhängigkeit von der Grenzlastspielzahl alle 100.000 bis 1.000.000 Lastspiele aufgezeichnet.

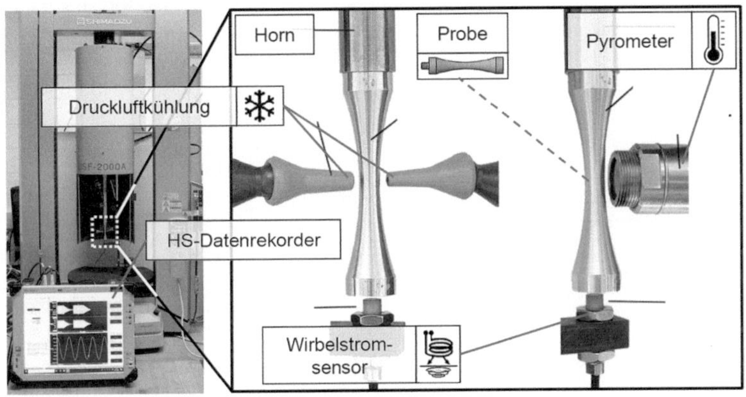

Abbildung 4.6 Versuchsaufbau der messtechnisch instrumentieren Ermüdungsversuche am Ultraschallprüfsystem (Shimadzu, USF-2000 A)

Die Kühlung der Probe erfolgte mittels beidseitiger Druckluftzuführung auf den Prüfbereich. Vor Beginn der Einstufenversuche wurde für jeden Werkstoffzustand ein Laststeigerungsversuch durchgeführt. Im Laststeigerungsversuch (LSV) wird die Spannungsamplitude stufenweise um 5 MPa nach jeweils 10^7 Lastspielen erhöht, beginnend von einer Spannungsamplitude $\sigma_{a,start}$ von 30 MPa, bei der keine Schädigung induziert wird. Die Spannungsamplitude wird stufenweise bis zum Probenversagen erhöht. Während des LSV wird die Temperaturentwicklung der Probe und das Anschwingen durch die Schwingungs-Dämpfungs-Messung überwacht. Die Temperatur wurde überwacht, um zu prüfen, ob es bis zum Probenversagen zu einer kritischen Probenerwärmung kommt ($\Delta T > 20$ K nach DIN 50100 [29]). Dies war für keinen Versuch der Fall.

Das Anschwingverhalten wurde mittels Wirbelstrommessung vom HighSpeed-Datenrekorder (HBK, Gen3i) aufgezeichnet und ausgewertet, da es infolge des Pulse-Pause-Betriebs beim Anschwingen zum Überschwingen kommen konnte, insbesondere bei niedrigen Beanspruchungsniveaus. Entsprechend wurde im LSV geprüft, in welchem Beanspruchungsbereich der Grenzwert des Überschwingens in der Anlaufphase von 3 % nach DIN 50100 [29] eingehalten wurde. Die Kennwerte des Überschwingverhaltens setzten sich aus dem Verhältnis $\Psi_{A>3\%,\sigma}$ von max. Überschwingamplitude und mittlerer Schwingamplitude für die stabilisierte Schwingphase zusammen. Zudem wurde das Verhältnis $\Psi_{A>3\%,t}$ der Zeitspanne des Überschwingens, in der der Grenzwert von 3 % überschritten war, zur Zeitspanne der gesamten Beanspruchungssequenz betrachtet. Beide Kennwerte sind in Abbildung 4.7a über die Spannungsamplitude sowie der normierten Leistung des Prüfsystems aufgetragen.

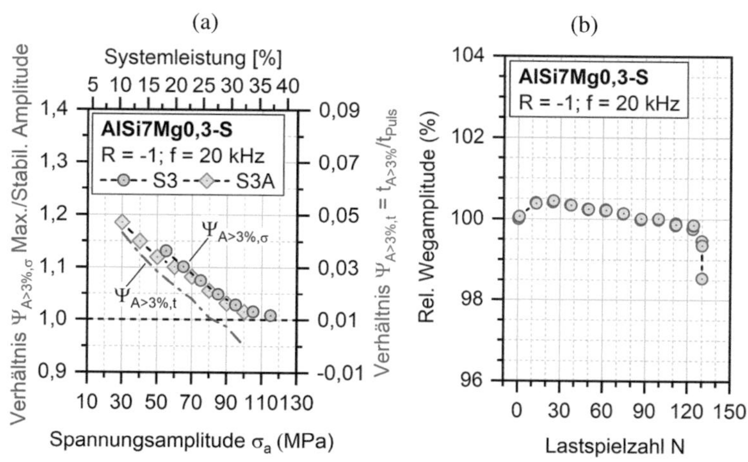

Abbildung 4.7 (a) Anschwingverhalten in Abhängigkeit von der Spannungsamplitude und der norm. Leistung des Prüfsystems sowie (b) Regelungsstabilität der Wegamplitude am Probenende in Abhängigkeit von der Lastspielzahl

Es zeigte sich, dass die max. Überschwingamplitude ab 90 MPa den Grenzwert von 3 % einhielt. Die Zeitspanne des Überschwingens betrug ab dieser Beanspruchung weniger als 1 % des gesamten Beanspruchungspulses. In Ultraschall-Ermüdungsversuchen unterhalb von 90 MPa kam es also zu einem erhöhten Überschwingen, was zur Verkürzung der Lebensdauer geführt haben könnte. Dies wurde bei der Interpretation der VHCF-Ergebnisse berücksichtigt.

Die Ultraschall-Ermüdungsversuche erfolgten weggeregelt. Um zu evaluieren, wie stabil die Wegregelung war und wie diese auf eine Schädigung des Werkstoffs reagierte, wurde die Entwicklung der relativen Wegamplitude am Probenende (bezogen auf die Wegamplitude zum Versuchsbeginn) in Abhängigkeit von der Lastspielzahl ausgewertet und in Abbildung 4.7b gezeigt. Die Wegamplitude zeigte im Anfangsbereich einen leichten Anstieg und im Anschluss einen leichten kontinuierlichen Abfall bis zum Probenbruch. Die max. Änderung der Wegamplitude vor dem raschen Abfall kurz vor Probenbruch belief sich auf ca. 1 %. Das heißt, die Wegamplitude konnte über nahezu die gesamte Bruchlastspielzahl als näherungsweise konstant (± 0,5 % Schwankung) angenommen werden.

Für einen neuen Werkstoffzustand wurde im Anschluss an den LSV der erste Einstufenversuch (ESV) eine Stufe unterhalb der Bruchspannungsamplitude im LSV durchgeführt, da sich bei dieser Beanspruchung typischerweise eine vergleichbare Bruchlastspielzahl zur Stufenlänge des LSV von ca. 10^7 Lastspielen ergab. Die weiteren Einstufenversuche wurden je nach Bruchlastspielzahl um 5 MPa bis 10 MPa Stufen verändert. Ziel war die Wöhler-Kurve im VHCF-Bereich mit mind. fünf ESV auf unterschiedlichen Spannungsamplituden abzudecken. Der Versuchsstopp durch Erreichen der kritischen Resonanzfrequenz von 0,5 kHz führte bei allen Proben zu einem großen Anriss, ohne dass die Probe komplett durchgerissen war. Um die bruchauslösenden Defekte im VHCF-Bereich zu identifizieren, wurden die Proben im Universalprüfsystem auseinandergerissen.

4.4　Defekt- und Rissanalyse[3]

Zur Bewertung der Defektgrößen im Ausgangszustand (*pre mortem*) und der Schädigung in Form der Rissgröße (*intermittierend* und *post mortem*) wurde ein breites Spektrum an computertomographischen (CT-), licht- (LM-) und rasterelektronenmikroskopischen (REM-)Analysen durchgeführt, deren Vorgehen und Strategie im Folgenden näher erläutert werden.

4.4.1　Pre mortem Defektanalyse am Computertomograph

Eine zerstörungsfreie Bewertung der Porosität und der Defektgrößenverteilung wurde für ausgewählte Zustände vor der Prüfung (*pre mortem*) mittels CT-Prüfung durchgeführt, deren Ergebnisse bereits in Abschnitt 3.4 beschrieben wurden. Die CT-Defektanalysen erfolgten mit dem CT-System Nikon XT H 160 (Alzenau, Deutschland), das über eine 160 kV und 60 W Mikrofokusröhre mit einer Brennfleckgröße kleiner 200 μm verfügt. Der Detektor besitzt eine effektive

---

[3] Inhalte dieses Kapitels basieren zum Teil auf Vorveröffentlichungen [190,182,216] und auf den studentischen Arbeiten [217,246,244,247].

Fläche von 130×130 mm mit einer Auflösung von 1024×1024 Pixeln (1 Megapixel). Die geräteeigene Software ermöglicht eine Aufnahmerate von 30 Bildern pro Sekunde. Eine detaillierte Erläuterung des Funktionsprinzips vom CT ist im Abschnitt 2.3.4 gegeben.

Die räumliche Auflösung und damit Voxelgröße hat einen starken Einfluss auf die Abbildungsgüte von Defekten (vgl. [172]) und sollte für die ROI des Prüfobjekts minimiert werden. Für die untersuchten Werkstoffproben im HCF- und VHCF-Bereich ($d_0 = 7$ mm, Verjüngungsradius $= 100$ mm) konnte das „Fatigue Active Volume" (FAV: Ermüdungsaktiviertes Prüfvolumen), d. h. das maximal beanspruchte Prüfvolumen, in dem die Beanspruchung bei 95 % der maximalen Spannung oder höher lag (FAV-95), zu 286 mm^3 mit einer „Fatigue Active Length" (FAL: Ermüdungsaktivierte Prüflänge) von 11,6 mm ermittelt werden. Um den bruchauslösenden Defekt mit hoher Sicherheit im CT vor der Ermüdungsprüfung zu erfassen und auswerten zu können, wurde die Voxelgröße daher zu 11,5 µm gewählt, sodass sich bei 1024 Pixeln des Detektors eine Auswertelänge von 11,8 mm ergibt ($> 11,6$ mm).

Als Grundlage für die Wahl der CT-Parameter wurden die CT-Untersuchungen von Siddique et al. [248] genutzt. Aufgrund der größeren erforderlichen Voxelgröße wurde der Strahlstrom angepasst, um eine qualitativ vergleichbare Abbildungsgüte zu erhalten. Um die Streuung des Umgebungs- und Materialpeaks im Grauwerthistogramm zu reduzieren (vgl. Abbildung 2.30), wurde zusätzlich die Belichtungszeit um 42 % erhöht und die Anzahl an Aufnahmen je Winkel von 8 beibehalten. Es wurden 1.583 Projektionen erfasst (je Projektion 8 Aufnahmen). Nach DIN 15708 [140] wird für einen Probendurchmesser d_0 von 7 mm eine Projektionsanzahl von mindestens 997 ($= \pi/2{\cdot}d_0$) empfohlen und damit eingehalten (Tabelle 4.2).

Tabelle 4.2 CT-Scanparameter für die Defektanalysen (*pre mortem*)

Strahl-energie	Strahl-strom	Strahl-leistung	Aufnahme-dauer	Projektions-anzahl	Aufnahmen je Projektion
130 kV	60 µA	8,1 W	354 ms	1583	8

Ein repräsentatives Histogramm ist in Abbildung 4.8 gezeigt. Über die Mittelwerte und Standardabweichungen des Hintergrund- und Materialpeaks ergibt sich ein Qualitätsindex von $13,20 \pm 2,68$ (Gl. 2.79).

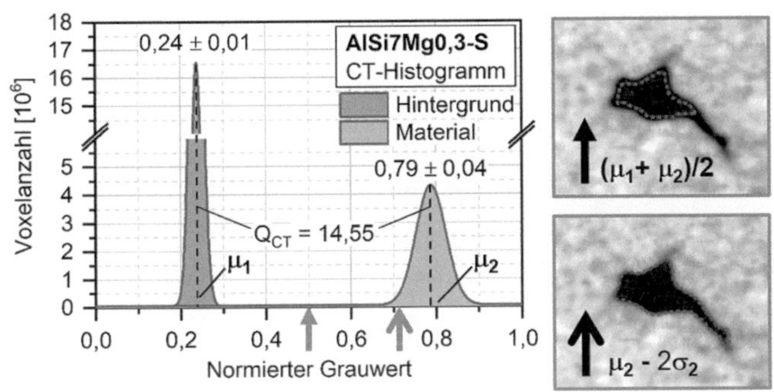

Abbildung 4.8   Repräsentatives normiertes Histogramm der AlSi7Mg0,3-Gusslegierungen und Identifikation des optimalen Grauwert-Schwellenwerts bei μ-2σ

Die CT-Scans waren für die gewählte Voxelgröße somit als qualitativ sehr hochwertig einzustufen (vgl. [153]: $Q_{CT,max}$ = 6,4 am Aluminiumbauteil) und stellten die Grundlage für eine zuverlässige Defektanalyse mittels 3D-Bildverarbeitungssoftware VG Studio Max dar.

Bei bei der CT-Prüfung handelt es sich um ein indirektes Verfahren, d. h. eine direkte Separierung zwischen Material und Umgebung ist nicht möglich, da der Übergang zwischen Material und Umgebung „fließend" bzw. „verschwommen" ist und im Rahmen der Defektanalyse über unterschiedliche Algorithmen zur 3D-Grauwertanalyse abgeschätzt werden muss. Der zutreffende Algorithmus für die 3D-Defektanalyse muss also zunächst durch Korrelation mit direkten Verfahren wie einer REM-basierten Defektanalyse erfolgen.

Der Einfluss des Auswertealgorithmus und insb. des Grauwert-Schwellenwerts bei der 3D-Defektanalyse ist in Abbildung 2.32 von Abschnitt 2.3.4 schematisch dargestellt. Vergleichbare Herausforderungen gab es bei der 3D-Defektanalyse der Gusszustände mit Defektgrößen von 20 bis 500 µm. Hierbei stellen die kleinen Defekte die verfügbaren Auswertealgorithmen der 3D-Defektanalyse vor die größte Herausforderung, da die Defekte über eine geringere Voxelanzahl abgebildet werden und der Übergang zum Material teils schwer zu identifizieren ist. Deswegen wurde der Schwellwert-Auswertealgorithmus der Software VG Studio Max 2.2 näher untersucht. Anhand von korrelativen Defekt- und Rissanalysen am CT und REM konnten geeignete Ermüdungsproben mit bruchauslösenden Defektgrößen (u. a. 311 µm) ausgewählt werden. Die zeitlich gesehene rückwärtige Korrelation des bruchauslösenden Defekts im REM (*post mortem*) zur intermittierenden CT-Rissanalyse (*intermittierend*, siehe

Abschnitt 4.4.2) hin zur CT-Defektanalyse im Ausgangszustand (*pre mortem*) ist in Abbildung 4.9 schematisch dargestellt.

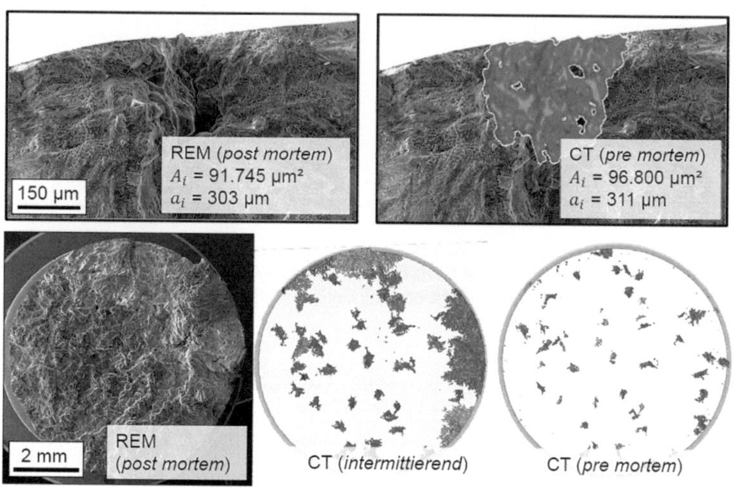

Abbildung 4.9 Korrelative Defekt- und Rissanalyse mittels CT und REM zur Identifikation des bruchauslösenden Defekts

Zur Auswertung der Defekte wurde der Schwellenwert-Algorithmus mit adaptierten Schwellenwert (nicht Iso-50 %) genutzt, um zwischen Hintergrund/Defekt und Material zu unterscheiden. Der Vergleich der realen Querschnittsfläche des Defekts am REM mit der indirekt gemessenen Defektfläche im CT zeigte beispielhaft für die ausgewählte Ermüdungsprobe mit 303 µm zu 311 µm (jeweils CT vs. REM) eine sehr gute Übereinstimmung. Der adaptierte Schwellenwert lag für alle Proben durch manuelle Anpassung des Schwellenwerts an ausgewählten Defekten im Material, bis der Schwellenwert die mit dem Auge erkennbare Kontur wiedergab. Dies ist in Abbildung 4.8 (rechts) anhand eines Defekts gezeigt. Bei Vergleich der manuell durch optischen Vergleich festgelegten Schwellenwerte mit den normierten Histogrammen und den zugehörigen Mittelwerten (μ) und Standardabweichungen (σ) der Material-Gaussverteilung konnte der optimale Schwellenwert proben- und zustandsunabhängig zu μ-2σ gut abgeschätzt werden. Dieser Schwellenwert-Ansatz wurde für die weiteren 3D-Defektanalysen der Kokillen- und Sandabgüsse genutzt. Entscheidend für die

Vergleichbarkeit verschiedener Defektzustände war die vergleichbare Defektgrößenverteilung der Defekte innerhalb der Proben eines Zustands. Dies wurde für
ausgewählte Kokillengusszustände mit (K1L) und ohne HIP-Behandlung (K1P1)
und für Sandgusszustände untersucht und in Abbildung 4.10a + b als kumulierte relative Histogramme verglichen. Hierbei zeigten sich unabhängig von
der Porosität und der Defektgrößen keine signifikanten Unterschiede zwischen
den Zuständen hinsichtlich maximaler Defektgrößen. Im Bereich kleiner Defekte
zeigten sich Unterschiede, die allerdings nicht bruchauslösend sein sollten und
deswegen als unerheblich erachtet wurden.

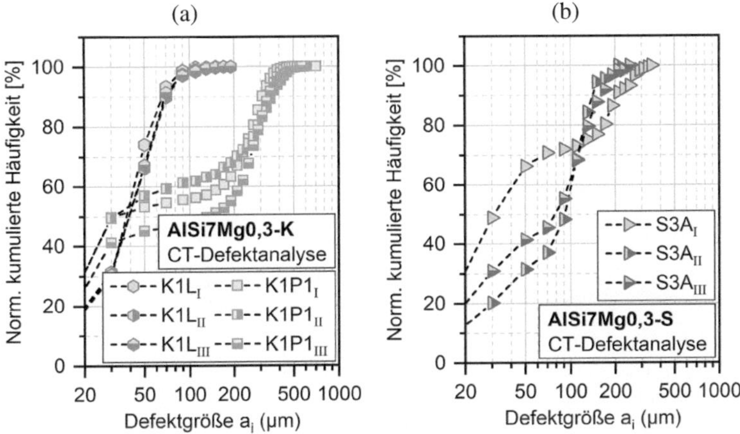

Abbildung 4.10 Histogramm zur Streuung der Defektgrößen innerhalb ausgewählter (a)
Kokillengusszustände K1L und K1P1 sowie (b) Sandgusszustände S3A

4.4.2 Intermittierende Rissanalyse am Computertomograph

Die Schädigungsentwicklung im Prüfvolumen wurde mit Hilfe von CT-Analysen
charakterisiert. Die Schädigung ergibt sich hierbei aus Oberflächen- und Volumenanrissen an Poren und Oxiden. Diese Anrisse sind extrem flach und daher
über konventionelle CT-Scans ohne erweiterte Methoden zur Erhöhung der Kontrastierung des Risses nur schwer detektierbar. Durch folgende Methoden kann
der Kontrast maßgeblich verbessert werden:

- Kontrastmittel zur Penetration entlang der Rissflanken (Kapillareffekt),
- Zugbelastung zur Öffnung der Rissflanken,
- Simultaner Einsatz von Kontrastmittel und Zugbelastung.

In einer ersten Versuchsreihe wurde der Einsatz von Kontrastmittel zur Charakterisierung der Schädigungsentwicklung (analog Risseindringprüfung) als auch der Kalibierung von struktursensitiven Messgrößen untersucht. Die Versuchsreihe baute auf den Arbeiten von Mrzljak et al. [249] und Hülsbusch [250] an glasfaserverstärkten Verbundwerkstoffen auf. Der Ablauf der CT-Rissanalyse mittels Kontrastmittel ist in Abbildung 4.11 schematisch gezeigt.

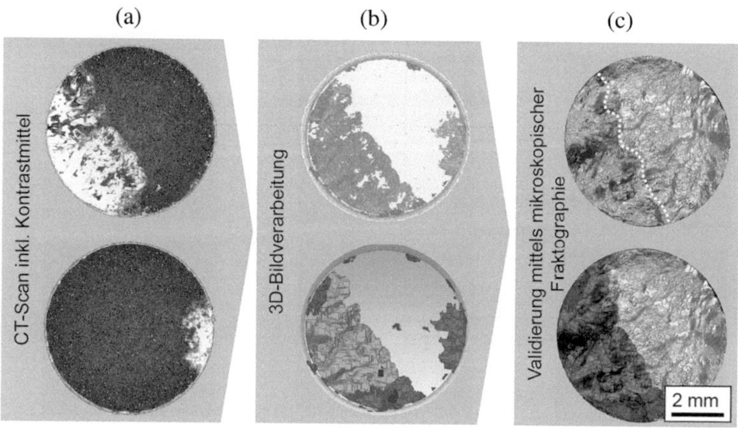

Abbildung 4.11 CT-Rissanalyse mittels Kontrastmittel: (a) Lastfreier CT-Scan mit Kontrastmittel, (b) 3D-Bildverarbeitung und (c) Validierung mittels fraktographischer Untersuchungen (hier: Lichtmikroskopie)

Die Proben wurden hierzu im Ermüdungsversuch bis zum Erreichen einer spezifischen Änderung einer struktursensitiven Messgröße (z. B. der Impedanz) geprüft, anschließend ausgebaut und unter Einsatz von Kontrastmittel im CT analysiert. Anschließend wurde mittels 3D-Bildverarbeitungssoftware (3D-Grauwertanalyse) die kontrastreichen Volumina als Risse klassifiziert und deren räumlichen Abmessungen und Lage sowie Anzahl ausgewertet. Die Validierung der ermittelten Rissflächen erfolgte in abschließenden fraktographischen Untersuchungen im Licht- und Rasterelektronenmikroskop. Nachteil dieser Methode ist der korrosive Angriff der benetzten Rissflächen durch das Kontrastmittel

(Zinkjodid-Lösung). Nach der elektrochemischen Spannungsreihe (Standardpotential) können Zink ($-0,76$ V) und Iod ($+0,53$ V) als „edler" ggü. Aluminium ($-1,66$ V) eingestuft werden (Silizium: $+0,86$ V). Der Korrosionsangriff konnte durch Reinigung der Probe vom Kontrastmittel minimiert, aber nie vermieden werden. Eine nachträgliche fraktographische Untersuchung war je nach Korrosionsangriff eingeschränkt oder nicht möglich.

In einer zweiten Versuchsreihe wurde daher auf den Einsatz von Kontrastmittel verzichtet und das Belastungsmodul für das CT apparativ erweitert, um eine CT-Rissanalyse an Proben aus unterschiedlichen Prüfsystemen (HCF, VHCF-I, VHCF-II) durch Öffnung des Risses unter Zuglast zu ermöglichen. Diese Versuchsreihe baute auf Untersuchungen von Wittke [251] an Gewindeverbindungen auf. Die hieraus aufbauende Weiterentwicklung ist in Abbildung 4.12 gezeigt.

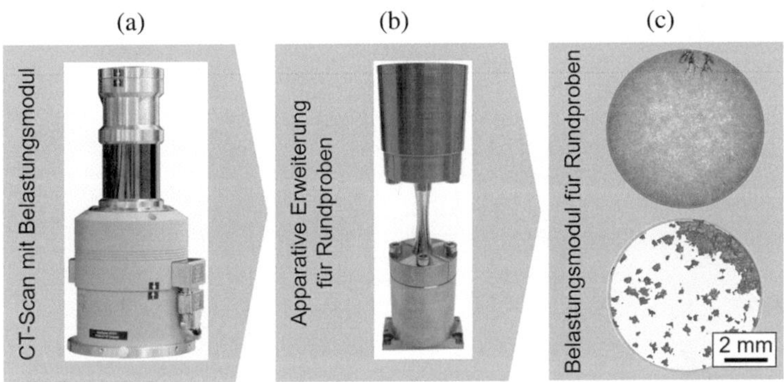

Abbildung 4.12 CT-Rissanalyse mittels Belastungsmodul: (a) Modul für Gewindeverbindungen, (b) neues Modul für Rundproben und (c) CT-Scan von geöffneten Riss und 3D-Rissanalyse

Die Probeneinspannung musste hierzu komplett neu entwickelt werden. Mit dem Belastungsmodul kann eine maximale Zugkraft von 5 kN aufgebracht werden. Dies entspricht für eine Ø7-Probe einer maximalen Spannung von 130 MPa. Die CT-Rissanalyse im Belastungsmodul erfolgte auf Niveau der Spannungsamplitude im ESV, d. h. $\sigma = \sigma_a$ und bei Spannungsamplituden oberhalb von 130 MPa aus regelungstechnischen Gründen bei $F = 4,95$ kN leicht unterhalb der maximalen Zuglast. Abbildung 4.12b zeigt die neue Einspannvorrichtung für Rundproben sowie die hierauf aufbauende CT-Rissanalyse in Abbildung 4.12c. Die Risse erscheinen an der Probenoberfläche und im Probenvolumen als dunkle Bereiche (vorher: Oberflächenrisse hell und Volumenrisse dunkel), sodass eine

CT-Rissanalyse zur Ermittlung von Oberflächen- und Volumenrissen genutzt werden kann. Die Vielzahl an Volumenanrissen sind besonders deutlich in Abbildung 4.12c im rechten unteren Bild zu erkennen.

4.4.3 In situ Rissanalyse am Digitalmikroskop

In ausgewählten Werkstoffzuständen und Proben wurden Flachkerben in die Oberfläche, sog. „shallow notches" mittels Fräsen eingebracht, die die Beanspruchung lokalisieren und unter Verwendung von digitalen Lichtmikroskopen die Beobachtung von lokalen mikrostrukturellen Veränderungen an der Oberfläche während der Ermüdungsprüfung ermöglichen. Die Entwicklung der Flachkerb-Proben von der Berechnung bis zur lichtmikroskopischen Aufnahme des polierten Kerbs ist in Abbildung 4.13 gezeigt.

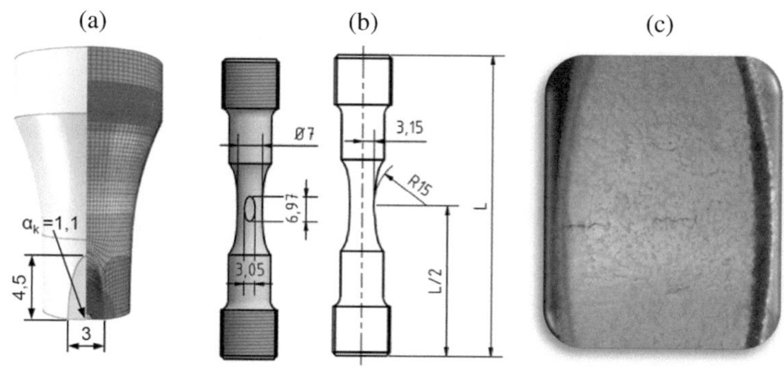

Abbildung 4.13 Schematischer Ablauf der Entwicklung der Flachkerbgeometrie: (a) FE-Simulation, (b) technische Zeichnung und (c) Politur des Flachkerbs und lichtmikroskopische Verfolgung der Ermüdungsschädigung

Die Berechnung der Kerbzahl α_k erfolgte mittels FE-Analysen über die Software ABAQUS. Bei der FE-Berechnung müssen die zwei Fälle (a) statische und (b) dynamische Berechnung unterschieden werden. Die statische Berechnung wird für die Ermüdungsversuche an den servohydraulischen und Resonanzprüfsystemen benötigt (LCF, HCF, VHCF-I). Für das Ultraschallprüfsystem (VHCF-II) ist eine dynamische Berechnung erforderlich, die zusätzlich zu den elastischen Eigenschaften (E-Modul = 72,5 GPa, Poissonzahl = 0,3) noch die Dichte (2,66 kg/dm^3) für die wirkenden Beschleunigungskräfte benötigt. Die statische FE-Berechnung entspricht der spannungsmechanischen Standardanwendung. Die Proben in den servohydraulischen und Resonanzprüfsystemen wurden einseitig gekerbt. Das 3D-Modell der Probe für die statischen Berechnungen wurde durch Ausnutzung der Symmetrien zu einem ¼-Modell reduziert. Die dynamische Berechnung erfolgte an „Voll"-Proben.

Im ersten Schritt wurde eine Netzstudie durchgeführt, um die Mindest-Netzfeinheit zu bestimmen, ab der eine näherungsweise exakte Lösung erreicht wird (Differenz $\leq 0{,}5$ %). Die Ergebnisse zur Netzstudie sind in Abbildung 4.14a für unterschiedliche Netzfeinheiten gezeigt.

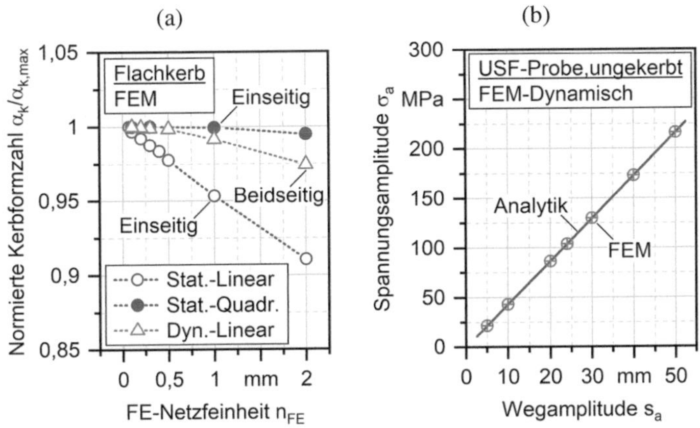

Abbildung 4.14 (a) Netzstudie für die statischen und dynamische Berechnung und (b) Verifikation der dynamischen Berechnung mit analytischen Lösungen

Für den statischen Fall wurden hexagonale Elemente mit linearer (Elementtyp: C3D8R) und quadratischer Ansatzfunktion (Elementtyp: C3D20R) für den einseitigen Kerb mit R = 25 mm und t = 0,3 mm genutzt. Für den dynamischen Beanspruchungsfall wurden hexagonale Elemente mit linearer Ansatzfunktion (Elementtyp: C3D8R) für den beidseitigen Kerb mit R = 25 mm und t = 0,3 mm verwendet. Für den statischen Fall ist keine Konvergenz bis 0,1 mm für C3D8R-Elemente zu erkennen, sodass C3D20R-Elemente mit einer Netzfeinheit von 0,3 mm ausgewählt wurden. Für den dynamischen Fall ergibt sich eine Konvergenz für C3D8R-Elemente und die Netzfeinheit wurde zu 0,5 mm gewählt. Zur Verifikation der dynamischen Berechnungen wurde die analytische Lösung für Proben mit Uhrenglasprofil nach Green et al. [239,240] in Gl. 4.1a–d genutzt.

Der Vergleich der analytischen Lösung mit der FEM-Lösung in Abbildung 4.14b für ausgewählte Wegamplituden zeigt eine sehr hohe Übereinstimmung.

Für die statischen (einseitiger Kerb; LCF, HCF, VHCF-I) und dynamischen FE-Berechnungen (beidseitiger Kerb; VHCF-II) wurden der Kerbradius und -tiefe zwischen 15 und 25 mm bzw. 0,15 und 0,40 mm variiert. Der beiseitige Kerb ist für Ultraschall-Ermüdungsversuche wichtig, da ein unsymmetrischer Querschnitt hier zu Entstehung ungewollter Eigenschwingungen und -moden führen kann. Die Kerbzahl α_k bestimmt sich aus dem Verhältnis der maximalen Kerbspannung (Normalspannung) zur Nennspannung (geschwächter Querschnitt, Nettoquerschnitt). Die FE-Ergebnisse sind in Abbildung 4.15 gezeigt. Für die statische Berechnung nimmt die Kerbformzahl linear mit der Kerbtiefe zu (s. Abbildung 4.15a). Die ausgewählten Kerbgeometrien sind als leere Symbole dargestellt und wurde zunächst zu R = 25 mm und t = 0,2 mm gewählt.

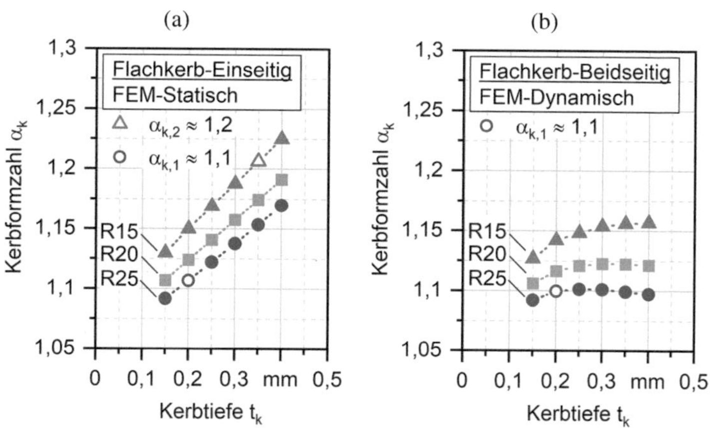

Abbildung 4.15 FE-Berechnung der Kerbbeanspruchung im Flachkerb: (a) Statische Berechnung für den einseitigen Flachkerb und (b) dynamische Berechnung für den beidseitigen Flachkerb

Aufgrund der hohen Kerbwirkung der Poren und entsprechender Rissinitiierung außerhalb des Flachkerbs wurde die Kerbformzahl von 1,1 auf 1,2 erhöht (R = 15 mm, t = 0,35 mm). Für die dynamische Berechung steigt die Kerbformzahl zunächst mit der Kerbtiefe, erreicht ein Plateau und sinkt dann wieder leicht ab. Dies ist auf den stärkeren Abfall des Nettoquerschnits zurückzuführen.

Die Kerbformzahl wurde auch hier zu 1,1 bestimmt (R = 25 mm, t = 0,2 mm). Aufgrund der Anrissproblematik von Poren wurde in der Mitte des Flachkerbs ein zusätzlicher rissähnlicher Defekt (2c = 200 μm, a = 200 μm) mittels Laserschneiden eingebracht. Die lasertechnische Bearbeitung erfolgte am Insititut für Photonik an der Ruhr-Universität Bochum mittels Femto-Laser der Fa. Sektra-Physics vom Typ Spitfire® ACE™ mit einer Wellenlänge von 795 nm bis 805 nm. Der Spotdurchmesser des Lasers betrug 10 μm. Die Leistung und Frequenz des gepulsten Lasers lag bei 380 mW und 5 kHz bei einer Pulslänge von 100 fs. Der Laserdefekt wurde mit einem Vorschub von 1 μm/s eingebracht. Um die gewünschte Risstiefe von 200 μm zu erreichen, waren 40 Laserüberfahrten je Defekt notwendig. Die Vermessung des Defekts wurde an den Bruchflächen im Rahmen der fraktographischen REM-Analysen durchgeführt und im Ergebnisteil näher erläutert.

Die Flachkerben wurden nach der Probenfertigung und deren Politur auf Rz $\leq$ 0,8 μm spanend mittels Fräsen eingebracht. Anschließend wurde die Probe im Schraubstock eingespannt und in definierten Schleif- und Polierstufen manuell durch oszillierende Bewegungen entlang der Probenachse feinstbearbeitet, bis die charakteristische dendritische Mikrostruktur inkl. des eutektischen Siliziums klar erkennbar war. Für ausgewählte Proben wurde dann der Laserdefekt eingebracht und der Flachkerb durch eine wiederholte Politur von Bearbeitungsrückständen gereinigt.

4.4.4 Post mortem Rissanalyse am Licht- und Rasterelektronenmikroskop

Die Ausrichtung der Probe im CT wurde über einen Markierungsstift (wasser- und ethanolfest) eingezeichnet, um eine Zuordnung zwischen *pre mortem* CT-Defekt-analysen und *post mortem* REM-Defektanalysen nach der Ermüdungsprüfung (*post mortem*) zu ermöglichen.

Die fraktographische Charakterisierung erfolgte am Lichtmikroskop (LM) der Fa. Zeiss vom Typ Axio Imager.M1m und am Rasterelektronenmikroskop (REM) der Fa. Tescan vom Typ MIRA3 XMU mit Feldemissionskathode. Dies beinhaltete die Defektanalyse, d. h. die Identifikation der bruchauslösenden Defekte, und die Schadensanalyse, d. h. die Identifikation der lastspielabhängigen Schädigungsmechanismen (z. B. inter- oder transkristalliner Rissfortschritt, Gewaltbruch). Hierzu wurden die von der Probe emittierten Sekundärelektronen und Rückstreuelektronen genutzt. Die Beschleunigungsspannung und der Arbeitsabstand im REM wurden zu 10 kV und 15 mm gewählt.

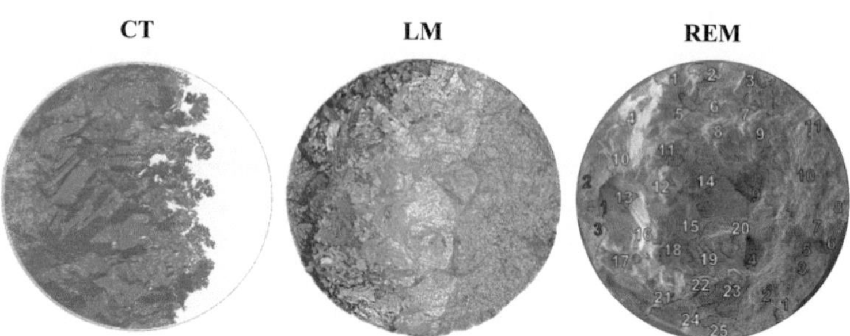

Abbildung 4.16 Korrelative Rissanalyse mittels CT, LM und REM am Beispiel einer gebrochenen VHCF-Probe

In ausgewählten Untersuchungen wurde die Elementzusammensetzung anhand der charakteristischen Röntgenstrahlung mittels energiedispersiver Röntgenspektroskopie (EDX) von einem System der Fa. EDAX vom Typ Octane Pro SDD analysiert. Die Beschleunigungsspannung und der Arbeitsabstand für die EDX-Analyse wurden zu 10 kV und 20 mm gewählt. Es wurden Punktanalysen als auch EDX-Mappings durchgeführt.

Die Vorteile der korrelativen Defektanalyse mittels CT, LM und REM werden in Abbildung 4.16 als auch in Abbildung 4.9 deutlich. Die CT-basierte Fraktographie vermittelt einen plastischen Eindruck der Bruchfläche und ermöglichte die Betrachtung beliebiger Schnittebenen ohne aufwändige Probenpräparation.

Die fraktrographischen Aufnahmen am Lichtmikroskop erlaubten die Einteilung der Bruchflächen in Anrissbereich (links: dunkelgrau), Ermüdungsbereich (Mitte: schimmernd hellgrau), Rastlinien (zwischen Anriss- und Ermüdungsbereich: schwarz) und Gewaltbruch (rechts: matt hellgrau). Im REM konnten letztlich die bruchauslösenden Defekte (rote Nummern), die zyklischen Schädigungsmechanismen (u. a. inter- oder transkristalliner Rissfortschritt), die Wechselwirkung der Rissfront mit inneren Defekten (weiße Nummern) und die statischen Schädigungsmechanismen (z. B. duktiler wabenbruchartiger Gewaltbruch) identifiziert werden.

Ergebnisse und Diskussion 5

Das Verformungsverhalten und besonders das Plastizitätsverhalten ist unter Ermüdungsbeanspruchung von besonderer Bedeutung für das Rissbildungs- und fortschrittsverhalten. In den Abschnitten 5.1 und 5.2 wurden der Einfluss der Mikrostruktur und Defekte auf das quasi-statische und zyklische Spannungs-Dehnungs-Verhalten charakterisiert. Das Ermüdungsverhalten bei hohen (HCF) und sehr hohen Lastspielzahlen (VHCF) wurde in den Abschnitten 5.3 und 5.4 ermittelt und mit der zustandsspezifischen Mikrostruktur und bruchauslösenden Defektgröße korreliert. Hierbei wurde evaluiert, ob das Murakami-Noguchi-Modell die Ermüdungsfestigkeit im HCF- und VHCF-Bereich zuverlässig abschätzen kann, indem die Wöhler-Diagramme auf die abgeschätzten Ermüdungsfestigkeiten nach dem Murakami-Noguchi-Modell bezogen wurden. Der Frequenzeinfluss wurde auf Basis der Ermüdungsversuche bei 70 Hz, 1 kHz und 20 kHz qualitativ und quantitativ bewertet. Eine detaillierte Separierung der Ermüdungslebensdauer in Rissbildung sowie Kurz- und Langrissfortschritt erfolgte auf Basis der messtechnisch instrumentierten Ermüdungsversuche in Abschnitt 5.5. Die bruchmechanische Beschreibung der quantitativen Zusammenhänge soll schließlich zur Vorhersage der Wöhler-Kurve und der Ermüdungsfestigkeit im HCF- und VHCF-Bereich anhand des Shiozawa-Modells und des Kitagawa-Takahashi-Diagramms mit El Haddad-Modell im Sinne einer defekt- und mikrostrukturbasierten Charakterisierungsstrategie erfolgen.

Inhalte dieses Kapitels basieren zum Teil auf Vorveröffentlichungen [190,182] und auf den studentischen Arbeiten [217,246,244,247,252].

5.1   Quasi-statisches Verformungsverhalten

Anhand von Zugversuchen wurde das quasi-statische Verformungsverhalten charakterisiert und der Einfluss der HIP-Behandlung (Defekte), der Erstarrungsrate (DAS), des Gießverfahrens (Si-Partikel) und der Wärmebehandlung (Aushärtung, Si-Partikel) untersucht.

5.1.1   Einfluss der HIP-Behandlung

Der Einfluss der HIP-Behandlung wurde anhand der Kokillenabgüsse K1 (mit HIP) sowie K1P1 und K1P2 (ohne HIP) charakterisiert, die primär unterschiedliche Defektzustände aufwiesen. In Abbildung 5.1a sind die Spannungs-Dehnungs-Kurven von ausgewählten, repräsentativen Versuchen gegenübergestellt. Für jeden Zugversuch wurde der E-Modul E, die 0,02 %- und 0,2 %-Dehngrenzen $R_{p0,02}$ und $R_{p0,2}$, Zugfestigkeit R_m und Bruchdehnung A_t – als Maß für die Duktilität – ermittelt. Die mechanischen Eigenschaften wurden anhand von mind. drei Zugversuchen ermittelt (s. Tabelle 5.1) und ausgewählte Kennwerte in Abbildung 5.1b gegenübergestellt.

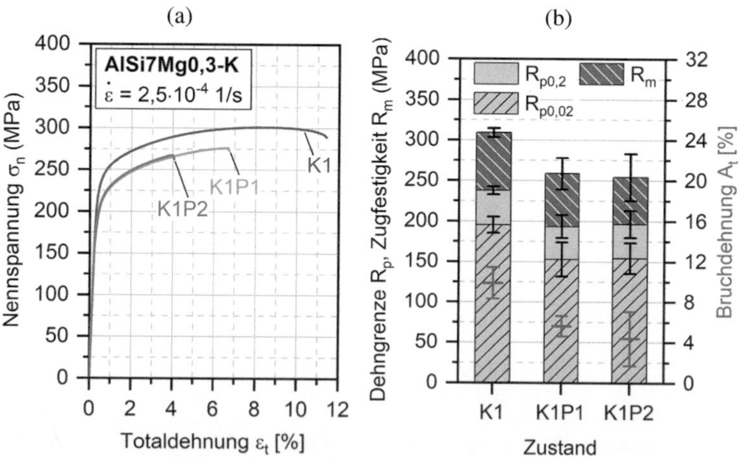

Abbildung 5.1 (a) Quasi-statische Spannungs-Dehnungs-Kurven und (b) mechanische Eigenschaften der Kokillengusszustände K1, K1P1 und K1P2

Tabelle 5.1 Quasi-statische mechanische Kennwerte der Kokillengusszustände

Zustand	E [GPa]	$R_{p0,02}$ [MPa]	$R_{p0,2}$ [MPa]	R_m [MPa]	A_t [%]
K1	$71,6 \pm 2,3$	195 ± 10	238 ± 5	309 ± 6	$9,9 \pm 1,6$
K1P1	$70,7 \pm 2,3$	153 ± 21	194 ± 14	259 ± 20	$5,6 \pm 1,0$
K1P2	$70,6 \pm 1,1$	154 ± 19	196 ± 17	254 ± 29	$4,4 \pm 2,7$
DIN 1706: T6	–	–	$\geq 147\ (210)$	$\geq 203\ (290)$	$\geq 2\ (4)$

Die Kokillengusszustände K1P1 und K1P2 wiesen vergleichbare Festigkeits- und Duktitätskennwerte hinsichtlich Dehngrenze und Zugfestigkeit sowie Bruchdehnung auf. Im Vergleich zum nachverdichteten Zustand K1 waren die Dehngrenzen und Zugfestigkeiten um jeweils 40 bis 50 MPa gesenkt (ca. $-20\ \%$) bei näherungsweise halbierter Bruchdehnung. In Tabelle 5.1 sind zusätzlich die Mindestwerte für die mechanischen Eigenschaften nach DIN EN 1706 [17] für aus dem Gussstück entnommene Probestäbe aufgeführt, die bezüglich der Dehngrenze und Zugfestigkeit nicht unter 70 % bzw. für die Bruchdehnung nicht unter 50 % der in der Norm festgelegten Werte für die Kokillengusslegierung (angegeben in Klammern) liegen dürfen. Die Mindestwerte wurden für alle Kokillengusszustände eingehalten. Der E-Modul war für alle Zustände mit 70,6 bis 71,6 GPa vergleichbar.

Die HIP-Behandlung führte somit zu einer deutlichen Reduktion der quasi-statischen Festigkeits- und Duktilitätskennwerte bei vergleichbaren E-Modulen, während keine signifikanten Festigkeits- und Duktilitätsunterschiede zwischen den porenbehafteten Zuständen K1P1 und K1P2 nachgewiesen werden konnten. Aus den CT-basierten Defektanalysen war bekannt, dass der Zustand K1P1 im Vergleich zu K1P2 eine deutlich erhöhte Anzahl an großvolumigen Poren aufweist bei vergleichbarer mittlerer und maximaler Defektgröße a_i. Daher sollten die letzteren Defektkennwerte verantwortlich für die Festigkeits- und Duktilitätsreduktion sein. Zur Überprüfung dieser Hypothese wurden fraktographische Untersuchungen mittels REM an ausgewählten Zugproben aller Zustände durchgeführt. Die Aufnahmen sind in Abbildung 5.2 gezeigt.

Die Gewaltbruchflächen wiesen eine stark zerklüftete Topographie auf (s. Abbildung 5.2a), das durch ein normalspannungsinduziertes Versagen dominiert war. Je nach Zustand und Porositätszustand konnten ein oder mehrere Poren oder Defekte als bruchauslösend identifiziert werden (s. Abbildung 5.2b + c). Bei näherer Betrachtung der Bruchflächen wurde eine wabenbruchartige Bruchfläche sichtbar, die unmittelbar von den bruchauslösenden Defekten ausging

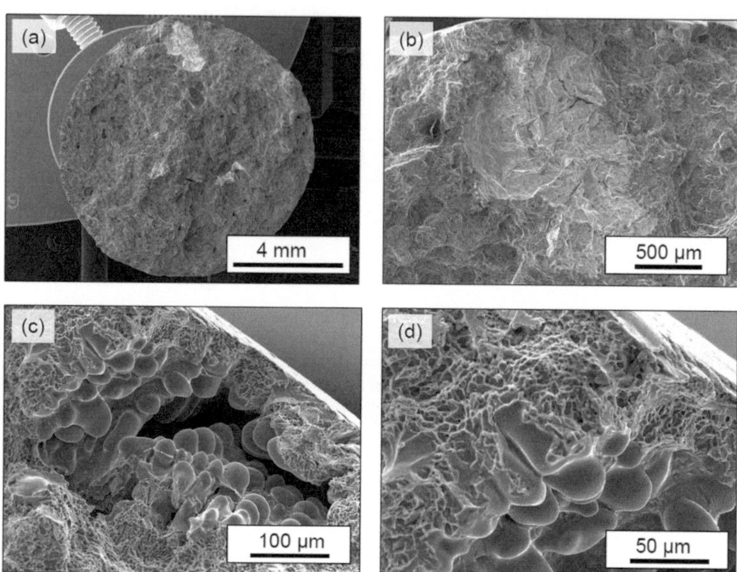

Abbildung 5.2 Charakteristische Gewaltbruchflächen der Kokillengusszustände: (a) Übersichtsaufnahme, (b) Detailaufnahme von bruchauslösendem Defekt und (c) Pore sowie (d) wabenbruchartiger Versagensmechanismus

(s. Abbildung 5.2d). Eine solche Wabenbruchstruktur ist typisch für veredelte AlSi7Mg-Gusslegierungen und ist nach Warmuzek [7] auf das spröde, transkristalline Versagen der eutektischen Si-Partikel und lokal starker Einschnürung infolge hoher plastischer Verformung des α-Al-Mischkristalls (duktiles Versagen) zurückzuführen.

Der Gewaltbruch wurde von oberflächennahen sowie innenliegenden Defekten (u. a. Poren) ausgelöst. Die bruchauslösenden Defektgrößen lagen für alle fraktographisch untersuchten Zugproben im Bereich der größten Defekte (vgl. Abbildung 3.10 zur CT-Porosität) oder sogar oberhalb der mittels CT ermittelten Defektgrößen, wie es für den Ausreißer in Abbildung 5.2a + b der Fall ist. Dieser Ausreißer bestätigte zusätzlich, dass nicht die mittlere Defektgröße oder das mittlere Defektvolumen maßgeblich für die quasi-statischen mechanischen Eigenschaften sind (vgl. [162]), sondern die maximale Defektgröße $a_{i,max}$. Im Folgenden sind die erreichten Festigkeits- und Duktilitätskennwerte über die maximale bruchauslösende Defektgröße in Abbildung 5.3 für die verschiedenen Zustände aufgetragen.

Abbildung 5.3
Korrelation der Dehngrenze, Zugfestigkeit und Bruchdehnung mit der der maximalen bruchauslösenden Defektgröße

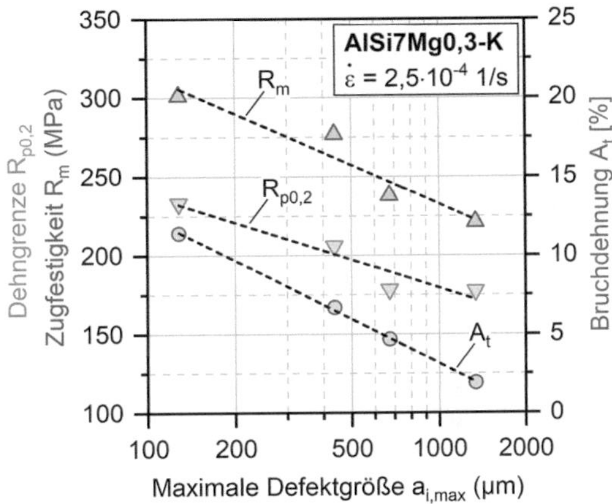

Die mechanischen Eigenschaften und die Defektgrößen lassen sich am besten bei halblogarithmischer Darstellung korrelieren. Vergleichbare halblogarithmische Korrelationen konnte Kohla et al. [162] für mittels Gegendruck-Gießverfahren hergestellte AlSi7Mg0,3-Legierungen zwischen den mechanischen Eigenschaften im Zugversuch und dem mittels CT-bestimmten mittleren Porenvolumen feststellen. Der mathematische Zusammenhang zwischen den mechanischen Eigenschaften und der Defektgröße kann wie folgt beschrieben werden:

$$y = a + b \cdot \log(x) \qquad (5.1)$$

Die Koeffizienten der Zusammenhänge sind in Tabelle 5.2 inkl. des Bestimmtheitsmaßes r^2 aufgeführt. Da die Korrelation von Ermüdungsfestigkeiten mit Defektgrößen oftmals mittels Potenzgesetz der Form

$$y = a \cdot x^b \qquad (5.2)$$

erfolgt, wurden zusätzlich die entsprechenden Koeffizienten inkl. des Bestimmtheitsmaßes ermittelt. Bei Vergleich der Bestimmtheitsmaße wird deutlich, dass Gl. 5.1 für alle Kenngrößen die bessere mathematische Beschreibung der Zusammenhänge als Gl. 5.2 ermöglicht und der Unterschied besonders deutlich für die Bruchdehnung ausfällt.

Tabelle 5.2 Korrelationskoeffizienten für Gl. 5.1 und Gl. 5.2 zwischen den mechanischen Eigenschaften und der maximalen Defektgröße

Kennwert	Gl. **5.1**			Gl. **5.2**		
	a	b	r^2	a	b	r^2
$R_{p0,2}$[MPa]	357,3	−59,3	0,913	430,2	−0,126	0,905
R_m[MPa]	478,3	−81,8	0,920	596,6	−0,136	0,910
A_t[%]	0,312	−0,094	0,999	4,56	−0,729	0,913

Die Beschreibung der Festigkeit-Defekt-Zusammenhänge mittels Gl. 5.1 ermöglicht somit eine quantitative Abschätzung des Defekteinflusses auf die quasi-statische Festigkeit und Duktilität der Kokillengusszustände. Eine Reduktion der maximalen Porengrößen von 200 auf 100 µm hat somit eine Steigerung der Dehngrenze um 8,1 %, Zugfestigkeit um 8,5 % und Bruchdehnung um 29,1 % zur Folge. Der Einfluss einer Änderung der Defektgröße auf die mechanischen Eigenschaften ist dabei von der Referenzdefektgröße abhängig und ist für unterschiedliche Referenzzustände in Abbildung 5.4 berechnet und dargestellt worden. Der Einfluss der Defektgröße wirkt sich besonders deutlich auf die Duktilität bzw. Bruchdehnung aus. Der Einfluss auf die Dehngrenze oder Zugfestigkeit ist vergleichbar. Die Diagramme bieten die Möglichkeit bei gegebener Defektgröße in Gusswerkstoffen oder -bauteilen das Potential einer Prozessoptimierung abzuschätzen oder Zielgrößen hinsichtlich maximaler Defektgrößen im Werkstoff oder Bauteilen festzulegen, um beispielsweise die Mindestanforderungen der Norm oder des Kunden einhalten zu können. Hinsichtlich der Anforderungen nach der DIN 1706 [17] für aus dem Gussstück entnommene Probestäbe lassen sich anhand der Mindestwerte für 0,2 %-Dehngrenze, Zugfestigkeit und Bruchdehnung die maximal zulässigen Defektgrößen von 3.519 µm (147 MPa), 2.320 µm (203 MPa) und 1.327 µm (2 %) ableiten. Folglich darf eine Defektgröße von 1.327 µm nicht überschritten werden, um alle mechanischen Eigenschaften einzuhalten.

Für Probestäbe, die nicht aus dem Gussstück entnommen sind, gelten nach DIN EN 1706 [17] strengere Mindestwerte für die 0,2 %-Dehngrenze und Zugfestigkeit mit 210 MPa bzw. 290 MPa sowie die Bruchdehnung mit 4 %. In diesem Fall ergäben sich maximal zulässige Defektgrößen von 305 µm (210 MPa), 200 µm (290 MPa) und 811 µm (4 %), sodass Defektgrößen von 200 µm nicht überschritten werden dürfen, um alle mechanischen Eigenschaften einzuhalten. Mit Blick auf eine eigenschaftsorientierte Herstellung von AlSi7Mg0,3-Kokillengussbauteilen ist für eine Erhöhung der Zugfestigkeit von

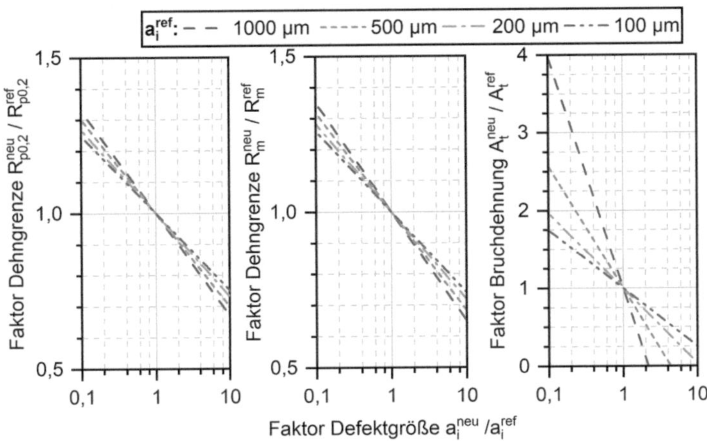

Abbildung 5.4 Einfluss der relativen Änderung der Defektgröße auf die mechanischen Eigenschaften der Kokillengusszustände für unterschiedliche Referenzdefektgrößen

203 auf 290 MPa (+43 %) eine Reduktion der maximalen Defektgröße von 2320 auf 200 µm (−91 %, Faktor 12) notwendig. Zur Verbesserung der Bruchdehnung von 2 % auf 4 % (+100 %) ist eine Minderung der maximalen Defektgröße von 1327 auf 811 µm (−39 %, Faktor 1,6) erforderlich. Das bedeutet, dass hohe mechanische Festigkeiten ein hohes technologisches Knowhow erfordern, während eine ausreichende Duktilität bereits bei mittleren bis hohen Defektgrößen erreicht wird.

5.1.2   Einfluss der Erstarrungsrate

Der Einfluss der Erstarrungsrate wurde anhand der nachverdichteten Sandabgüsse (S1 bis S4) charakterisiert, deren DAS erstarrungsbedingt zwischen 39 µm (S1) und 97 µm (S4) variierte. Eine HIP-Behandlung wurde gewählt, da sich nach Abbildung 5.4 im Bereich kleiner Defektgrößen der Einfluss unterschiedlicher Defektgrößen weniger stark auf die mechanischen Eigenschaften auswirkte. Dies ist wichtig, da die Defektgrößen signifikant von der Erstarrungsrate abhängt und damit indirekt mit dem DAS korreliert (vgl. [154]).

In Abbildung 5.5a sind Spannungs-Dehnungs-Kurven von ausgewählten, repräsentativen Versuchen gegenübergestellt. Die mechanischen Eigenschaften sind in Tabelle 5.3 aufgeführt und ausgewählte Kennwerte in Abbildung 5.5b dargestellt. Die Sandgusszustände S1 bis S4 wiesen vergleichbare Dehngrenzen $R_{p0,02}$ und $R_{p0,2}$ von 177 MPa bzw. 224 MPa unabhängig vom DAS auf. Hinsichtlich Zugfestigkeiten und Bruchdehnungen ergaben sich für die Zustände S2 bis S4 ebenfalls vergleichbare Kennwerte mit 255 MPa und 1,8 %, die somit unabhängig von den jeweiligen DAS für S2 (67 μm) bis S4 (97 μm) sind. Lediglich der Zustand S1 zeigte eine signifikant erhöhte Zugfestigkeit und Bruchdehnung mit 279 MPa und 3,5 %, was eine Steigerung von 9 % für die Zugfestigkeit und 94 % für die Bruchdehnung bedeutete. Dies konnte auf die unzureichende Veredelung der eutektischen Si-Partikel in den Zuständen S2 bis S4 (DAS > 67 μm) zurückgeführt werden, die nach Ostermann [2] typischerweise bei grobzelligen Gussgefüge mit DAS größer 50 μm auftreten.

In Tabelle 5.1 sind zusätzlich die Mindestwerte für die mechanischen Eigenschaften nach DIN 1706 [17] für aus dem Gussstück entnommene Probestäbe aufgeführt, die bezüglich der Dehngrenze und Zugfestigkeit nicht unter 70 % bzw. für die Bruchdehnung nicht unter 50 % der in der Norm festgelegten Werte für die Sandgusslegierung (angegeben in Klammern) liegen dürfen. Die Mindestwerte wurden für alle Sandgusszustände eingehalten. Der E-Modul war für alle Zustände mit 72,9 bis 75,7 GPa vergleichbar.

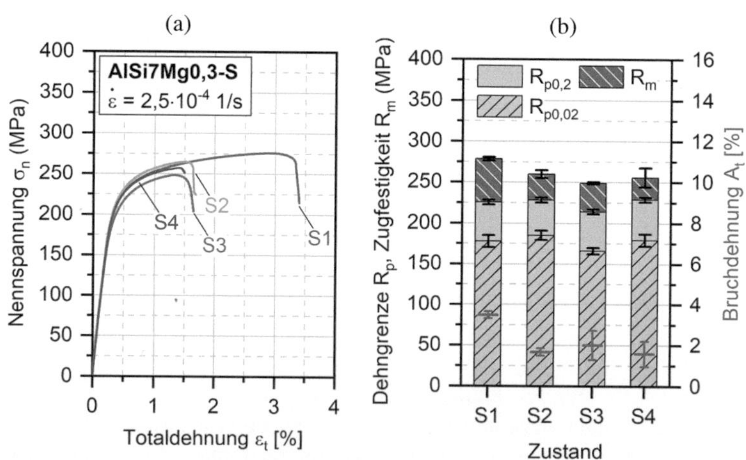

Abbildung 5.5 (a) Quasi-statische Spannungs-Dehnungs-Kurven und (b) mechanische Eigenschaften der Sandgusszustände S1, S2, S3 und S4

Tabelle 5.3 Quasi-statische mechanische Kennwerte der Sandgusszustände

Zustand	E [GPa]	$R_{p0,02}$ [MPa]	$R_{p0,2}$ [MPa]	R_m [MPa]	A_t [%]
S1	$75,7 \pm 1,0$	178 ± 7	225 ± 3	279 ± 2	$3,5 \pm 0,2$
S2	$72,9 \pm 3,1$	185 ± 6	228 ± 3	260 ± 5	$1,7 \pm 0,2$
S3	$75,1 \pm 0,5$	166 ± 4	214 ± 3	249 ± 1	$2,0 \pm 0,7$
S4	$75,2 \pm 0,4$	179 ± 7	229 ± 3	256 ± 12	$1,6 \pm 0,6$
DIN 1706: T6	–	–	*≥ 133 (190)*	*≥ 161 (230)*	*≥ 1 (2)*

Anhand von fraktograpischen Untersuchungen im REM wurden für die Sandgusszustände die bruchauslösenden Defekte und der Versagensmechanismus ermittelt. Ausgewählte Bruchflächen inklusive EDX-Analyse sind in Abbildung 5.6 für die Zustände S1 und S2 gezeigt.

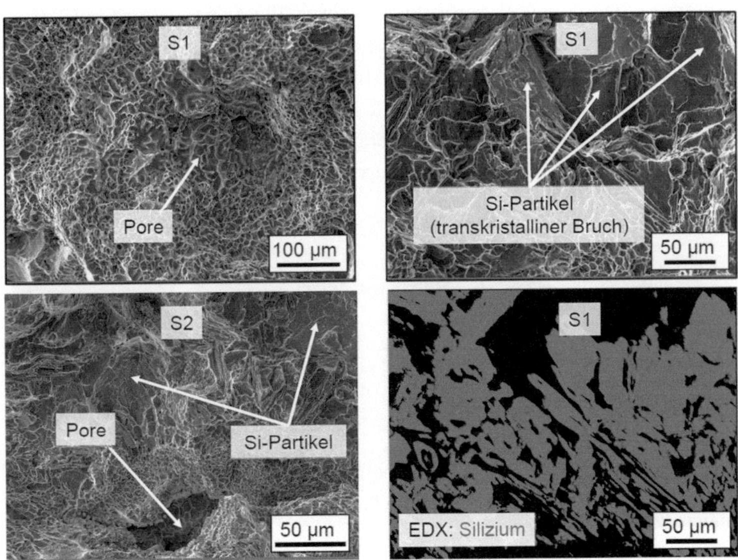

Abbildung 5.6 Charakteristische Gewaltbruchflächen der Sandgusszustände: Detailaufnahme von bruchauslösende (links) Poren und (rechts) Si-Partikel sowie (d) EDX-Mapping von Si-Partikeln

Vergleichbar zu den Kokillengusszuständen kam es in den Sandgusszuständen zum Anriss an Defekten vorzugsweise Poren (s. Abbildung 5.6a + c). Neben Poren wirkten in den Sandgusszuständen allerdings auch großflächige Si-Partikel als Anrissort (s. Abbildung 5.6b–d). Die Si-Partikel erreichten vergleichbare Größenordnungen wie die identifizierten Poren. Die räumliche Verteilung und Vernetzung der Si-Partikel wurde mittels EDX-Mapping sichtbar gemacht. Es zeigte sich, dass es sich bei dem bruchauslösenden eutektischen Silizium um eine Ansammlung von einzelnen großen und fein verteilten kleineren Si-Partikeln handelt, vergleichbar zu den festgestellten inhomogen veredelten Bereichen bei der Mikrostrukturanalyse am Ausgangszustand im Abschnitt 3.2 (vgl. Abbildung 3.6a–c).

Die Sandgusszustände zeigten ähnlich wie die Kokillengusszustände ein wabenbruchartiges Versagen an den Si-Partikeln beim Gewaltbruch. Die Ausprägung der Wabenstruktur war in den Sandgusszuständen deutlich gröber und wurde anhand von ausgewählten repräsentativen Kokillen- und Sandgusszuständen in Abbildung 5.7 verglichen. Während sich im Kokillengusszustand fein verteilte, sphärische Waben bilden, wiesen die Sandgusszustände grob verteilte, spratzige Waben auf. Dies korreliert gut mit den Mikrostrukturanalysen des eutektischen Siliziums, bei denen für die Sandgusszustände eine deutlich erhöhte Häufigkeit an großflächigen und spratzigen Si-Partikeln festgestellt werden konnte (vgl. Tabelle 3.4). Eine detaillierte Bewertung des Einflusses vom Gießverfahren soll nachfolgend detailliert analysiert und bewertet werden.

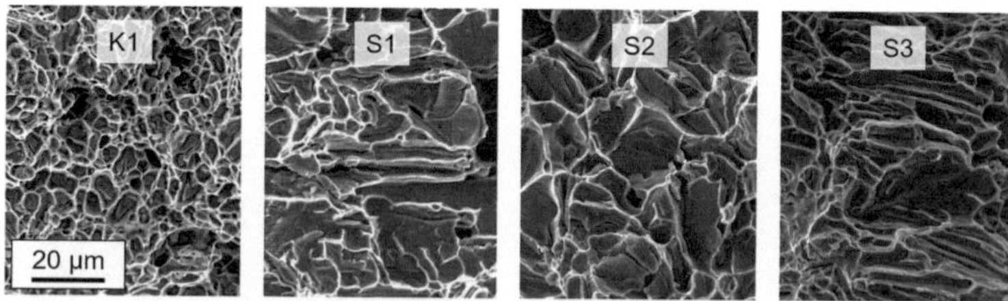

Abbildung 5.7 Wabenbruchartiges Versagen beim Gewaltbruch in ausgewählten Kokillen- und Sandgusszuständen

5.1.3 Einfluss des Gießverfahrens

Der Einfluss des Gießverfahrens wurde anhand der Kokillen- und Sandgusszustände K1 und S1 genauer bewertet, da beide eine vergleichbare Korngröße, DAS und Härte besitzen. Die QSD-Kurven sind in Abbildung 5.8a dargestellt sowie ausgewählte mechanische Eigenschaften in Abbildung 5.8b gegenübergestellt.

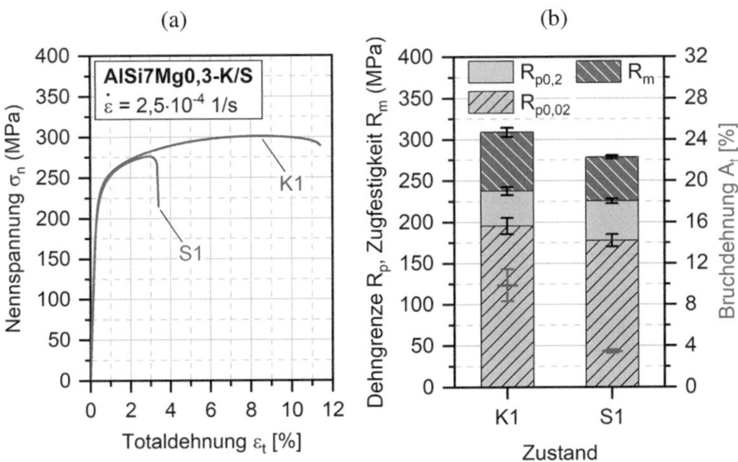

Abbildung 5.8 (a) Quasi-statische Spannungs-Dehnungs-Kurven und (b) mechanische Eigenschaften der Kokillen- und Sandgusszustände K1 und S1

Die mechanischen Kennwerte sind zudem in Tabelle 5.4 gegenübergestellt inkl. der Mindestwerte für die mechanischen Eigenschaften nach DIN 1706 [17]. Beide Zustände wiesen vergleichbare Dehngrenzen auf (+5 % für K1). Die Zugfestigkeit und Bruchdehnung von S1 waren mit −10 % und −65 % deutlich reduziert. Ein Abfall der mechanischen Eigenschaften von Sandgusslegierungen im Vergleich zu Kokillengusslegierungen war bereits bekannt und entsprechend der DIN 1706 berücksichtigt [17]. Bei gleichem Aushärtungszustand T6 wird hier von einem gießverfahrensbedingten Abfall der Dehngrenze um 10 %, Zugfestigkeit um 20 % und Bruchdehnung um 50 % ausgegangen. Die festgestellten Unterschiede lagen somit im genormten Bereich. Ursachen sind in der Norm nicht näher erläutert.

Tabelle 5.4 Quasi-statische mechanische Kennwerte der Kokillen- und Sandgusszustände mit vergleichbarer Korngröße und DAS

Zustand	E [GPa]	$R_{p0,02}$ [MPa]	$R_{p0,2}$ [MPa]	R_m [MPa]	A_t [%]
K1	$71,6 \pm 2,3$	195 ± 10	238 ± 5	309 ± 6	$9,9 \pm 1,6$
S1	$75,7 \pm 1,0$	178 ± 7	225 ± 3	279 ± 2	$3,5 \pm 0,2$
DIN 1706: K-T6	–	–	$\geq 147\,(210)$	$\geq 203\,(290)$	$\geq 2\,(4)$
DIN 1706: S-T6	–	–	$\geq 133\,(190)$	$\geq 161\,(230)$	$\geq 1\,(2)$

Um den Einfluss der großflächen Si-Partikel auf die mechanischen Eigenschaften zu quantifizieren, wurde Abbildung 5.3 um die mechanischen Eigenschaften und bruchauslösenden Defekte der Sandgusszustände in Abbildung 5.9 erweitert.

Abbildung 5.9 Korrelation der Dehngrenze, Zugfestigkeit und Bruchdehnung mit der max. bruchauslösenden Defektgröße der verschiedenen Kokillen- und Sandgusszustände

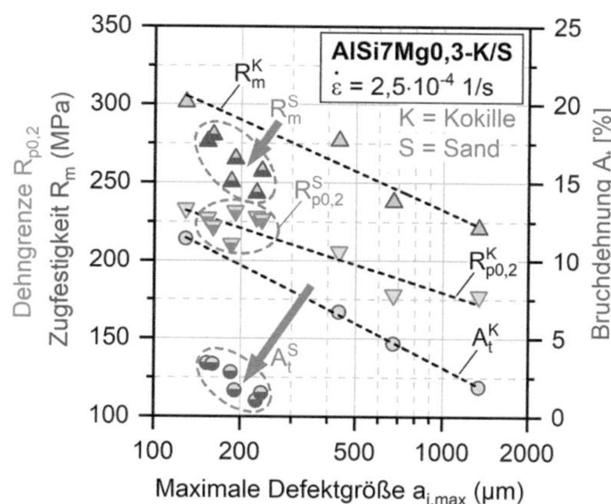

Es zeigte sich, dass die inhomogene Veredelung des eutektischen Siliziums die Zugfestigkeit und Bruchdehnung beeinflussen, aber keinen signifikanten Einfluss auf die Dehngrenze $R_{p0,2}$ hat. Die Zugfestigkeit war bei vergleichbarer Defektgröße um 10 % bis 15 % reduziert. Die Bruchdehnung wurde mit einem Abfall der Kennwerte von 70 % bis 85 % deutlich stärker beeinflusst. Das bedeutet, dass eine inhomogene Veredelung des eutektischen Siliziums besonders die Duktilität des Werkstoffs beeinflusst und eine geringere aber signifikante Wirkung auf die Zugfestigkeit hat.

5.1.4   Einfluss der Wärmebehandlung

Einfluss der Lösungsglühung
Für die nachverdichteten Kokillengusszustände wurde zudem der Einfluss der Lösungsglühtemperatur untersucht. Der entsprechende Kokillengusszustand K1L (L = Lösungsglühung) wurde einer Lösungsglühung von 530 °C für 1 h unterzogen (Standard: 545 °C für 1 h). Die reduzierte Temperatur führte zu einer reduzierten Einformung und Vergröberung der Si-Partikel, wodurch eine vergleichbare Größenverteilung zu den Zuständen K1P1 und K1P2 erreicht wurde. Die reduzierte Lösungsglühtemperatur hatte außerdem eine leichte Reduktion in der Härte von 4 HV10 auf 103 HV10 zur Folge (-4 %). Die Defektgrößenverteilung konnte als vergleichbar eingestuft werden. In Abbildung 5.10a sind die QSD-Kurven von K1 mit K1L verglichen. Ausgewählte mechanische Eigenschaften sind in Abbildung 5.10b im Vergleich zu K1 dargestellt und in Tabelle 5.5 inkl. Normwerten aufgeführt. Da nur eine K1L-Probe für die QSD-Untersuchungen zur Verfügung stand, konnte keine Standardabweichung ermittelt werden.

Tabelle 5.5 Quasi-statische mechanische Kennwerte der Kokillengusszustände K1 und K1L mit reduzierter Lösungsglühtemperatur

Zustand	E [GPa]	$R_{p0,02}$ [MPa]	$R_{p0,2}$ [MPa]	R_m [MPa]	A_t [%]
K1	$71,6 \pm 2,3$	195 ± 10	238 ± 5	309 ± 6	$9,9 \pm 1,6$
K1L	72,3	185	221	303	10,9
DIN 1706: T6	–	–	*≥ 147 (210)*	*≥ 203 (290)*	*≥ 2 (4)*

K1L wies eine vergleichbare Zugfestigkeit und Bruchdehnung auf, während die Dehngrenze signifikant um ca. 6 % reduziert war. Der Dehngrenzenunterschied lag damit auf Niveau des Härteunterschieds beider Zustände. Der Vergleich der Zustände K1 und K1L wird also Aufschluss darüber geben, wie stark die quasi-statische Dehngrenze bzw. die Härte das Ermüdungs- und Schädigungsverhalten beeinflussen.

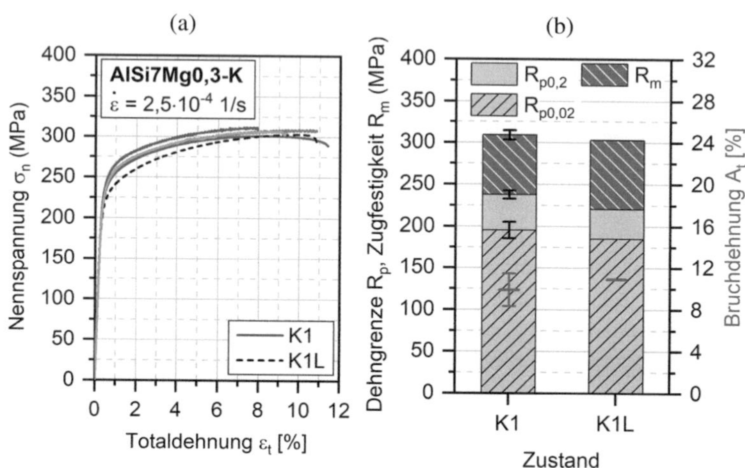

Abbildung 5.10 (a) Quasi-statische Spannungs-Dehnungs-Kurven und (b) mechanische Eigenschaften der Kokillengusszustände K1 und K1L

Einfluss der Warmauslagerung

Der Einfluss des Aushärtungszustands wurde für den nachverdichteten Sandgusszustand S3 untersucht. Die Aushärtung mittels Warmauslagerung bei 160 °C wurde auf 2 h gekürzt (Standard: 160 °C für 5 h), sodass keine vollständige Aushärtung (T64) erreicht wird. Der T64-Sandgusszustand wird als S3A (A = Aushärtung) bezeichnet. Dieser wies im Vergleich zum T6-Sandgusszustand S3 eine vergleichbare Korngröße, DAS und eutektische Si-Partikelgröße/-form bei reduzierter Härte auf. Während die Makrohärte lediglich um 8 % abfiel, zeigte die Mikrohärte, die im Dendriten und damit ohne maßgebliche Wechselwirkung mit den harten Si-Partikeln gemessen wurde, eine um 22 % reduzierte Aushärtung. Die Korrelation der Makro- und Mikrohärte mit den quasi-statischen und zyklischen Eigenschaften wird Aufschluss darüber geben, welcher Härtekennwert der entscheidene ist. Ausgewählte repräsentative QSD-Kurven und mechanische Eigenschaften der Zustände S3 und S3A sind in Abbildung 5.11a + b dargestellt sowie die zugehörigen Kennwerte in Tabelle 5.6 inklusive Normwerte für die T6- und T64-Sandgusslegierung aufgeführt. Der T64-Zustand S3A wies eine deutlich reduzierte Dehngrenze und Zugfestigkeit bei erhöhter Bruchdehnung auf. Die Dehngrenze und Zugfestigkeit von S3A war im Vergleich zu S3 um −12 % bzw. −5 % reduziert, während die Bruchdehnung um + 30 % gesteigert war.

Die ermittelten Veränderungen in den quasi-statischen Festigkeiten lagen somit auf dem Niveau der Makrohärteänderungen (HV10) zwischen den Zuständen. Die quasi-statischen Festigkeitseigenschaften ergeben sich also nicht allein aus dem Aushärtungszustand des α-Al-Mischkristalls, sondern aus dem Verbund von dendritischen α-Al und interdendritischen Al-Si-Eutektikum.

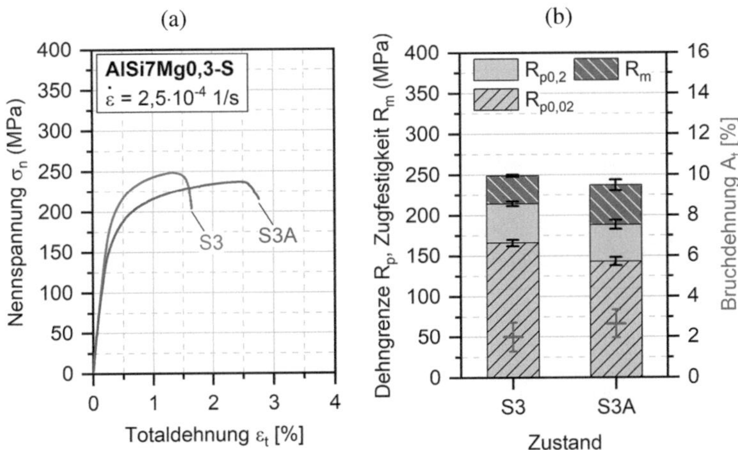

Abbildung 5.11 (a) Quasi-statische Spannungs-Dehnungs-Kurven und (b) mechanische Eigenschaften der Sandgusszustände S3 und S3A

Tabelle 5.6 Quasi-statische mechanische Kennwerte der Sandgusszustände S3 (T6) und S3A (T64)

Zustand	E [GPa]	$R_{p0,02}$ [MPa]	$R_{p0,2}$ [MPa]	R_m [MPa]	A_t [%]
S3 (T6)	75,1±0,5	166±4	214±3	249±1	2,0±0,7
S3A (T64)	73,9±1,7	143±5	188±6	237±7	2,6±0,7
DIN 1706: T6	–	–	*≥133 (190)*	*≥161 (230)*	*≥1 (2)*
DIN 1706: T64	–	–	*≥84 (120)*	*≥140 (200)*	*≥2 (4)*

Hinsichtlich Normwerte erfüllte der Zustand S3A die Anforderungen für die T64- als auch für T6-Sandgusslegierung für beide Probenentnahmearten (mit/ohne 30 %-Festigkeitsabschlag bei Probenentnahme aus Gussstück). Aufgrund der unterschiedlichen Änderungen von Dehngrenze und Zugfestigkeit von S3A im Vergleich zu S3 kann für diese Sandgusslegierungen evaluiert werden, ob die Dehngrenze oder Zugfestigkeit das Ermüdungs- und Schädigungsverhalten dominieren. Zusammen mit dem Untersuchungsprogramm zu den Zuständen K1 und K1L kann anschließend ein gemeinsames Fazit für Kokillen- und Sandgusslegierungen getroffen werden.

Struktur-Eigenschafts-Zusammenhänge
Das quasi-statische Verformungsverhalten zeigt eine besonders signifikante Abhängigkeit von der Defektgröße, dem DAS und dem Aushärtungszustand. Die grundlegenden Struktur-Eigenschafts-Zusammenhänge der untersuchten Kokillen- und Sandgusszuständen sind in Abbildung 5.12 gezeigt.

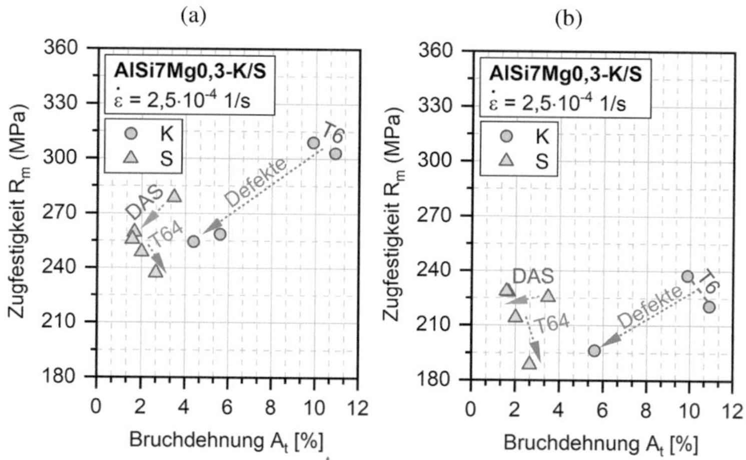

Abbildung 5.12 Struktur-Eigenschaft-Zusammenhang der untersuchten Kokillen- und Sandgusszustände in Abhängigkeit von Bruchdehnung und Zugfestigkeit

Eine erhöhte Defektgröße senkt die Zugfestigkeit, Dehngrenze und Bruchdehnung deutlich. Der Einfluss der Defekte auf die mechanischen Eigenschaften kann über einen halblogarithmischen Zusammenhang beschrieben werden. Je feiner die Mikrostruktur und damit der DAS, desto höher sind Zugfestigkeit und Bruchdehnung. Die Dehngrenze wird vom DAS nur geringfügig beeinflusst. Eine Verringerung der Aushärtung von T6 zu T64 reduziert Zugfestigkeit und Dehngrenze bei Erhöhung der Bruchdehnung. Der Aushärtungsgrad muss für ein ausgewogenes Verhältnis aus Festigkeit und Duktilität anwendungsspezifisch gewählt werden.

Insgesamt wiesen die Sandgusszustände trotz vergleichbarer Defekte ein deutlich verringertes Festigkeits- und Duktilitätsniveau als die untersuchten Kokillengusszustände auf. Dies konnte auf die inhomogene Veredelung und die lokalen großflächen eutektischen Si-Partikel zurückgeführt werden und muss bei der weiteren Betrachtung der Ermüdungseigenschaften berücksichtigt werden.

5.2 Zyklisches Verformungsverhalten

Das zyklische Verformungsverhalten wurde anhand von Incremental Step Tests (IST) charakterisiert. Hierbei wurden analog zu den quasi-statischen Zugversuchen der Einfluss der HIP-Behandlung (Defekte), der Erstarrungsrate (DAS), des Gießverfahrens (Si-Partikel) und der Wärmebehandlung (Aushärtung, Si-Partikel) untersucht.

Effiziente Charakterisierung mittels IST und IST+
Das zyklische Verformungsverhalten mittels IST und die Evaluierung des IST+ mit blockweiser Steigerung der maximalen Dehnungsamplitude erfolgte anhand der Kokillengusszustände K1 und K1L, die aufgrund unterschiedlicher Lösungsglühtemperaturen signifikante Unterschiede im ZSD-Verhalten aufwiesen. In Abbildung 5.13a + b sind die ZSD-Kurven für die IST-Blöcke 1, 2 und 5 als Spannungsamplitude über die Totaldehnungsamplitude (a) und plastische Dehnungsamplitude (b) aufgetragen.

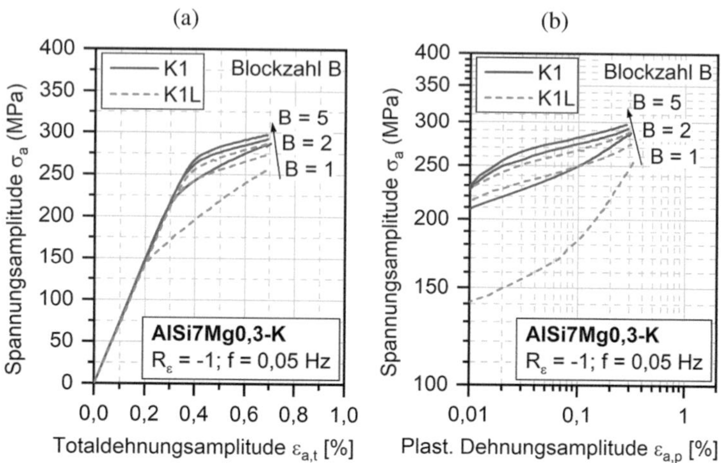

Abbildung 5.13 ZSD-Kurven im IST für die Blöcke 1, 2 und 5 von K1 und K1L über (a) die Totaldehnungsamplitude und (b) die plastische Dehnungsamplitude

Beide Zustände zeigten mit steigender Blockzahl B eine Erhöhung der Dehngrenze, was typisch für zyklisch verfestigende Werkstoffe ist. Die Dehngrenze war für den Zustand K1L im Vergleich zu K1 deutlich reduziert insb. bei zyklischer Erstbeanspruchung (B = 1), bei der der Unterschied bei + 24 % lag (272 MPa zu 219 MPa bei 0,2 % plastischer Dehnungsamplitude). Mit steigender Verfestigung wurde der Unterschied zwischen beiden Zuständen geringer, bis dieser im Block 5 auf + 4 % sank (291 MPa zu 280 MPa bei 0,2 % plastischer Dehnungsamplitude). Beide Zustände zeigten somit eine signifikante zyklische Verfestigung, die letztlich zu einem vergleichbaren gesättigten ZSD-Verhalten führt. Für alle untersuchten T6- und T64-Zustände der AlSi7Mg0,3-Legierung konnte unabhängig von Gießverfahren, HIP-Behandlung, Erstarrungsrate und Wärmebehandlung ein zyklisch verfestigendes Werkstoffverhalten festgestellt werden.

Für die ZSD-Kurven wurde anhand von Abbildung 5.13a der E-Modul E ermittelt. Zusätzlich wurden anhand von Abbildung 5.13b die zyklischen 0,02 %- und 0,2 %-Dehngrenzen $R'_{p0,02}$ und $R'_{p0,2}$ sowie der Verfestigungskoeffizient K' mit zugehörigen Verfestigungsexponent n' für das Potenzgesetz nach Morrow [43] (s. Gl. 2.7) bestimmt. Das zyklische Verfestigungsverhalten im IST konnte anhand der blockzahlabhängigen Entwicklung der Morrow-Kennwerte beurteilt werden und ist in Abbildung 5.14a + b gezeigt.

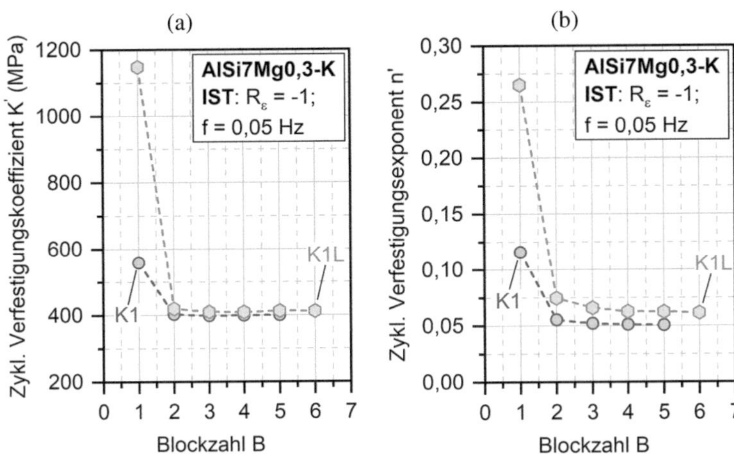

Abbildung 5.14 ZSD-Kurven im IST für K1 und K1L: Blockzahlabhängige Entwicklung des (a) Verfestigungskoeffizienten K' und (b) -exponenten n'

Der Verfestigungskoeffizient und -exponent wiesen eine asympotische Entwicklung auf und nahmen mit steigender Blockzahl einen Sättigungswert an. Der Sättigungswert für den Verfestigungskoeffizienten K' wurde für beide Zustände K1 und K1L bereits im zweiten Block erreicht. Das bedeutet, dass die zyklische Erstbelastungskurve keinen signifikanten Einfluss auf die benötigte Blockzahl zum Erreichen des Sättigungswerts hatte. Für den Verfestigungsexponenten n' wurde der Sättigungswert erst im Block 3 für K1 bzw. Block 4 für K1L erreicht. Nach Erreichen der Sättigungswerte konnte bis zum Probenversagen keine weitere Änderung der Morrow-Kennwerte festgestellt werden. Das bedeutet, dass drei bis vier IST-Blöcke notwendig waren, um den zyklischen Sättigungszustand zu erreichen und die gesättigte ZSD-Kurve ermitteln zu können.

Für den IST+ mit Dehnungssteigerung wurde analog das Verfestigungsverhalten anhand der Morrow-Kennwerte in Abbildung 5.15a + b bewertet. Der Verfestigungskoeffizient und -exponent näherten sich auch im IST+ einem Sättigungswert an. Der zyklische Sättigungszustand wurde dabei langsamer erreicht. Dies konnte auf die geringeren Beanspruchungen in den Blöcken 1 bis 3 von 0,4 bis 0,6 % im Vergleich zum IST mit einer konstanten maximalen Dehnungsamplitude je Block von 0,7 % zurückgeführt werden.

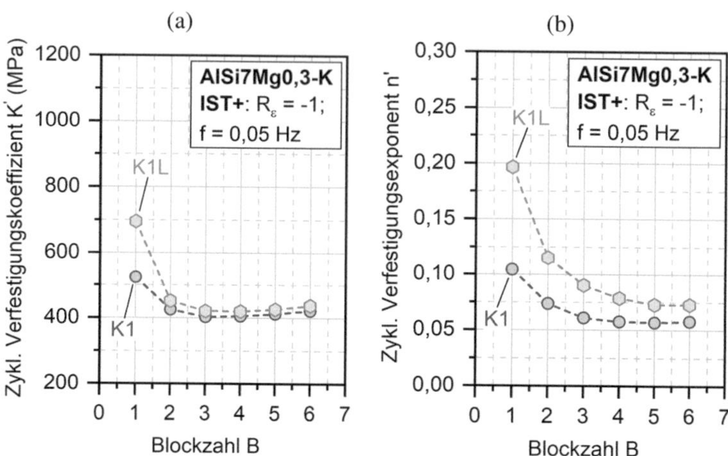

Abbildung 5.15　ZSD-Kurven im IST + für K1 und K1L: Blockzahlabhängige Entwicklung des (a) Verfestigungskoeffizienten K' und (b) -exponenten n'

Dadurch wird die induzierte plastische Verformungsarbeit deutlich reduziert, die zum Erreichen eines zyklischen Sättigungszustands im gesamten Prüfvolumen benötigt wird und aufgebracht werden muss. Entsprechend erreichte der Verfestigungskoeffizient erst im dritten Block die Sättigung (IST: B = 2) und der Verfestigungsexponent im vierten (K1) bzw. fünften (K1L) Block (IST: B = 3 bzw. 4). Der quantitative Vergleich der Morrow-Kennwerte von IST und IST+ im Sättigungszustand zeigt eine sehr gute Übereinstimmung. Zum Erreichen des Sättigungszustands wird also ein zusätzlicher Block benötigt, um die gesättigte ZSD-Kurve für die Zustände K1 und K1L ermitteln zu können.

Für die IST der Zustände K1 und K1L wurde zudem ein Mikrohärtemapping vom α-Al-Mischkristall (HV0,05) im Prüfbereich sowie im freien Bereich des Absatzes vom Einspannbereich durchgeführt. Für beide Zustände konnte infolge der zyklischen Beanspruchung und der damit einhergegangenen zyklischen Verfestigung ein signifikanter Härteanstieg von 19 % für K1 und 28 % für K1L festgestellt werden. Die Härte des α-Al stieg dabei von 100 HV0,05 für K1 und 95 HV0,05 für K1L im Ausgangszustand auf 119 HV0,05 für K1 und 122 HV0,05 für K1L an. Die zyklische Verfestigung führte somit zu einem „Angleichen" der Härtezustände im Sättigungszustand. Bei der Diskussion der zugehörigen Ermüdungsergebnisse in Form von Wöhler-Kurven wird der Härteanstieg und -angleich und ob dies mit einem Angleichen des Ermüdungsverhaltens einhergeht bewertet.

5.2.1 Einfluss der HIP-Behandlung

Der Einfluss der HIP-Behandlung wurde anhand der Kokillenabgüsse K1 (mit HIP) sowie K1P1 und K2P2 (ohne HIP) charakterisiert, die primär unterschiedliche Defektzustände aufwiesen. Als charakteristische quasi-statische und zyklische Kennwerte des Verformungsverhaltens wurden die quasi-statischen und zyklischen 0,02 %- und 0,2 %-Dehngrenzen $R_{p0,02}$ und $R_{p0,2}$ bzw. $R'_{p0,02}$ und $R'_{p0,2}$ sowie der Verfestigungskoeffizienten und -exponenten K und n bzw. K' und n' miteinander verglichen. Diese Kennwerte wurden anhand des IST bestimmt. Als zyklischen Vergleichswert zur Zugfestigkeit R_m wurde anhand des IST+ die maximal ertragbare Spannungsamplitude genutzt und als zyklische Zugfestigkeit R'_m bezeichnet. Die mechanischen Eigenschaften sind anhand von einem IST und einem IST+ ermittelt worden

In Abbildung 5.16a sind die quasi-statischen und zyklischen Spannungs-Dehnungs-Kurven gezeigt. Die mechanischen Eigenschaften in Tabelle 5.7 und ausgewählte Kennwerte in Abbildung 5.16b sind gegenübergestellt. Aufgrund der begrenzten Probenanzahl für K1P1 wurde auf den IST+ verzichtet, sodass die zyklische Zugfestigkeit R'_m mittels IST ermittelt und mittels Sternchen (*) gekennzeichnet wurde.

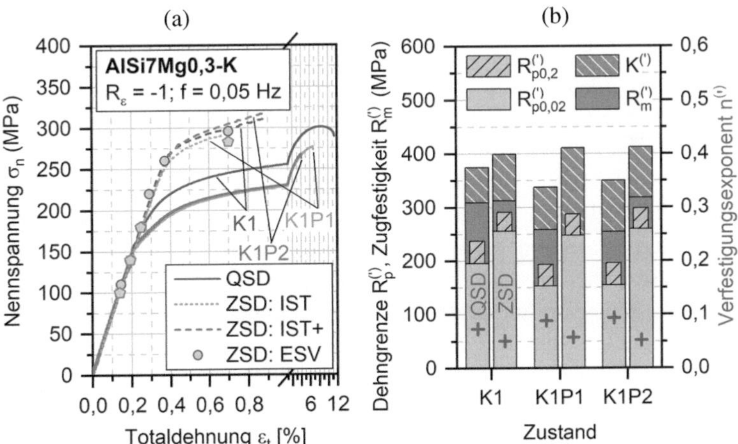

Abbildung 5.16 (a) QSD- und ZSD-Kurven und (b) mechanische Eigenschaften der Kokillengusszustände K1 und K1P

Tabelle 5.7 QSD- und ZSD-Kennwerte der Kokillengusszustände K1 und K1P

Zustand		E [GPa]	$R_{p0.02}^{(')}$ [MPa]	$R_{p0.2}^{(')}$ [MPa]	$R_m^{(')}$ [MPa]	$K^{(')}$ [MPa]	$n^{(')}$ [-]
QSD	K1	70,6	195	238	309	374	0,073
	K1P1	70,7	153	194	259	337	0,088
	K1P2	71,6	154	196	254	350	0,094
ZSD	K1	73,7	256	291	312	399	0,051
	K1P1	71,9	248	287	292*	410	0,057
	K1P2	72,1	260	298	318	412	0,052

* Mittels IST bestimmt

Der E-Modul lag mit 71,9 bis 73,7 GPa auf dem Niveau der quasi-statischen Zugversuche und zeigte keine Defektabhängigkeit. Die zyklischen Festigkeitseigenschaften wiesen ebenfalls keinen signifikanten Defekteinfluss auf. Sowohl die zyklischen Dehngrenzen als auch die Zugfestigkeiten lagen für die Zustände K1P1 und K1P2 auf dem Niveau des nachverdichteten Zustands K1. Im Vergleich zum quasi-statischen Verformungsverhalten führte die zyklische Verfestigung zu einem deutlichen Anstieg der (zyklischen) Dehngrenze $R_{p0,2}$ bzw. $R_{p0,2}'$ von + 22 % für K1, + 48 % für K1P1 und 52 % für K1P2. Die zyklische Verfestigung sorgte für deutliche Änderungen der Verfestigungskoeffizienten und -exponenten in den Zuständen K1P1 und K1P2 im Vergleich zu den QSD-Kennwerten. Der Verfestigungskoeffizient stieg um 22 % für K1P1 und 18 % für K1P2 im Vergleich zu 7 % für K1. Während die Verfestigungskoeffizienten der QSD-Kurven von K1P1 und K1P2 noch um bis zu 10 % unterschiedlich waren, lagen diese infolge der zyklischen Verfestigung auf einem vergleichbaren Niveau wie K1 (Unterschied < 3 %). Der Verfestigungsexponent zeigte eine starke Abhängigkeit vom Verfestigungszustand. So wiesen K1P1 und K1P2 einen deutlich erhöhten Verfestigungsexponenten zu K1 bei den QSD-Kurven auf (+21 % bis 29 %), während bei den ZSD-Kurven vergleichbare Verfestigungsexponenten für alle drei Zustände K1, K1P1 und K1P2 resultierten. Die zyklische Verfestigung führte somit in allen Zuständen zu einem Abflachen der Spannungs-Dehnungs-Kurven und somit zu einem deutlichen Abfall der Verfestigungsexponenten.

Die ermittelten ZSD-Werte bei halber Anrisslastspielzahl in Einstufenversuchen (ESV) stimmten für K1P1 und K1P2 bis 180 MPa sehr gut überein. Dies ist typisch für T6-Zustände aufgrund deren quasi-planaren Gleitcharakters,

wodurch die ZSD-Kurven aus Mehrstufenversuch (hier: IST) und ESV überein-
stimmen. Lediglich der dehnungsgeregelte ESV für K1P2 ($\varepsilon_{a,t} = 0{,}7$ %) liegt
leicht unterhalb der mittels IST bzw. IST+ ermittelten ZSD-Kurven. Um die
Ursache festzustellen, sind in Abbildung 5.17 die Entwicklung der Reaktionsgrößen in Form der Spannungsamplitude und der plastischen Dehnungsamplitude
dargestellt.

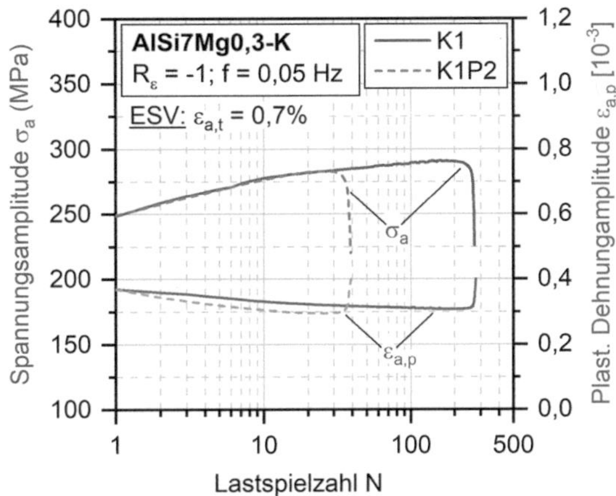

Abbildung 5.17 Entwicklung der Spannungsamplitude und plast. Dehnungsamplitude im Einstufenversuch für K1 und K1P2

Anhand der Spannungsamplitude wird deutlich, dass K1 und K1P2 unabhängig vom Porositätszustand das gleiche zyklische Verfestigungsverhalten aufwiesen, die erhöhte Porosität und insbesondere die großen Defekte in K1P2 zu
einem verfrühten Probenversagen führten. Entsprechend konnte die Probe K1P2
nicht bis zum Erreichen eines vergleichbaren Sättigungszustands wie K1 verfestigen, das für K1 erst ab ca. 150 Lastspielen eintritt. Die Entwicklung der
Spannungsamplitude als auch plastischen Dehnungsamplitude werfen die Frage
auf, ob die AlSi7Mg0,3-Werkstoffe sogar noch stärker verfestigen könnten, da
das Verfestigungsmaximum durch die endliche Anrisslastspielzahl begrenzt wird.
Diese Frage soll im nächsten Unterkapitel zum Einfluss der Erstarrungsrate näher
untersucht werden, da in diesem Untersuchungsprogramm eine erhöhte Anzahl an
LCF-Versuche durchgeführt werden konnte.

5.2.2 Einfluss der Erstarrungsrate

Der Einfluss des Erstarrungsrate wurde anhand der nachverdichteten Sandgusszustände S1 bis S4 untersucht, die primär unterschiedliche DAS aufwiesen.
Aufgrund der reduzierten Festigkeit der Sandgusszustände S2 bis S4 wurde das
Blockmaximum der Totaldehnungsamplitude in den IST auf 0,5 % gesenkt, um
eine ausreichende Blockanzahl für eine zyklische Sättigung zu erreichen. Dabei
wurde sich an den Zuständen S3 und S4 mit den geringsten ertragbaren Festigkeiten und Dehnungen im IST+ (max. 0,6 %) orientiert und analog zu den
Kokillengusszuständen das Blockmaximum im IST um mindestens 0,1 % zum
IST+ reduziert, um mindestens fünf IST-Blöcke bis zum Probenversagen zu errei-
chen (vgl. K1L in Abbildung 5.14b). Die Zustände S1 bis S4 erreichten im
IST Bruchblockzahlen von 39, 20, 9 und 9. Die zugehörigen quasi-statischen
und zyklischen Spannungs-Dehnungs-Kurven sind in Abbildung 5.18a dargestellt.
Die mechanischen Eigenschaften sind in Tabelle 5.8 aufgelistet und ausgewählte
Kennwerte in Abbildung 5.18b gezeigt.

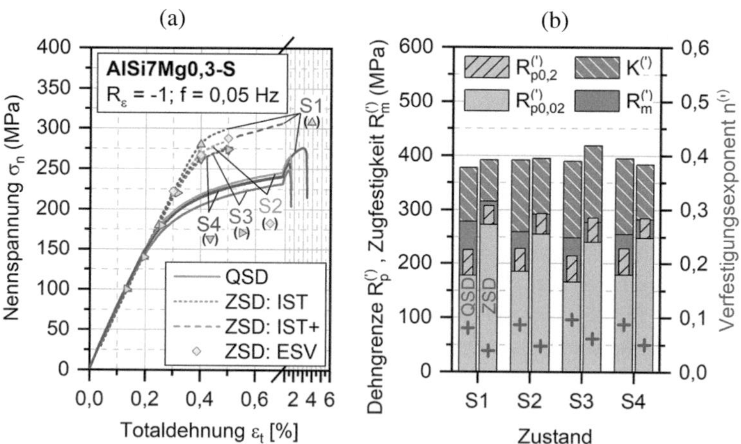

Abbildung 5.18 (a) QSD- und ZSD-Kurven und (b) mechanische Eigenschaften der T6-
Sandgusszustände S1 bis S4

Tabelle 5.8 QSD- und ZSD-Kennwerte der T6-Sandgusszustände S1 bis S4

Zustand		E [GPa]	$R_{p0.02}^{(')}$ [MPa]	$R_{p0.2}^{(')}$ [MPa]	$R_{m}^{(')}$ [MPa]	$K^{(')}$ [MPa]	$n^{(')}$ [-]
QSD	S1	75,7	178	225	279	378	0,081
	S2	72,9	185	228	260	391	0,087
	S3	75,1	166	214	249	390	0,096
	S4	75,2	179	229	256	395	0,088
ZSD	S1	75,6	273	307*	315	392	0,039
	S2	73,9	256	293*	292	395	0,048
	S3	73,6	241	285*	277	419	0,062
	S4	74,3	248	285*	282	383	0,050

* Extrapoliert über K' und n'

Aufgrund der Reduktion des Blockmaximums auf 0,5 % und der starken Verfestigung in den Sandgusszuständen konnte die Dehngrenze $R'_{p0,2}$ nicht mehr
durch Interpolation ermittelt werden (max. 0,09 % bis 0,13 % plast. Dehnungsamplitude) und wurde mittels Morrow-Gleichung über K' und n' (Gl. 2.7)
extrapoliert. Die Kennwerte sind in Tabelle 5.8 mittels Sternchen (*) gekennzeichnet. Der E-Modul lag mit 73,6 bis 75,6 GPa auf dem Niveau der quasi-statischen
Zugversuche und zeigte keine Abhängigkeit vom DAS. Infolge der zyklischen
Verfestigung kam es zu einem deutlichen Anstieg der (zyklischen) Dehngrenze
$R_{p0,2}$ bzw. $R'_{p0,2}$ von 36 % für S1, 28 % für S2, 33 % für S3 und 17 % für S4.
Im Gegensatz zu den quasi-statischen Dehngrenzen zeigten die zyklischen Dehngrenzen eine signifikante Abhängigkeit vom DAS, d. h. je kleiner der DAS desto
höher die zyklische Dehngrenze im Sättigungszustand. Die Dehngrenze von S1
überstieg letztlich sogar die von K1 um 5 % (307 MPa zu 291 MPa). Die zyklischen Zugfestigkeiten im IST+ wiesen eine vergleichbare Abhängigkeit vom DAS
auf, deutlich über den quasi-statischen Zugfestigkeiten (+10 % bis 13 %). Dieses Verhalten ist vergleichbar zum unverdichteten, porösen Kokillengusszustand
K1P2.

Die Entwicklung der Verfestigungsparameter K' und n' während des IST sind
in Abbildung 5.19 dargestellt und sollen untereinander von S1 bis S4 als auch mit
den Kokillengusszuständen K1 und K1L (s. Abbildung 5.14) verglichen werden.
Der Verfestigungskoeffizient K' zeigte ein schnelles Sättigungsverhalten nach 3
bis 4 Blöcken vergleichbar zu den Kokillengusslegierungen in Abbildung 5.14a.
Als mittlerer Sättigungwert stellt sich $\overline{K'} = 397$ MPa ein ohne nachweisbare

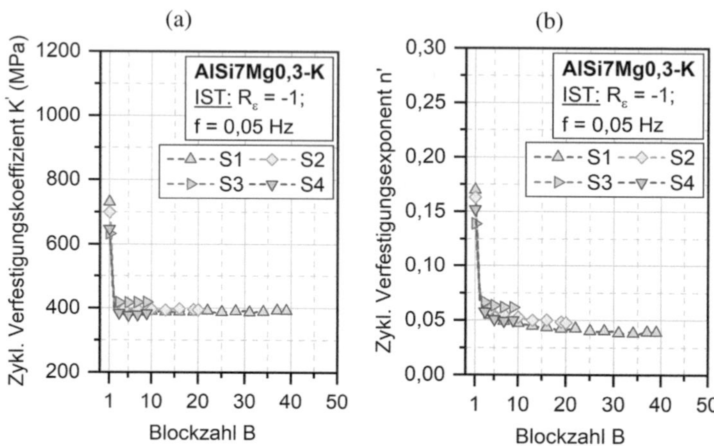

Abbildung 5.19 ZSD-Kurven im IST für S1 bis S4: Blockzahlabhängige Entwicklung des (a) Verfestigungskoeffizienten K' und (b) -exponenten n'

Abhängigkeit vom DAS und auf dem gleichen Niveau wie der mittlere quasi-statische Verfestigungskoeffizient $\overline{K} = 388$ MPa. Dies bestätigt die Ergebnisse der Kokillengusszustände, dass der Verfestigungskoeffizient für die T6-Zustände als konstant angenommen werden kann. Der Verfestigungsexpoenent n' näherte sich deutlich langsamer einem Sättigungswert an, was ebenfalls für die Kokillengusszustände festgestellt wurde (vgl. Abbildung 5.14b). Je kleiner der DAS war, desto stärker verfestigte der Werkstoff bzw. desto geringer war der zugehörige Verfestigungsexponent. Der Trend des zyklischen Verfestigungskoeffizienten verlief qualitativ vergleichbar zum quasi-statischen Verfestigungskoeffizienten, wobei die zyklischen Verfestigungskoeffzienten je nach Zustand um 30 % bis 52 % niedriger lagen. Die zyklische Verfestigung führte somit in allen Zuständen zu einem Abflachen der Spannungs-Dehnungs-Kurven.

Der Vergleich der ZSD-Kurven des IST mit den ermittelten ZSD-Werten der Einstufenversuche (ESV) im Sättigungszustand zeigte für alle Zustände eine sehr gute Übereinstimmung. Dies stützt die Erkenntnisse für die Kokillengusszustände, wonach die T6-ausgehärteten AlSi7Mg0,3-Legierungen einen quasi-planaren Gleitcharakter aufwiesen und Mehrstufenversuche wie der IST entsprechend zur effizienten Charakterisierung des ZSD-Verhaltens genutzt werden können.

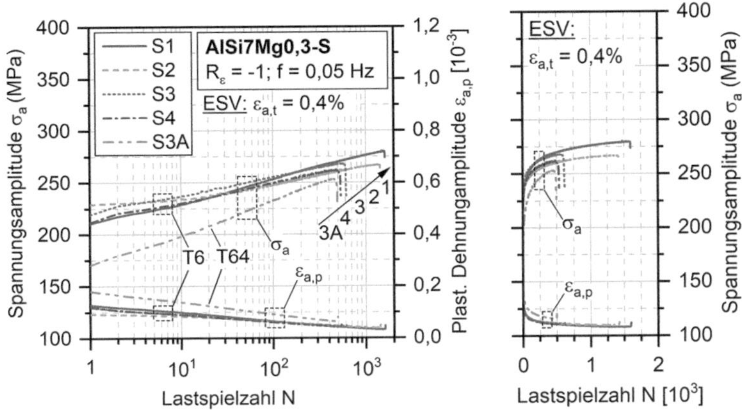

Abbildung 5.20 Entwicklung der Spannungsamplitude und plast. Dehnungsamplitude im Einstufenversuch für S1 bis S4 (T6) und S3A (T64)

Das zyklische Verfestigungsverhalten der Einstufenversuche ist in Abbildung 5.20 anhand der Entwicklung der Reaktionsgrößen in Form der Spannungsamplitude und der plastischen Dehnungsamplitude bei einer Totaldehnungsamplitude von 0,4 % dargestellt. Die T6-Zustände S1 bis S4 zeigten für beide Reaktionsgrößen ein vergleichbares zyklisches Verfestigungsverhalten unabhängig vom DAS, das bei halblogarithmischer Darstellung als Gerade erscheint (s. Abbildung 5.20, links). Bei linearer Darstellung ist auch ersichtlich, dass sich die verschiedenen Zustände mit steigender Lastspielzahl einem Sättigungswert annäherten (s. Abbildung 5.20, rechts).

Während die verschiedenen Zustände eine vergleichbare Entwicklung der zyklischen Verfestigung aufwiesen, stieg die Anriss- bzw. Bruchlastspielzahl mit feiner werdendem DAS deutlich an (ca. Faktor 2). Je feiner also die Mikrostruktur war, desto länger und dadurch stärker konnte sich der Werkstoff verfestigen, ohne dass es zum technischen Anriss oder Probenversagen kam. Das zyklische Verfestigungsverhalten in den ESV stimmte somit sehr gut mit dem der durchgeführten IST überein, deren zyklischen Dehngrenzen und zyklischen Zugfestigkeiten auch mit feiner werdender Mikrostruktur anstiegen, wodurch die feineren Werkstoffzustände über mehr Lastspiele bzw. Blöcke verfestigen konnten, bis der technische Anriss oder Probenversagen eintrat. Die vergleichbare Entwicklung der zyklischen Verfestigung und die Übereinstimmung der Sättigungswerte in den ZSD-Kurven aus Einstufen- und Mehrstufenversuchen bestätigten zusätzlich, dass die untersuchten T6-Zustände einen quasi-planaren Gleitcharakter besitzen.

Für den Sandgusszustand S1 wurde eine vergleichbare zyklische Zugfestigkeit zu K1 und K1P2 ermittelt (315 MPa zu 312 MPa bzw. 318 MPa), während die Sandgusszustände S2 bis S4 reduzierte zyklische Zugfestigkeiten von 292 MPa für S2, 277 MPa für S3 und 282 MPa für S4 aufwiesen. Die zyklische Zugfestigkeit sank also mit steigendem DAS. Der lineare Zusammenhang ist in Abbildung 5.21 über den Hall-Petch-Parameter dargestellt und zeigt ein hohes Bestimmtheitsmaß von $r^2 = 0{,}93$.

Zum Vergleich ist die zyklische Dehngrenze $R'_{p0,2}$ für die Kokillen- und Sandgusszustände (K/S) sowie nur für die Sandgusszustände (S) in Abbildung 5.21 mit dem Hall-Petch-Parameter eingetragen. Dieser wies für die Sandgusszustände eine lineare Abhängigkeit vom Hall-Petch-Parameter auf. Nachteil dieses mechanischen Kennwerts ist, dass beide Gießverfahren einen Zusammenhang zum Hall-Petch-Parameter zeigten und dadurch nicht wie die zyklische Zugfestigkeit unabhängig vom Gießverfahren mit dem DAS korreliert werden konnten.

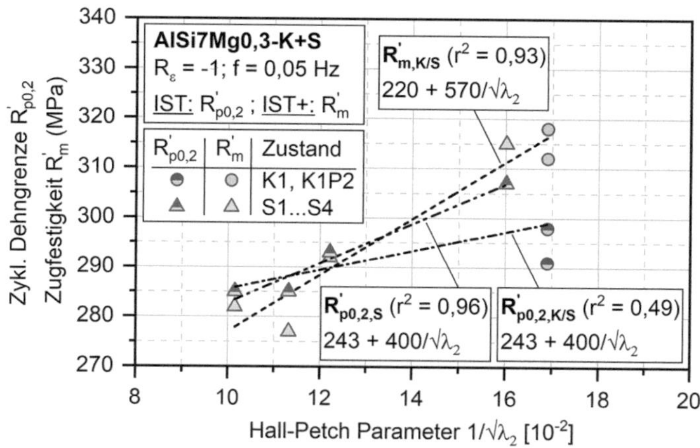

Abbildung 5.21 Korrelation der zyklischen Zugfestigkeit R'_m mit dem Dendritenarmabstand mit Hilfe des Hall-Petch-Parameters $1/\sqrt{\lambda_2}$

5.2.3 Einfluss des Gießverfahrens

Anhand der Kokillen- und Sandgusszustände K1 und S1 wurde der Einfluss des Gießverfahrens bewertet, da beide eine vergleichbare Korngröße, DAS und Härte (HV10, HV0,01) besaßen. Die QSD-Kurven wurden bereits diskutiert und sind in Abbildung 5.22a zusammen mit den ZSD-Kurven gezeigt. Ausgewählte mechanische Eigenschaften sind zusätzlich in Abbildung 5.22b gegenübergestellt. Die zugehörigen mechanischen Kennwerte der QSD- und ZSD-Kurven sind zudem in Tabelle 5.9 zusammengestellt.

Der Sandgusszustand wies leicht reduzierte Festigkeitseigenschaften unter quasi-statischer Beanspruchung von -5 % bis -10 % auf. Unter zyklischer Beanspruchung ändert sich das Verhältnis und der Sandgusszustand zeigte für die gesättigte ZSD-Kurve, die mittels ESV validiert wurde, eine um 5 % bis 7 % erhöhte Dehngrenze gegenüber K1. Die zyklischen Zugfestigkeiten von K1 und S1 waren auf gleichem Niveau und im Vergleich zu den QSD-Kurven identisch für K1 und erhöht für S1 (+13 %). Insgesamt führte die zyklische Beanspruchung somit in S1 zu einer verstärkten Verfestigung. Für die Beschreibung der ZSD-Kurven ist interessant, dass die zyklischen Verfestigungskoeffizienten K' auf vergleichbarem Niveau von den QSD-Kurven lagen (+5 %) und für beide Gießverfahren in guter Näherung identisch waren. Die ZSD-Kurven wiesen infolge der Verfestigung einen flacheren Verlauf im elastisch-plastischen Bereich auf und der Verfestigungsexponent reduzierte sich dadurch für beide Zustände.

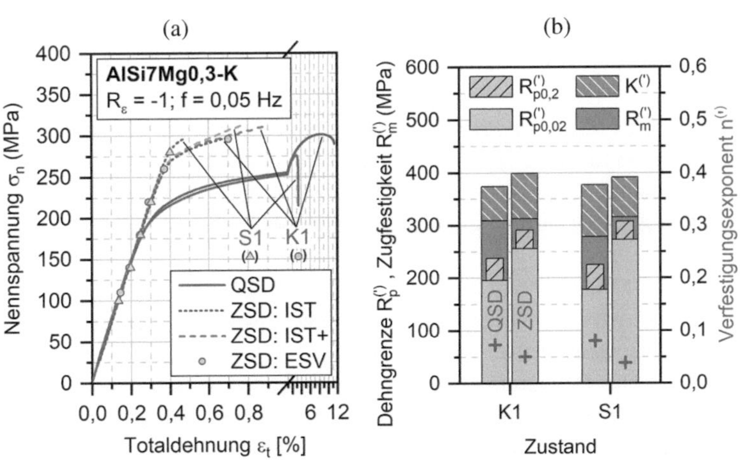

Abbildung 5.22 (a) QSD- und ZSD-Kurven und (b) mechanische Eigenschaften der Gusszustände K1 und S1

Tabelle 5.9 QSD- und ZSD-Kennwerte der Gusszustände K1 und S1

Zustand		E [GPa]	$R_{p0,02}^{(')}$ [MPa]	$R_{p0,2}^{(')}$ [MPa]	$R_m^{(')}$ [MPa]	$K^{(')}$ [MPa]	$n^{(')}$ [-]
QSD	K1	70,6	195	238	309	374	0,073
	S1	75,7	178	225	279	378	0,081
ZSD	K1	73,7	256	291	312	399	0,051
	S1	75,6	273	307*	315	392	0,039

* Extrapoliert über K' und n'

Bei Vergleich des ZSD-Verhaltens beider Zustände ist die Betrachtung des IST+ im Vergleich zum IST als auch den ESV von Interesse. Der IST + zeigt nur für K1 eine sehr gute Übereinstimmung mit der gesättigten ZSD, die mittels IST bestimmt und durch ESV validiert ist. Für S1 hingegen stellt sich ein großer Unterschied zwischen gesättigter ZSD-Kurve (IST) und ZSD-Kurve des IST+ ein. Der IST+ ist somit nur begrenzt zur Ermittlung bzw. Abschätzung des ZSD-Verhaltens nutzbar. Der IST ist somit zwingend erforderlich. Entsprechend sollte der IST+ zur Ermittlung der zyklischen Zugfestigkeit und zur Abschätzung des Blockmaximums im IST genutzt werden.

5.2.4 Einfluss der Wärmebehandlung

Einfluss der Lösungsglühung

Für die Kokillengusszustände K1 und K1L wurde die Lösungsglühtemperatur zwischen 545 °C (K1) und 530 °C (K1L) bei konstanter Lösungsglühdauer von 1 h variiert. Dies führte zu einer Reduktion der Härte und der Größe der eutektischen Si-Partikel für K1L. Die ZSD-Kurven sind in Abbildung 5.23a im Vergleich zu den ermittelten QSD-Kurven aufgetragen. Die mechanischen Eigenschaften sind in Tabelle 5.10 gezeigt und ausgewählte Kennwerte in Abbildung 5.23b gegenübergestellt.

Für den E-Modul konnte mit 73,7 GPa für K1 und 71,2 GPa für K1L kein Einfluss unter zyklischer Beanspruchung festgestellt werden. Hinsichtlich Festigkeitseigenschaften wies der Zustand K1 im Vergleich zu K1L eine erhöhte zyklische Dehngrenze bei vergleichbarer zyklischer Zugfestigkeit auf. Damit stimmten die zyklischen Festigkeitseigenschaften qualitativ mit den quasi-statischen Eigenschaften überein. Quantitativ führte die im vorherigen Kapitel erläuterte zyklische Verfestigung zu einem deutlichen Anstieg der (zyklischen)

Dehngrenze $R_{p0,2}$ bzw. $R'_{p0,2}$ von 238 MPa auf 291 MPa (+22 %) für K1 und 221 MPa auf 281 MPa (+27 %) für K1L. Das Festigkeitsniveau näherte sich in Folge der zyklischen Verfestigung an. Lagen die quasi-statischen Dehngrenzen noch 8 % auseinander und reduzierte sich der Unterschied zwischen den zyklischen Dehngrenzen auf 4 %. Entgegen der Dehngrenzen konnte keine signifikante Veränderung der (zyklischen) Zugfestigkeit infolge der Verfestigung festgestellt werden. Das bedeutet, dass für die Zustände K1 und K1L die quasi-statisch ermittelte Zugfestigkeit unter zyklischer Beanspruchung die maximal ertragbare Oberspannung bzw. Spannungsamplitude im Fall von R $= -1$ ist.

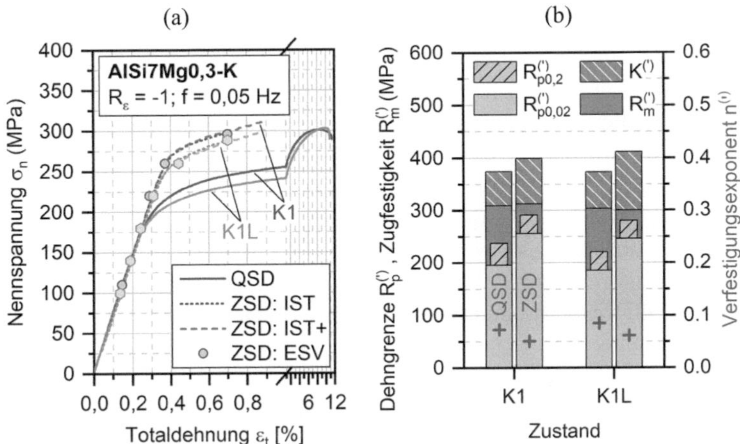

Abbildung 5.23 (a) QSD- und ZSD-Kurven und (b) mechanische Eigenschaften der Kokillengusszustände K1 und K1L

Tabelle 5.10   QSD- und ZSD-Kennwerte der Kokillengusszustände K1 und K1L

Zustand		E [GPa]	$R_{p0.02}^{(')}$ [MPa]	$R_{p0.2}^{(')}$ [MPa]	$R_m^{(')}$ [MPa]	$K^{(')}$ [MPa]	$n^{(')}$ [-]
QSD	K1	70,6	195	238	309	374	0,073
	K1L	72,3	185	221	303	374	0,086
ZSD	K1	73,7	256	291	312	399	0,051
	K1L	71,2	246	281	300	412	0,061

Aufgrund der Änderungen der Dehngrenzen kam es auch zu einer Veränderung der Verfestigungskoeffizienten und -exponenten. Der Verfestigungskoeffizient stieg leicht um 7 % für K1 und 10 % für K1L an. Zwischen beiden Zuständen konnten weder für das quasi-statische noch für das zyklische Verformungsverhalten signifikante Unterschiede zwischen den jeweiligen Verfestigungskoeffizienten festgestellt werden. Der Verfestigungsexponent zeigte hingegen eine starke Abhängigkeit vom mikrostrukturellen Verfestigungszustand. So wies K1 einen niedrigeren Verfestigungsexponenten in den QSD- und ZSD-Kurven auf, der bei −14 % (QSD) bis −18 % (ZSD) im Vergleich zu K1L liegt. Die QSD- und ZSD-Kurven im elastisch-plastischen Bereich verliefen somit flacher bei K1. Die zyklische Verfestigung führte in beiden Zuständen zu einem Abflachen der Spannungs-Dehnungs-Kurven und somit zu einem Abfall der Verfestigungsexponenten, wie es detailliert in Abbildung 5.14b und Abbildung 5.15b für IST bzw. IST+ gezeigt ist. Zwischen den ZSD-Kurven von IST und IST+ konnten keine signifikanten Unterschiede festgestellt werden, was insb. in Abbildung 5.23a zu erkennen ist.

Die ermittelten ZSD-Kurven über IST bzw. IST+ stimmten zudem sehr gut mit den bestimmten ZSD-Werten bei halber Anrisslastspielzahl in Einstufenversuchen (ESV) überein. Die Übereinstimmung des ZSD-Verhaltens von Einstufen- und Mehrstufenversuchen (hier: IST, IST+) ist typisch für Al-Werkstoffe im T6-Zustand aufgrund des quasi-planaren Gleitcharakters.

Einfluss der Warmauslagerung

Der Einfluss des Aushärtungszustands wurde anhand der nachverdichteten Sandgusszustände S3 (T6) und S3A (T64) untersucht. Aufgrund der deutlich reduzierten quasi-statischen Dehngrenze und Zugfestigkeit des Zustands S3A im Vergleich zu S3 wurde das Blockmaximum der Totaldehnungsamplitude in den IST auf 0,4 % gesenkt (S1 bis S4: 0,5 %), um sicherzustellen, dass eine ausreichende Blockanzahl bis zur zyklischen Sättigung erreicht wird. Der Zustand S3A erzielte im IST 52 Blöcke bis zum Probenbruch (Vergleich: S3 erzielt 9 Blöcke bei 0,5 %). Die dazugehörigen QSD- und ZSD-Kurven sind in Abbildung 5.24a dargestellt. Die mechanischen Eigenschaften sind in Tabelle 5.11 aufgelistet und ausgewählte Kennwerte in Abbildung 5.24b gezeigt. Aufgrund der zusätzlichen Reduktion des Blockmaximums auf 0,4 % und der starken Verfestigung in den Sandgusszuständen konnte die Dehngrenze $R'_{p0,2}$ nicht mehr durch Interpolation ermittelt werden (max. 0,04 % plast. Dehnungsamplitude) und wurde analog zu S1 bis S4 mittels Morrow-Gleichung über K' und n' (Gl. 2.7) extrapoliert. Die Kennwerte sind in Tabelle 5.11 mittels Sternchen (*) gekennzeichnet.

Der E-Modul war mit 73,6 GPa und 73,2 GPa für S3 bzw. S3A auf dem gleichen Niveau und vergleichbar zu den quasi-statischen Zugversuchen. Infolge der zyklischen Verfestigung kam es zu einem starken Anstieg der (zyklischen) Dehngrenze $R_{p0,2}$ bzw. $R'_{p0,2}$ für S3A mit 41 % als für S3 mit 33 %. $R'_{p0,02}$ stieg mit + 68 % sogar noch stärker an infolge der zyklischen Verfestigung. Aufgrund dieser verstärkten zyklischen Verfestigung bei S3A konnte kein signifikanter Unterschied für $R'_{p0,02}$ und ein reduzierter Unterschied für $R'_{p0,2}$ von − 7 % im Vergleich zu S3 (QSD: −12 %) festgestellt werden.

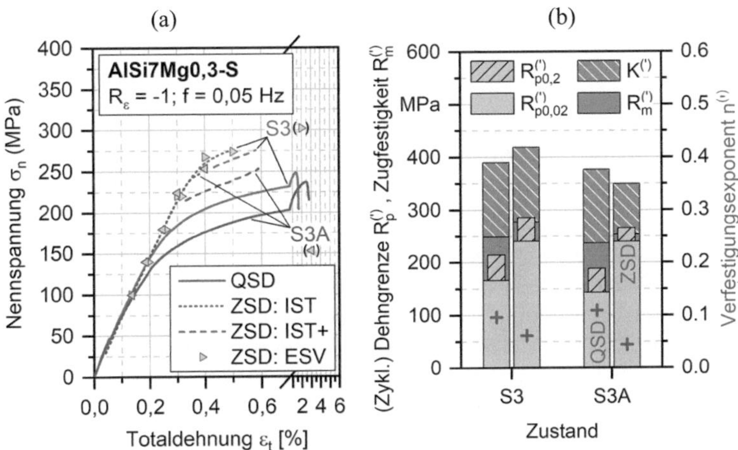

Abbildung 5.24 (a) QSD- und ZSD-Kurven und (b) mechanische Eigenschaften der Sandgusszustände S3 (T6) und S3A (T64)

Tabelle 5.11 QSD- und ZSD-Kennwerte der Zustände S3 (T6) und S3A (T64)

Zustand		E [GPa]	$R_{p0.02}^{(')}$ [MPa]	$R_{p0.2}^{(')}$ [MPa]	$R_m^{(')}$ [MPa]	$K^{(')}$ [MPa]	$n^{(')}$ [-]
QSD	S3	75,1	166	214	249	390	0,096
	S3A	73,9	143	188	237	376	0,109
ZSD	S3	73,6	241	285*	277	419	0,062
	S3A	73,3	240	265*	253	349	0,044

* Extrapoliert über K' und n'

Die zyklische Zugfestigkeit von S3A war mit + 7 % leicht gestiegen. Insgesamt fiel der Anstieg aber geringer aus als für S3 (+11 %). Der reduzierte Anstieg der zyklischen Zugfestigkeit im Vergleich zu den T6-Zuständen (+10 bis + 13 %) wird auf die reduzierte Aushärtung im T64-Zustand S3A zurückgeführt. Insgesamt zeigte S3A allerdings eine sehr starke Verfestigung, die hinsichtlich ZSD-Kurve zu einer deutlichen Reduktion des Verfestigungsexponenten um den Faktor 2,5 (−60 %) auf 0,044 führte. Die Steigung der ZSD-Kurve flachte somit deutlich ab. Der Verfestigungskoeffizient verringerte sich in Folge der zyklischen Verfestigung leicht (−7 %). Das erhöhte zyklische Verfestigungspotential war auch bei den Einstufenversuchen in Abbildung 5.20 erkennbar. Über die ersten 450 Lastspiele erhöhte sich die Spannungamplitude bei S3A um + 49 % (253 zu 170 MPa) während diese bei S3 lediglich um 22 % stieg. Für die plastische Dehnungsamplitude fiel der Unterschied mit −65 % bei S3A (Faktor 2,8) und −60 % bei S3 (Faktor 2,5) vergleichbar aus.

Der Vergleich der gesättigten ZSD-Werte aus den ESV mit der gesättigten ZSD-Kurve aus dem IST zeigte eine sehr gute Übereinstimmung. Der Unterschied zwischen QSD- und ZSD-Kurve fiel für den Zustand S3A besonders deutlich aus und zeigte, warum die Ermittlung der ZSD-Kurve so wichtig für ausgehärtete AlSi7Mg0,3-Legierungen ist und anderweitig, wenn nur die QSD-Kurve herangezogen wird, das Festigkeitspotential unter zyklischer und damit oft einsatzgerechter Beanspruchung stark unterschätzt wird. Für die Bestimmung der gesättigten ZSD-Kurve sind im IST mit 0,4 % Blockmaxima 30 Blöcke notwendig gewesen und damit eine vergleichbare Blockanzahl wie im Zustand S1. Die Wahl eines reduzierten Blockmaximums im IST von 0,4 % war demnach notwendig, um den Werkstoffzustand bis in den zyklischen Sättigungszustand verfestigen zu können. Ein erhöhtes Blockmaxima im IST z. B. 0,5 % hätte die Blockanzahl vor Probenbruch stark reduziert (vgl. S3 ≤ 9), sodass eine zyklische Sättigung sich trotz Erhöhung der induzierten Verformungsarbeit voraussichtlich nicht hätte einstellen können. Das legen auch die erreichten maximalen Spannungsamplituden im IST+, IST und ESV bei 0,4 % von 253 MPa, 248 MPa und 253 MPa nahe, wodurch ein IST mit 0,5 %-Blockmaxim verfrüht versagt wäre, da vor Eintreten der zyklischen Sättigung sehr wahrscheinlich die zyklische Zugfestigkeit von 253 MPa erreicht worden wäre. Das bedeutet, dass zur Abschätzung des idealen Blockmaximums im IST nicht nur die Dehnungsamplitude bei Bruch, sondern zusätzlich die Bruchspannungsamplitude im IST+ bzw. die zyklische Zugfestigkeit betrachtet werden sollte.

Bei Vergleich der ZSD-Kurven des IST+ (kurz vor Bruch) und IST in Abbildung 5.24a wird zudem deutlich, dass der IST+ bei den Sandgusszuständen nicht zur Abschätzung der ZSD-Kurven geeignet war, während dies bei den Kokillengusszuständen möglich wäre. Dies kann auf die geringeren ertragbaren Dehnungs- und Spannungsamplituden in den Sandgusszuständen und die daraus resultierende unzureichende Blockanzahl bis zum Probenversagen, um den Sättigungszustand zu erreichen, zurückgeführt werden. Der IST+ ist somit zur Abschätzung des idealen Blockmaximums im IST auf Basis der Bruchdehnungs- und -spannungsamplitude im IST+ geeignet, jedoch nicht bzw. nur einschränkt zur Charakterisierung des ZSD-Verhaltens von T6- und T64-ausgehärteten AlSi7Mg0,3-Legierungen.

5.2.5 Effiziente Charakterisierungsmethoden

Die Charakterisierung des zyklischen Verformungsverhaltens ist mittels ESV zeit- und ressourcenaufwendig. Es soll daher evaluiert werden, ob der IST zur Ermittlung von ZSD-Kurven geeignet ist und ob Korrelationen zu den QSD-Kurven und QSD-Kennwerten zur Abschätzung der ZSD-Kurven genutzt werden können.

Charakterisierung des zyklischen Verformungsverhaltens mittels IST
Das zyklische Verformungsverhalten in Form der gesättigten ZSD-Kurve konnte mittels IST für die verschiedenen Kokillen- und Sandgusszustände charakterisiert werden. Aufgrund der unterschiedlichen Festigkeits- und Duktilitätseigenschaften wurde vor dem konventionellen IST ein modifizierter IST+ durchgeführt, bei dem die maximale Totaldehnungsamplitude nach jeder Blocksequenz (auf- und absteigend) erhöht wird, um die maximal ertragbaren Spannungs- und Dehnungsamplituden zu ermitteln. Die maximal ertragbare Spannungsamplitude wurde als sog. zyklische Zugfestigkeit genutzt und bereits in Abbildung 5.21 detailliert vorgestellt. Als maximale Dehnungsamplitude im IST wurde die maximale Dehnungsamplitude genutzt, die ein bis zwei Blöcke vor Probenversagen im IST+ erreicht wurde. Dadurch konnte sichergestellt werden, dass die IST an den Kokillenguss- und Sandgusszustände ausreichend Blöcke durchlaufen und Lastspiele aufbringen konnten, um einen zyklischen Sättigungszustand zu erreichen. Dieser wurde in den Kokillengusszuständen nach 4 bis 5 Blöcken und in den Sandgusswerkstoffen je nach Zustand nach 8 bis 35 Blöcken erreicht.

Die Treffsicherheit der mittels IST bestimmten ZSD-Kurven wurde durch ausgewählte ESV und zugehörige ZSD-Werte im Sättigungszustand validiert. In Abbildung 5.25a sind hierzu für verschiedene Totaldehnungsamplituden die zugehörigen Spannungsamplituden aus dem ESV und IST gegenübergestellt. Es zeigte sich eine gute Übereinstimmung mit einem Bestimmtheitsmaß von $r^2 = 0{,}92$. Zusätzlich wurde für die Kokillenguss- (K) und Sandgusszustände (S) sowie die Gesamtheit aller Zustände (K + S) der Quotient aus ESV- zu IST-Spannungsamplitude statistisch ausgewertet und als jeweiliger Mittelwert inkl. Standarabweichung angegeben. Unabhängig vom Gießverfahren zeigt sich eine sehr gute Übereinstimmung. Die Spannungsamplituden lagen im Durchschnitt maximal 2 % oberhalb der ESV-Werte, gießverfahrensabhängig bei maximal ± 4 % und im Durchschnitt über beide Gießverfahren bei ± 3 %. Mehrstufenversuche in Form des IST können also zur Charakterisierung des zyklischen Verformungsverhaltens genutzt werden. Dass es für die untersuchten voll -und teilausgehärteten T6- und T64-Zustände funktioniert, kann auf das Phänomen des quasi-planaren Gleitcharakters zurückgeführt werden.

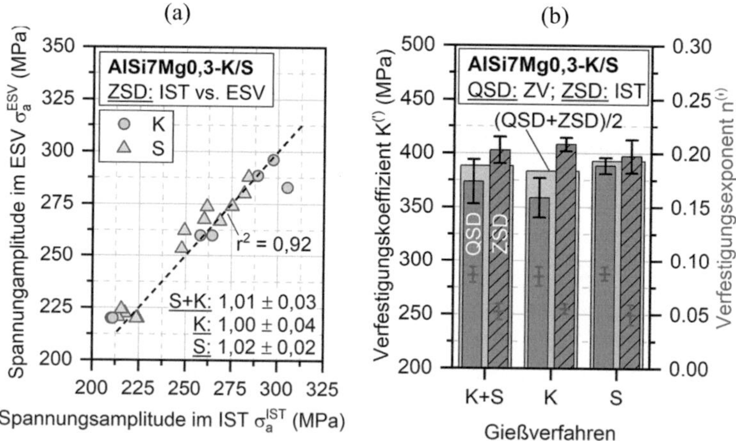

Abbildung 5.25 (a) Validierung der IST-basierten ZSD-Kurven durch ESV und (b) Vergleich der Verfestigungskoeffizienten und -exponenten in den quasi-statischen und zyklischen Untersuchungen in Abhängigkeit vom Gießverfahren

Darüber hinaus wurde das quasi-statische und zyklische Verfestigungsverhalten mittels Morrow-Gleichung beschrieben (Gl. 2.7) und die zustandsspezifischen Verfestigungskoeffizienten K bzw. K' und Verfestigungsexponenten n bzw. n' anhand der experimentellen Daten ermittelt. Es stellte sich heraus, dass der Verfestigungskoeffizient näherungsweise unabhängig von der Herstellungsroute (Gießverfahren, Defekte, DAS) ist und maßgeblich vom Aushärtungszustand abhängt. Für den T6-Zustand sind die Kennwerte statistisch ausgewertet und als Mittelwert und Standardabweichung zusammen mit den Verfestigungsparametern in Abbildung 5.25b gezeigt. Die Verfestigungskoeffizienten zeigten eine schwache Abhängigkeit von der Beanspruchungsart und Gießverfahren, sodass diese in guter Näherung als konstant für alle T6-Zustände der AlSi7Mg0,3-Gusslegierungen angenommen werden konnten. Als Richtwert konnte hierbei 374 MPa und 403 MPa unter quasi-statischer bzw. zyklischer Beanspruchung oder 388 MPa als Gesamtmittelwert unabhängig von quasi-statischer und zyklischer Beanspruchung genutzt werden. Der Fehler für den Gesamtmittelwert zu den beanspruchungsspezifischen Mittelwerten lag bei 3–4 %. Für die Verfestigungsexponenten konnte eine klare Abhängigkeit von allen strukturellen Kenngrößen festgestellt werden. Besonders stark war aber der Einfluss der Beanspruchungsart, während das Gießverfahren nur einen schwachen Einfluss besaß. Die Standardabweichung war für die Verfestigungsexponenten deutlich höher, trotzdem ergaben sich mit 0,085 und 0,050 unter quasi-statischer bzw. zyklischer Beanspruchung gute Richtwerte zur Abschätzung der zugehörigen QSD- und ZSD-Kurven. Ein beanspruchungsunabhängiger Richtwert ist aufgrund der signifikanten Unterschiede nicht sinnvoll.

Korrelation der quasi-statischen und zyklischen Eigenschaften
Für das zyklische Verformungsverhalten konnte eine signifikante Abhängigkeit vom DAS und dem Aushärtungszustand festgestellt werden. Ein signifikanter Einfluss der Defekte auf das zyklische Verformungsverhalten insbesondere die zyklische Dehngrenze konnte nicht nachgewiesen werden. Für alle Kokillen- und Sandgusswerkstoffe konnte eine starke zyklische Verfestigung ermittelt werden. Die zyklisch verfestigten Werkstoffe ertrugen oft Beanspruchungen deutlich oberhalb der Zugfestigkeit, wobei sich auch dort maximal ertragbare Spannungsamplituden einstellten, die als zyklische Zugfestigkeit bezeichnet wurden. Der Struktur-Eigenschafts-Zusammenhang ist in Abbildung 5.26 für die quasi-statische und zyklische Zugfestigkeit gezeigt.

Abbildung 5.26
Struktur-Eigenschaft-
Zusammenhang von
quasi-statischer und
zyklischer Zugfestigkeit der
Kokillen- und
Sandgusszustände

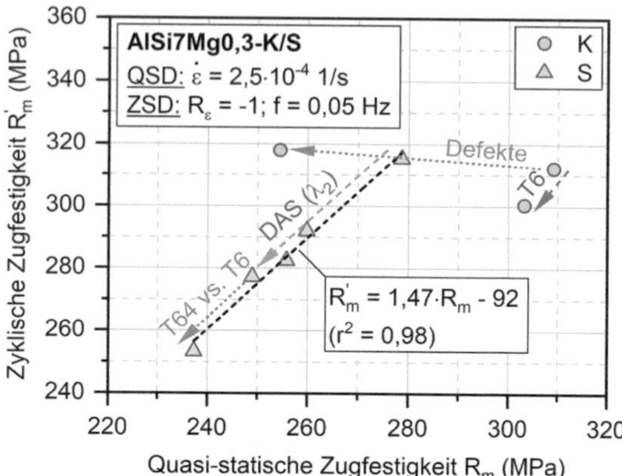

Die Abhängigkeit der zyklischen Zugfestigkeit vom DAS konnte in Abbildung 5.21 über den Hall-Petch-Parameter $1/\sqrt{DAS}$ bzw. $1/\sqrt{\lambda_2}$ über folgende Gleichung beschrieben werden:

$$R'_m = 220 + \frac{570}{\sqrt{\lambda_2}} \qquad \text{Kokille und Sand} \tag{5.3}$$

Entgegen der zyklischen Zugfestigkeit zeigte die zyklische 0,2 %-Dehngrenze in Abbildung 5.27 neben der Abhängigkeit vom DAS und Aushärtungszustand auch einen Einfluss des Gießverfahrens.

Abbildung 5.27
Struktur-Eigenschaft-
Zusammenhang zwischen
zyklischer Zugfestigkeit
und Dehngrenze der
Kokillen- und
Sandgusszustände

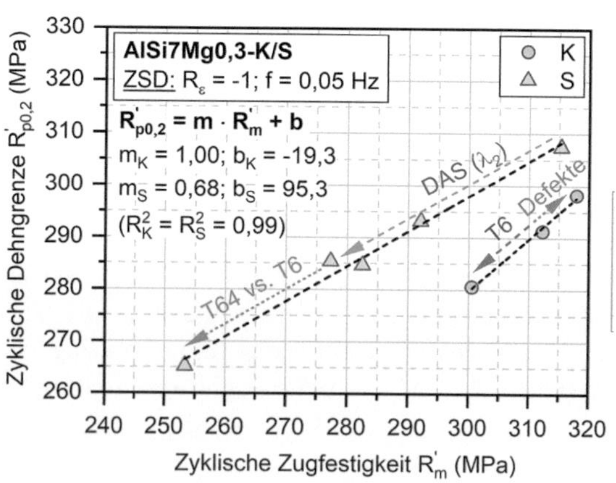

Hiernach besitzen Sandgusswerkstoffe bei identischer zyklischer Zugfestigkeit eine erhöhte zyklische Dehngrenze zu Kokillengusswerkstoffen, z. B. + 5 % zyklische Dehngrenze bei 310 MPa zyklischer Zugfestigkeit. Dies korreliert sehr gut mit den Untersuchungsergebnissen von Wang et al. [163], in denen für AlSi7Mg-Legierungen mit nadelförmigen Si-Partikeln (Seitenverhältnis $9_{S,Si}$ hoch) deutlich erhöhte zyklische Dehngrenzen festgestellt wurden. Dies konnte auf die verstärkte Plastifizierung an den nadelförmigen Si-Partikeln im Vergleich zu sphärischen Si-Partikeln zurückgeführt werden. Der Einfluss unterschiedlicher struktureller Änderungen innerhalb eines Gießverfahrens lassen sich über lineare Zusammenhänge beschreiben (s. Abbildung 5.27):

$$R'_{p0,2} = 1,00 \cdot R'_m - 19,3 \qquad \text{Kokille} \qquad (5.4a)$$

$$R'_{p0,2} = 0,68 \cdot R'_m + 95,3 \qquad \text{Sand} \qquad (5.4b)$$

Ein feinerer DAS führt zu einer erhöhten zyklischen Zugfestigkeit und Dehngrenze, während eine T64-Auslagerung eine signifikante Reduktion beider Kennwerte zur Folge hat.

Auf Basis der Zusammenhänge aus Gl. 5.4a + b kann der Einfluss des DAS mittels Gl. 5.3 auf die zyklische Dehngrenze für Kokillenguss (Gl. 5.5a) und Sandguss (Gl. 5.5b) im T6-Zustand wie folgt beschrieben werden:

$$R'_{p0,2} = 200 + \frac{568}{\sqrt{\lambda_2}} \qquad \text{Kokille} \qquad (5.5a)$$

$$R'_{p0,2} = 231 + \frac{385}{\sqrt{\lambda_2}} \qquad \text{Sand} \qquad (5.5b)$$

Diese abgeschätzte Korrelation in Gl. 5.5b stimmt gut mit der experimentell ermittelten Korrelation der zyklischen Dehngrenze mit dem Hall-Petch-Parameter $1/\sqrt{DAS}$ bzw. $1/\sqrt{\lambda_2}$ in Abbildung 5.21 für die Sandgusszustände überein:

$$R'_{p0,2} = 243 + \frac{400}{\sqrt{\lambda_2}} \qquad \text{Sand} \qquad (5.6)$$

Diese Gleichungen sind für teilausgehärtete Zustände, wie z. B. den T64-Zustand S3A, nicht anwendbar. Für die Sandgusszustände konnte dies auf Basis der quasi-statischen Zugfestigkeit R_m mit Hilfe des in Abbildung 5.26 experimentell ermittelten Zusammenhangs erfolgen und soll im Weiteren am Beispiel der

T6- und T64-Sandgusszustände näher evaluiert werden:

$$R'_m = 1,47 \cdot R_m - 92 \tag{5.7}$$

Aus Gl. 5.7 ergeben sich mit Gl. 5.4b folgende Zusammenhänge für die zyklische Dehngrenze der Sandgusszustände (Gl. 5.8):

$$R'_{p0,2} = 0,99 \cdot R_m + 33 \tag{5.8}$$

Wenn angenommen wird, dass der ermittelte Zusammenhang in Gl. 5.3 zwischen DAS und zyklischer Zugfestigkeit auch für teilausgehärtete Zustände gültig ist und dort zu einer parallelen Verschiebung der Gerade zu niedrigeren Festigkeitswerten führt, so ändert sich in Gl. 5.3 lediglich der Achsenabschnitt $R'_{m,0}$ (T6: 220 MPa):

$$R'_m = R'_{m,0} + \frac{570}{\sqrt{\lambda_2}} \tag{5.9}$$

Für einen gegebenen Referenzwerkstoff mit bekannter Zugfestigkeit $R_{m,ref}$ und DAS $\lambda_{2,ref}$ wird der Achsenabschnitt mit Hilfe von Gl. 5.9 wie folgt berechnet:

$$R'_{m,0} = \left(1,47 \cdot R_{m,ref} - 92\right) - \frac{570}{\sqrt{\lambda_{2,ref}}} \tag{5.10}$$

Die Gleichungen 5.9 und 5.10 können dann wie folgt zusammengeführt werden, um anhand eines einzelnen Referenzwerkstoffs den Einfluss des Dendritenarmabstands auf die zyklische Zugfestigkeit abschätzen zu können:

$$R'_m(\lambda_2) = 570 \cdot \left(\frac{1}{\sqrt{\lambda_2}} - \frac{1}{\sqrt{\lambda_{2,ref}}}\right) + 1,47 \cdot R_{m,ref} - 92 \tag{5.11}$$

Analog kann für die zyklische Dehngrenze vorgegangen werden. Über Gl. 5.5b und Gl. 5.8 kann Gl. 5.11 wie folgt umgewandelt werden:

$$R'_{p0,2}(\lambda_2) = 385 \cdot \left(\frac{1}{\sqrt{\lambda_2}} - \frac{1}{\sqrt{\lambda_{2,ref}}}\right) + 0,99 \cdot R_{m,ref} + 33 \tag{5.12}$$

In Abbildung 5.28 sind die mittels Gl. 5.11 und Gl. 5.12 abgeschätzten zyklischen Zugfestigkeiten und Dehngrenzen mit den experimentell ermittelten zyklischen Zugfestigkeiten (IST+) und Dehngrenzen (IST) verglichen. Die Abschätzung für die T6-Zustände erfolgte auf Basis der Zustände S1 bis S4 über die zustandsspezifische quasi-statische Zugfestigkeit und DAS, um den Einfluss unterschiedlicher DAS-Referenzzustände auf die Vorhersagegenauigkeit des DAS-Festigkeits-Zusammenhangs zu evaluieren.

Der Vergleich zeigte, dass für alle T6-Sandgusszustände eine sehr gute Vorhersage der Struktur-Eigenschafts-Zusammenhänge möglich ist und die berechneten Kennwerte für unterschiedliche DAS weniger als 5 % von den experimentellen Kennwerten abweichten. Dies konnte außerdem für den T64-Zustand validiert werden. Mit den Gl. 5.10 und Gl. 5.11 ist somit eine gute Abschätzung der zyklischen Zugfestigkeit und Dehngrenze in Abhängigkeit vom DAS auf Basis eines einzelen DAS-Referenzzustands möglich. Für die Praxis bedeutet dies, dass nicht mehr für jeden Bereich Werkstoffproben mit unterschiedlichen DAS entnommen werden müssten, sondern Werkstoffproben aus einem Bauteilbereich ausreichen, um die zyklische Zugfestigkeit und Dehngrenze für verschiedene DAS-Bereiche im gesamten Bauteil abzuschätzen. Voraussetzung ist eine vergleichbare Wärmebehandlung im gesamten Bauteil.

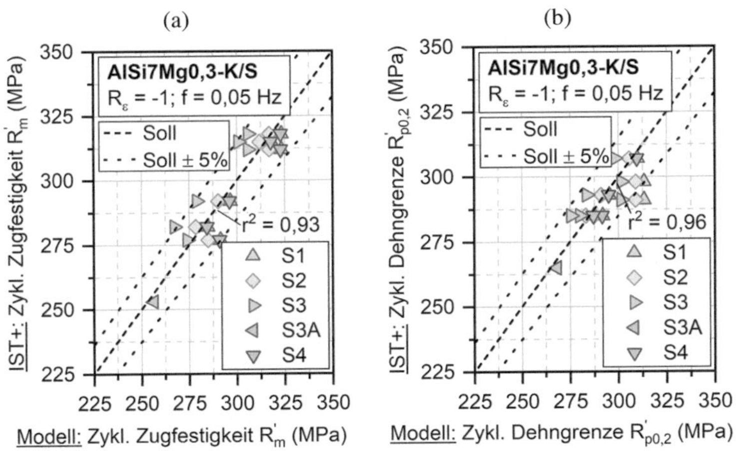

Abbildung 5.28 Überprüfung des Modells zur Abschätzung der (a) zyklischen Zugfestigkeit (Gl. 5.10) und (b) zyklischen Dehngrenze (Gl. 5.12) auf Basis der quasi-statischen Zugfestigkeit und dem DAS verschiedener Referenz-Sandgusszustände

Eine Abschätzung des zyklischen Verfestigungsexponenten n' konnte auf Basis des zyklischen Dehngrenzenverhältnisses $R'_{p0,02}/R'_{p0,2}$ oder $R'_{p0,02}/K'$ erfolgen und ist in Abbildung 5.29a gezeigt. Die linearen Zusammenhänge konnten über Gl. 5.13a ($r^2 = 0{,}90$) und Gl. 5.13b ($r^2 = 1{,}00$) beschrieben werden:

$$n' = 0,44 - 0,44 \cdot \frac{R'_{p0,02}}{R'_{p0,2}} \tag{5.13a}$$

$$n' = 0,23 - 0,25 \cdot \frac{R'_{p0,2}}{K'} \tag{5.13b}$$

Zur Nutzung von Gl. 5.13b mit dem sehr hohen Bestimmheitsmaß müsste der Verfestigungskoeffizient K' über die Anhaltswerte aus Abbildung 5.25b abgeschätzt werden. Für eine exaktere Abschätzung von K' konnte der in Abbildung 5.29b ermittelte Zusammenhang zwischen den quasi-statischen und zyklischen Dehngrenzen $R'_{p0,02}$ und $R'_{p0,2}$ genutzt werden, um mit Hilfe von Gl. 5.13a den Verfestigungskoeffizienten n' abzuschätzen und anschließend K' durch Umstellen von Gl. 5.13b zu ermitteln.

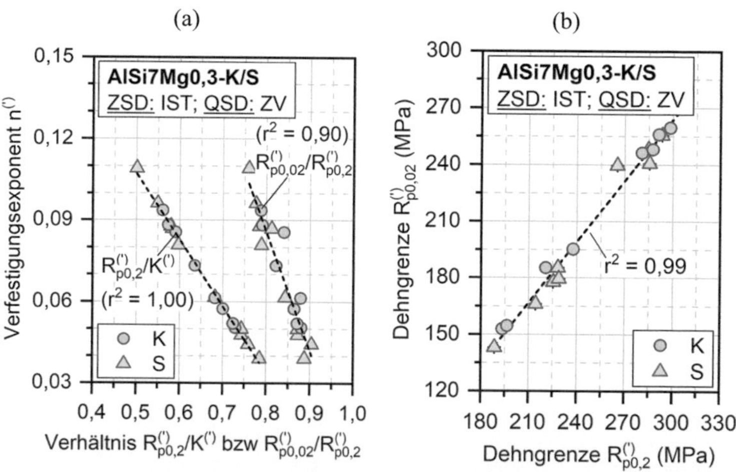

Abbildung 5.29 Struktur-Eigenschafts-Zusammenhänge für die quasi-statischen und zyklischen Verfestigungsexponenten und Dehngrenzen

Hierzu wurde im ersten Schritt der folgende Zusammenhang zwischen quasi-statischen und zyklischen 0,02 %-Dehngrenze $R'_{p0,02}$ und 0,2 %-Dehngrenze $R'_{p0,2}$ benötigt ($\mathrm{r}^2 = 0{,}99$):

$$R'_{p0,02} = 1,08 \cdot R'_{p0,2} - 59 \tag{5.14}$$

Für den zyklischen Beanspruchungsfall bedeutete dies, dass die Dehngrenze $R'_{p0,02}$ durch Einsetzen von Gl. 5.12 in Gl. 5.14 bestimmt werden konnte:

$$R'_{p0,02}(\lambda_2) = 414 \cdot \left(\frac{1}{\sqrt{\lambda_2}} - \frac{1}{\sqrt{\lambda_{2,ref}}} \right) + 1,07 \cdot R_{m,ref} - 24 \tag{5.15}$$

Auf Basis von Gl. 5.15 und Gl. 5.12 und den quasi-statischen Eigenschaften eines Referenzzustands (Zugfestigkeit, DAS) kann der zyklische Verfestigungs-expoenent n' in guter Näherung für unterschiedliche DAS abgeschätzt werden. Zudem kann mit Hilfe der umgestellen Gl. 5.13b der zyklische Verfestigungsko-effizient wie folgt bestimmt werden:

$$K^{(')} = \frac{R^{(')}_{p0,2}}{0,94 - 4,08 \cdot n^{(')}} \tag{5.16}$$

Letztlich konnte am Beispiel der Sandgusszustände gezeigt werden, dass auf Basis von Gl. 5.8 der Verfestigkeitskoeffizient K' und der Verfestigungsexpo-nent n' in Abhängigkeit von der Zugfestigkeit und vom DAS eines Werkstoffs zuverlässig abgeschätzt werden können.

5.3 Ermüdungsverhalten im HCF-Bereich

Im Rahmen der Ermüdungsuntersuchungen war es das übergeordnete Ziel, die unterschiedlichen strukturellen Merkmale und Verformungseigenschaften mit dem Ermüdungs- und Schädigungsverhalten bei hohen (HCF) und sehr hohen Lastspielzahlen (VHCF) zu korrelieren, um die ausschlaggebenen Merk-male und Eigenschaften zur Bewertung und Abschätzung der mechanischen Leistungsfähigkeit auf Basis bruchmechanischer Modelle zu identifizieren.

In diesem Kapitel wird das Ermüdungsverhalten im HCF-Bereich näher charakterisiert. Hierzu wurde der Einfluss der HIP-Behandlung (Defekte), der

Erstarrungsrate (DAS), des Gießverfahrens (Si-Partikel) und der Wärmebehandlung (Aushärtung, Si-Partikel) hinsichtlich der Lebensdauer anhand von Wöhler-Kurven betrachtet (lebensdauerorientiert). Im Anschluss erfolgt im Abschnitt 5.5 eine Separierung des Ermüdungsfortschritts auf Basis der messtechnisch instrumentierten Ermüdungsversuche hinsichtlich verformungs- und schädigungsdominierter Vorgänge (vorgangsorientiert).

Das Ermüdungsverhaltens von aushärtbaren Al-Si-Mg-Gusslegierungen wurde im ersten Schritt anhand von konventionellen Wöhler-Diagrammen betrachtet. Die Auswertung der Wöhler-Versuche und Ermittlung der Wöhler-Kurve erfolgte nach DIN 50100 [29] in doppellogarithmischer Darstellung und erlaubte eine lebensdauerorientierte Betrachtung. Die mathematische Beschreibung der Wöhler-Kurven erfolgte für den HCF- und VHCF-Bereich anhand der modifizierten Basquin-Gleichung (Gl. 2.3: N_B anstelle $2\,N_B$), die bei logarithmischer Skalierung als Gerade erscheint. Die zustandsspezifischen Kennwerte der Basquin-Gleichung werden stets tabellarisch gegenübergestellt.

Die Ermüdungsuntersuchungen wurden an unterschiedlichen Prüfsystemen durchgeführt, um das HCF- und VHCF-Verhalten zu charakterisieren und den Prüffrequenzeinfluss zu bewerten:

- Servohydraulisches Prüfsystem: $R_\varepsilon = -1$; f $= 0{,}05$ Hz; $N_G = 10^4$; LCF
- Resonanzprüfsystem: $R = -1$; f $= 70 \pm 10$ Hz, $N_G = 10^7$, HCF
- Hochfrequenz-Resonanzprüfsystem: $R = -1$; f $= 1$ kHz, $N_G = 5 \cdot 10^8$, VHCF-I
- Ultraschallprüfsystem: $R = -1$; f $= 20$ kHz, $N_G = 10^9$, VHCF-II

Im Abschnitt 5.3 liegt der Schwerpunkt auf den spannungsgeregelten Ermüdungsversuchen am Resonanzprüfsystem (f $\approx$ 70 Hz) im HCF-Bereich. Die Übertragbarkeit der am servohydraulischen Prüfsystem ermittelten ZSD-Kurven (f $= 0{,}05$ Hz; dehnungsgeregelt) auf die spannungsgeregelten Versuche am Resonanzprüfsystem wurden im Übergangsbereich bei vergleichbaren Beanspruchungen überprüft. Die spezifische Spannungsamplitude der dehnungsgeregelten Wöhler-Versuche wurde bei halber Anrisslastspielzahl bestimmt und in den Wöhler-Diagrammen berücksichtigt.

Aufgrund der hohen Streuung der Wöhler-Versuche für defektbehaftete Al-Si-Gusslegierungen ab 10^5–10^6 Lastspielen (vgl. [168,187,197]), war die statistische Absicherung der Ermüdungsfestigkeit für die Grenzlastspielzahl 10^7 nicht Ziel der Arbeit. Nach FKM-Richtlinie [31] sind für Al-Legierungen zwei Übergangslastspielzahlen von 10^6 und 10^8 im HCF- und VHCF-Bereich definiert (siehe Abbildung 2.9). Entsprechend wurde die Ermüdungsfestigkeit am Resonanzprüfsystem für eine Bruchlastspielzahl von 10^6 ($\sigma_{aL,1E6}$) über die Wöhler-Kurven im HCF-Bereich ermittelt. Im VHCF-Bereich wurde die Ermüdungsfestigkeit am Hochfrequenz-Resonanzprüfsystem und Ultraschallprüfsystem anhand der Wöhler-Kurven für eine Bruchlastspielzahl von 10^8 ($\sigma_{aL,1E8}$) ermittelt.

Neben den Wöhler-Kurven wurden relative Wöhler-Kurven genutzt, in denen das Verhältnis von Spannungsamplitude zur abgeschätzten Ermüdungsfestigkeit σ_{aL}^{**} nach dem Murakami-Noguchi-Modell (Gl. 2.86) gebildet wurde. Dies diente zum einen der Validierung des Murakami-Noguchi-Modells für AlSi7Mg0,3-Kokillen- und Sandgusswerkstoffe. Zum anderen konnten durch die relativen Wöhler-Kurven die Einflussgrößen Defekte und Ausscheidungshärte herausgerechnet werden, um zu überprüfen, ob weitere strukturelle Merkmale das Ermüdungsverhalten beeinflussen, z. B. die Feinheit des DAS oder Ausprägung der eutektischen Si-Partikel.

5.3.1 Einfluss der HIP-Behandlung

Die Porosität und die maximale Defektgröße gehören zu den lebensdauerbestimmenden Strukturgrößen von aushärtbaren Al-Si-Mg-Gusslegierungen ([168,187,197]). Je höher die Erstarrungsrate, desto geringer die Porosität und der DAS. Um bei konstanten DAS unterschiedliche Porositäten vergleichen zu können, wurden analog zu Boileau et al. [154,175] die Nachverdichtung von porösen Gusszuständen mittels HIP-Behandlung eingesetzt. In dieser Arbeit konnte die Porosität zudem durch die Schmelzereinigung beeinflusst werden, ohne den DAS zu verändern, sodass insgesamt drei Porositäts- bzw. Defektzustände mit vergleichbaren DAS zur Verfügung standen. Als Referenzzustand dient der HIP-behandelte Zustand K1 (mit Schmelzereinigung). Die Zustände ohne HIP-Behandlung K1P1 (mit Schmelzereinigung) und K1P2 (ohne Schmelzereinigung) wiesen eine ausgeprägte Porosität und große Defekte auf.

Die Ergebnisse aus den jeweiligen ESV (auch Wöhler-Versuche) sind als Punkte und die zugehörigen Wöhler-Kurven als gestrichelte Linien in Abbildung 5.30 in einem gemeinsamen Wöhler-Diagramm gegenübergestellt. Durchläufer werden durch durchgestrichene Sympoble repräsentieren und – sofern möglich – zusätzlich durch Pfeile gekennzeichnet. Die ermittelten Koeffizienten und Exponenten der Wöhler-Kurven sind für alle Kokillengusszustände in Tabelle 5.12 gegenübergestellt.

Es zeigte sich ein besonders signifikanter Einfluss der HIP-Behandlung auf die Ermüdungsfestigkeit. Da alle Zustände K1, K1P1 und K1P2 eine vergleichbare Mikrostruktur hinsichtlich Korngröße, DAS und eutektisches Silizium (siehe Abschnitt 3.2) sowie Makro- und Mikrohärte aufwiesen (siehe Abschnitt 3.3.2),

Abbildung 5.30
Wöhler-Kurven der
Zustände K1, K1P1 und
K1P2

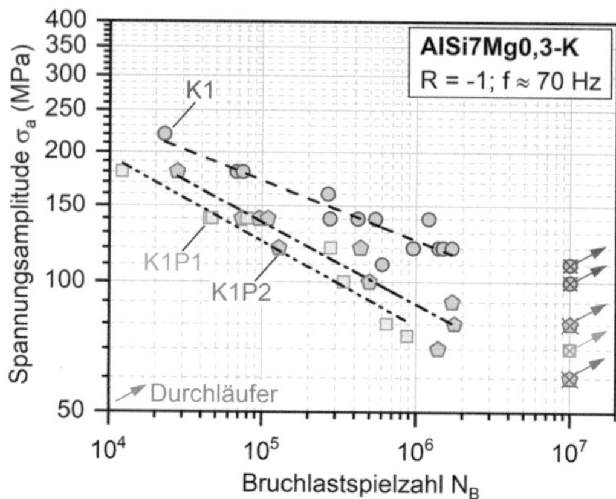

Tabelle 5.12 Kennwerte der Wöhler-Kurven und des Murakami-Noguchi-Modells im HCF-Bereich für die Zustände K1, K1P1, K1P2 und K1L

Kennwerte	K1	K1P1	K1P2	K1L
σ_B' [MPa]	851	1177	1218	1510
b	−0.139	−0.195	−0.189	−0,194
r^2	0,85	0,92	0,90	0,89
$\sigma_{aL,1E6}$ [MPa]	125,0	79,3	89,0	103,2
HV10 [kgf/mm^2]	107	96	106	104
$\overline{a}_i$ [μm]	113	422	316	119
σ_{aL}^{**} [MPa]	97,2	72,3	80,8	93,7

sollte andere strukturelle Merkmale wie die reduzierte Porosität (siehe CT-Analysen, Abschnitt 3.4) ausschlaggebened für die erhöhte Ermüdungsfestigkeit von K1 sein. In fraktographischen REM-Analysen an repräsentativen Proben der Zustände K1, K1P1 und K1P2 in Abbildung 5.31 konnten Poren als bruchauslösende Defekte identifiziert werden. In den Sandgusszuständen ging der Probenbruch ebenfalls von Poren aus und ist in Abbildung 5.31b gezeigt, um zu unterstreichen, dass die Quantifizierung des Defekteinflusses essentiell ist, um das Ermüdungsverhalten verschiedener Gusszustände im HCF- und VHCF-Bereich zu verstehen.

Ein direkter Vergleich ist zwischen Zustand K1P1 und K1P2 über Abbildung 5.31a + b möglich (gleicher Maßstab). Es ist zu erkennen, dass die bruchauslösende Pore im Zustand K1P1 deutlich größer ist als im Zustand K1P2. Das bestätigt die CT-Ergebnisse in Abschnitt 3.4, wonach K1P1 die höchste Porosität und die meisten großflächigen Defekte besitzt. In beiden Zuständen ist die dendritische Erstarrungsstruktur zu erkennen, weshalb die bruchauslösenden Poren als Schwindungsporen klassiert werden (vgl. Abschnitt 2.1.3). Die mittleren Porengrößen wurden für K1P1 zu 422 ± 98 μm und K1P2 zu 316 ± 86 μm bestimmt (s. Tabelle 5.12). Im Vergleich zum HIP-Zustand K1 mit einer Porengröße von 113 ± 34 μm wiesen die Zustände K1P1 und K1P2 also im Mittel eine um den Faktor 3 bis 4 erhöhte Porengröße auf. Für jeden Zustand wurde für mind. fünf Ermüdungsproben die bruchauslösenden Poren bzw. Defekte identifiziert und die konvexen Defektquerschnitte vermessen, um die probenspezifische bruchauslösende Defektgröße a_i und die zustandsspezifische, mittlere Defektgröße $\bar{a}_i$ zu ermitteln. Der letztere Defektkennwert ermöglichte zusammen mit der zustandsspezifischen Makrohärte HV10 und dem E-Modul (s. Tabelle 5.7) eine Abschätzung der Ermüdungsfestigkeit σ_{aL}^{**} nach dem Murakami-Noguchi-Modell und ist in Tabelle 5.12 inkl. HV10 und $\bar{a}_i$ aufgeführt.

Abbildung 5.31 Fraktographische Aufnahmen der bruchauslösenden Defekte in den Kokillengusszuständen: (a) K1P2 (b), K1P1 (c), K1, (d) S3

Die reduzierten Defektgrößen in K1 führten zu einer signifikanten Erhöhung der Ermüdungsfestigkeit $\sigma_{aL,1E6}$ um 60 %. Im Zeitfestigkeitsbereich führte die Reduktion der Defekte bei einer Spannungsamplitude von 140 MPa zu einer Lebensdauersteigerung um eine Dekade (Faktor 10). Bei Betrachtung der Zustände K1P1 und K1P2, die mit (K1P1) und ohne (K1P2) Schmelzereinigung hergestellt wurden, zeigte sich, dass die Schmelzereinigung zu einem signifikanten Abfall der Ermüdungsfestigkeit $\sigma_{aL,1E6}$ um 11 % führte. Die Lebensdauer im Zeitfestigkeitsbereich bei 140 MPa halbierte sich. Dieser Unterschied konnte mit Hilfe der fraktographischen REM-Analysen direkt auf die größeren bruchauslösenden Poren bzw. mittels CT-Analysen indirekt auf die erhöhte Porosität von 0,17 % (K1P1) zu 0,09 % (K1P2) und die erhöhte Anzahl an großflächigen Poren (siehe Abbildung 3.9) zurückgeführt werden.

Um zu überprüfen, ob es neben der Härte und der Defektgröße noch weitere ausschlaggebende strukturelle Unterschiede zwischen den Zuständen K1, K1P1 und K1P2 gibt, wurden in Abbildung 5.32a die Wöhler-Kurven auf die abgeschätzte Ermüdungsfestigkeit nach Murakami-Noguchi bezogen. Hierdurch zeigten sich keine signifikanten Unterschiede mehr zwischen den Zuständen. Entsprechend sind die Unterschiede in der Ermüdungsfestigkeit und dem HCF-Verhalten primär auf die bruchauslösenden Defektgrößen und sekundär auf die Makrohärte zurückzuführen. Die Streuung der Ermüdungsergebnisse ist allerdings unverändert zu Abbildung 5.30. Erfolgt die Ermittlung der rel. Wöhler-Diagramme nicht über die zustandsspezifische, mittlere bruchauslösende Defektgröße $\bar{a}_i$, sondern die probenspezifische Defektgröße a_i, so ergibt sich Abbildung 5.32b.

Die Ermüdungsergebnisse und rel. Wöhler-Kurven zeigten einen vergleichbaren Verlauf zu Abbildung 5.32a (qualitativ), wiesen jedoch eine deutlich reduzierte Streuung auf (quantitativ). Diese äußerte sich unter anderem in einer Erhöhung des Bestimmtheitsmaßes r^2 von 0,85 auf 0,93. Die relative Wöhler-Kurve konnte für beide Diagramme analog zu Basquin einheitlich beschrieben werden. Die ermittelten Werte für den relativen Ermüdungsfestigkeitskoeffizienten und -exponenten variierten deutlich. Aus Abbildung 2.9 ist ersichtlich, dass sich für rel. Wöhler-Kurven (hier über R_m) eine Neigung $k = -1/b$ von näherungsweise 5 ergibt. Eine vergleichbare Neigung von 5,2 ergab sich auch in Abbildung 5.32b bei probenspezifischen rel. Wöhler-Kurven. Diese probenspezifische Berechnung der rel. Wöhler-Kurven ist der zustandsspezifischen Berechnung (Steigung von 6,1) überlegen, erforderte aber eine REM-basierte Defektanalyse bei einer Vielzahl von Proben. Zudem wiesen alle Durchläufer des probenspezifischen rel. Wöhler-Diagramms eine rel. Spannungsamplitude ≤ 1 auf, sodass das Murakami-Noguchi-Modell für die Kokillengusszustände validiert werden

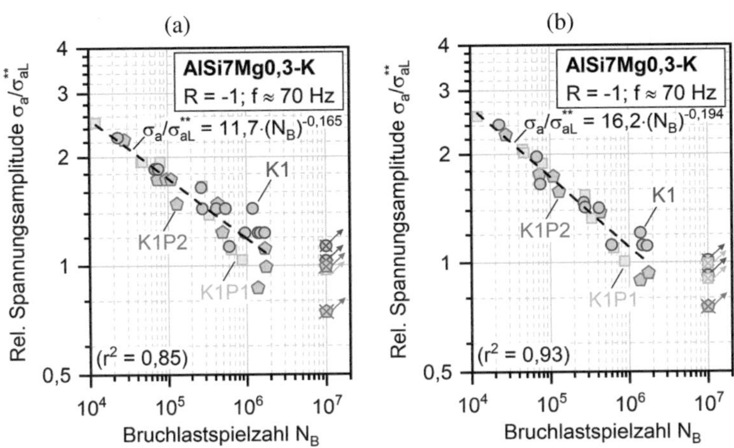

$$\sigma_a/\sigma_{aL}^{**} = 11{,}7 \cdot (N_B)^{-0,165}$$

$$\sigma_a/\sigma_{aL}^{**} = 16{,}2 \cdot (N_B)^{-0,194}$$

Abbildung 5.32 Relative Wöhler-Kurven nach Murakami-Noguchi der Zustände K1, K1P1 und K1P2 mit (a) zustandsspezifischen Defektgrößen und (b) probenspezifischen Defektgrößen

konnte. Da die zustandsspezifischen rel. Wöhler-Kurven eine qualitativ vergleichbare Bewertung bei einem deutlich reduzierten Analyseaufwand ermöglichten, wurden die rel. Wöhler-Kurven im Weiteren analog zu Abbildung 5.32a ermittelt. In ausgewählten Untersuchungsreihen konnte zusätzlich die probenspezifische Auswertung durchgeführt werden. An entsprechender Stelle wird explizit darauf hingewiesen.

5.3.2   Einfluss der Lösungsglühung

Die veränderte Lösungsglühung im Zustand K1L (530 °C statt 545 °C) führte zu einer verringerten Größe der eutektischen Si-Partikel im Vergleich zu K1 (-16 %) bei vergleichbarer Härte 104 HV10 (K1: 107 HV10). Die Porosität war aufgrund der gleichen Abgussbedingungen und HIP-Behandlung vergleichbar zu K1 ($\rho < 0{,}001$ %). Die bruchauslösenden Defektgrößen waren mit 119 ± 19 μm nahezu identisch mit K1 (113 ± 34 μm). Der Einfluss der Lösungsglühung auf die Ermüdungsfestigkeit ist in Abbildung 5.33 anhand von (relativen) Wöhler-Kurven gezeigt.

Die ESV auf den höchsten Beanspruchungsniveaus in beiden Zuständen wurden totaldehnungsgeregelt am servohydraulischen Prüfsystem durchgeführt. Die Vergleichs-Spannungsamplitude wurde bei halber Anrisslastspielzahl ($N_A/2$) ermittelt. Die charakteristischen Kennwerte der Wöhler-Kurven sind für den in Tabelle 5.12 mit den anderen Kokillengusszuständen aufgelistet. Die Ermüdungsfestigkeit bei 10^6 Lastspielen lag mit 103,2 MPa um −17 % unterhalb von K1 (125,0 MPa). Der Einfluss der Lösungsglühung war besonders deutlich ab 10^5 Lastspielen zu erkennen. Im Beanspruchungsbereich von 120 bis 140 MPa versagten die Proben von K1L im Durchschnitt um den Faktor 2,9 bis 2,1 früher als die Proben von K1. Der Unterschied in den Neigungen der Wöhler-Kurven kann auf eine reduzierte Barrierewirkung gegen Risswachstum der feineren eutektischen Si-Partikel im Zustand K1L hindeuten, wie es von Lados [253] ermittelt werden konnte, und sich durch einen reduzierten Schwellenwert des Spannungsintensitätsfaktors und ein beschleunigtes Rissfortschrittverhalten äußert. Da das Rissfortschrittsverhalten insb. für Kurzrisse bei niedrigen Spannungsamplituden maßgeblich ist, stieg die Bruchlastspielzahl von K1 – gröbere Si-Partikel und erhöhte Barrierewirkung gegen Kurzrissfortschritt – im Vergleich bzw. Verhältnis zu K1L mit sinkender Beanspruchung immer stärker an. Dieser Aspekt soll in Abschnitt 5.5 auf Basis von Rissfortschrittsuntersuchungen näher betrachtet werden.

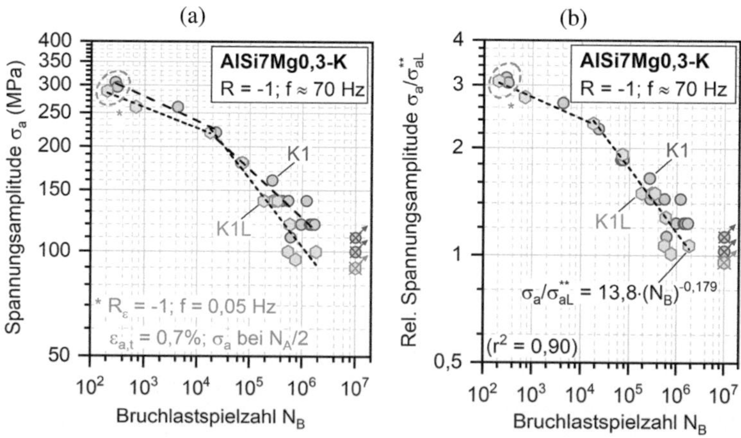

Abbildung 5.33 Einfluss der Lösungsglühtemperatur von K1 (545 °C, Referenz) und K1L (530 °C) auf (a) die Wöhler-Kurven und (b) die relativen Wöhler-Kurven nach Murakami-Noguchi

Für die Zustände K1 und K1L wurden ausgewählte Proben im LCF-Bereich am Resonanzprüfsystem (ca. 70 Hz) und servohydraulischen Prüfsystem (0,05 Hz) geprüft. Zwischen beiden Prüfsystemen ist ein kontinuierlicher Übergang zu verzeichnen, sodass anhand dieser Ermüdungsversuche kein signifikanter Frequenzeinfluss zwischen 70 und 0,05 Hz nachgewiesen werden konnte. Diese Erkenntnis konnte in den nachfolgenden Untersuchungsreihen an den Sandgusszuständen untermauert werden. Zwischen LCF- und HCF-Bereich kommt es zum Abknicken der Wöhler-Kurve und die Neigung erhöht sich um den Faktor 2 (K1) bis 3 (K1L). Da eine Ermittlung der Übergangslastspielzahl nach DIN 50100 [29] infolge der geringen Versuchsanzahl nicht möglich war, wurde der Übergangsbereich zu 10^4 bis $5 \cdot 10^4$ Lastspielen zwischen LCF- und HCF-Bereich abgeschätzt. Im LCF-Bereich wies K1L eine reduzierte Ermüdungsfestigkeit zu K1 auf, der qualitativ vergleichbar zum HCF-Bereich ab 10^5 Lastspielen ist. Bei einer Spannungsamplitude von 260 MPa konnte für K1L eine um den Faktor 6 reduzierte Bruchlastspielzahl festgestellt werden. Im Übergangsbereich wiesen beide Zustände ein vergleichbares Ermüdungsverhalten auf.

Anhand der relativen Wöhler-Kurven kann der Einfluss des eutektischen Siliziums separat betrachtet werden, da die Härte und bruchauslösenden Defektgrößen über das Murakami-Noguchi-Modell herausgerechnet werden. Der Vergleich zu den Wöhler-Kurven zeigt, dass die reduzierten Ermüdungsfestigkeiten im HCF- als auch im LCF-Bereich von K1L auf die reduzierte Härte zurückgeführt werden können, da die bruchauslösenden Defektgrößen vergleichbar waren.

5.3.3 Einfluss der Erstarrungsrate

Der Einfluss der Erstarrungsrate wurde an den nachverdichteten Sandgusszuständen S1 (39 µm) und S3 (78 µm) untersucht, da das DAS-Verhältnis von 2 einen einfachen Vergleich ermöglichte und beide Zustände eine vergleichbare Porosität und Defektgrößenverteilung aufwiesen. In ausgewählten Untersuchungen zum Prüffrequenzeinfluss wurde zusätzlich der Zustand S2 (67 µm) genutzt. Der Zustand S4 schied aufgrund der deutlich erhöhten Porosität und Defektgrößen als Vergleichszustand zu S1 aus. Der Zustand S1 ermöglichte aufgrund des vergleichbaren DAS zu K1 zudem einen direkten Vergleich der Gießverfahren. In Abbildung 5.34 sind die LCF- und HCF-Ergebnisse im Wöhler-Diagramm für die Zustände S1, S2 und S3 gegenübergestellt. Die Koeffizienten der Wöhler-Kurven und die Murakami-Noguchi-Kennwerte sind in Tabelle 5.13 für alle in Abschnitt 5.3 untersuchten Sandgusszustände aufgelistet.

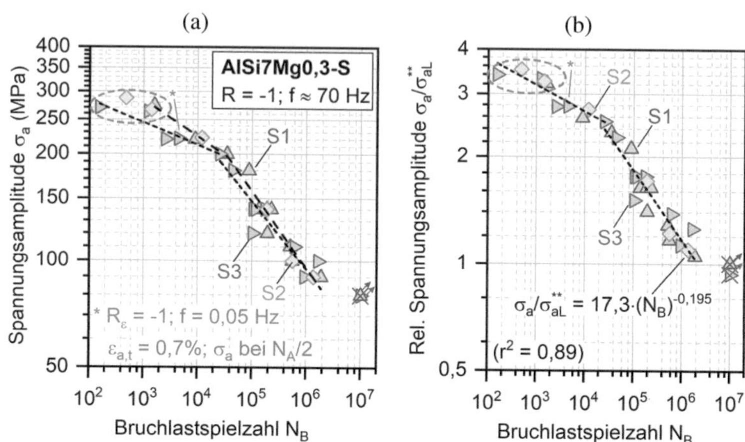

Abbildung 5.34 Einfluss des Dendritenarmabstands (S1 bis S3) auf (a) die Wöhler-Kurven und (b) die relativen Wöhler-Kurven

Tabelle 5.13 Kennwerte der Wöhler-Kurven und des Murakami-Konzepts im HCF-Bereich für die Zustände S1, S2, S3 und S3A

Basquin	S1	S2	S3	S3A
σ_B'[MPa]	1902	2170*	1221	1216
b	−0,216	−0,228*	−0,183	−0,185
r^2	0,91	0,95*	0,86	0,91
$\sigma_{aL,1E6}$[MPa]	95,7	93,3	97,1	94,3
HV10 [kgf/mm²]	105	103	101	93
$\bar{a}_i$[µm]	244	275	304	361
σ_{aL}^{**}[MPa]	85,4	81,8	79,5	73,3

* Abschätzung auf Basis von 3 Proben

Bei Vergleich der Zustände S1, S2 und S3 konnte kein signifikanter Einfluss der Erstarrungsrate und des DAS im HCF-Bereich festgestellt werden. Die ermittelten Ermüdungsfestigkeiten für 10^6 Lastspiele variierte zwischen den Zuständen S1 und S3 weniger als 2 %. Bei genauerer Betrachtung spezifischer Spannungsamplituden von 180 und 140 MPa konnte eine um 56 % bzw. 27 % erhöhte

Lebensdauer für S1 festgestellt werden. Der Zustand S2 erreichte bei den Spannungsamplituden vergleichbare Lebensdauern wie S1. Erst im Übergangsbereich zum LCF-Verhalten zeigten die Zustände S1 und S2 erhöhte Ermüdungsfestigkeiten gegenüber S3. Der Ermüdungsfestigkeitsunterschied wuchs mit Erhöhung des Beanspruchungsniveaus. Diese erhöhte Ermüdungsfestigkeit konnte auf das erhöhte Verfestigungspotential der feineren Mikrostrukturen zurückgeführt werden, dass im Rahmen der ZSD-Versuche festgestellt wurde. So wies der Zustand S1 eine um 8 % erhöhte zyklische Dehngrenze und um 14 % erhöhte zyklische Zugfestigkeit im Vergleich zu S3 auf.

In den rel. Wöhler-Kurven nach Murakami-Noguchi war der signifikante Unterschied im LCF-Bereich nicht mehr zu erkennen. Dies konnte auf die um + 7 % erhöhte Ermüdungsfestigkeit nach dem Murakami-Noguchi-Modell für S1 im Vergleich zu S3 zurückgeführt werden (S1: höhere Härte, geringere Defektgröße). Das heißt die ermittelten Unterschiede im LCF- und HCF-Bereich resultierten aus den reduzierten Defektgrößen und der erhöhten Härte der feineren DAS-Zustände S1 und S2. Ein signifikanter Einfluss des DAS konnte somit anhand dieser Untersuchungen nicht nachgewiesen werden. Zudem wiesen alle Durchläufer des rel. Wöhler-Diagramms eine rel. Spannungsamplitude ≤ 1 auf, sodass das Murakami-Noguchi-Modell auch für die Sandgusszustände validiert werden konnte.

5.3.4 Einfluss der Warmauslagerung

Die T6-Wärmebehandlung ist ein wichtiger Prozessschritt bei der Herstellung hochfester Al-Si-Mg-Legierungen und maßgeblich für die guten Festigkeits- und Dukitilitätseigenschaften. Im T64-Aushärtungszustand zeigte der Zustand S3A eine um 12 % bzw. 5 % reduzierte Dehngrenze und Zugfestigkeit bei um 30 % erhöhter Duktilität im Vergleich zum T6-Zustand S3. Der Unterschied zu den T6-Zuständen wurde unter Ermüdungsbeanspruchung infolge der starken zyklischen Verfestigung minimiert. Es ist also von Interesse, ob das quasi-statische oder zyklische Verformungsverhalten das Ermüdungsverhalten im HCF-Bereich dominiert. Das Ermüdungsverhalten der Zustände S3 und S3A ist in Abbildung 5.35a anhand Wöhler-Diagramm dargestellt. Tabelle 5.13 enthält die Kennwerte der Basquin-Gleichungen und die Ermüdungsfestigkeit $\sigma_{aL,1E6}$.

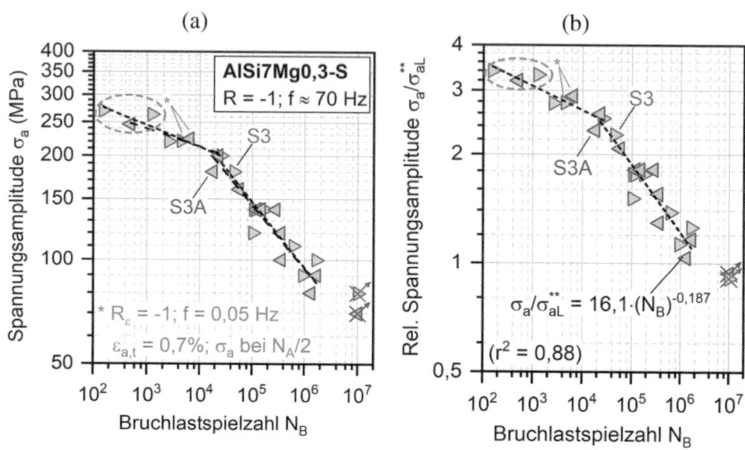

Abbildung 5.35 Einfluss der Wärmebehandlung von S3 (T6) und S3A (T64) auf (a) die Wöhler-Kurven und (b) die relativen Wöhler-Kurven

Beide Zustände wiesen trotz deutlicher Unterschiede in der Warmauslagerung vergleichbare Ermüdungsfestigkeiten im LCF- und HCF-Bereich auf. Lediglich das Beanspruchungsniveau der Durchläufer ist für den T64-Zustand reduziert. Der Vergleich der Ermüdungsfestigkeiten bei Bruchlastspielzahlen von 10^5 oder 10^6 Lastspielen zeigt einen Unterschied von nur $-2\,\%$ bis $-3\,\%$ für S3A. Werden spezifische Beanspruchungen von 180 MPa, 140 MPa und 120 MPa betrachtet, so weist der Zustand S3A eine um $12\,\%$ bis $14\,\%$ reduzierte Lebensdauer auf. Im rel. Wöhler-Diagramm in Abbildung 5.35b konnten diese geringen Unterschiede nicht mehr festgestellt werden. Das bedeutet, dass die geringen Unterschiede in den Wöhler-Kurven auf die reduzierte Ausgangshärte und die geringfügig erhöhten Defektgrößen zurückgeführt werden können und für den Zustand S3A zu einer um $8\,\%$ reduzierten Ermüdungsfestigkeit nach dem Murakami-Noguchi-Modell führt.

Für die untersuchten Sandgusswerkstoffe konnte das Ermüdungsverhalten im HCF-Bereich damit über die zustandsspezifischen Werkstoffskennwerte (a) Ausgangshärte und (b) bruchauslösende Defektegröße beschrieben werden. Abschließend wurden rel. Wöhler-Diagramme aller Sandgusszustände über die zustandsspezifische, mittlere bruchauslösende Defektgröße $\bar{a}_i$ (s. Abbildung 5.36a) und die probenspezifische Defektgröße a_i (s. Abbildung 5.36b) nach dem Murakami-Noguchi-Modell bestimmt.

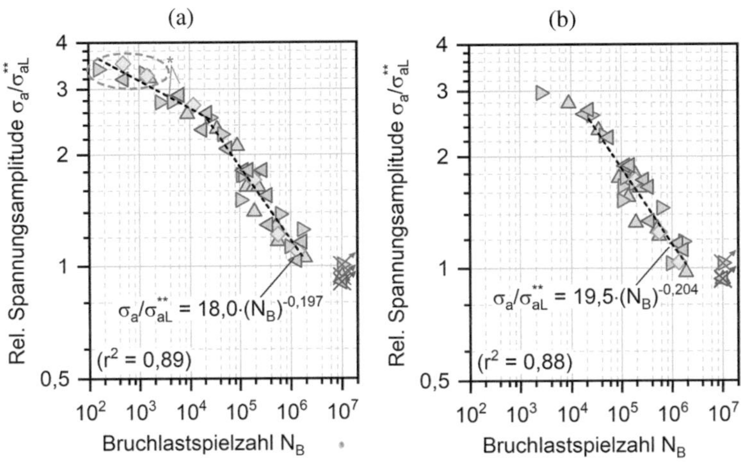

Abbildung 5.36 Relative Wöhler-Kurven der Sandgusszustände auf Basis der (a) zustandsspezifischen und (b) probenspezifischen Defektgrößen

Für die Zustände konnten in beiden rel. Wöhler-Diagrammen trotz unterschiedlicher DAS (Faktor 2 zwischen S1 und S3) und Ausgangshärten (T64: 93 HV10; T6: 101 bzw. 105 HV10) keine signifikanten Unterschiede festgestellt werden. Die Nutzung der probenspezifischen Defektgrößen führte hierbei zu einer Reduktion der Streuung. Damit zeigte sich für die Sandgusszustände ein vergleichbares Bild wie für die Kokillengusszustände in Abbildung 5.32b. Die Sandgusszustände wiesen allerdings eine leicht erhöhte Neigung (+10 %) zu den Kokillengusszuständen bei vergleichbarem Schnittpunkt mit dem Beanspruchungsverhältnis von 1 bei ca. $2 \cdot 10^6$ Lastspielen auf.

5.3.5   Einfluss des Gießverfahrens

Um den Einfluss des Gießverfahrens auf das Ermüdungsverhalten zu bewerten, wurden die rel. Wöhler-Diagramme für alle Kokillen- und Sandgusszustände in Abbildung 5.37 mit zustandsspezifischer bruchauslösender Defektgröße (links, LCF- und HCF-Bereich) und probenspezifischer bruchauslösender Defektgröße (rechts, HCF-Bereich) gegenübergestellt. Für die zustandsspezifische Betrachtung (Abbildung 5.37a) zeigten die Sandgusszustände im LCF-Bereich eine erhöhte Lebensdauer gegenüber den Kokillengusszuständen. Dieser Lebensdauergewinn war im HCF-Bereich nicht mehr feststellbar und zeigte ab der Übergangslastspielzahl von 10^6 keine signifikanten Unterschiede zwischen den Gießverfahren.

(a)   (b)

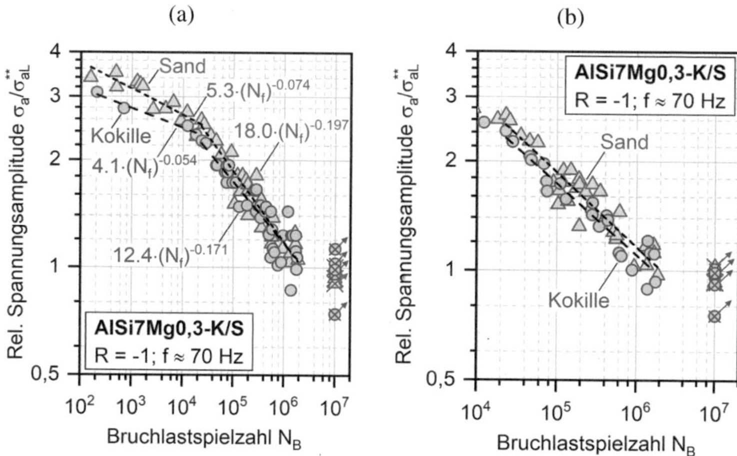

Abbildung 5.37 Relative Wöhler-Kurven der Kokillen- und Sandgusszustände nach dem Murakami-Noguchi-Modell auf Basis der (a) zustandsspezifischen Defektgrößen und (b) probenspezifischen Defektgrößen

Dieses Ergebnis wurde mittels probenspezifischer Auswertung und Ermittlung der rel. Wöhler-Diagramme in Abbildung 5.37b im HCF-Bereich überprüft. Bei probenspezifischer Betrachtung zeigten die Sandgusszustände auch im HCF-Bereich eine leicht erhöhte Lebensdauer. Die Neigung der rel. Wöhler-Kurven war dabei nahezu parallel verschoben. Die Neigung entsprach für beide Gießverfahren $k \approx 5$, was die Vorgabe aus der FKM-Richtlinie [31] in Abbildung 2.9b (S. 18) bestätigt. Die Abschätzung der Wöhler-Kurven auf Basis rel. Wöhler-Kurven mit dem Murakami-Noguchi-Modell sollte daher spezifisch für ein Gießverfahren charakterisiert werden. Insgesamt wiesen alle Durchläufer des probenspezifischen rel. Wöhler-Diagramms eine rel. Spannungsamplitude ≤ 1 auf, sodass das Murakami-Noguchi-Modell für die untersuchten Kokillen- und Sandgusszustände validiert werden konnte.

Aus (mikro)struktureller Betrachtung war diese Erkenntnis dahingegen interessant, da der Zustand mit der inhomogenen Vergütung bei gleicher Defektgröße und Härte ein verbessertes Ermüdungsverhalten im LCF- und HCF-Bereich aufwies. Bei niedrigen Beanspruchungen und Spannungsintensitäten an der Rissspitze kann dies auf die Barrierewirkung der gröberen eutektischen Si-Partikel gegenüber Rissfortschritt zurückgeführt werden. Im HCF- und VHCF-Bereich wurde diese Barrierewirkung von Krupp et al. [181] als dominierender Mechanismus identifiziert. Bei geringeren Schwingbreiten des Spannungsintensitätsfaktors von 6,0 bis 7,0 MPa$\sqrt{m}$ konnten Gall et al. [254,255] eine Partikelablösung feststellen. Erst oberhalb dieses Grenzwerts kam es zum ausgeprägten Partikelschneiden. Bei Gleitbändern kann die Barrierewirkung der Partikel auf Versetzungsaufstau zurückgeführt werden (vgl. [233,256]), während bei Rissen die Umlenkung zu einer signifikanten Reduktion der Risstriebkraft führt [257,258].

5.3.6 Lebensdauervorhersage mittels Murakami-Noguchi-Modell

Im Rahmen der bisherigen Betrachtung des Ermüdungsverhaltens an „traditionellen" Wöhler-Kurven und an relativen Wöhler-Kurven (Murakami-Noguchi-Modell) konnte gezeigt werden, dass die Lebensdauer im LCF- und HCF-Bereich maßgeblich durch die Ausgangshärte und die bruchauslösenden Defektgröße beschrieben werden kann. Die zustandsspezifische Ermüdungsfestigkeit nach dem (validierten) Murakami-Noguchi-Modell stellt also den ausschlaggebenden struktursensitiven Festigkeitskennwert zur lebensdauerorientierten Beschreibung des LCF- und HCF-Verhaltens dar.

Ein Vergleich der abgeschätzten Ermüdungsfestigkeiten mit den quasi-statischen und zyklischen Spannungs-Dehnungs-Kennwerten kann daher Aufschluss darüber geben, welche QSD- und ZSD-Kennwerte zur Vorhersage der Ermüdungsfestigkeit und Wöhler-Kurve genutzt werden sollten. Im Folgenden wurden die quasi-statischen Kennwerte in Abbildung 5.38a und die zyklischen Kennwerte in Abbildung 5.38b mit der abgeschätzten Ermüdungsfestigkeit korreliert. Es zeigte sich, dass die quasi-statischen Festigkeitskennwerte eine deutlich bessere Vorhersage der Ermüdungsfestigkeit ermöglichten als die zyklischen Festigkeitskennwerte. Dies kann an der starken zyklischen Verfestigung der AlSi7Mg0,3-Legierung liegen, die unabhängig von den strukturellen Ausgangseigenschaften wie der Defekte, DAS oder Härte zu einem vergleichbaren ZSD-Verhalten führte.

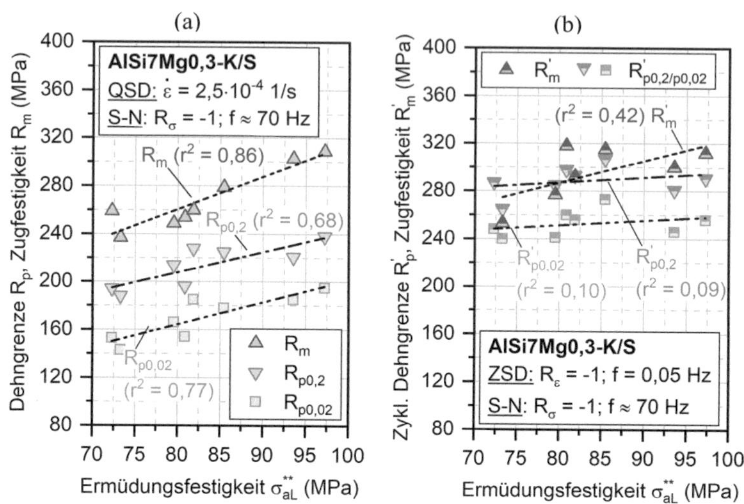

Abbildung 5.38 Korrelation der (a) QSD- und (b) ZSD-Kennwerte mit der abgeschätzten Ermüdungsfestigkeit für alle Kokillen- und Sandgusszustände

Bei genauerer Betrachtung der Korrelationen mit den QSD-Festigkeiten zeigte sich die beste Korrelation mit der Zugfestigkeit (max. Bestimmheitsmaß) gefolgt von der 0,02 %-Dehngrenze und der 0,2 %-Dehngrenze. Für die ZSD-Festigkeiten ergab sich qualitativ ein vergleichbares Bild, wobei die beste Korrelation mit der zyklischen Zugfestigkeit deutlich ungenauer ist als jede Korrelation bei den QSD-Festigkeiten. Für die zyklischen 0,02 %- und 0,2 %-Dehngrenzen konnte sogar kein signifikanter Zusammenhang festgestellt werden. ZSD-Kennwerte sind damit für die Abschätzung der Ermüdungsfestigkeit ungeeignet. Die QSD-Kennwerte ermöglichten hingegen eine gute Abschätzung. Die quasi-statische Zugfestigkeit zeigt insgesamt die beste Korrelation, allerdings für den Zustand mit der niedrigsten Ermüdungsfestigkeit eine signifikante Abweichung von der Regressionsgeraden, die für die 0,02 %- und 0,2 %-Dehngrenzen nicht festgestellt werden konnte. Entsprechend wurde untersucht, ob eine Multiplikation der QSD-Kennwerte die Vorhersagegenauigkeit weiter erhöhen kann und die Ergebnisse in Abbildung 5.39 darstellt. Das Produkt aus zwei QSD-Kennwerten wurde als Qualitätsindex-HCF Q_{HCF} bezeichnet, da auf Basis dessen die Ermüdungsfestigkeit und damit das Ermüdungsverhalten im HCF-Bereich gießverfahrens- und zustandsunabhängig beschrieben werden sollte.

Eine Quadrierung der Zugfestigkeit hatte hierbei keinen Einfluss auf die Vorhersagegenauigkeit (gleiches Bestimmtheitsmaß wie Zugfestigkeit). Die Multiplikation der Zugfestigkeit mit der 0,2 %- oder 0,02 %-Dehngrenze führten allerdings zu einer signifikanten Verbesserung der Abschätzung, die deutlich über der Genauigkeit der einzelnen QSD-Kennwerte liegt. Das Produkt aus Zugfestigkeit und 0,02 %-Dehngrenze lieferte dabei die beste Abschätzung der Ermüdungsfestigkeit mit einem Bestimmtheitsmaß von $r^2 = 0{,}90$. Aus praktischer Sicht ist das Produkt aus 0,2 %-Dehngrenze und Zugfestigkeit am sinnvollsten ($r^2 = 0{,}89$), da diese als standardmäßige Kennwerte im Zugversuch seit langem bekannt sind.

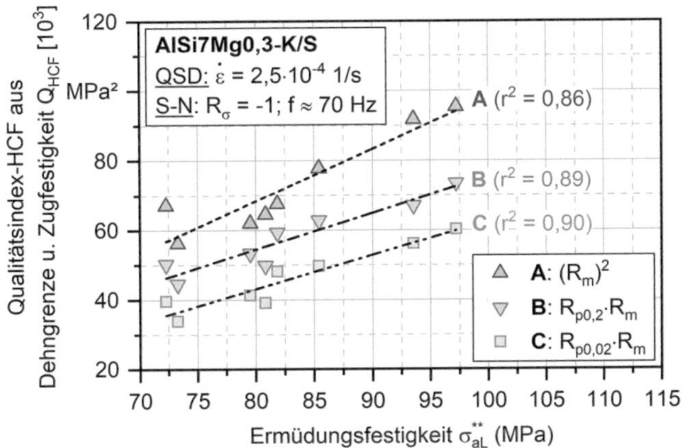

Abbildung 5.39 Korrelation der Produkte aus ZSD-Kennwerten mit der abgeschätzten Ermüdungsfestigkeit für alle Kokillen- und Sandgusszustände

In Tabelle 5.14 sind die Koeffizienten der linearen Zusammenhänge nach Gl. 5.17 zwischen den QSD- und ZSD-Kennwerten bzw. dem Qualitätsindex-HCF mit der abgeschätzten Ermüdungsfestigkeit nach dem Murakami-Noguchi-Modell inkl. der zugehörigen Bestimmtheitsmaße aufgelistet.

$$y = a + b \cdot x \tag{5.17}$$

An dieser Stelle ist hervorzuheben, dass die sehr guten Korrelationen zwischen den QSD-Kennwerten und der Ermüdungsfestigkeit für alle untersuchten

Tabelle 5.14
Korrelationskoeffizienten für Gl. 5.17 zwischen den quasi-statischen und zyklischen Spannungs-Dehnungs-Kennwerten und der abgeschätzten Ermüdungsfestigkeit nach Murakami-Noguchi

Kennwert	Gl. 5.17		
	a	b	r^2
$R_{p0,02}$ [MPa]	16,7	1,85	0,77
$R_{p0,2}$ [MPa]	71,6	1,70	0,68
R_m [MPa]	43,8	2,71	0,86
$R'_{p0,02}$ [MPa]	219,1	0,40	0,10
$R'_{p0,2}$ [MPa]	253,2	0,42	0,30
R'_m [MPa]	139,9	1,84	0,42
$R_{p0,02} \cdot R_m$ [MPa^2]	−34.798	973,7	0,90
$R_{p0,2} \cdot R_m$ [MPa^2]	−29.508	1049,1	0,89
$(R_m)^2$ [MPa^2]	−51.583	1499	0,86

Werkstoffzustände unabhängig vom Gießverfahren, DAS, Defektgröße oder Wärmebehandlung möglich waren. Die Zugfestigkeit oder 0,2 %-Dehngrenze und besonders deren Produkte (Qualitätsindex-HCF) ermöglichten eine zuverlässige und robuste Abschätzung der Ermüdungsfestigkeiten. Das bietet aus Anwendersicht große Vorteile, wenn die bruchauslösenden Defektgrößen im Bauteil nicht mittels CT detektiert oder mittels Ermüdungsuntersuchungen bestimmt werden können.

5.4   Ermüdungsverhalten im VHCF-Bereich

Für aushärtbare Al-Si-Mg-Gusslegierungen ist bei sehr hohen Lastspielzahlen (VHCF) bekannt, dass die Ermüdungsfestigkeit weiter abfällt und eine signifikante Wechselwirkung mit dem Umgebungsmedium – an der Probenoberfläche und im Defekt – vorliegt. Beide Themenstellungen wurden in diesem Kapitel für AlSi7Mg0,3-Kokillen- und Sandgusszustände in Abhängigkeit von der Mikrostruktur und Defekte näher untersucht und quantifiziert..

Das Ermüdungsverhalten im VHCF-Bereich wurde anhand ausgewählter Kokillen- und Sandgusszustände am Ultraschallprüfsystem bei 20 kHz untersucht. Der Fokus lag auf der Ermittlung von Wöhler-Kurven und der fraktographischen Analyse im Vergleich zu den HCF-Versuchen am Resonanzprüfsystem bei 70 Hz. Die Ermüdungsfestigkeit wurde für die Übergangslastspielzahl bei 10^8 mit Hilfe der Regressionsgerade bestimmt sowie für die Übergangslastspielzahl bei 10^6 extrapoliert, um diese mit den Ermüdungsversuchen bei 70 Hz vergleichen zu können. Zur Ermittlung der Wöhler-Kurve im VHCF-Bereich wurden standardmäßig mind. fünf Einstufenversuche auf unterschiedlichen Beanspruchungsniveaus mit Bruchlastspielzahlen zwischen 10^7 und 10^9 genutzt.

5.4.1 Einfluss der Lösungsglühung und HIP-Behandlung

Für die Kokillengusszustände stand der Einfluss der Lösungsglühung (K1L) auf das VHCF-Verhalten im Vergleich zum Referenzzustand K1 im Vordergrund. Der Einfluss der Porosität wurde nur an ausgewählten Proben des Zustands K1P2 untersucht. Die ermittelten Parameter für die VHCF-Wöhler-Kurve von K1P2 sind daher als Schätzwerte anzusehen, um einen qualitativen Vergleich zu ermöglichen. Die VHCF-Ergebnisse sind in Abbildung 5.40 anhand von Wöhler-Kurven dargestellt. Die Parameter der Wöhler-Kurven und die zugehörigen Werkstoffkennwerte für das Murakami-Noguchi-Modell sind in Tabelle 5.15 aufgelistet.

Die VHCF-Ergebnisse am Ultraschallprüfsystem wiesen für die Zustände K1L und K1P2 eine deutlich erhöhte Lebensdauer im Vergleich zu den HCF-Ergebnissen am Resonanzprüfsystem (70 Hz) auf. Einzig der Zustand K1 zeigte ein vergleichbares Ermüdungsverhalten zu den HCF-Untersuchungen. Um einen Werkstoffeinfluss auszuschließen, wurden für die VHCF-Proben die Makrohärte und die bruchauslösenden Defekte anhand von fraktographischen REM-Analysen ermittelt. Es zeigte sich, dass die VHCF-Proben von K1L und K1P2 vergleichbare Härten und bruchauslösende Defektgrößen zu den HCF-Proben aufwiesen, während die VHCF-Proben von K1 eine deutlich reduzierte Härte bei vergleichbaren bruchauslösenden Defektgrößen zu den HCF-Proben zeigten. Dies erklärte das unterschiedliche Ermüdungsverhalten der Zustände K1 und K1L und warum die K1-Proben auf einem vergleichbaren Niveau wie K1P2 liegen.

Aus den strukturellen Unterschieden lässt sich zudem schließen, dass eine Härtereduktion bei vergleichbaren Defektgrößen (K1) zu einer parallelen Verschiebung der Wöhler-Kurve zu niedrigeren Festigkeiten im VHCF-Bereich führt. Eine erhöhte Defektgröße bei vergleichbarer Härte (K1P2) führt zu einer deutlichen Reduktion der Ermüdungsfestigkeit. Die VHCF-Versuche für K1P2 deuten zudem darauf hin, dass die erhöhte Defektgröße die Wöhler-Kurven-Neigung beeinflusst.

Abbildung 5.40
Wöhler-Kurven im HCF-
und VHCF-Bereich für die
Kokillengusszustände K1,
K1L und K1P2

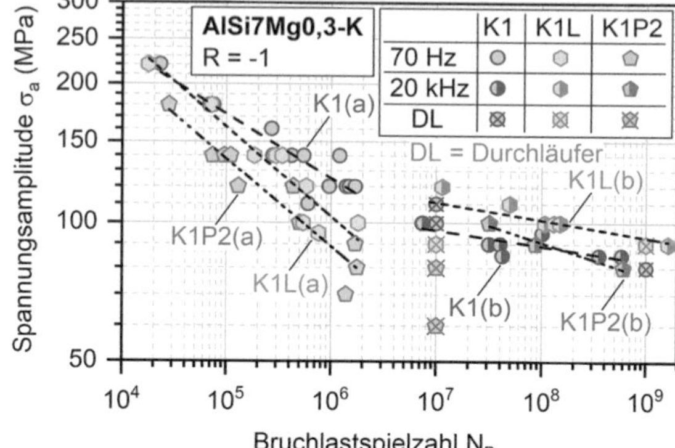

Tabelle 5.15 Kennwerte der Wöhler-Kurven für die Kokillengusszustände K1, K1L und K1P2 im (a) HCF-Bereich und (b) VHCF-Bereich

Kennwerte	K1(a)	K1(b)	K1L(a)	K1L(b)	K1P2(a)	K1P2(b)
σ_B' [MPa]	851	167	1510	204	1218	353
b	−0,139	−0,034	−0,194	−0,038	−0,189	−0,074
r^2	0,85	0,62	0,89	0,55	0,90	0,98
$\sigma_{aL,1E6}$ [MPa]	125,0	104,3**	103,2	120,9**	89,0	127,4
$\sigma_{aL,1E8}$ [MPa]	–	89,1	–	101,5	–	90,7
HV10 [kgf/mm²]	107	84	104	104	106	106
$\bar{a}_i$ [μm]	113	108/199	119	111/348	316	331
σ_{aL}^{**} [MPa]	97,2	82,0*	93,7	85,5*	80,8	80,2

* Primär Volumendefekte: Faktor Volumen/Oberfläche = 1,56/1,43 = 1,09
** Extrapolierter Kennwert

Die Betrachtung der rel. Wöhler-Kurven mittels Murakami-Noguchi-Modell erlaubte die Einflüsse von Härte und bruchauslösenden Defektgrößen der VHCF-Proben mit einzubeziehen. Dabei ist anzumerken, dass die Anrissbildung im VHCF-Bereich für die verdichteten Zustände K1 und K1L von innenliegenden Defekten erfolgte, d. h. von Volumendefekten, während im HCF-Bereich die Anrissbildung von oberflächennahen Defekten ausging. Die bruchauslösenden Defekte der VHCF-Proben, deren charakteristische Ausprägung in Abbildung 5.41 für eine repräsentative Probe von K1L veranschaulicht ist, zeigten zudem ein verändertes Erscheinungsbild zu den HCF-Proben in Abbildung 5.31.

So waren die eindeutig zu identifizierenden Poren von einem stark porösen Bereich umgeben, der deutlich größere Ausprägungen als die Pore selbst einnahm.

Aufgrund der Dimension dieses „Mikroporensaums" von 200 bis 350 μm werden diese Art von Defekten unvollständig verschweißten Poren zugeordnet, da lediglich die Zustände ohne HIP-Behandlung vergleichbare Defektgrößen aufwiesen. Das unvollständige Verschweißen deutet auf Gasporen hin, die aufgrund der begrenzten Löslichkeit von Wasserstoff in Aluminium bei Raumtemperatur entstehen (s. Abbildung 2.6b) und eine vollständige Verschweißung verhindern könnten. Dies konnte von Prasad et al. [259] für HIP-behandelte Gasporen in Ni-Basislegierungen festgestellt werden und erschwerte besonders das Schließen von großvolumigen Poren. Durch das Porenschließen während der HIP-Behandlungen konnten zudem sehr hohe Gasdrücke in der Größenordnung von 1 GPa abgeschätzt werden, die nach Prasad et al. unter mechanischer Beanspruchung wiedergeöffnet werden können. Entsprechend wurden diese Defekte im Rahmen der weiteren Betrachtungen als unvollständig geschlossene Gasporen klassifiziert.

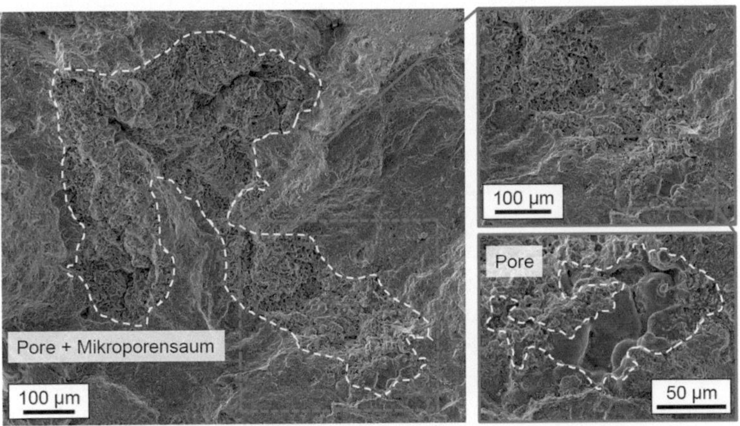

Abbildung 5.41 Fraktographische Analyse der VHCF-Proben: Identifikation von Poren mit stark poröser Umgebung (Mikroporensaum)

Die Fragestellung, die sich hieraus ergab, ist, ob die Pore oder die Pore zuzüglich Mikroporensaum als bruchauslösender Defekt betrachtet werden muss. Dies ist insbesondere für die Anwendung bzw. Anwendbarkeit des Murakami-Noguchi-Modells von Bedeutung. Hierzu wurde ein vergleichbares Vorgehen zu Murakami et al. [260] gewählt, das für die Bewertung von nichtmetallischen Einschlüssen in Stählen im VHCF-Bereich genutzt wurde, an denen sich ein sog. „Fish-Eye"-Versagen infolge von lokaler Wasserstoffversprödung um den Defekt zeigte und optisch im Lichtmikroskop dunkel erschien (engl.: Optical Dark Area, ODA). Um zu bewerten, ob nur der Einschluss oder zuzüglich der umgebende „Fish-Eye"-Versagensbereich als bruchauslösende Defektgröße genutzt werden muss, wurde verglichen, für welche Defektgröße die rel. Spannungsamplitude von 1 bei Erreichen der Ermüdungsfestigkeit erreicht wird. Die rel. Wöhler-Kurven sind in Abbildung 5.42 für die Poren (links) und Poren zuzüglichen Mikroporensaum (rechts) gegenübergestellt. Die zugehörigen bruchauslösenden Defektgrößen sind in Tabelle 5.15 für beide Fälle angegeben (Pore/Pore zzgl. Mikroporensaum). Die Defektgrößen ohne Mikroporensaum wiesen eine vergleichbare Größenordnung zu den bruchauslösenden Defekten in den HCF-Proben auf. Der Zustand K1P2 blieb unverändert, da kein Mikroporensaum vorhanden war. Es zeigte sich, dass die Nutzung der Poren für sich, zu einer deutlichen Unterschätzung der Ermüdungsfestigkeit von bis zu 17 % nach dem Murakami-Noguchi-Modell führte. Wurde der Mikroporensaum der bruchauslösenden Defekte hinzugerechnet, lagen nur die Durchläufer der VHCF-Proben unterhalb einer rel. Spannungsamplitude von 1. Durch die veränderte Lage der bruchauslösenden Defekte und den umgebenden Mikroporensaum änderte sich der Geometriefaktor zur Abschätzung der Ermüdungsfestigkeit von 1,43 (Oberflächendefekt) zu 1,56 (Volumendefekt). In den VHCF-Proben von K1P2 ging die Anrissbildung von Oberflächenporen ohne Mikroporensaum aus und damit vergleichbar zu den HCF-Proben. Entsprechend waren die abgeschätzten Ermüdungsfestigkeiten nach Murakami-Noguchi trotz vergleichbarer oder sogar reduzierter Werkstoffkennwerte zu den HCF-Versuchen deutlich erhöht.

Bei den rel. Wöhler-Kurven im VHCF-Bereich fiel auf, dass die Unterschiede zwischen den Zuständen K1, K1L und K1P2 ab 10^8 Lastspielen deutlich reduziert waren, wobei der Zustand K1L tendenziell eine höhere Ermüdungsfestigkeit insbesondere bei niedrigeren Bruchlastspielzahlen im VHCF-Bereich aufwies. Da für K1L der Defektgrößenzuwachs in Folge des Mikroporensaums am größten ist, kann vermutet werden, dass der Rissfortschritt innerhalb des Mikroporensaums bei solchen Größen- und Flächenunterschieden nicht zu vernachlässigen ist. Dies kann an dieser Stelle nicht abschließend geklärt werden und wird in Abschnitt 5.5.3 anhand von Rissfortschrittskurven an den Resonanzprüfsystemen weiter analysiert. Der Vergleich der rel. Wöhler-Kurven für Oberflächenanrisse anhand von K1P2 am Resonanzprüfystem (70 Hz) mit dem Ultraschallprüfsystem bei rel. Spannungsamplitude von 1,04 und 1,2 zeigt einen defektbereinigten Lebensdauergewinn um mindestens ein bis zwei Dekaden an. Die Lebensdauer für K1 und K1L bei diesen rel. Spannungsamplituden steigt vergleichbar zu K1P2 an. Es kann also die Hypothese aufgestellt werden,

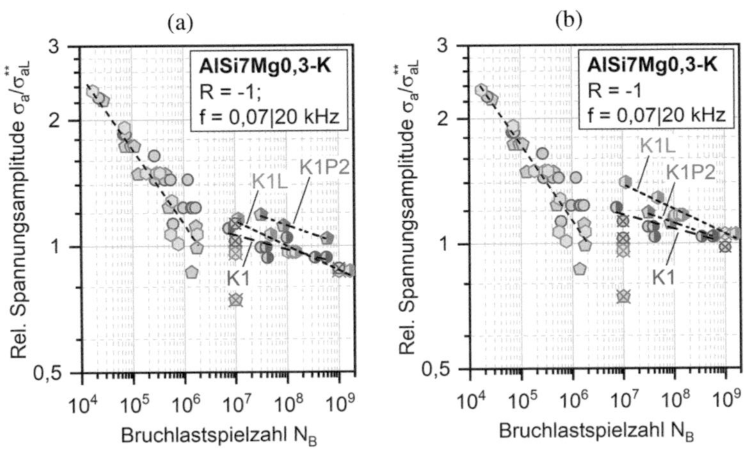

Abbildung 5.42 Relative Wöhler-Kurven im HCF- und VHCF-Bereich für die Kokillen-gusszustände K1, K1L und K1P2 auf Basis (a) des einzelnen Defekts und (b) des Defekts zuzüglich des umgebenden Mikroporensaums

dass Oberflächen- und Volumenrisse unter Ultraschall-Ermüdungsbeanspruchung vergleichbare Rissfortschrittsraten aufweisen. Dies würde erklären, warum die bruchauslösenden Defekte in den Zuständen K1 und K1L im VHCF-Bereich von der Oberfläche ins Volumen wechselten. Diese Hypothese wurde im Rahmen der nachfolgenden VHCF-Untersuchungen an den Sandgusszuständen weiter untersucht.

5.4.2   Einfluss der Erstarrungsrate und der Warmauslagerung

Analog zu den Kokillengusszuständen wurden für die VHCF-Proben (20 kHz) die bruchauslösenden Defekte (Poren zzgl. Mikroporensaum) separat ausgemessen. Da die HCF- und VHCF-Proben aus den gleichen Abgüssen entnommen wur-den, konnten Härteunterschiede ausgeschlossen werden. Die (relativen) Wöhler-Kurven sind in Abbildung 5.43 gezeigt. Die Parameter der Wöhler-Kurven und die zugehörigen Werkstoffkennwerte für das Murakami-Noguchi-Modell sind in Tabelle 5.16 aufgelistet. Beide T6-Zustände (S1, S3) wiesen vergleichbare Wöhler-Kurven im VHCF-Bereich auf, bei deutlich erhöhten Bruchlastspielzahlen unterhalb von 110 MPa im Vergleich zu den HCF-Proben von über ein bis zwei Dekaden. Der T64-Zustand S3A zeigte eine reduzierte Ermüdungsfestigkeit um 5,8 MPa bis 8,5 MPa zu S1 bzw. S3 bei 10^8 Lastspielen. Der Schnittpunkt der

HCF- und VHCF-Wöhler-Kurven konnte extrapoliert werden und lag oberhalb von 120 bis 130 MPa für die Zustände S3A bzw. S1.

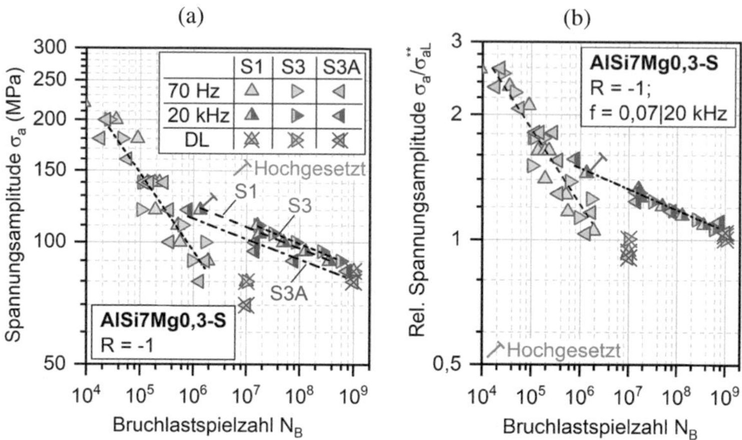

Abbildung 5.43 Einfluss der Erstarrungsrate (S1, S3) und der Warmauslagerung (S3A) auf (a) die Wöhler-Kurven und (b) die relativen Wöhler-Kurven im HCF- und VHCF-Bereich

Tabelle 5.16 Kennwerte der Wöhler-Kurven für die Sandgusszustände S1, S3 und S3A im (a) HCF-Bereich und (b) VHCF-Bereich

Kennwerte	S1(a)	S1(b)	S3(a)	S3(b)	S3A(a)	S3A(b)
σ_B' [MPa]	1902	286	1221	270	1216	228
b	−0,216	−0,059	−0,183	−0,054	−0,185	−0,050
r^2	0,91	0,96	0,86	1,00	0,91	0,92
$\sigma_{aL,1E6}$ [MPa]	95,7	123,2	97,1	127,5**	94,3	114,2
$\sigma_{aL,1E8}$ [MPa]	–	96,6	–	99,3	–	90,8
HV10 [kgf/mm^2]	105	105	101	101	93	93
$\bar{a}_i$ [μm]	244	196/297	304	228/352	361	293/453
σ_{aL}^{**} [MPa]	85,4	82,7	79,5	84,6*	73,3	76,6*

* Primär Volumendefekte: Faktor Volumen/Oberfläche = 1,56/1,43 = 1,09
** Extrapolierter Kennwert

Über rel. Wöhler-Kurven wurden für die verschiedenen Zustände der Einfluss der strukturellen Werkstoffkennwerte Härte und bruchauslösende Defekte berücksichtigt. An dieser Stelle wurden für die bruchauslösenden Defektgrößen wieder die Pore und die Pore zzgl. Mikroporensaum genutzt. Für die Sandgusszustände S3 und S3A ist es vergleichbar zu den Kokillengusszuständen zu einer primären Anrissbildung von Volumendefekten gekommen. Lediglich S1 zeigte primär bruchauslösende Oberflächendefekte. Die durchschnittliche Größe der bruchauslösenden Defekte war kleiner für einzelnen Defekte und größer für die Defekte zzgl. Mikroporensaum. Bei Vergleich der Zustände nahm die bruchauslösende Defektgröße im VHCF-Bereich von S1 über S3 bis S3A zu.

Die rel. VHCF-Wöhler-Kurven wiesen für alle Zustände ein vergleichbares Ermüdungsverhalten über den gesamten Bruchlastspielzahlbereich auf. Dies ist dahingehend interessant, da der Rissfortschritt in S1 von Oberflächendefekten und in S3 sowie S3A von Volumendefekten startet. Das Rissfortschrittsverhalten unter Ultraschall-Ermüdungsbeanspruchung kann daher als vergleichbar zwischen Oberflächenanriss an Umgebungsluft und Volumenanriss unter der Atmosphäre des Defekts betrachtet werden. Zudem lagen unterschiedliche DAS und Ausprägungen des eutektischen Siliziums vor, die keinen signifikanten Einfluss auf das VHCF-Verhalten zeigten, da die Unterschiede im Wöhler-Diagramm anhand der zustandsspezifischen Härte und bruchauslösenden Defektgröße herausgerechnet werden konnten. Bei rel. Spannungsamplituden von 1,2 bis näherungsweise 1,0 ergab sich eine Lebensdauererhöhung unter Ultraschall-Ermüdungsbeanspruchung von über ein bis zwei Dekaden zu den HCF-Proben (70 Hz).

5.4.3 Einfluss des Gießverfahrens

Der Einfluss des Gießverfahrens wurde anhand des Vergleichs von K1L mit S1 bewertet, d. h. für verschiedene Gießverfahren mit HIP-Behandlung der Proben und vergleichbaren DAS. Die zugehörigen (relativen) Wöhler-Kurven sind in Abbildung 5.44 dargestellt. Im Wöhler-Diagramm zeigte K1L eine leicht erhöhte Ermüdungsfestigkeit zu S1. Im rel. Wöhler-Diagramm wiesen beide Zustände ein vergleichbares Ermüdungsverhalten im VHCF-Bereich auf. Dies bestätigt die Hypothese hinsichtlich vergleichbaren Rissfortschritts von Oberflächen- und Volumendefekten bzw. -rissen unter Ultraschall-Ermüdungsbeanspruchung aus dem vorherigen Unterkapiteln. Die VHCF-Proben erreichten unabhängig vom Gießverfahren bei rel. Spannungsamplituden von 1,2 bis ca. 1,0 eine um über ein bis zwei Dekaden höhere Lebensdauer als die HCF-Proben. Die Hypothese zur erhöhten Lebensdauer des Zustands K1L im Vergleich zum porösen Zustand K1P2 (Abschnitt 5.4.1) infolge des Rissfortschritts im Bereich des Mikroporensaums konnte aufgrund der unterschiedlichen Verhältnisse der Defektgrößen Pore im Vergleich zu Pore mit Mikroporensaum von 3 für K1L und 1,5 für S1 nicht bestätigt werden, da sich unabhängig davon eine vergleichbare rel. Wöhler-Kurve im VHCF-Bereich für beide Zustände ergab. Diese Hypothese konnte damit widerlegt werden.

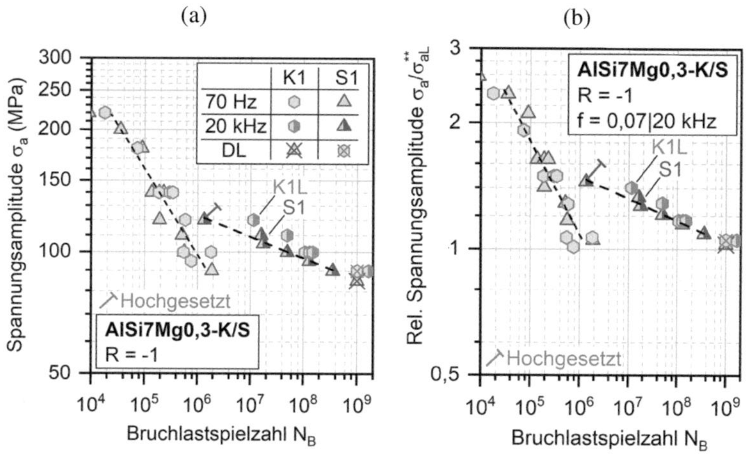

Abbildung 5.44 Einfluss des Gießverfahrens (gleicher DAS) auf (a) die Wöhler-Kurven und (b) die relativen Wöhler-Kurven im HCF- und VHCF-Bereich

Um den Grund für die reduzierte rel. Ermüdungsfestigkeit von K1P2 in Abbildung 5.42b im Vergleich zu S1 (beide Oberflächenanriss) zu identifizieren, wurden fraktographische Analysen an ausgewählten Proben durchgeführt. Diese sind in Abbildung 5.45 anhand von zwei charakteristischen Bruchflächen mit Oberflächenanriss bei einer Spannungsamplitude von 100 MPa gegenübergestellt.

Für den Zustand S1 zeigte sich ein begrenzter Anrissbereich an der Oberfläche mit einem dominanten Oberflächendefekt. Dieser wies das typische Erscheinungsbild von Pore mit Mikroporensaum auf. Im Vergleich dazu zeigte K1P2 einen großen Anrissbereich an der Oberfläche auf, der auf eine Vielzahl von Oberflächendefekten zurückzuführen war. Aufgrund der Vielzahl an Anrissen in K1P2, die sich zudem über den Umfang verteilen, ist daher davon auszugehen, dass die Schädigung parallel von mehreren Oberflächendefekten (primär) als auch Volumendefekten (sekundär) ausging. Dadurch würde bei gleicher maximaler bruchauslösender Defektgröße infolge der Überlagerung des Rissfortschritts bzw. der Rissfortschrittsraten von mehreren Anrissen der „integrale" Rissfortschritt über das Prüfvolumen deutlich beschleunigt und die Lebensdauer signifikant reduziert werden. Die erhöhte Defektdichte, die in den CT-Defektanalysen in Abschnitt 3.4 in Abbildung 3.10 für die Zustände K1P1 und K1P2 ohne HIP-Behandlung festgestellt wurden, führten somit zu einer signifikanten Erhöhung der Anrissorte und Reduktion der (relativen) Ermüdungsfestigkeit.

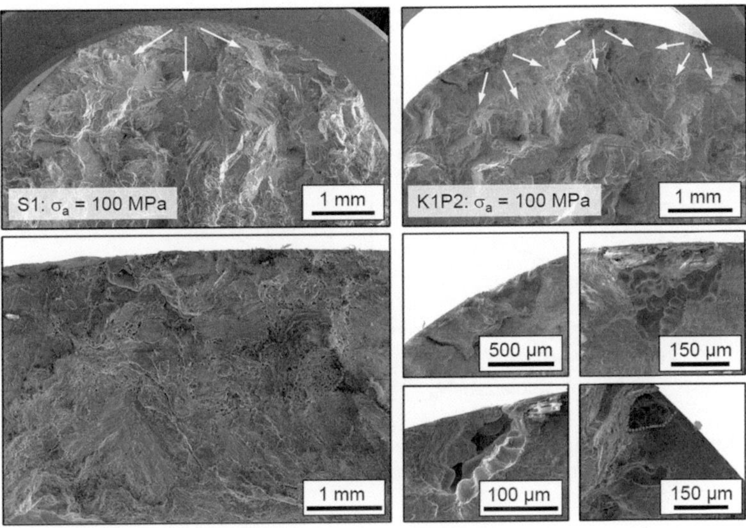

Abbildung 5.45 Fraktographische Aufnahmen der VHCF-Ermüdungsprobe bei 100 MPa Spannungsamplitude des Zustands S1 (HIP: $N_B = 5{,}0 \cdot 10^7$) und K1P2 (ohne HIP: $N_B = 3{,}2 \cdot 10^7$)

5.4.4 Einfluss der Prüffrequenz und der Regelungsart

In den Ermüdungsuntersuchungen am Resonanzprüfsystem bei 70 Hz und am Ultraschallprüfsystem bei 20 kHz konnten deutliche Unterschiede von über ein bis zwei Dekaden in der Lebensdauer festgestellt werden, obwohl die bruchauslösenden Defekte in den Proben untereinander vergleichbar waren oder mittels Murakami-Noguchi-Modell berücksichtigt wurden.

Um den Einfluss der Prüffrequenz zu bewerten, wurden für den Sandgusszustand S2 das VHCF-Verhalten am Hochfrequenz-Resonanzprüfsystem spannungsgeregelt bei 1 kHz Prüffrequenz durchgeführt und mit den Wöhler-Kurven
bei 70 Hz und 20 kHz Prüffrequenz verglichen. Die Wöhler-Kurven und relativen Wöhler-Kurven sind in Abbildung 5.46 gezeigt. Die zugehörigen Parameter
der Wöhler-Kurven und die zustandsspezifischen Werkstoffkennwerte sind in
Tabelle 5.17 gegenübergestellt.

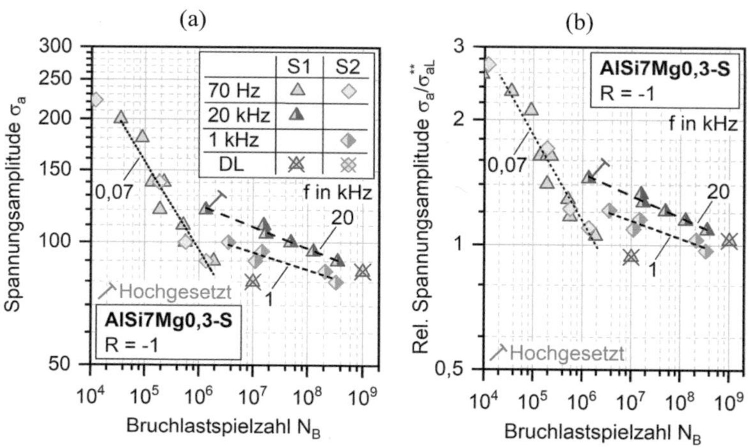

Abbildung 5.46 Einfluss des Dendritenarmabstands und der Prüffrequenz auf (a) die
Wöhler-Kurven und (b) die relativen Wöhler-Kurven im HCF- und VHCF-Bereich

Bei 1 kHz Prüffrequenz konnte der Frequenzeinfluss signifikant reduziert werden, z. B. bei 90 MPa von über zwei Dekaden bei 20 kHz auf circa eine Dekade
bei 1 kHz. Der Schnittpunkt zwischen VHCF-Wöhler-Kurve sank dadurch von
130 MPa bei 20 kHz ($N_B \approx 3 \cdot 10^5$) auf ca. 105 MPa bei 1 kHz ($N_B \approx 6 \cdot 10^5$).
Im rel. Wöhler-Diagramm zeigte sich eine vergleichbare Reduktion des Frequenzeinflusses bei rel. Spannungamplituden von 1,1 sowie eine Verschiebung
des Schnittpunkts mit den HCF-Proben hin zu höheren Bruchlastspielzahlen. Des
Weiteren konnten bei 1 kHz für Spannungsamplituden von 85 und 80 MPa,
die bei 70 Hz und 20 kHz zu Durchläufern geführt haben, noch Probenbrüche festgestellt werden. Die Betrachtung dieser Proben im rel. Wöhler-Diagramm
zeigte, dass beide Proben mit rel. Spannungsamplituden von 1,03 und 0,97 im
Bereich der Ermüdungsfestigkeit lagen und daher sowohl ein Durchläufer als
auch ein Probenbruch infolge der natürlichen Streuung der Werkstoffkennwerte

Tabelle 5.17 Kennwerte der Wöhler-Kurven für die Sandgusszustände S1, S3 und S3A im (a) HCF-Bereich und (b) VHCF-Bereich

Kennwerte	S1(a)	S1(b)	S2(a)	S2(b)	S3(a)	S3(b)
Prüffrequenz [kHz]	**0,07**	**20**	**0,07**	**1**	**0,07**	**20**
σ_B' [MPa]	1902	286	2170	186	1216	228
b	−0,216	−0,059	−0,228	−0,042	−0,185	−0,050
r^2	0,91	0,96	0,97	0,89	0,91	0,92
$\sigma_{aL,1E6}$ [MPa]	95,7	123,2	93,3	104,0	94,3	114,2
$\sigma_{aL,1E8}$ [MPa]	–	96,6	–	85,7	–	90,8
HV10 [kgf/mm^2]	105	105	103	103	93	93
$\bar{a}_i$ [μm]	244	196/297	275	245/374	361	293/453
σ_{aL}^{**} [MPa]	85,4	82,7	81,8	82,4**	73,3	76,6*

* Primär Volumendefekte: Faktor Volumen/Oberfläche $= 1,56/1,43 = 1,09$
** Volumen- und Oberflächenanrisse: Mittelwertbildung

innerhalb eines Zustands möglich waren. Somit ermöglichte das Murakami-Noguchi-Modell auch bei 1 kHz Prüffrequenz eine sehr gute Abschätzung der Ermüdungsfestigkeit.

Auf Basis des Stands der Technik in Abschnitt 2.4.3 können die kritischen Einflussgrößen auf die Prüffrequenz und die Regelungsart eingegrenzt werden, da ein Temperatur- [203,204] oder Dehnrateneinfluss [202] ausgeschlossen werden kann. Der Frequenzeinfluss für aushärtbare Al-Si-Gusslegierungen im HCF- und VHCF-Bereich konnte von Zhu et al. [195–197] für die Gusslegierung AlSi6Cu4-T7 auf die Wechselwirkung der Rissspitze mit den Wassermolekülen des Umgebungsmediums zurückgeführt werden. Die Intensität des Umgebungseinflusses konnte mit Hilfe der Wasserbeladung P/f des Umgebungsmediums (Gl. 2.87) bewertet werden. In Tabelle 5.18 ist die Wasserbeladung P/f für die HCF- und VHCF-Prüfsysteme in Abhängigkeit von der Prüffrequenz f und relativen Luftfeuchtigkeiten φ, die in den Räumen gemessen wurden, gegenübergestellt. Die Wasserbeladung kann durch Vergleich mit Abbildung 2.36b im Abschnitt 2.4.1 bewertet werden, wonach der Übergang zwischen unkritischer Wasserbeladung und kritischer Wasserbeladung näherungsweise zwischen 1 bis 10 Pa·s liegt. Die genutzten 70 Hz- und 1 kHz-Prüfsysteme lagen somit an den beiden Grenzen des Übergangsbereichs.

Tabelle 5.18
Umgebungsbedingungen
der HCF- und
VHCF-Prüfsysteme

Prüfsystem	HCF	VHCF-I	VHCF-II
Prüffrequenz f [Hz]	70 Hz	1 kHz	20 kHz
Rel. Luftfeuchtigkeit φ [%]	≈ 36	≈ 36	≈ 36
Wasserbeladung P/f [Pa·s]	12,02	0,84	0,04

Bei geringeren Wasserbeladungen kann auf Basis der Ergebnisse von Zhu et al. [195,196] von einem signifikanten Frequenzeinfluss ausgegangen werden, der bei $P/f = 0{,}04$ Pa·s nach Abbildung 2.36b bei 2 MPa$\sqrt{\text{m}}$ zu einem Abfall der Rissfortschrittsrate um den Faktor 4 führt. Die Reduktion der Rissfortschrittsrate bei einer Spannungsamplitude 95 MPa um den Faktor 4 hatte in den Wöhler-Kurven bei 95 MPa ($N_B \approx 10^6$) eine Lebensdauererhöhung um den Faktor 2,5 zur Folge. Der Abfall der Rissfortschrittsrate mit steigender Prüffrequenz könnte nach Zhu et al. [196] für T6-Zustände aufgrund des quasi-planaren Gleitcharakters und der daraus folgenden lokalisierten Verformung in Gleitbändern sogar verstärkt werden und den Übergang des Frequenzeinflusses zu höheren Wasserbeladungen, d. h. zu niedrigeren Prüffrequenzen verschieben. Die Wöhler-Kurven für die verschiedenen Prüfsysteme zeigten bereits bei 1 kHz (0,84 Pa·s) im Vergleich zu 70 Hz (12,02 Pa·s) einen deutlichen Frequenzeinfluss und bei 95 MPa (vgl. Zhu et al. [196]: $N_B \approx 10^6$) eine Lebensdauererhöhung um ca. eine Dekade, d. h. ein stärkerer Effekt wie bei Zhu et al. [196] bei 20 kHz (0,04 Pa·s) feststellbar war. Dies bestätigt die Hypothese von Zhu et al. [196], wonach der Frequenzeffekt für aushärtbare Al-Si-Gusszustände im T6-Zustand verstärkt wird. Die Lebensdauererhöhung um zwei Dekaden bei 20 kHz (0,04 Pa·s) könnte dann nach Abbildung 2.36b zu einem Effekt vergleichbar zu den Rissfortschrittprüfungen von Zhu et al. [196] bei 20 kHz unter trockender Luft (0,00025 Pa·s) führen oder sich sogar dem Ermüdungsverhalten unter Vakuum annähern. Schließlich führte bei Serrano-Munez et al. [143] die Ermüdungsprüfung unter Vakuum an stark gekerbten Proben zu einer Lebensdauererhöhung um eine Dekade im Vergleich zu Prüfungen unter Luft. Für kleine Defekte könnte ein solcher Vakuum-Effekt aufgrund der deutlich längeren Kurzrissphase noch ausgeprägter ausfallen und eine Lebensdauererhöhung um zwei Dekaden und mehr ermöglichen.

Dies wird in Abschnitt 5.5 mit besonderem Fokus im Unterkapitel 5.5.4 anhand von Rissfortschrittsmessungen an Ultraschall-Ermüdungsproben und einer korrelativen Fraktographie geklärt, um die verschiedenen Rissfortschrittsphasen den Schädigungsmechanismen zuordnen zu können und in Relation zu bekannten Schädigungsmechanismen an feuchter und trockener Luft sowie Vakuum zu setzen.

5.5   Schädigungsverhalten von Lang- und Kurzrissen

Der Einfluss der Defekte – als maßgebliche Strukturgröße für die Lebensdauer – auf die verschiedenen Ermüdungsphasen wurde auf Basis der vorgangsorientierten Untersuchungen charakterisiert. Durch Separierung zwischen verformungs- und schädigungsdominierten Lebensdauerbereichen bezüglich der Risseinleitung (verformungsdominiert) und des Rissfortschritts (schädigungsdominiert) konnte das Anriss- und Rissfortschrittsverhalten auf Basis schädigungsensitiver Messgrößen für ausgewählte Kokillen- und Sandgusszustände und prüfsystemübergreifend untersucht und quantitativ beschrieben werden. Abschließend wurden die Werkstoffzustände hinsichtlich des Schädigungsverhaltens, d. h. des Kurz- und Langrissverhaltens, näher charakterisiert und hinsichtlich struktureller Einflussgrößen, Schädigungstoleranz und Frequenzeinfluss bewertet.

5.5.1   Messtechnische Erfassung im HCF-Bereich

Zur Charakterisierung des Ermüdungsfortschritts im HCF-Bereich wurden die Ermüdungsversuche messtechnisch instrumentiert und mittels korrelativer Fraktographie das Kurz- und Langrissverfahren charakterisiert. Die Versuchsstrategie wurde detailliert im Abschnitt 4.4.2 beschrieben.

Verformungs- und schädigungssensible Messgrößen am Resonanzprüfsystem
Die vorgangsbasierten Ermüdungsversuche wurden im HCF-Bereich am Resonanzprüfsystem durchgeführt. Dieses messtechnisch instrumentierte Prüfsystem ermöglichte die simultane Messung der Spannungs-Dehnungs-Hysterese, Probentemperatur, Impedanz und Resonanzfrequenz. Dies ist in Abbildung 5.47 anhand charakteristischer Verläufe der Messgrößen der genutzten Messsysteme im ESV bei 180 MPa gezeigt. Die plastische Dehnungsamplitude $\varepsilon_{a,p}$ zeigte eine zyklische Verfestigung des Werkstoffs an. Vor dem Probenversagen kam es infolge der Risseinleitung und des Rissfortschritts und daraus resultierender Rissöffnungsvorgänge zum Anstieg von $\varepsilon_{a,p}$.

Die Probentemperatur als Differenz der aktuellen Temperatur der Probenmitte zur anfänglichen Temperatur (N = 1) folgte dem Verlauf der plastischen Dehnungsamplitude, da infolge der zyklischen Verfestigung weniger plastische Verformungsarbeit W_p dissipierte. Die Temperaturänderung ΔT_1 fiel mit unter 1,5 K in diesem Bruchlastspielzahlbereich im Vergleich zu anderen metallischen Werkstoffen sehr gering aus. Die Mitteldehnung $\varepsilon_{m,t}$ zeigte einen vergleichbaren Verlauf zur Impedanz. Der Abfall der Mitteldehnung konnte auf den Abfall der Probentemperatur zurückgeführt werden, da beide über den thermischen Ausdehnungskoeffizienten verkünpft sind. Der frühzeitige Anstieg analog zur

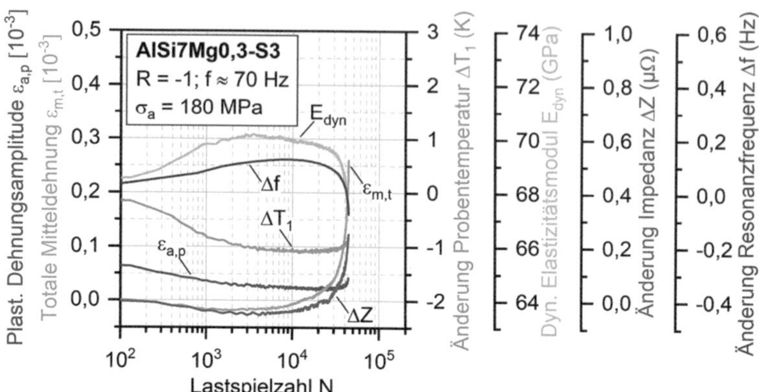

Abbildung 5.47 Lastspielabhängige Erfassung des Ermüdungsfortschritts im Resonanzprüfsystem mittels messtechnisch instrumentierter Einstufenversuche

Impedanz – unabhängig von der plast. Dehnungsamplitude und Probentemperatur – korrelierte mit der Risseinleitung und dem Rissfortschritt und war auf Rissöffnungseffekte vergleichbar zu Abbildung 2.20 (S. 35) zurückzuführen. Der dynamische E-Modul als Maß für die Steifigkeit der Probe zeigte im Anfangsbereich eine Verfestigung des Werkstoffs an, vergleichbar zur Temperaturänderung und plast. Dehnungsamplitude. Der exponentielle Abfall im vergleichbaren Maße wie die Impedanz deutete auf die Risseinleitung und den Rissfortschritt hin.

Die Impedanz bzw. deren Änderung ΔZ zeigte im Vergleich zur Temperaturmessung einen vergleichbaren Abfall. Typischerweise steigt der Ohmsche Widerstand eines metallischen Werkstoffs infolge der zyklischen Verfestigung durch die Bildung von Versetzungen und Versetzungsstrukturen an [34]. Dem entgegen wirkt die Temperatur bzw. deren Änderung, da eine Abkühlung der Probe zu einer Senkung des Ohmschen Widerstands führt. Im Fall von ausgehärteten Al-Si-Mg-Gusslegierungen dominierte der Temperatureffekt im anfänglichen Lastspielbereich bis ca. $5 \cdot 10^3$. Mit steigender Lastspielzahl stieg die Impedanz unabhängig von der Probentemperatur infolge der Risseinleitung und des Rissfortschritts. Die Schädigung des Werkstoffs konnte über die Impedanz deutlich früher detektiert werden als mit der plast. Dehungsamplitude oder Probentemperatur. Die Änderung der Resonanzfrequenz Δf zeigte eine reziproke Entwicklung zur Impedanz, d. h. während der zyklischen Verfestigung des Werkstoffs stieg die Resonanzfrequenz und fiel infolge der Werkstoffschädigung ab. Die Risseinleitung wurde hier später als bei der Impedanz und der Mitteldehnung detektiert, was auf eine stärkere Wechselwirkung mit der zyklischen Verfestigung im Vergleich zu den anderen Messgrößen hindeutet. Um genauere

Aussagen zur Wechselwirkung der Messgrößen treffen zu können, wurde eine Prüfstrategie entwickelt, um den Temperatureinfluss in den Ermüdungsversuchen quantifizieren und anschließend herausrechnen zu können. Dies wird fortan als Temperaturkompensation bezeichnet.

Hierzu wurden die Resonanzprüfsysteme um temperierte Spannzeuge erweitert, deren Temperatur mittels eines Thermostaten der Fa. Pharmacia Biotech vom Typ MultiTemp III geregelt werden konnte. Um den Temperatureinfluss auf die totale Mitteldehnung und die elektrische Impedanz ohne überlagerte Belastung zu untersuchen, wurde die Probe einseitig in das Prüfsystem eingespannt und mittels taktilem Extensometer und ACPD-Messtechnik instrumentiert (Abbildung 5.48a). Die Temperierung erfolgte zwischen 15 und 45 °C in einem Aufheiz- und Abkühlzyklus. Aufgrund der hohen Wärmeleitfähigkeit von Al-Legierungen konnte eine gleichmäßige Durchwärmung erreicht werden, wodurch die Temperaturdifferenz ΔT zwischen Probenmitte und Probenabsätzen (Gl. 4.2) während des gesamten Versuchs unter 0,1 K lag. Entsprechend konnte die Änderungen der Probenmittentemperatur ΔT_1 genutzt werden, was insb. die messtechnische Instrumentierung der Ermüdungsversuche mittels Thermoelemente vereinfachte, da diese auf den Probenabsätzen aufgrund der ACPD-Kontaktierungen schwer zu applizieren waren.

(a)   (b)

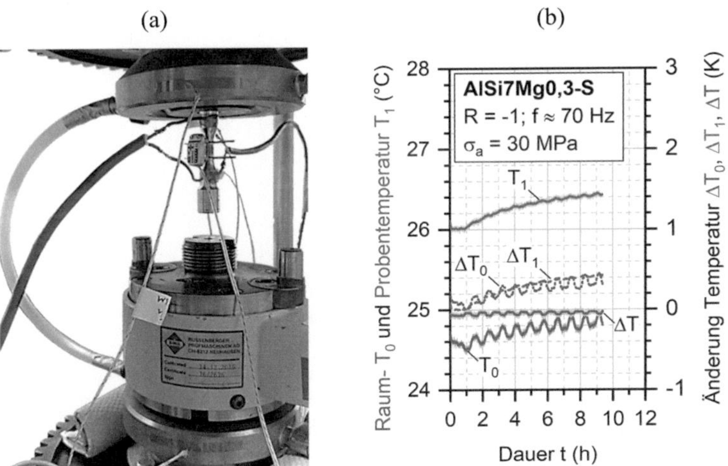

Abbildung 5.48 Erweiterung des Resonanzprüfsystems um temperierte Spannzeuge zur Temperaturkompensation: (a) Einseitige Einspannung und (b) Temperaturentwicklung für beidseitige Einspannung unter zykl. Beanspruchung

Die Korrelation der relativen Änderung der Impedanz und der totalen Mitteldehnung ist in Abbildung 5.49a + b gezeigt. Die Impedanz zeigte einen linearen
Zusammenhang mit der Temperaturänderung. Der Versuch wurde mehrfach
wiederholt, wobei kein signifikanter Unterschied zwischen den Gießverfahren
oder den Werkstoffzuständen festgestellt werden konnte. Zwecks Validierung
des linearen Zusammenhangs wurden zusätzlich DCPD-Messungen durchgeführt
(analog zu Abschnitt 4.2.3, u. a. Abbildung 4.2). Die relative Änderung des Ohmschen Widerstands zeigte ebenfalls eine lineare Abhängigkeit von der Temperatur
mit einem Widerstandstemperaturkoeffizient α_ρ von $2{,}74 \cdot 10^{-3}$ 1/K nach Gl. 2.61
($r^2 = 0{,}99$). Dies stützte die These, dass die durchgeführten ACPD-Messungen
im Niederfrequenzbereich in guter Näherung als Quasi-DC-Messung angenommen und analog zum Ohmschen Widerstand interpretiert werden können. Die
Ergebnisse konnten dadurch mit literarischen DCPD-Widerstandsmessungen verglichen werden. In der Literatur liegt der Widerstandstemperaturkoeffizient α_ρ
mit $1{,}9 \cdot 10^{-3}$ 1/K für AlSi7Mg0,3-F [121] und $4{,}4 \cdot 10^{-3}$ 1/K für reines Aluminium
[120] in der gleichen Größenordnung, wie die gemessenen Koeffizienten. Der
lineare Ausdehnungskoeffizient α_ε wurde zu $18{,}3 \cdot 10^{-6}$ 1/K ($R^2 = 0{,}99$) bestimmt.
Dieser stimmt gut mit den Literaturangaben von $22 \cdot 10^{-6}$ 1/K für AlSi7Mg [261]
und $23{,}2 \cdot 10^{-6}$ 1/K [120] überein.

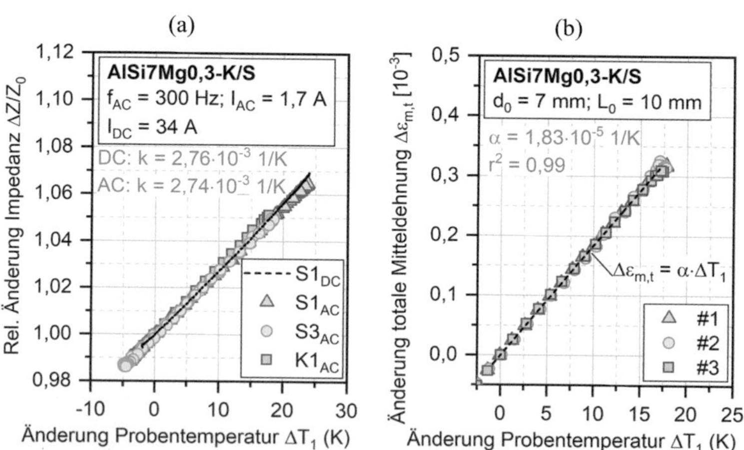

Abbildung 5.49 Ermittlung des (a) Widerstandstemperaturkoeffizienten für ACPD- und
DCPD-Messungen und (b) linearen Ausdehnungskoeffizienten für die taktile Dehnungsmessung anhand der totalen Mitteldehnung

Im nächsten Schritt wurde überprüft, ob der gemessene Widerstandstemperaturkoeffizient und lineare Ausdehnungskoeffizient für die einseitig eingespannten Proben auf beidseitig eingespannte Proben unter zyklischer Beanspruchung übertragen werden können. Zudem wurde untersucht, wie die Resonanzfrequenz von der Temperatur abhängt. Der genutzte Versuchsaufbau entsprach dem in Abbildung 5.48a mit Einspannung der unteren Probenseite. Für diese Ermüdungsversuche wurde eine Spannungsamplitude σ_a von 30 MPa (ca. 1/3 $\sigma_{aL,1E8}$) gewählt, um keine Schädigung zu induzieren und gleichzeitig eine hohe Regelgenauigkeit zu gewährleiten. Der Ermüdungsversuch wurde ohne Temperierung der Spannzeuge über eine Versuchsdauer von 9 h durchgeführt, was ungefähr $2 \cdot 10^6$ Lastspielen entsprach. Während des „schädigungsfreien" Ermüdungsversuchs bei 30 MPa stellte sich eine maximale Temperaturänderung ΔT_1 von 0,5 K ein, wie in Abbildung 5.48b gezeigt. Aufgrund der hohen Wärmeleitfähigkeit lag die Temperaturdifferenz ΔT zwischen Probenmitte und Probenabsätzen (Gl. 4.2) während des gesamten Versuchs unter 0,1 K lag. Es konnte analog zu den einseitig eingespannten Proben die Änderungen der Probenmittentemperatur ΔT_1 genutzt werden. Die Abhängigkeit der struktursensitiven Messgrößen von der Temperatur ist in Abbildung 5.50 gezeigt.

Für die Impedanz ergab sich ein Widerstandstemperaturkoeffizient von α_ρ von $2,79 \cdot 10^{-3}$ 1/K. Die beidseitige Einspannung beeinflusste die Temperaturabhängigkeit der Impedanzmessung also nur geringfügig ($< 2\ \%$). Für den Ermüdungsversuch betrug der Temperatureinfluss auf die Impedanzmessung bei $\Delta T_1 = 1,5$ K umgerechnet 0,4 %, was einer thermischinduzierten Impedanzänderung von $\Delta Z = 0,11\ \mu\Omega$ bei $Z_0 = 28\ \mu\Omega$ entsprach. Bei einer maximal gemessenen Impedanzänderung von $\Delta Z_{max} = 0,25\ \mu\Omega$ war der Temperatureinfluss folglich als sehr hoch einzustufen.

Der lineare Ausdehnungskoeffizient α_ε lag bei $11,0 \cdot 10^{-6}$ 1/K für die beidseitige Einspannung und damit 40 % unterhalb des Koeffizienten für die einseitige Einspannung ($18,3 \cdot 10^{-6}$ 1/K). Dies wurde auf die thermische Ausdehnung der Komponenten im Laststrang des Feder-Masse-Systems zurückgeführt, die in Reihe mit der Probe geschaltet waren und zum Großteil aus Vergütungsstahl 42CrMo4 mit einem linearen Ausdehnungskoeffizienten von $11,5 \cdot 10^{-6}$ 1/K [262] bestanden. Da die Probe von den Dimensionen insbesondere Länge und Volumen lediglich einen Bruchteil des Feder-Masse-Systems ausmachte, wurde die thermische Ausdehnung der Al-Proben eingeschränkt bzw. der Al-Probe wurde die thermische Ausdehnung der Stahlkomponenten aufgezwungen. Für den Ermüdungsversuch betrug der Temperatureinfluss auf die totale Mitteldehnung bei $\Delta T_1 = 1,5$ K umgerechnet $\Delta \varepsilon_{m,t} = 0,0165 \cdot 10^{-3}$. Bei einer maximalen Änderung der totalen Mitteldehnung von $\Delta \varepsilon_{m,t} = 0,3 \cdot 10^{-3}$ war der Temperatureinfluss mit 5,5 % als niedrig einzustufen. Für die Resonanzfrequenz konnte keine sigifikante Temperaturabhängigkeit nachgewiesen werden. Die Notwendigkeit einer Temperaturkompensation ist somit vor allem für die Impedanzmessung gegeben.

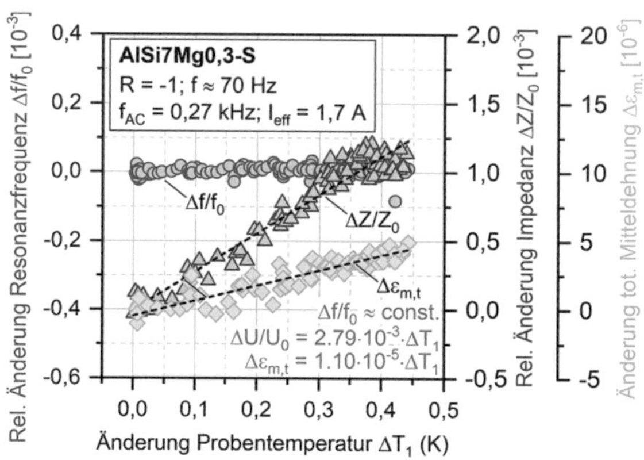

Abbildung 5.50 Temperaturabhängigkeit der Resonanzfrequenz, Impedanz und totalen Mitteldehnung im Ermüdungsversuch

In Abbildung 5.51 ist die ermüdungsinduzierte Entwicklung der Messgrößen analog zu Abbildung 5.47 zuzüglich der temperaturkompensierten („komp.") Messgrößen für die Impedanz und die totale Mitteldehnung (jeweils gestrichelte Linie) dargestellt. Der anfängliche temperaturinduzierte Abfall der Messgrößen konnte durch die Temperaturkompensation ausgeglichen werden. Für die Impedanz zeigte sich sogar ein kontinuierlicher Anstieg von Beginn der Beanspruchung an. Dies kann nach Piotrowski u. Eifler [34] auf die Erhöhung der Defektdichte zurückgeführt werden, die sowohl bei zyklischer Ver- als auch Entfestigung zu einem Anstieg des elektrischen Widerstands führt. Aufgrund dessen ist die Impedanzmessung als integrales Messverfahren besonders für Werkstoffe mit hoher innerer Kerbwirkung und stark lokalisierter plastischer Verformung sowie Rissbildung geeignet [34]. Diese Kriterien treffen auf AlSi7Mg0,3-Gusslegierungen allesamt zu, da die ausgeprägte Kerbwirkung der Defekte und der eutektischen Si-Partikel die HCF- und VHCF-Lebensdauer (Defekte) als auch die LCF-Lebensdauer und das ZSD-Verhalten (Si-Partikel) maßgeblich bestimmten.

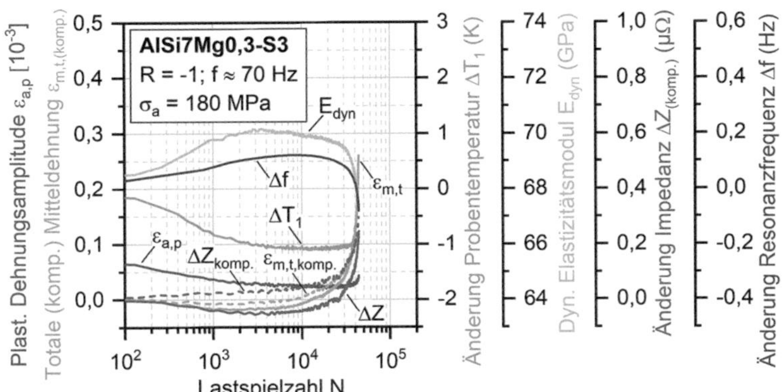

Abbildung 5.51 Lastspielabhängige Entwicklung der Messgrößen während der Ermüdungsprüfung mit Temperaturkompensation für die totale Mitteldehnung und die Änderung der Impedanz

Der beanspruchungsabhängige Einfluss der Temperaturkompensation auf die Impedanzmessung ist in Abbildung 5.52 bei unterschiedlichen Spannungsamplituden über die erweiterte Lastspielzahl N^* gezeigt. Der temperaturkompensierte Verlauf der Impedanz lag beanspruchungsunabhängig jeweils unterhalb des nicht-kompensierten Verlaufs. Die erweiterte Lastspielzahl N^* enthält die Einlaufphase bei 30 MPa, das Anfahren der Zielbeanspruchung nach 4.000 Lastspielen über ca. 1000 Lastspiele und die eigentliche Lastspielzahl N ab Erreichen der Zielbeanspruchung im ESV. Während der Einlaufphase sind nur geringe Schwankungen der Impedanz zu verzeichnen. Beim Anfahren der Zielbeanspruchung kommt es in den ESV mit hoher zyklischer Beanspruchung zu einem Abfall der Impedanz, der auf Setzeffekte u. a. in der Kabelführung zurückgeführt wurde (s. Abbildung 5.52a). In Abbildung 5.52b sind die Verläufe der kompensierten Impedanz um die Setzeffekte bereinigt. Ein signifikanter Temperatureinfluss zeigte sich ab 180 MPa. Unterhalb von 180 MPa konnte kein signifikanter Temperatureinfluss beim Anfahren verzeichnet werden, bei 100 MPa konnte sogar kein signifikanter Temperatureinfluss über die gesamte Lastspielzahl festgestellt werden.

Bei Beanspruchungen von 180 und 220 MPa konnte der Temperatureinfluss jeweils kompensiert werden, wodurch der temperaturinduzierte Abfall der Impedanz nicht mehr zu verzeichnen war. Dies wurde besonders deutlich bei der 180 MPa Probe, wo der anfänglich starke Anstieg der Impedanz direkt in den exponentiellen Anstieg infolge von Risseinleitung und Rissfortschritt übergeht.

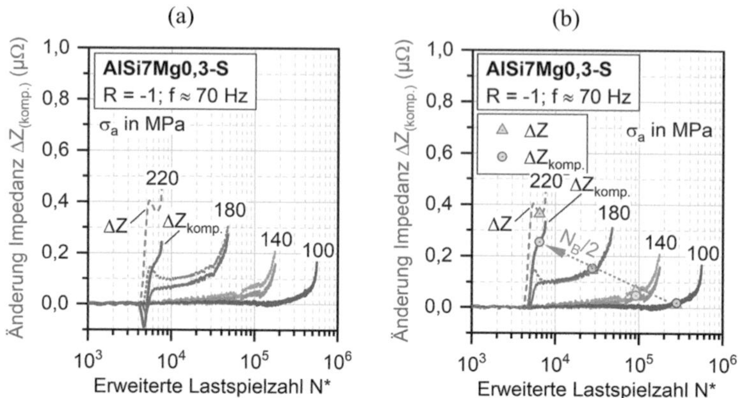

Abbildung 5.52 Temperaturkompensation der Impedanzmessung: (a) ohne Ausgleich und (b) mit Ausgleich von anfänglichen Setzeffekten beim Anschwingen der Ermüdungsproben

Um zu bewerten, welcher Anteil der Impedanzänderung verformungs- und schädigungsinduziert war, sind in Abbildung 5.53 die wechselseitige Entwicklung der plast. Dehnungsamplitude über die Änderung der Resonanzfrequenz und der (komp.) Impedanz im ESV für σ_a = 220 und 180 MPa dargestellt.

Für beide ESV zeigte sich ein linearer Zusammenhang zwischen der Änderung der plast. Dehnungsamplitude und der Resonanzfrequenz bzw. Impedanz, ausgenommen der Impedanzänderung ohne Temperaturkompensation. Die Wechselwirkung der Messgrößen lässt sich jeweils in die Bereiche (i) Verfestigung bzw. Verfestigung und Abkühlung und (ii) Schädigung unterteilen. Dies beweist, dass die Temperaturkompensation eine Separierung zwischen verformungs- und schädigungsinduzierten Änderungen der Impedanz ermöglicht. Für die Resonanzfrequenz war hierzu keine Temperaturkompensation notwendig. Aus diesen Wechselwirkungen zwischen plast. Dehnungsamplitude mit der Resonanzfrequenz und Impedanz konnte somit geschlossen werden, dass der anfängliche Anstieg der Impedanz auf die zyklische Verfestigung und somit auf die Bildung von Versetzungen und Versetzungsstrukturen zurückzuführen war. Diese verformungsdominierte Ermüdungsphase ging kontinuierlich in die schädigungsdominierte Ermüdungsphase über. Wie in Abbildung 5.53b gezeigt, war die Anrissbildung mit der Impedanzmessung ohne Temperaturkompensation einfacher möglich (lokales Minimum). Entsprechend wurde der Abfall der Resonanzfrequenz und der Anstieg der Impedanz ohne Temperaturkompensation zur Ermittlung der Anrisslebensdauer für die jeweiligen Messsysteme genutzt.

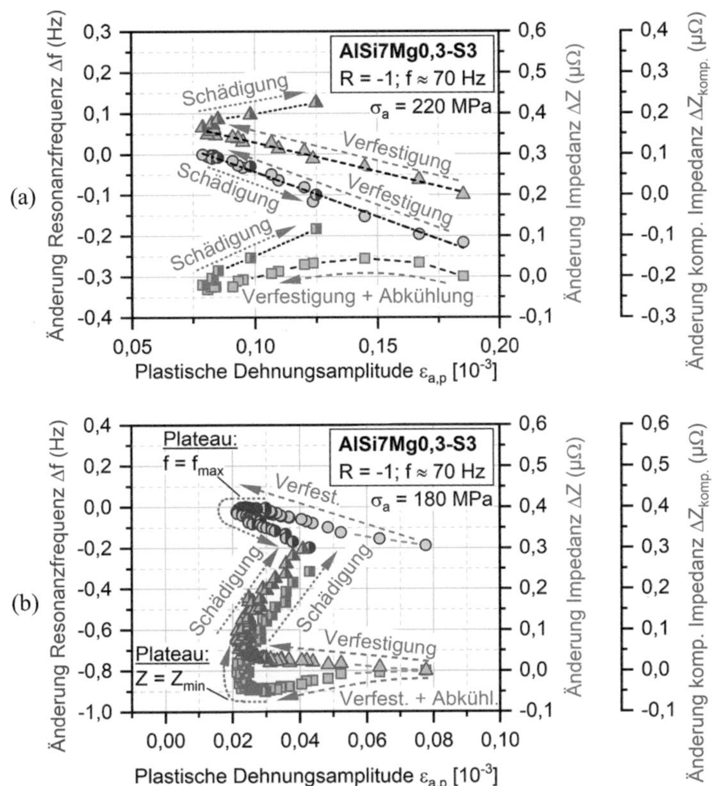

Abbildung 5.53 Verformungs- und schädigungsinduzierte Änderung der Resonanzfrequenz und der Impedanz im ESV bei (a) 220 MPa und (b) 180 MPa

Die Anrisslastspielzahlen in Abhängigkeit von der Beanspruchung sind in Abbildung 5.54 für ausgewählte Sand- (S1, S3) und Kokillengusszustände (K1L) dargestellt. Das Gießverfahren zeigte einen signifikanten Einfluss auf das Anrissverhalten der AlSi7Mg0,3-Werkstoffe. So nahm die Anrisslastspielzahl im Zustand K1L mit sinkender Beanspruchung zu, während die Anrisslastspielzahl im Zustand S1 und S3 keine signifikante Beanspruchungsabhängigkeit zeigte und zwischen 10^3 und 10^4 Lastspielen lag. Bei Betrachtung der Ausgangsdefektlänge a_i für beide Zustände könnte der Einfluss des Gießverfahrens auf die deutlich verringerte Ausgangsdefektlänge von 119 µm für K1L im Vergleich zu 244 µm bis

306 μm für S1 bzw. S3 zurückgeführt werden. Es kann also die Hypothese aufgestellt werden, dass nur bei geringen Defektgrößen eine ausgeprägte Anrissbildung im HCF-Bereich erfolgen konnte. Der Rissfortschritt hingegen wurde auch für defektbehaftete Werkstoffzustände maßgeblich durch die Beanspruchung gesteuert. Je niedriger die Beanspruchung war, desto langsamer war der Rissfortschritt nach Anrissbildung.

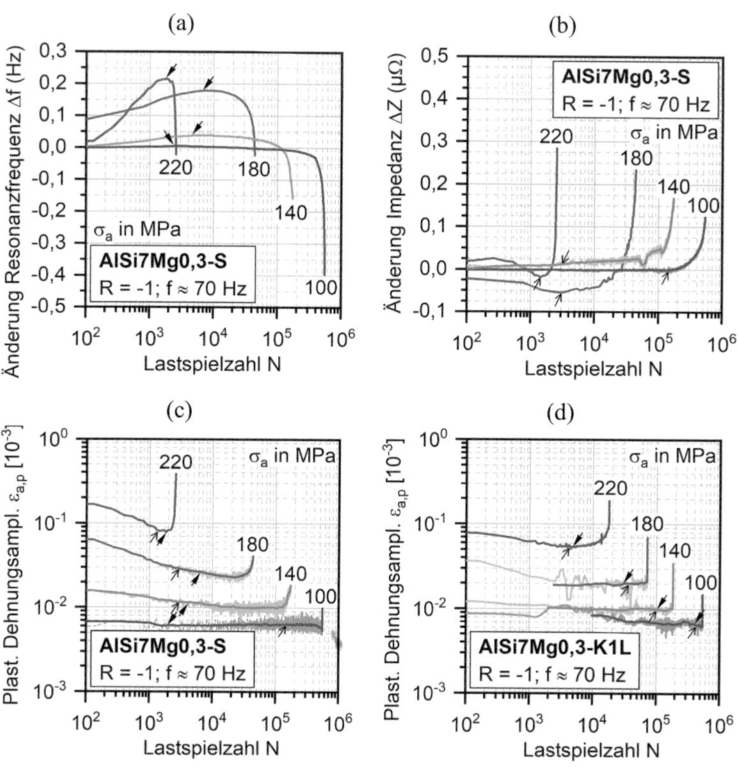

Abbildung 5.54 Ermittlung der Anrisslastspielzahl anhand der Änderung der Resonanzfrequenz und der Impedanz im Vergleich zur Entwicklung der plast. Dehnungsamplitude: (a-c) Sandguss S1 und S3 und (d) Kokillenguss K1L

Es war an dieser Stelle nicht bekannt, wie genau die integralen Messgrößen der Resonanzfrequenz und der Impedanz mit der Anrissbildung und dem Rissfortschritt korrelierten. Eine wichtige Frage ist, ob zum Zeitpunkt der Anrissbildung bereits ein technischer Anriss von typischerweise 1 mm vorlag oder ob dieser sich erst im Laufe des anschließenden Rissfortschritts ausbildete. Im nächsten Schritt war daher das Ziel, den Zusammenhang zwischen der Schädigung und den schädigungssensitiven Messgrößen (Δf, ΔZ) zu quantifizieren und letztlich die Messsysteme hinsichtlich Risserkennung und -überwachung zu kalibrieren.

Kalibrierung der Resonanzfrequenzanalyse und Impedanzmessung
Mit der Resonanzfrequenz und der Impedanzmessung wurden zwei integrale Messsysteme identifiziert, mit denen die Schädigungsentwicklung in AlSi7Mg0,3-Gusslegierungen detektiert und überwacht werden konnte. In diesem Kapitel werden die Ermüdungsversuche mit intermittierender CT-Rissanalysen erläutert, mit denen die Schädigung in den Ermüdungsproben ereignisorientiert, d. h. für spezifische Änderungen der Messgrößen, quantifiziert wurde. Darüber hinaus wurde ermittelt, welche Schädigungskenngrößen mit Hilfe der beiden Messsysteme detektiert werden können. Im Vordergrund stand die Detektion des größten Einzelanrisses, um den lastspielzahlabhängigen Spannungsintensitätsfaktor am Riss bestimmen und Rissfortschrittskurven ableiten zu können. Das Vorgehen der intermittierenden CT-Riss- bzw. -Defektanalysen ist in Abschnitt 4.4.2 beschrieben.

Da die CT-Analyse ein indirektes Verfahren ist, erfolgte zu Beginn eine Validierung der Messungen durch Vergleich der lichtmikroskopischen Bruchflächenaufnahmen mit den CT-Rissanalysen. Aufgrund des Einsatzes von Kontrastmittel bei den anfänglichen CT-Rissanalysen konnte der Schädigungszustand bei der CT-Rissanalyse in den lichtmikroskopischen Bruchflächenaufnahmen als dunkelgrauer, matter Bereich identifiziert und mittels ImageJ ausgemessen werden. Dies ist bespielhaft in Abbildung 5.55 gezeigt.

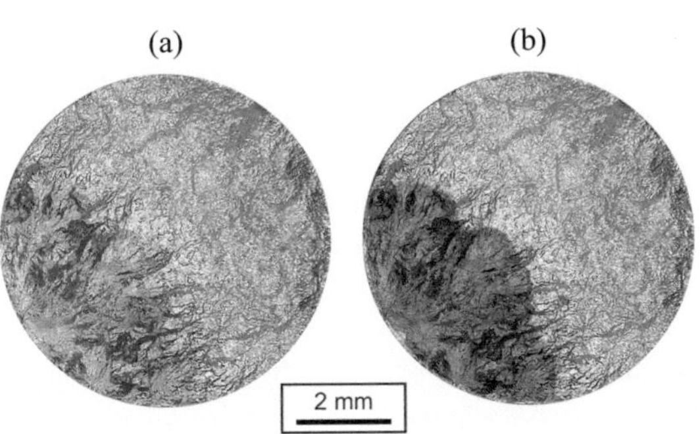

Abbildung 5.55
Vergleich lichtmikroskopischer Bruchflächenaufnahmen: (a) Ohne und (b) mit überlagerten Ergebnissen der CT-Rissanalysen

Der quantitative Vergleich der vermessenen Rissflächen am Lichtmikroskop (ImageJ) und am Computertomograph (VG Studio Max) ist in Abbildung 5.56 mit linearer und logarithmischer Skalierung dargestellt. Es zeigt sich eine sehr gute Übereinstimmung zwischen den lichtmikroskopischen und CT-Rissanalysen. Die lichtmikroskopisch vermessenen Rissflächen waren tendenziell minimal größer (+4 %, siehe Steigung Regressionsgerade), was aufgrund der komplexen Wechselwirkung zwischen Kontrastmittel und Rissfläche insb. der Rissspitze nachvollziehbar ist.

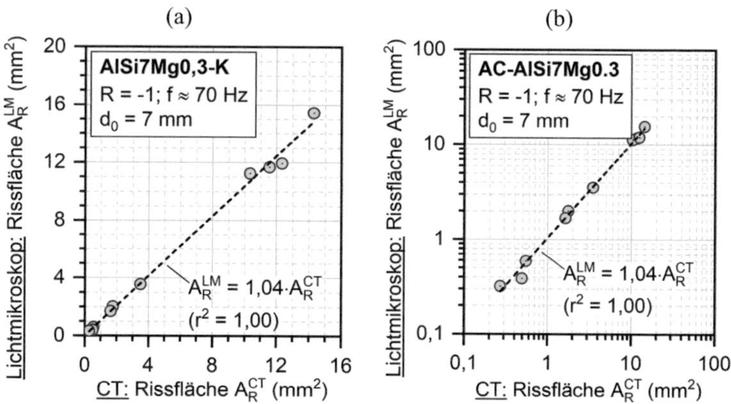

Abbildung 5.56 Quantitativer Vergleich der vermessenen Rissflächen am Lichtmikroskop (ImageJ) und am Computertomograph (VG Studio Max): (a) Lineare und (b) logarithmische Skalierung

Im nächsten Schritt wurden verschiedene Schädigungszustände in einer breiten Reihe von ESV eingestellt, d. h. die ESV wurden vor dem Probenbruch ereignisorientert bei spezifischen Änderungen der Resonanzfrequenzen gestoppt (ca. 0,05 Hz bis 1,0 Hz) und die Proben ausgebaut. Die CT-Rissanalyse erfolgte, in der ersten Untersuchungsreihe an Ermüdungsproben, deren Risse unmittelbar vor dem CT-Scan (ohne *in situ* Zugmodul) mit Kontrastmittel (KM) infiltriert wurden. Die CT-Rissanalyse erfolgte manuell mit Hilfe der 3D-Bildverarbeitungssoftware VG Studio Max. Für diese Ermüdungsproben wurde die maximale Rissfläche und die totale Rissfläche bestimmt und mit den Änderungen der Resonanzfrequenz und Impedanzmessung in Abbildung 5.57 zwecks Kalibrierung der Messsysteme korreliert. Die Größen beider Messsysteme zeigten einen quadratischen Zusammenhang mit der Änderung der maximalen und totalen Rissfläche. Das Bestimmtheitsmaß für die maximale Rissfläche war für beide Messsysteme höher als für die totale Rissfläche (+4 %- bzw. 5 %-Punkte) und zeigte, dass die Änderung der Messgrößen durch den größten Riss dominiert wurden.

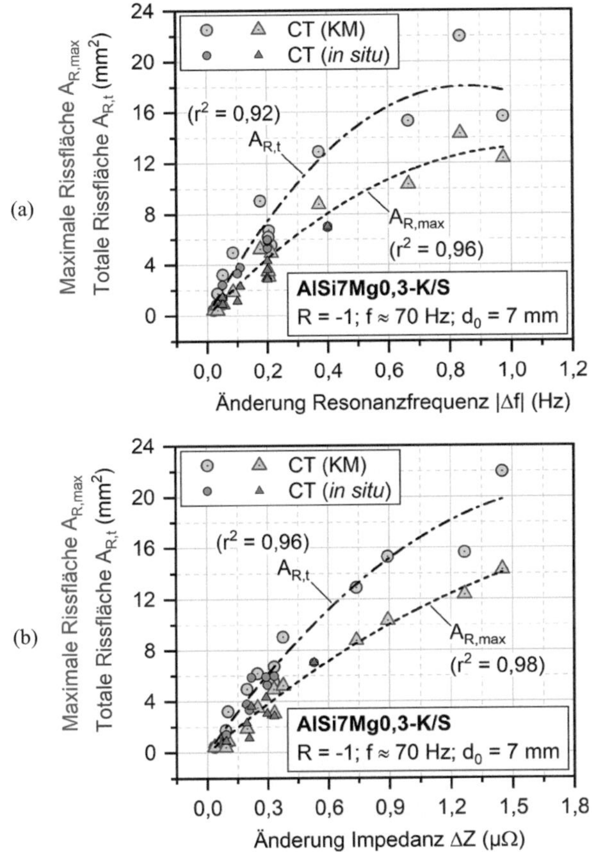

Abbildung 5.57 Korrelation der vermessenen Rissflächen am CT (VG Studio Max) mit der Änderung der (a) Resonanzfrequenz und (b) Impedanz im Ermüdungsversuch

Zusätzlich zu den korrelativen CT-Scans mit Kontrastmittel wurden *in situ* CT-Scans unter Zugbeanspruchung (*in situ* Zugmodul) ohne Kontrastmitteleinsatz durchgeführt, um eine Kontamination bzw. einen Korrosionsangriff der Rissflächen durch das Kontrastmittel auszuschließen. An diesen Proben konnten im Nachgang im REM die bruchauslösenden Defekte ermittelt werden, was bei den intermittierenden CT-Proben mit Kontrastmittel nicht oder nur eingeschränkt möglich war. Die Rissflächenanalysen durch *in situ* CT-Scans sind als kleine volle Symbole dargestellt und zeigten für die maximale Rissfläche eine vergleichbare Korrelation mit den Messgrößen. Für die Gesamtbruchfläche konnte für die Impedanz ein vergleichbarer Zusammenhang zu den CT-Scans mit Kontrastmittel erreicht werden, während für die Resonanzfrequenz nur bei kleinen Rissflächen ein vergleichbarer Zusammenhang festgestellt werden konnte. Die Ergebnisse wiesen nach, dass der charakteristische Abfall der Resonanzfrequenz und der Anstieg der Impedanz direkt mit der Schädigung in Form der maximalen Rissfläche korrelierte. Entsprechend wurde für die weiteren Untersuchungen und Auswertungen angenommen, dass bis zum Plateau beider Messgrößenverläufe ein schädigungsfreier Werkstoffzustand vorlag. Die maximale Rissfläche betrug damit Null im Plateau. Die Korrelationskoeffizienten des quadratischen Zusammenhangs zwischen maximaler bzw. totaler Rissfläche mit der Änderung der Resonanzfrequenz und Impedanz konnten über die folgende Gleichung bestimmt werden:

$$f(x) = A \cdot x + B \cdot x^2 \tag{5.18}$$

Die ermittelten Korrelationskoeffzienten und zugehörigen Bestimmtheitsmaße für die Messsysteme sind in Tabelle 5.19 angegeben. Aufgrund der hohen Bestimmtheitsmaße war die Nutzung komplexerer empirischer Zusammenhänge zwischen Schädigung und Messgrößen, wie u. a. in Abschnitt 2.3.2 für die Wechselstrompotentialsondenmessung beschrieben, nicht notwendig.

Tabelle 5.19 Korrelationskoeffizienten zwischen maximalen und totalen Rissflächenzuwachs und Änderung der Resonanzfrequenz sowie Impedanz

Korrelationskoeffizienten	Änderung Resonanzfrequenz Δf		Änderung elektr. Impedanz ΔZ	
	$A_{R,max}$	$A_{R,t}$	$A_{R,max}$	$A_{R,t}$
A	24,7	42,1	13,5	22,1
B	−11,5	−24,6	−2,6	−5,8
r^2	0,96	0,92	0,98	0,96

Auf Basis dieser Korrelationskoeffizienten konnte für das Resonanzprüfsystem die lastspielzahlabhängige Schädigungsentwicklung in Form der maximalen Rissfläche bestimmt und die zustandsspezifischen bzw. strukturellen Einflussgrößen auf das Rissfortschrittsverhalten bewertet werden. Dies erfolgt im Abschnitt 5.5.3.

5.5.2 Messtechnische Erfassung im VHCF-Bereich

Zur Charakterisierung des Ermüdungsfortschritts im VHCF-Bereich wurden die Ermüdungsversuche messtechnisch instrumentiert und mittels korrelativer Fraktographie das Kurz- und Langrissverfahren charakterisiert. Die Versuchsstrategie wurde detailliert im Abschnitt 4.4.3 beschrieben.

Schädigungssensitive Messgrößen am Ultraschallprüfsystem
Die Schädigungsentwicklung am Ultraschallprüfsystem wurde während der VHCF-Versuche mit Hilfe von verschiedenen Kennwerten der Resonanz-Dämpfungs-Analyse überwacht: (a) Änderung der Resonanzfrequenz f, die auch als Referenzmessgröße zu den Resonanzprüfungen bei 70 Hz dient, (b) relativer Nicht-Linearitätsfaktor β_{rel}. Für die Berechnung des rel. Nicht-Linearitätsfaktors war die Ermittlung der Schwingungsamplitude $A1$ bei der Resonanzfrequenz (Grundschwingung $\approx$ 20 kHz) und der Amplitude der ersten harmonischen Schwingung $A2$ ($= 2 \cdot A1 \approx$ 40 kHz) erforderlich. Diese konnten durch FFT-Analysen (engl.: Fast Fourier Transformation) bestimmt werden und sind in Abbildung 5.58 anhand zweier Frequenzspektren für die Anfangsphase (links, geringe Schädigung) und kurz vor Bruch (rechts, hohe Schädigung) gezeigt. Während sich die Amplitude der Grundschwingung $A1$ nicht signifikant änderte (vgl. Abbildung 4.7), zeigte die Amplitude der ersten harmonischen Schwingung $A2$ eine deutliche schädigungsinduzierte Erhöhung. Im Frequenzspektrum waren weitere Ausschläge erkennbar, die keine harmonischen Schwingungen bzw. Vielfachen der Grundschwingung darstellten und deswegen als Störgrößen eingeordnet wurden, die nicht weiter betrachtet werden sollten.

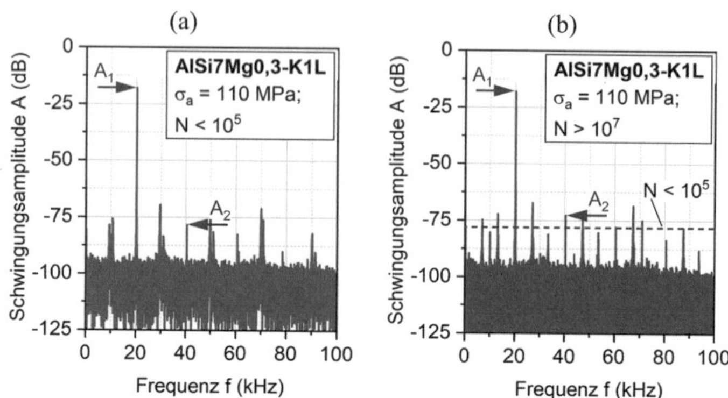

Abbildung 5.58 Vergleich der Frequenzspektren im Einstufenversuch (a) in der Anfangs-phase und (b) kurz vor Probenbruch

Die harmonische Schwingungsamplitude $A2$ ist neben der Schädigung auch von der Beanspruchung abhängig. Dies ist beispielhaft am Laststeigerungsversuch für den Zustand S3A in Abbildung 5.59 gezeigt. Um sicherzustellen, dass die Änderungen der zweiten harmonischen Schwingungsamplitude $A2$ auf eine Veränderung der Nicht-Linearität des Werkstoffs und nicht auf Störeinflüsse wie Veränderungen der messtechnischen Instrumentierung zurückzuführen war, musste die quadratische Gesetzmäßigkeit der Werkstoff-Nicht-Linearität nach Kumar et al. [130] bewiesen werden, deren Vorgehen in [263] detailliert beschrieben ist. Hierzu musste experimentell bestätigt werden, dass der Nicht-Linearitätsfaktor unabhängig von den Schwingungsampituden und nur von $A2-2{\cdot}A1$ abhing. Dies zeigt sich durch eine Steigung von 2 im $A2$-$A1$-Diagramm bzw. durch eine eine Unabhängigkeit des Nicht-Linearitätsfaktors $A2-2{\cdot}A1$ von der zyklischen Beanspruchung bzw. der Grundschwingungsamplitude $A1$ im Ultraschallprüfsystem [130]. Die Erfüllung dieser Bedingung konnte in Abbildung 5.59 nachgewiesen werden. Der relative Nicht-Linearitätsfaktor ergab sich aus der Differenz des aktuellen Nicht-Linearitätsfaktors $(A2-2{\cdot}A1)$ und des Nicht-Linearitätsfaktors zu Beginn der Prüfung $(A2-2{\cdot}A1)_{\text{start}}$ bzw. $(A2-2{\cdot}A1)_0$ und ermöglichte die beanspruchungsunabhängige Bewertung des Schädigungszustands.

Abbildung 5.59
Beanspruchungsabhängige
Entwicklung der
harmonischen
Schwingungsamplitude $A2$
und der Differenz aus
zweifacher harmonischer
Schwingungsamplitude zur
Grundschwingungsampli-
tude $A2-2 \cdot A1$ in
Abhängigkeit von der
Grundschwingungsampli-
tude
$A1$

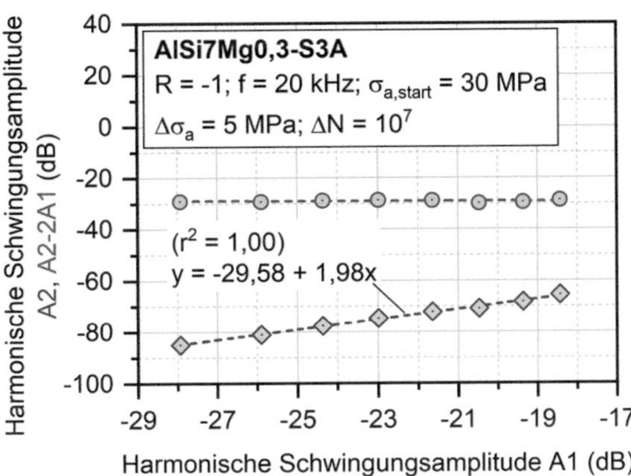

Da die Anrissbildung im VHCF-Bereich vorzugsweise von Defekten im Volumen ausging, wurde zur Kalibrierung der schädigungssensitiven Messgrößen Ultraschall-Ermüdungsproben mit beidseitigen Flachkerben mit einer Kerbzahl $\alpha_k \approx 1,1$ realisiert, um die Beanspruchung zu konzentrieren und eine „quasi"-ebene Betrachtung des Rissfortschritts zu ermöglichen. Zusätzlich wurde mittels Femto-Laserbearbeitung ein scharfer Defekt ins Zentrum eines Flachkerbs „künstlich" eingebracht, um den Rissausgangspunkt genau zu kennen. Dadurch konnte ein Digitalmikroskop zur Risserkennung vor Versuchsstart ausgerichtet werden und die Rissentwicklung aufnehmen. Ein vergleichbares Vorgehen wurde von Zhu et al. [196] zur Ermittlung von Rissfortschrittskurven im Ultraschallprüfsystem angewandt. In Abbildung 5.60 ist die flachgekerbte Probe mit Laserdefekt in ausgewählten Zuständen gezeigt. Abbildung 5.60a zeigt eine Einflusszone der Femto-Laserbearbeitung um den Laserdefekt. Der Laserdefekt wies eine Breite von 115 µm, eine Stärke von ca. 40 µm und eine Tiefe von 290 µm auf. Durch eine anschließende Politur war der Laserdefekt und die dendritische Mikrostruktur im Digitalmikroskop klar zu erkennen (Abbildung 5.60b). Die fraktographische Aufnahme der Probe zeigte eine Anrissbildung am Laserdefekt ($a_i = 146$ µm) und einen halbkreisförmigen Rissfortschrittsbereich inkl. facettenartiger Schädigungsbereiche. Das VHCF-Rissfortschrittsverhalten wird in Abschnitt 5.5.3 näher betrachtet.

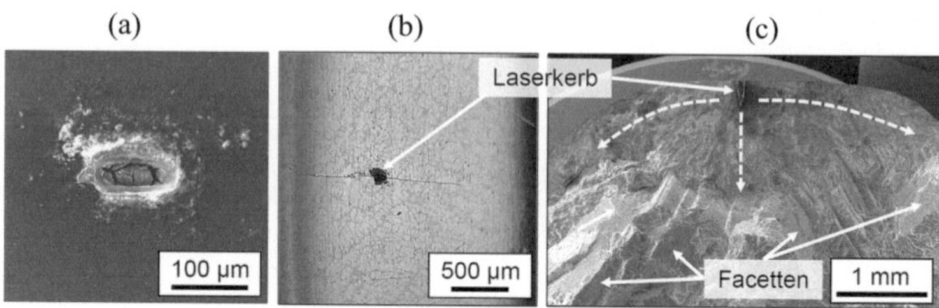

Abbildung 5.60 Laserdefekt im Flachkerb der Ultraschall-Ermüdungsproben zur Kalibrierung der Messgrößen: (a) REM-Aufnahme des unpolierten Laserdefekts, (b) LM-Aufnahme des polierten Laserdefekts im Flachkerb und (c) REM-Aufnahme der Schädigungsentwicklung am Laserdefekt

Die zugehörigen Korrelationen der Messgrößen mit der gemessenen Oberflächenrisslänge anhand der lichtmikroskopischen Aufnahmen des Digitalmikroskops sind in Abbildung 5.61 dargestellt. Der Rissfortschritt entwickelte sich anfangs bis $1{,}5 \cdot 10^7$ Lastspiele linear, verlangsamte sich anschließend und kam ab $2{,}5 \cdot 10^7$ Lastspiele zum Erliegen (Rissstopp). Ab $3{,}2 \cdot 10^7$ Lastspiele beschleunigte sich der Rissfortschritt wieder und stieg dann bis zum Versagen weiter linear an. Der rel. Nicht-Linearitätsfaktor und die Resonanzfrequenz wiesen qualitativ eine nahezu identische Entwicklung zur Oberflächenrisslänge auf. Der Rissstopp wurde bereits früher ab $2 \cdot 10^7$ Lastspiele detektiert. Auch die Fortsetzung des Rissfortschritts ab $3{,}2 \cdot 10^7$ Lastspiele konnte klar erkannt werden.

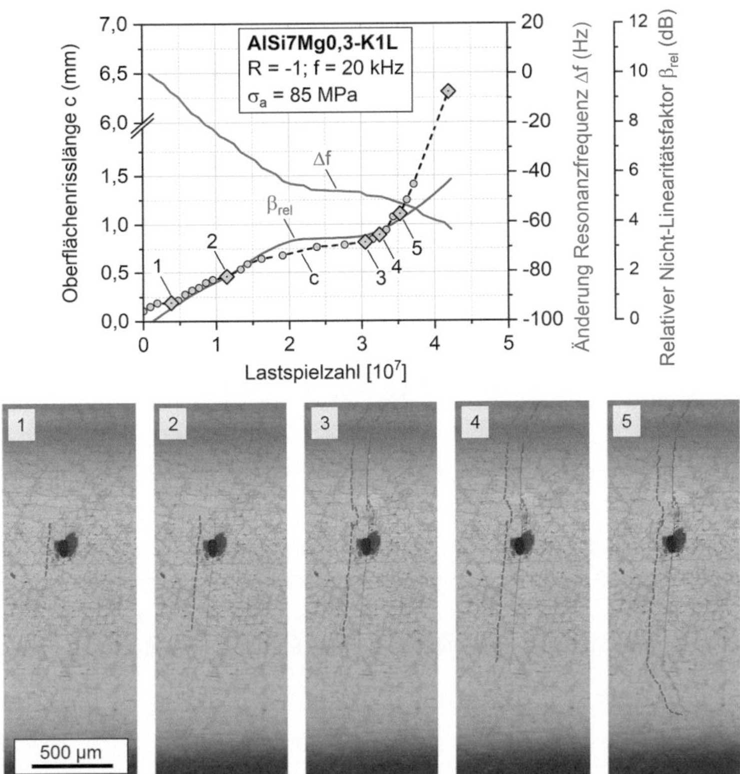

Abbildung 5.61 Lastspielzahlabhängige Erfassung des Ermüdungsrissfortschritts im Ultraschallprüfsystem mittels messtechnisch instrumentierter Einstufenversuche inkl. optischer Risserkennung am Laserdefekt im Flachkerb

Um die schädigungssensitiven Messgrößen mit der Schädigung in Form der Rissfläche zu korrelieren (vgl. Abbildung 5.57), wurde die Oberflächenrissgröße c mit der Risslänge a sowie die Quadratwurzel der Rissfläche $\sqrt{A_R}$ anhand von fraktographischen Aufnahmen (LM, REM, CT) von Einstufenversuchen am Resonanz- und Ultraschallprüfsystem in unterschiedlichen Schädigungszuständen in Abbildung 5.62 gegenübergestellt. Zwischen der Risslänge und der Oberflächenrisslänge konnte ein linearer Zusammenhang festgestellt werden, wobei die Risslänge in sehr guter Näherung 75 % der Oberflächenrisslänge betrug, ob Kurz- oder Langriss. Der Zusammenhang zwischen der Quadratwurzel der

Rissfläche nach dem Murakami-Konzept $\sqrt{A_R}$ mit der Risslänge und der Oberflächenrisslänge konnte über einen quadratischen Ansatz wie folgt beschrieben werden:

$$\sqrt{A_R} = 1,290 \cdot a - 0,044 \cdot a^2 \tag{5.19a}$$

$$\sqrt{A_R} = 1,034 \cdot c - 0,034 \cdot c^2 \tag{5.19b}$$

Analog konnten die Risslänge und die Oberflächenrissfläche mittels der Quadratwurzel der Rissfläche $\sqrt{A_R}$ berechnet werden:

$$a = 0,937 \cdot \sqrt{A_R} + 0,057 \cdot \left(\sqrt{A_R}\right)^2 \tag{5.20a}$$

$$c = 0,745 \cdot \sqrt{A_R} + 0,035 \cdot \left(\sqrt{A_R}\right)^2 \tag{5.20b}$$

Der optische Vergleich von $\sqrt{A_R}$ mit den konventionellen Rissgrößen a und c zeigte, dass sich $\sqrt{A_R}$ bis 2 mm proportional zu c entwickelten. Erst bei größeren Oberflächenrisslängen (ab ca. 3 mm) ergaben sich signifikante Unterschiede untereinander. Die Risslänge a wies bei kleinen und mittleren Rissengrößen leicht

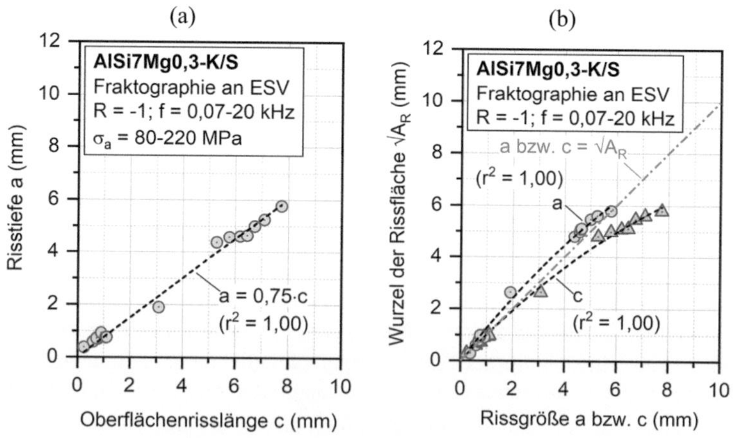

Abbildung 5.62 Korrelation der Oberflächenrisslänge c aus fraktrographischen Analysen mit (a) der Risslänge a und (b) der Quadratwurzel der Rissfläche $\sqrt{A_R}$

erhöhte Dimensionen zur Quadratwurzel der Rissfläche $\sqrt{A_R}$ auf. Ab 5 mm Risslänge waren beide Rissgrößen nahezu identisch.

Aufgrund der geringen Unterschiede zwischen $\sqrt{A_R}$ und a bzw. c mit teils proportionalen Zusammenhängen wurde im weiteren Verlauf die Rissflächenentwicklung einheitlich über die Entwicklung der Rissgröße $\sqrt{A_R}$ beschrieben, die nun als a abgekürzt wird, um die Berechnung des wirkenden Spannungsintensitätsfaktors von Defekten a_i ($\sqrt{A_i}$) und Rissen a ($\sqrt{A_R}$) über das Murakami-Modell zu vereinheitlichen.

Auf Basis des ESV mit Laserdefekt im Flachkerb, der in Abbildung 5.61 gezeigt ist, konnte die Rissgröße c und über Gl. 5.19b die Rissfläche ermittelt werden. Es wurde angenommen, dass weitere Anrisse zu vernachlässigen waren und die ermittelte Rissfläche damit der größten Rissfläche in der Probe entsprach. Die Korrelation der Änderung der Resonanzfrequenz und des rel. Nicht-Linearitätsfaktors mit der max. Rissfläche ist in Abbildung 5.63 für das Ultraschallprüfsystem analog zu Abbildung 5.57 (Resonanzprüfsystem) dargestellt.

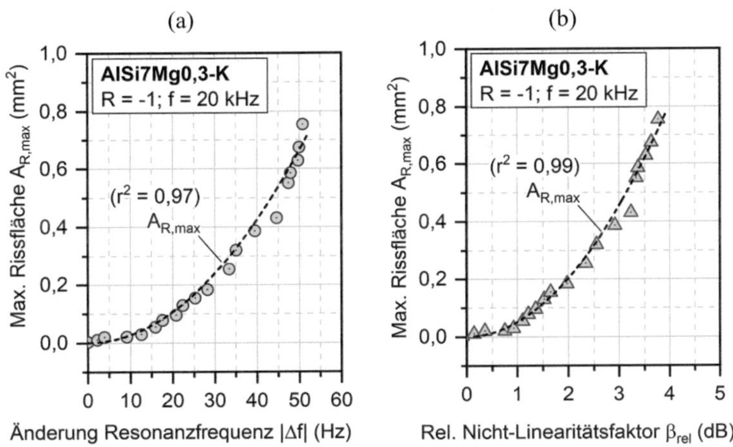

Abbildung 5.63 Korrelation der (a) absoluten Änderung der Resonanzfrequenz $|\Delta f|$ und (b) des Nicht-Linearitätsfaktors β_{rel} mit der Rissfläche A_R

Es zeigte sich für beide Messgrößen ein quadratischer, parabelförmiger Zusammenhang mit der Rissfläche (hohes Bestimmtheitsmaß von 0,97 bzw. 0,99):

$$A_{R,max} = 0,265 \cdot 10^{-3} \cdot (|\Delta f|)^2 \tag{5.21a}$$

$$A_{R,max} = 50,5 \cdot 10^{-3} \cdot (\beta_{rel})^2 \tag{5.21b}$$

Hinsichtlich der Quadratwurzel der Rissfläche a ergab sich somit für die genutzten Ultraschall-Ermüdungsproben mit einem Durchmesser von 7 mm ein proportionaler Zusammenhang mit der Änderung der Resonanzfrequenz und dem rel. Nicht-Linearitätsfaktor, der wie folgt beschrieben werden konnte:

$$a = 0,016 \cdot |\Delta f| \tag{5.22a}$$

$$a = 0,225 \cdot \beta_{rel} \tag{5.22b}$$

Dies ermöglichte eine schnelle qualitative Bewertung des Rissfortschritts anhand dieser Messgrößen und eine vereinfachte Berechnung des wirkenden Spannungs-intensitätsfaktors mit Hilfe des Murakami-Modells.

5.5.3 Physikalische und technische Anrissbildung im HCF-Bereich

Auf Basis der kalibrierten, schädigungssensitiven Messgrößen konnte das Schä-digungsverhalten (u. a. Anrissbildung, Rissfortschritt) am Resonanz- und Ultra-schallprüfsystem charakterisiert und in Abhängigkeit von der Beanspruchung, der Lastspielzahl und der Prüffrequenz sowie Prüfatmosphäre verstanden werden.

Lastspielabhängige Entwicklung und Wechselwirkung von Rissen
Zur detaillierten Charakterisierung und dem Erlangen eines grundlegenden Ver-ständnisses für die Anrissbildung und Schädigungsentwicklung in AlSi7Mg0,3-Gusslegierungen wurden intermittierende Einstufenversuche mit *ex situ* CT-Rissanalysen in den Versuchspausen durchgeführt. Hierzu wurde der Ermü-dungsversuch im Stadium spezifischer Änderungen der Messgrößen gestoppt, die Probe ausgebaut und im CT einer Rissanalyse mittels Kontrastmittel unter-zogen. Nach der Probenreinigung wurde die Ermüdungsprobe wieder in das Prüfsystem eingespannt und der Ermüdungsversuch bis zur nächsten spezifischen

Änderung der Messgröße fortgesetzt. Insgesamt wurden inkl. der *pre mortem* CT-Defektanalyse acht Defekt- bzw. Schädigungszustände untersucht. Bei der Durchführung des intermittierenden Ermüdungsversuchs hat sich die Impedanzmessung als vorteilhaft gegenüber der Resonanzfrequenzmessung gezeigt, da strukturelle Änderungen ab Probeninstrumentierung inkl. der Anschwingphase erfasst werden konnten.

Die Änderung der Impedanz in Abhängigkeit von der Lastspielzahl und der Unterbrechungen für die CT-Rissanalyse ist in Abbildung 5.64a gezeigt inkl. ausgewählter Draufsichten der CT-Rissanalyse über den Probenquerschnitt und die gesamte gescannte Probenhöhe (11,6 mm). Es zeigte sich ein exponentieller Anstieg der Impedanz und der totalen Rissfläche, die qualitativ und quantitativ gut korrelierten. Die Zusammenhänge aus Rissfläche und Impedanzänderung wurden in Abbildung 5.57 zur Kalibrierung der Messgröße genutzt. Ab einer totalen Rissfläche von 12 mm^2 wurde die Spannungsamplitude auf 80 MPa reduziert, um bei weiterer Verdopplung der schädigungsinduzierten Impedanzänderung auf 1,45 $\mu\Omega$ ein vorzeitiges Probenversagen durch Restgewaltbruch zu vermeiden. In den fraktographischen CT-Aufnahmen in Abbildung 5.64b konnte eine Anrissbildung von mehreren Probenpositionen festgestellt werden. Wie im Abschnitt 5.3 erläutert, konnte die Anrissbildung auf lokale Defekte (primär Poren) zurückgeführt werden.

Die Entwicklung der einzelnen Rissflächen in Abhängigkeit von der Lastspielzahl ist in Abbildung 5.64c dargestellt. Riss 1 wurde als Erstes detektiert. Anschließend bildeten sich die Risse 2.1 und 2.2. Die Wechselwirkung beider Risse und das dadurch beschleunigte Risswachstum zueinander führten mit dem Zusammenwachsen beider Risse dazu, dass Riss 2 die Schädigungsentwicklung dominierte und letztlich zum Versagen der Probe führte. Der Rissfortschritt an Riss 1 wurde dadurch stark entschleunigt. Auch nach dem Zusammenwachsen beider Risse setzte sich der Rissfortschritt auf beiden Rissebenen normalspannungsgesteuert weiter fort. Der Mode I-Spannungsintensitätsfaktor dominierte somit das Rissfortschrittsverhalten vom Anriss bis zum Probenbruch.

Alle Risse breiteten sich somit normalspannungsgesteuert von den Defekten aus bis es zum Probenversagen kam. Eine Änderung des Schädigungsmechanismus beispielsweise zum schubspannungsgesteuerten, facettenartigen Rissfortschritt wurde in den intermittierenden HCF-Versuchen nicht festgestellt. Allerdings erfolgte das Zusammenwachsen von Rissen in der Ebene maximaler Schubspannungen, wie es für die Risse 2.1 und 2.2 beobachtet werden konnte. Nach Kamaya et al. [264] wird die Rissfortschrittsrate maßgeblich vom Mode I Spannungsintensitätsfakftor (K_I) bestimmt, während die Rissfortschrittsrichtung beim Zusammenwachsen von K_{II} und K_{III} geprägt ist.

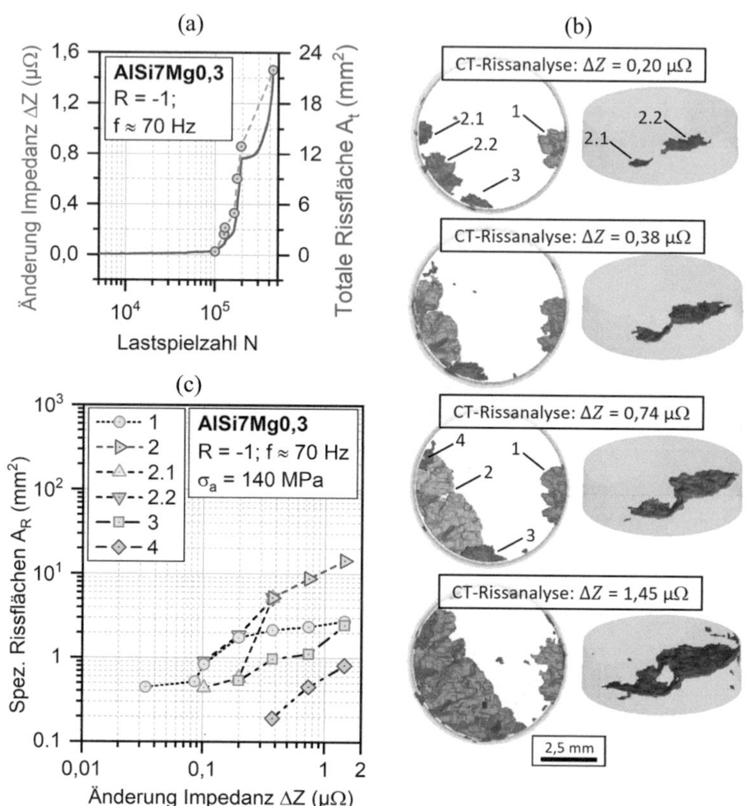

Abbildung 5.64 Entwicklung der Impedanz und Schädigung in intermittierenden Einstufenversuchen: (a) Impedanzänderung über Lastspielzahl, (b) Querschnitte der CT-Rissanalysen für verschiedene Impedanzänderungen und (c) Rissflächenentwicklung von den verschiedenen Anrissen

Beanspruchungs- und zustandsabhängige Anrissbildung

Zur Bewertung des beanspruchungs- und zustandsabhängigen Anrissverhaltens wurden zusätzlich zur ersten schädigungsinduzierten Änderung der Messgrößen (N_A, vgl. Abbildung 5.54) die Anrisslastspielzahlen für spezifische (abge-schätzte) Rissgrößen von 0,25 mm ($N_{A0,25}$: Physikalisch kurzer Anriss bzw. technischer Anriss nach Vormwald [51]), 0,5 mm ($N_{A0,5}$), 1,0 mm ($N_{A1,0}$: Technischer Anriss) und 2,0 mm ($N_{A2,0}$) mit Hilfe von Tabelle 5.19 ermit-telt. Diese spezifischen Anrisslastspielzahlen wurden zudem im Verhältnis zur

Bruchlastspielzahl gesetzt (normierte Anrisslastspielzahl), um deren Anteil an der Gesamtlebensdauer beurteilen zu können.

In Abbildung 5.65 sind die spezifischen Anrisslastspielzahlen, die mittels der Änderung der Resonanzfrequenz und Impedanz ermittelt wurden, vergleichend für K1L gegenübergestellt. Es zeigte sich, dass beide Messsysteme vergleichbare Anrisslastspielzahlen für Kurz- und Langrisse detektieren konnten. Zwischen beiden Messsystemen konnten keine signifikanten beanspruchungs- oder lastspielzahlabhängigen Unterschiede bei der Detektion spezifischer Anrissgrößen festgestellt werden. Beide Messgrößen ermöglichten somit die Detektion der Rissbildung und des Rissfortschritts. Zwecks Vergleichbarkeit zu den Ultraschall-Ermüdungsversuchen und aufgrund der deutlich geringeren Temperaturempfindlichkeit erfolgte die weitere quantitative Charakterisierung des Anriss- und Rissfortschrittsverhaltens im HCF-Bereich am Resonanzprüfsystem anhand der Änderung der Resonanzfrequenz.

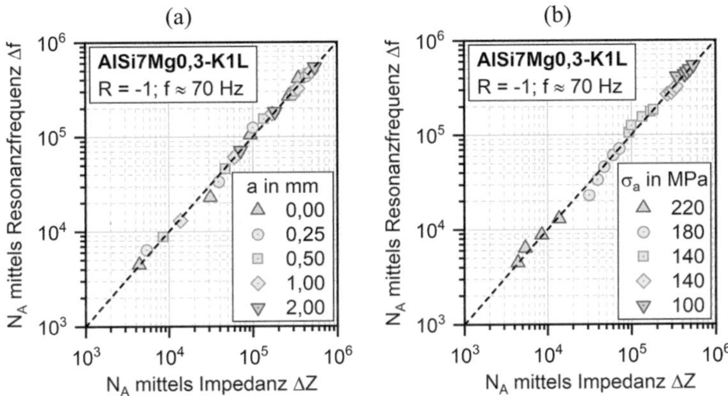

Abbildung 5.65 Vergleich der ermittelten Anrisslastspielzahlen für (a) spezifische Rissgrößen und (b) spezifische Beanspruchungen anhand der Resonanzfrequenz und der Impedanz

Der Einfluss der Spannungsamplitude auf die Anrissbildung bei normierter Lastspielzahl ist für K1L in Abbildung 5.66a gezeigt. Je höher die Beanspruchung, desto früher kam es zur Anrissbildung und desto kürzer war die Lebensdauer bis zum Erreichen eines technischen Anrisses von 1 mm. In Abbildung 5.66b ist der Einfluss der Ausgangsdefektgröße auf die normierte Lastspielzahl für die Zustände K1, K1P1 und K1P2 bei 180 und 140 MPa gezeigt. Je höher die spezifische Defektgröße (K1P1 > K1P2 > K1), desto früher bildeten

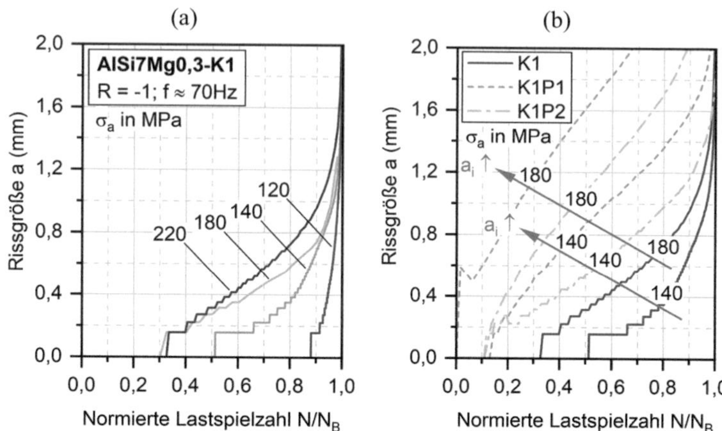

Abbildung 5.66 Anrissbildung und Rissfortschritt bis zum technischen Anriss in Abhängigkeit von (a) der Beanspruchung und (b) der Ausgangsdefektgröße

sich Anrisse. Dies konnte unabhängig von der Spannungsamplitude festgestellt werden.

Die beanspruchungs- und defektabhängigen Anteile der physikalischen Anrissbildung (0,25 mm) und technischen Anrissbildung (1,0 mm) an der Gesamtlebensdauer (normierte Lastspielzahlen) sind in Abbildung 5.67a + b anhand verschiedener Kokillengusszustände detailliert dargestellt. Je höher die Defektgröße, desto früher kam es zur physikalischen und technischen Anrissbildung und desto stärker wurde die Lebensdauer durch das Rissfortschrittsverhalten geprägt bzw. dominiert. Die Ergebnisse stimmten gut mit denen von McDowell et al. [265] überein, der für die Anrisslebensdauer einen Anteil von 50–70 % bei Defekten von 50 μm und 30–40 % bei Defekten von 200–400 μm im HCF-Bereich voraussagte.

Ein vergleichbares Bild ergibt sich für die Sandgusszustände S1 und S3 in Abbildung 5.67c + d. Beide Zustände wiesen einen vergleichbaren Anteil für die physikalische und technische Anrissbildung auf. Beide Zustände konnten hinsichtlich Anrisslebensdaueranteile zwischen den Kokillengusszuständen K1L und K1P1 aus Abbildung 5.67a + b eingeordnet werden. Dies korrelierte gut mit den bruchauslösenden Defektgrößen in den Zuständen S1 und S3 (244 μm bzw. 304 μm), deren Größenbereich zwischen K1 (113 μm) und K1P1 (422 μm) lag. Der Anteil des Rissfortschritts an der Lebensdauer lag bei 80–85 % bei hohen Beanspruchungen und 50–60 % bei niedrigen Beanspruchungen. Der Großteil der

untersuchten Gusszustände wies somit ein rissfortschrittsdominiertes Ermüdungsverhalten auf, wodurch eine schädigungs- bzw. defekttolerante Auslegung mit
Hilfe von Rissfortschrittsmodellen notwendig war. Dies wird in Abschnitt 5.5.5
näher erläutert.

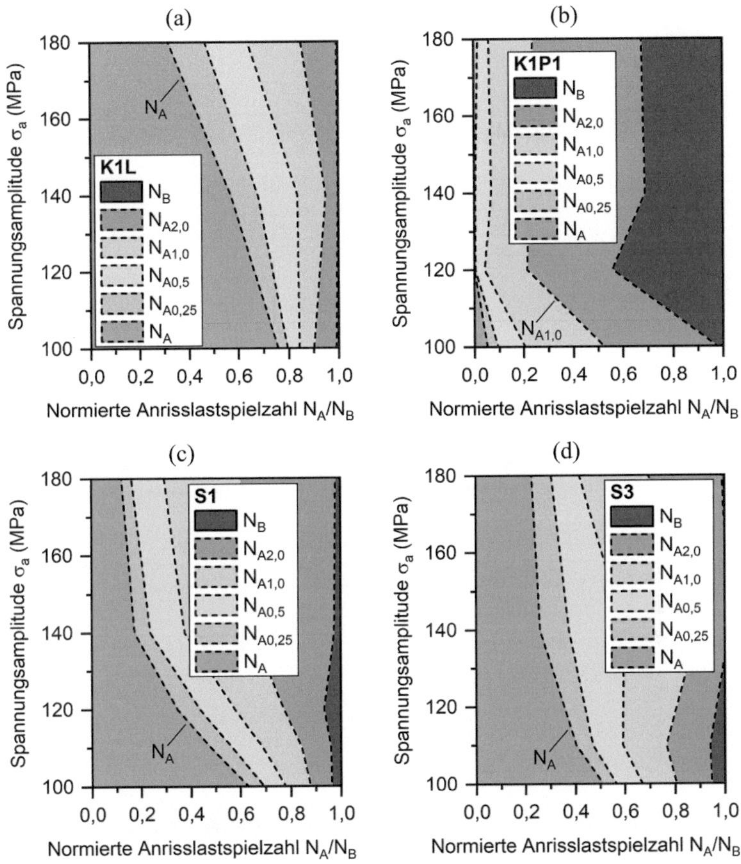

Abbildung 5.67 Spannungsamplitude in Abhängigkeit der normierten Anrisslastspielzahl
für die Zustände (a) K1L, (b) K1P1, (c) S1 und (d) S3

Um den Einfluss der Spannungsamplitude und die Defektgröße auf die
Anrisslebensdauer zu beschreiben, wurde analog zu Shiozawa et al. [266] der
zykl. Spannungsintensitätsfaktor für die bruchauslösenden Defekte ΔK_i bestimmt
und über die physikalische und technische Anrisslebensdauer in Abbildung 5.68a

+ b aufgetragen. In Anlehnung an die ASTM E647 [267] sowie den Untersuchungen von Wang et al. [166] und Zhu et al. [196] wurde für R $= -1$ der zykl. Spannungsintensitätsfaktor zu $\Delta K = K_{max}$ berechnet ($U = 0{,}5$). In Abbildung 5.68a sind die Ermüdungsversuche gießverfahrensunabhängig aufgetragen. Es zeigte sich eine gute Korrelation zwischen ΔK_i und N_A, wobei eine erhöhte Streuung festgestellt werden konnte.

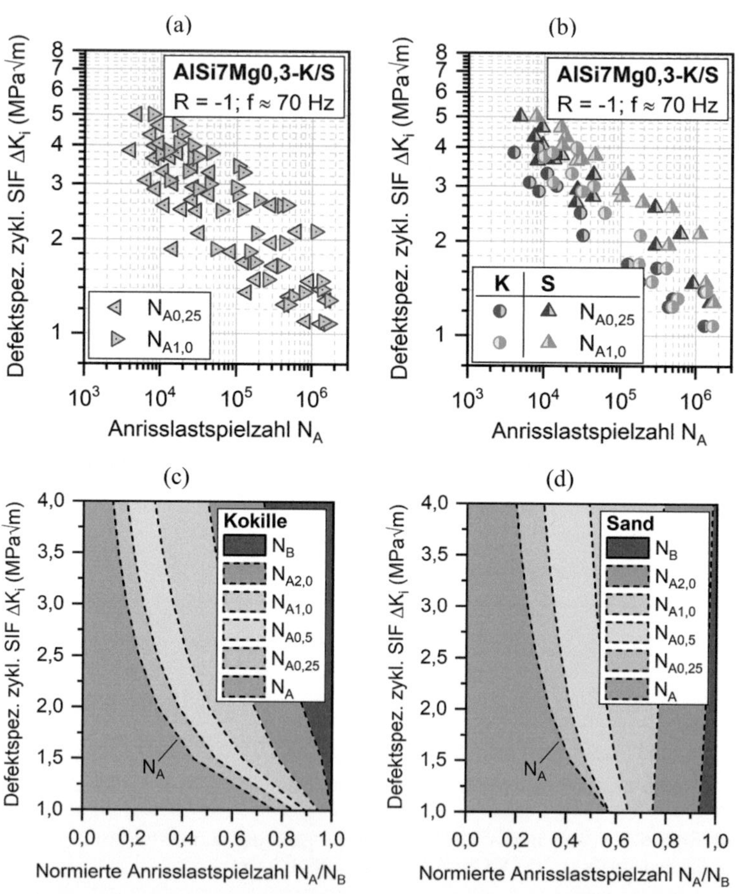

Abbildung 5.68 Defektspezifischer zyklischer Spannungsintensitätsfaktor in Abhängigkeit der (a) verfahrensunabhängigen und (b) -spezifischen Anrisslastspielzahl sowie der normierten Anrisslastspielzahl für die (c) Kokillengusszustände und (d) Sandgusszustände

Das bedeutet, dass auf Basis von ΔK_i die Anrisslebensdauer für unterschiedliche Anrissgrößen unabhängig vom Gießverfahren oder Werkstoffzustand (auch T64) zuverlässig abgeschätzt werden konnte. Hinsichtlich des Beanspruchungseinflusses konnte festgestellt werden, dass sich die Lebensdauerunterschiede zwischen physikalischer und technischer Anrissbildung mit steigender Beanspruchung erhöhen. Diese Streuung konnte in Abbildung 5.68b reduziert werden, in dem die Auswertung getrennt nach Gießverfahren (verfahrensspezifisch) erfolgte. Die Sandgusszustände zeigten bei gleichem ΔK_i eine erhöhte physikalische und technische Anrisslebensdauer und wiesen bei gleicher Anrisslastspielzahl eine um 0,5–1,0 MPa$\sqrt{}$m erhöhte Defekt- bzw. Schädigungstoleranz auf. Dieser Unterschied deutet auf eine reduzierte Barrierewirkung gegen Rissfortschritt der feineren eutektischen Si-Partikel im Kokillenguss hin, wie es auch von Lados [253] festgestellt wurde (vgl. Abschnitt 5.3.2), da feinere Si-Partikel typischerweise zu einem reduzierten Schwellenwert des Spannungsintensitätsfaktors führen.

Zur Ermittlung der ΔK_i-basierten Anrisskurven mit normierter Anrisslastspielzahl wurden in Abbildung 5.68c + d für alle spezifischen Anrisslastspielzahlen (Anriss bis 2,0 mm) in Abhängigkeit vom Gießverfahren über ein Potenzgesetz (vgl. modifizierten Basquin-Gleichung, Gl. 2.3) beschrieben. Dies ermöglichte eine einheitliche und zuverlässige Beschreibung der Anrisslebensdaueranteile in Abhängigkeit von der Beanspruchung und der zustandsspezifischen Defektgrößen für das jeweilige Gießverfahren. Die Sandgusszustände wiesen bei gleichem ΔK_i unabhängig von der Bruchlastspielzahl eine deutlich spätere und langsamere Anrissbildung auf. Dies zeigte sich besonders deutlich bei der Anrisslebensdauer bis 0,5 mm, die für die Sandgusszustände fast konstant bei 50–60 % lag und für die Kokillengusszutände je nach Beanspruchung zwischen 30 % (hohes ΔK_i) und 70 % (niedriges ΔK_i) variierte. Insgesamt ist hervorzuheben, dass der Zustand S3A über die gleichen ΔK_i-N_A-Kurven wie S1 und S3 beschrieben werden konnte, obwohl S3A eine signifikant reduzierte Härte aufwies und dieser Härteunterschied im Abschnitt 5.3 und 5.4 zur Abschätzung der Ermüdungsfestigkeit auf Basis des Murakami-Noguchi-Modells berücksichtigt werden musste. Die Anwendung des defektspez. zykl. Spannungsintensitätsfaktors als alleinige Beanspruchungsgröße am Defekt ermöglichte hingegen, die verfahrensspezifische Bestimmung der physikalischen als auch technischen Anrisslebensdauer unabhängig von der HIP-Behandlung, Lösungsglühung, Erstarrungsrate oder der Warmauslagerung (T6 oder T64). Dies sollte die Auslegung von gießtechnisch hergestellten AlSi7Mg0,3-Legierungen hinsichtlich Anrissbildung zukünftig erheblich vereinfachen, da die lokale (maximale) Defektgröße und Betriebsbeanspruchung im Bauteil für eine zuverlässige Auslegung genutzt werden können.

5.5.4 Rissfortschrittsverhalten im HCF- und VHCF-Bereich

Das Rissfortschrittsverhalten wurde mit Hilfe der kalibrierten Messsysteme der Resonanzfrequenz- und der Impedanzmessung ermittelt, wobei der Fokus zwecks Vergleichbarkeit zu den instrumentierten Ultraschall- bzw. VHCF-Ermüdungsversuchen auf der Resonanzfrequenzmessung lag. Darüber hinaus wurde im Rahmen des geförderten DFG-Gemeinschaftsprojekts 282318703 mit der Hochschule Osnabrück (Laborbereich Materialdesign und Werkstoffzuverlässigkeit) und der Rheinisch-Westfälischen Technischen Hochschule (RWTH) Aachen (Institut für Eisenhüttenkunde, IEHK) externe Rissfortschrittsuntersuchungen durchgeführt. Diese sollen im Folgenden zunächst vorgestellt werden, da diese an „konventionellen" Rissfortschrittsprüfsystemen ermittelt wurden. Die extern ermittelten Rissfortschrittskurven dienten als Referenz, für die in dieser Arbeit durchgeführten Rissfortschrittsuntersuchungen an instrumentierten, axial-beanspruchten Ermüdungsproben.

Rissfortschrittsverhalten von Langrissen (Externe Untersuchungen)[1]
Die externen Rissfortschrittsuntersuchungen wurden am Resonanzprüfsystem der Fa. Rumul vom Typ Cracktronic bei Prüffrequenzen von 65 Hz (R = 0,1) bis 100 Hz (R = −1) in Anlehnung an die ASTM E647 [267] und die ISO 12108 [268] durchgeführt. Es wurden SENB-Proben (engl.: Single Edge Notched Bending, SENB) genutzt. Die Risslänge wurde mittels indirekter Potentialsondentechnik durch seitlich vor dem Riss platzierte Rissmessfolien gemessen. Hierzu wurde ein Risslängenmesssystem der Fa. Rumul vom Typ Fraktomat eingesetzt. Die Nachgiebigkeit der Proben wurde mittels COD-Extensometer (engl.: Crack Opening Displacement, COD) erfasst. Im Zuge des Anreißens (engl.: Pre-cracking) der SENB-Proben wurde ein Startriss von ca. 1,3 mm realisiert. Hierbei wurde die Beanspruchung kontinuierlich gesenkt, um die plastische Verformungszone an der Rissspitze zu minimieren. Eine detaillierte Erläuterung der Rissfortschrittsmessungen sind in [182,190] gegeben. In Abbildung 5.69 sind die Ergebnisse anhand von Rissfortschrittsdiagrammen gezeigt. Hinsichtlich der logarithmischen Skalierung der Y-Achse bzw. der Rissfortschrittsrate wird darauf hingewiesen, dass nur jeder zweite Teilstrich bei 2, 4, 6 und 8 zwecks besserer Lesbarkeit angezeigt wurde.

---

[1] Rissfortschrittsuntersuchungen im Rahmen des DFG-Projekts 282318703 mit Prof. U. Krupp vom Laborbereich Materialdesign und Werkstoffzuverlässigkeit der Hochschule Osnabrück (Osnabrück, Deutschland): Prüfsystem Rumul Cracktronic, Messsystem Rumul Fractomat, weitere Details siehe [190,182].

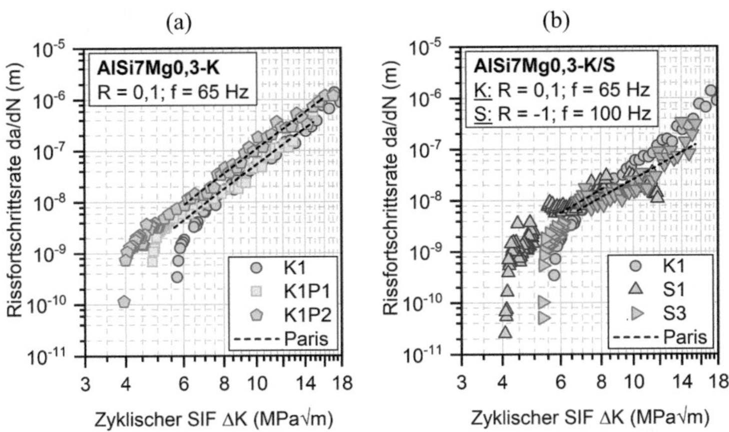

Abbildung 5.69 Rissfortschrittskurven für ausgewählte (a) Kokillen- sowie (b) Kokillen-
und Sandgusszustände[2]

Da die Rissfortschrittsmessungen bei unterschiedlichen Spannungsverhältnis-
sen durchgeführt wurden, wurden die Ergebnisse auf Empfehlung der ASTM
E647 [267] und analog zu Zhu et al. [196] über $\Delta K = K_{max}$ dargestellt.
Die ermittelten Parameter der Paris-Geraden sind in Tabelle 5.20 aufgelistet.
Die Kokillenzustände zeigten unabhängig vom Porositäts- bzw. Defektzustand
ein vergleichbares Rissfortschrittsverhalten im Paris-Bereich. Der Schwellenwert des Spannungsintensitätsfaktors (SIF) gegen Langrisswachstum ΔK_{th}^{*}, kurz
Schwellenwert, war für die porösen Zustände K1P1 und K1P2 im Vergleich K1
signifikant reduziert.

Die Sandgusszustände S1 und S3 wiesen eine reduzierte Steigung der Paris-
Gerade im Vergleich zu den Kokillengusszuständen auf. Der Schwellenwert
ΔK_{th}^{*} ist für den gröberen DAS-Zustand S3 deutlich erhöht. Der Schwellenwert ΔK_{th}^{*} von S1 lag auf dem Niveau von K1P2. Dies lässt sich mit dem
vergleichbaren DAS und bruchauslösenden Defektgrößen erklären. Der erhöhte
Schwellenwert ΔK_{th}^{*} von S3 ist daher auf den gröberen DAS zurückzuführen, da
S3 vergleichbare Defektgrößen wie S1 und K1P2 aufwies.

---

[2] Rissfortschrittsuntersuchungen vom Laborbereich Materialdesign und Werkstoffzuverlässigkeit der Hochschule Osnabrück.

Tabelle 5.20 Rissfortschrittskennwerte der Kokillen- und Sandgusszustände

Zustand	K1	K1P1	K1P2	S1	S3
R	0,1	0,1	0,1	−1	−1
ΔK_{th}^{*} [MPa$\sqrt{\text{m}}$]	5,74	4,84	3,95	4,07	5,29
C [pm]	0,27	0,74	1,30	8,13	6,5613
m [-]	5,92	4,86	4,91	3,66	3,59

Dies stimmt gut mit den Ergebnissen von Tanaka et al. [87] überein, wonach der Unterschied in den Schwellenwerten ΔK_{th}^{*} auf Gleitbandblockierung an Phasen- und Korngrenzen zurückgeführt werden kann und proportional zu Quadratwurzel der strukturelle Größe der Versetzungsbarrieren (z. B. Korngröße, DAS) ist ($\Delta K_{th}^{*} \sim \sqrt{d} \sim \sqrt{\lambda_2}$). In AlSi7Mg0,3-Legierungen wirkt das eutektische Silizium als strukturelle Barriere für die Gleitbandbildung (Phasengrenze), was u. a. von Wang [163] und Caceres et al. [165] anhand von Nomarski-Interferenzkontrastmikroskopie gezeigt werden konnte.

Kurz- und Langrissfortschrittsverhalten im HCF-Bereich
Das Rissfortschrittsverhalten im HCF-Bereich wurde anhand von messtechnisch-instrumentierten Ermüdungsversuchen am Resonanzprüfsystem (70 Hz) mit Hilfe der kalibrierten Messsysteme zur Risslängenerfassung (s. Abschnitt 5.5.1). Die Durchführung von Rissfortschrittsmessungen an Ermüdungsversuchen mit Ausgangsdefekten von $a_i = 50$–500 µm ermöglichte die detaillierte Betrachtung des Rissfortschrittsverhaltens von Kurz- und Langrissen bis zum Probenbruch. Dies ist anhand von konventionellen Rissfortschrittsproben (z. B. SENB-Proben) nicht oder nur eingeschränkt möglich, da die Ausgangsrisslänge (Startriss) nach dem Anschwingen überlicherweise in der Größenordnung ≥ 1 mm liegt (vgl. Abbildung 5.69: $a_i \approx 1,3$ mm) und damit als kontiuumsmechanischer Langriss einzustufen ist (vgl. Abbildung 2.24).

Das Rissfortschrittsverhalten für den Kokillengusszustand K1 ist in Abbildung 5.70 in Abhängigkeit von der Beanspruchung (links) und verschiedener Proben bei niedrigen Beanspruchungen (rechts) dargestellt. Für alle Beanspruchungen zeigte sich ein Kurzrissfortschrittsbereich, der durch einen Abfall der Rissfortschrittsrate und einer kontinuierlichen Steigerung des SIF infolge des Kurzrissfortschritts gekennzeichnet war. Mit Erreichen des Schwellenwerts des SIF gegen Langrissfortschritt ΔK_{th}^{*}, der sehr gut mit den konventionellen (externen) Rissfortschrittsuntersuchungen in Abbildung 5.69 übereinstimmte, ging der Kurzriss- in den Langrissfortschritt über. Für die ESV bei 120 und 220 MPa sind zusätzlich die Paris-Geraden mit Steigung angegeben, die mit 5,5 bzw. 5,4 vergleichbar zu den konventionell gemessenen Rissfortschrittsraten in Tabelle 5.20 ausfielen.

Das Niveau der Rissfortschrittsraten lag bei vergleichbaren SIF in den Rissfortschrittsmessungen während des ESV höher als bei den konventionellen Rissfortschrittsuntersuchungen. Bei 5 MPa$\sqrt{\text{m}}$ liegt die Rissfortschrittsrate in den ESV bei $1{\cdot}10^{-8}$ bis $4{\cdot}10^{-8}$ m pro Lastspiel und in den konventionellen Untersuchungen bei $1{\cdot}10^{-9}$ bis $4{\cdot}10^{-9}$ m pro Lastspiel und damit eine Dekade niedriger.

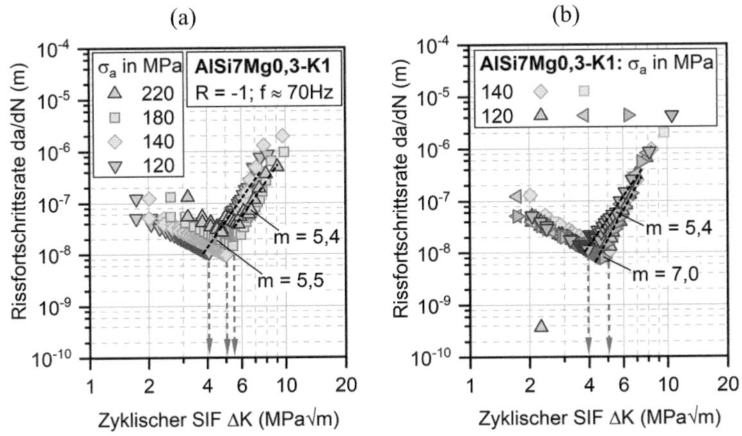

Abbildung 5.70 Kurz- und Langrissfortschrittsverhalten in Abhängigkeit der (a) Spannungsamplitude und (b) Probenanzahl

In Rissfortschrittsuntersuchungen an flachgekerbten axial-beanspruchten Ermüdungsproben aus AlSi7Mg0,3-Kokillenguss konnte von Siegfanz et al. [180] eine vergleichbare Verschiebung zu höheren Rissfortschrittsraten im Bereich des Schwellenwertes (hier: $\Delta K_{th}^{*} = 10$ MPa$\sqrt{\text{m}}$) von $1{\cdot}10^{-8}$ bis $6{\cdot}10^{-8}$ m pro Lastspiel festgestellt werden, wie in Abbildung 5.71 gezeigt. Da Siegfanz et al. [180] auch den Druckbereich K_{min} bei der Berechnung von ΔK berücksichtigte, sind die x-Werte um den Faktor 2 erhöht. Die Entwicklung der Rissfortschrittsraten mit steigendem ΔK verliefen sehr ähnlich zu den Rissfortschrittsuntersuchungen in dieser Arbeit. Die Rissfortschrittsrate startete bei $1{\cdot}10^{-7}$ und fällt dann bis zum Erreichen des Schwellenwerts ΔK_{th}^{*} auf fast $2{\cdot}10^{-8}$ ab. Im Anschluss bildet sich die Paris-Gerade aus. Die Rissfortschrittsmessungen auf Basis der Änderung der Resonanzfrequenz während der ESV lieferten somit vergleichbare Verläufe und konnten zur Abschätzung des Schwellenwerts für Langrisse ΔK^*_{th} ($\Delta K^*_{th} \approx$ 4–5 MPa$\sqrt{m}$) und der Paris-Gerade ($m = 5{,}4$–$7{,}0$) genutzt werden.

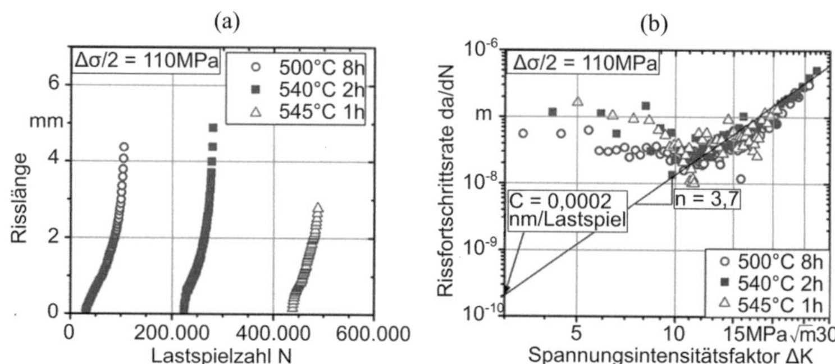

Abbildung 5.71 Kurz- und Langrissfortschrittsverhalten in Abhängigkeit von der Lösungsglühung nach Siegfanz et al. [180]

Der Vergleich der Rissfortschrittskurven für verschiedene Proben bei gleicher Beanspruchung (2×140 MPa, 4×120 MPa) ist in Abbildung 5.70b gegeben. Trotz variabler Defektgröße a_i in den Proben zeigten alle Rissfortschrittskurven die typischen Bereiche von Kurz- und Langrissverhalten und vergleichbare Schwellenwerte von 4 MPa$\sqrt{m}$ bis 5 MPa$\sqrt{m}$. Im Kurzrissbereich hing die Rissfortschrittsrate neben dem Spannungsintensitätsfaktor von der Spannungsamplitude ab (s. Abbildung 5.70a). Je höher die Spannungsamplitude desto höher die Kurzrissfortschrittsrate. Im Langrissbereich konnte keine signifikante Abhängigkeit der Rissfortschrittsrate von der Spannungsamplitude festgestellt werden (Abbildung 5.70a).

In Abbildung 5.72 ist der Einfluss der Lösungsglühung (links) und der Porosität (rechts) gezeigt. Für K1L zeigte sich kein signifikanter Einfluss der Lösungsglühung auf den Übergang von Kurz- und Langrissfortschritt und damit auf den Schwellenwert ($\Delta K^*_{th} \approx$ 4–5 MPa$\sqrt{m}$). Ein signifikanter Einfluss konnte bei erhöhten Beanspruchungen ab 220 MPa festgestellt werden, wo es zu einer deutlichen Beschleunigung des Kurzrissfortschritts im Vergleich zu K1 kam. Eine Erklärung für die erhöhten Rissfortschrittsraten fand sich bei Vergleich der 0,2 %-Dehngrenzen von 238 MPa für K1 und 221 MPa für K1L. Die stärkere makroskopische Plastifizierung des Werkstoffs führte somit zu einer deutlichen Beschleunigung des Kurzrissfortschritts.

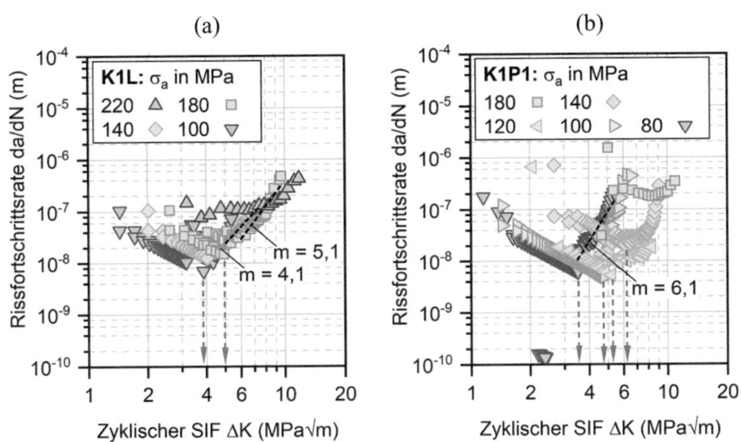

Abbildung 5.72 Kurz- und Langissfortschrittsverhalten in Abhängigkeit von der (a) Lösungsglühung anhand von K1L und (b) Porosität anhand von K1P1

Bei Betrachtung des Kokillengusszustands mit der höchsten Porosität und den größen Defekten konnte ein vergleichbares Verhalten beobachtet werden. Ab 140 MPa zeigte sich ein deutlich beschleunigtes als auch verlängertes Kurzrissverhalten. Das verlängerte Kurzrissverhalten konnte bereits für 120 MPa bestimmt werden. Zudem konnte das Langrissverhalten nicht mehr über die charakteristischen Paris-Steigungen *m* zwischen 4 bis 6 beschrieben werden. Die Betrachtung der 0,2 %-Dehngrenze mit 195 MPa liefert hier keine vergleichbare Erklärung zu K1L.

Bei Betrachtung der Bruchflächen in Abbildung 5.73 insbesondere der Anrisse und Anrissanzahl fiel für die Proben bei 120 MPa und höheren Beanspruchungen auf, dass es zu einer Vielzahl von Anrissen von der Oberfläche bzw. Randzone kam. Dies ist in Abbildung 5.73 für die Proben bei 80 und 140 MPa gezeigt. Für die 80 MPa Probe kam es zu einem ausgeprägten Anriss, dessen Riss sich über 40 % des Querschnitts ausbreitete. In der 140 MPa kam es hingegen zur Anrissbildung über den gesamten Umfang. Die einzelnen Risse erreichten bis zum Probenversagen maximal Risstiefen von 1,0 bis 1,5 mm, d. h. maximale SIF von 5,1 MPa√m bis 6,2 MPa√m. Dadurch wurde das Rissfortschrittsverhalten durch den Kurzrissfortschritt geprägt und der Langrissfortschritt kam erst kurz vor Probenbruch zum tragen. Das bedeutet, dass die Charakterisierung des Kurz- und Langrissverhaltens für defektbehaftete Werkstoffe anhand von ESV schwierig ist, da die Vielzahl von Anrissen ein ausgeprägtes Kurz- und Langrissverhalten erschweren. Dies wurde erst nahe der Ermüdungsfestigkeit erreicht, da dann nur noch wenige Defekte zur Anrissbildung führten. Der Schwellenwert ΔK_{th}^* konnte mit 3,5 MPa$\sqrt{m}$ bis 5 MPa$\sqrt{m}$ als vergleichbar zu K1 und K1L eingestuft werden, sodass kein signifikanter Porositätseinfluss auf ΔK_{th}^* nachgewiesen werden konnte.

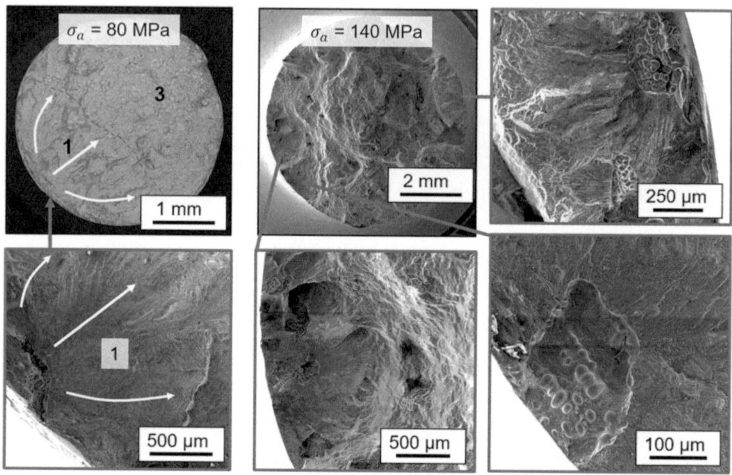

Abbildung 5.73 Anrissbildung an Oberflächendefekten und Rissfortschrittsverhalten im Stadium II in K1P1 bei 80 MPa und 140 MPa Spannungsamplitude

Der Einfluss der Erstarrungsrate und des DAS ist in Abbildung 5.74 anhand der Zustände S1 und S3 bewertet worden. Beide Zustände wiesen ein vergleichbares Kurz- und Langrissverhalten bei Spannungsamplitude bis maximal 140 MPa auf. Der Übergang von Kurzriss- zum Langrissverhalten war bei geringen Beanspruchungen für gleiche Spannungsamplituden von 90, 110 und 140 MPa über gestrichelte Pfeile eingezeichnet. Es zeigte sich ein tendenziell erhöhter Schwellenwert ΔK_{th}^* für den gröberen DAS-Zustand S3. Dies stimmte gut mit den festgestellten Unterschieden bei den Schwellenwerten ΔK_{th}^* für S1 und S3 in Abbildung 5.69b überein. Die Steigungen für die Paris-Gerade fielen vergleichbar zu den Zuständen K1, K1L und K1P1 aus. Der festgestellte Unterschied in den Steigungen der Paris-Gerade für die Sandgusszustände in Abbildung 5.69b (vgl. Tabelle 5.20) konnte somit nicht bestätigt werden. Bei Betrachtung des Beanspruchungseinflusses zeigte sich, dass die Kurzrissfortschrittsraten im Zustand

S3 für 180 und 200 MPa zu S1 signifikant beschleunigt waren. Dies konnte auf die reduzierte 0,02 %- und 0,2 %-Dehngrenze von 166 und 214 MPa von S3 im Vergleich zu 178 und 225 MPa von S1 zurückgeführt werden. Die erhöhte makroskopische Plastifizierung des Werkstoffs führte somit vergleichbar zum Vergleich der Kokillengusszustände K1 und K1L zu erhöhten Kurzrissfortschrittsraten in S3.

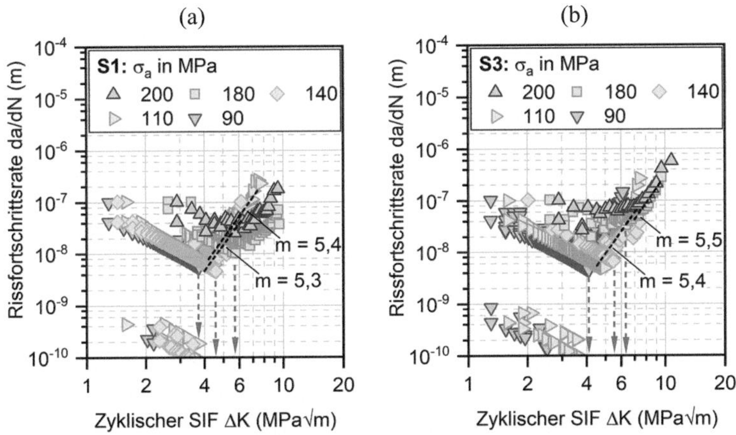

Abbildung 5.74   Kurz- und Langissfortschrittsverhalten in Abhängigkeit vom Dendritenarmabstand (a) anhand von S1 und (b) S3

Um den Einfluss der 0,2 %-Dehngrenze auf die Beschleunigung des Kurzrissfortschritts weiter zu bestätigen, ist in Abbildung 5.75a das Kurzriss- und Langrissfortschrittsverhalten von S3A (reduzierte Aushärtung) bestimmt worden. Dieser Zustand zeigte bis 140 MPa keinen signifikanten Einfluss der Beanspruchung. Ab 180 MPa war der Kurzrissfortschritt deutlich beschleunigt und tendenziell auf einem höheren Niveau als bei S3. Der Schwellenwert ΔK_{th}^* lag bei 4,5 MPa√m bis 5,0 MPa√m auf einem vergleichbaren Niveau zu den anderen Kokillen- und Sandgusszuständen. Um den Einfluss des Zustands besser vergleichen zu können, ist in Abbildung 5.75b das Rissfortschrittsverhalten bei 180 MPa für ausgewählte Sand- und Kokillengusszustände gegenübergestellt.

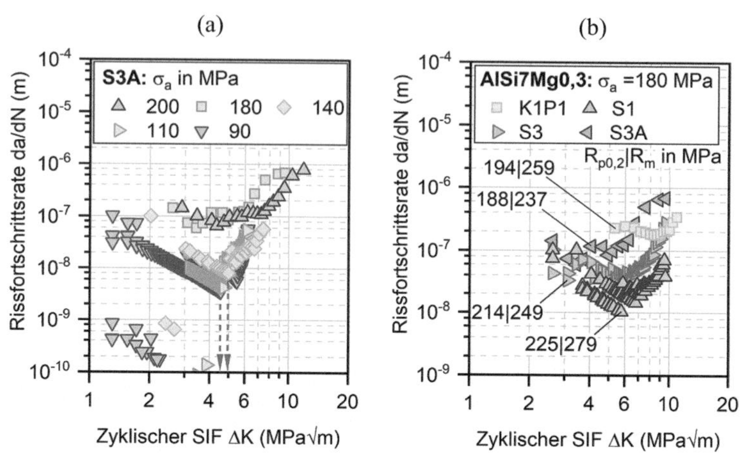

Abbildung 5.75 Kurz- und Langissfortschrittsverhalten in Abhängigkeit (a) von der Warmauslagerung für S3A und (b) vom Zustand für $\sigma_a = 180$ MPa

Bei Vergleich der Sandgusszustände S1 bis S3A wurde deutlich, dass eine reduzierte Dehngrenze das Rissfortschrittsverhalten entscheidend beschleunigte, da die Ausbildung der Mikrostruktur und der Defekte in den Zuständen vergleichbar war. Der poröse Kokillengusszustand K1P1 wies bis 6 MPa$\sqrt{m}$ eine erhöhte Rissfortschrittsrate zum Zustand S3A auf. Der Kurzrissfortschrittsbereich erstreckte sich bei K1P1 allerdings bis 8 MPa$\sqrt{m}$, wo S3A sich bereits „lange" im Langrissfortschritt befand, und nach Abbildung 5.73 auf eine Vielzahl an Anrissstellen zurückgeführt werden konnte. Das Kurzrissfortschrittsverhalten wurde damit neben der 0,2 %-Dehngrenze von der Porosität beeinflusst.

Kurz- und Langrissfortschrittsverhalten im VHCF-Bereich
Das Rissfortschrittsverhalten im VHCF-Bereich wurde anhand von messtechnisch-instrumentierten Ermüdungsversuchen am Ultraschallprüfsystem (20 kHz) mit Hilfe der kalibrierten Messsysteme zur Risslängenerfassung (s. Abschnitt 5.5.1) charakterisiert. Für die Ultraschall-Ermüdungsversuche konnten deutlich erhöhte Bruchlastspielzahlen festgestellt werden (über zwei Dekaden), die sich auch bei Reduktion der Prüffrequenz auf 1 kHz am Hochfrequenz-Resonanzprüfsystem nicht einstellten (über eine Dekade). Um zu verstehen, ob dies auf eine Entschleunigung der primären Schädigungsmechanismen oder einen Wechsel dieser Schädigungsmechanismen zurückzuführen ist, wurden die

Schädigungsmechanismen anhand von fraktographischen Analysen im Vergleich zu den 70 Hz-Ermüdungsversuchen aus Abschnitt 5.5.2 analysiert und bewertet.

Die schematische Schädigungsentwicklung in den Ultraschall-Ermüdungsversuchen ist dazu in Abbildung 5.76 anhand von lichtmikroskopischen und fraktographischen Bruchflächenanalysen dargestellt und mit den ausführlichen Rissfortschrittsuntersuchungen von Lados et al. [253,269–272] an aushärtbaren Al-Si-Gusslegierungen (u. a. AlSi1, AlSi7Mg0,3, AlSi13) vergleichend bewertet worden. Als primäre Unterschiede im Vergleich zu den HCF-Ermüdungsversuchen bei 70 Hz konnten die Verschiebung der bruchauslösenden Defekte von der Oberfläche ins Volumen, der zusätzliche bruchauslösende Mikroporensaum um die Defekte, der in Abschnitt 5.4 eingehend diskutiert wurde, und in Abbildung 5.76 ein zusätzlicher Rissfortschritts-Bereich 2 identifiziert werden. Für die dargestellte Probe erfolgte die Rissbildung an zwei Defekten a_i unterhalb der Oberfläche. Von dort breitete sich der Riss in der Ebene maximaler Normalspannungen aus. Das deutet nach Serrano-Munoz et al. [143] auf eine Rissbildung und einen Rissfortschritt unter Atmosphäre hin, d. h. die Rissfortschritt erfolgte zügig in Richtung Oberfläche und dann unter Umgebungsluft oder die Defekte selbst besitzen eine Atmosphäre. Da die Rissbildung vorzugsweise an unvollständig geschlossenen Gasporen erfolgte, wird dies auf Zweites zurückgeführt.

Die in den Defekten enthaltene Atomsphäre führte vergleichbar zu Serrano-Munoz et al. [143] zu einem Mode I Rissfortschritt (Bereich 1) mit einer vergleichbaren Ermüdungsbruchfläche zu den HCF-Versuchen bei 70 Hz (vgl. Abbildung 5.73). Laut Serrano-Munoz et al. [143] können diese Ermüdungsbruchflächen dem Rissstadium II zugeordnet werden. Bei detaillierter Betrachtung des Bereichs 1 in Abbildung 5.76 (unten links und rechts) zeigte sich allerdings kein ideal-ebenes, sondern ein welliger, zickzackförmiger Rissverlauf, der eine Wechselwirkung mit der Mikrostruktur andeutet. Ein welliger, mikrostrukturgesteuerter Rissfortschritt konnte auch von Lados et al. [253,272] in Rissfortschrittsuntersuchungen an AlSi7Mg0,3-Gusswerkstoffen festgestellt werden und die Wechselwirkung zwischen Riss und den interdendritischen Si-Partikeln, wie in Abbildung 5.76 (unten) gezeigt, schematisch illustriert werden. Der Rissfortschritt konnte auf schubspannungsgesteuertes, planares Gleiten in den {111} Ebenen und der Ablenkung der Risse an den interdendritischen Si-Partikeln zurückgeführt werden. Die Rissablenkung führt zum zickzackförmigen Rissverlauf. Dieser konnte anhand von Topographieaufnahmen, die mit Hilfe eines konfokalen 3D-Laserscanning-Mikroskops der Fa. Keyence vom Typ VK-X aufgenommen wurden, für die Anrissfläche des oberen Volumendefekte bestätigt werden (gestrichelte Messlinie). Somit kann der Rissfortschritt im Bereich 1 als mikrostruktur- und schubspannungsgesteuert in Mode I-Richtung charakterisiert und entsprechend dem Rissstadium I-ähnlich (I*) nach Petit et al. [213,273] bzw. Ib nach Künkler et al. [93] zugeordnet werden.

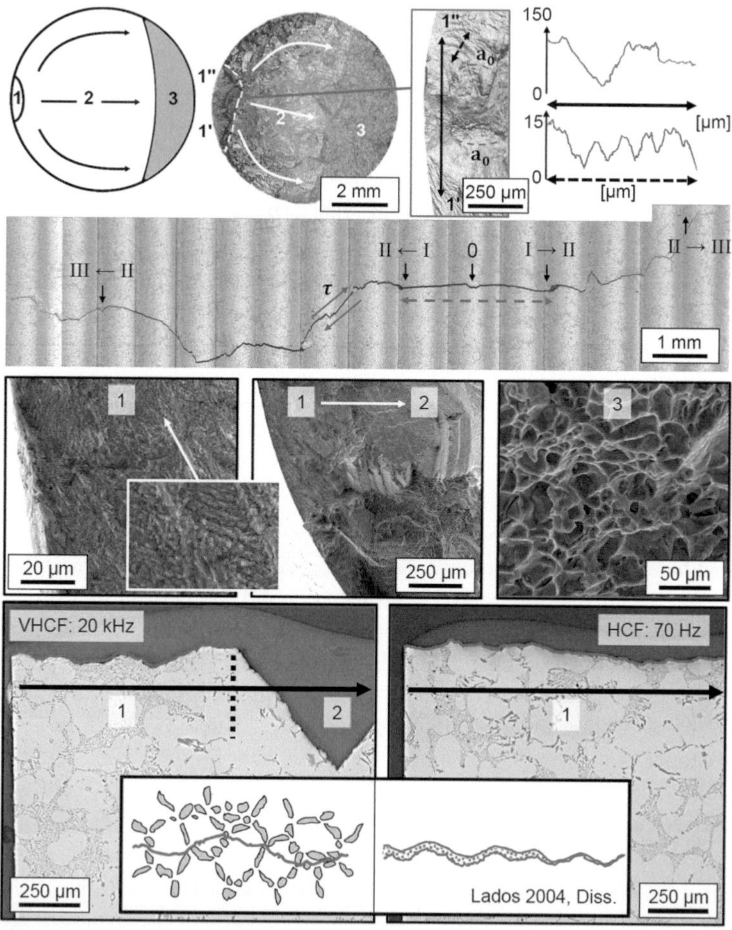

Abbildung 5.76 Schematische Darstellung der Schädigungsentwicklung in AlSi7Mg0,3-Gusswerkstoffen unter Ultraschall- (20 kHz) und Resonanz-Ermüdungsbeanspruchung (70 Hz)

Das Rissstadium I* dominierte die Ermüdungsschädigung bis zum Erreichen einer kritischen Risslänge a_{th}. Danach änderte sich der Schädigungsmechanismus und ein ausgeprägter Rissfortschritt durch Bildung von Gleitbandfacetten (schubspannungsgesteuert) in Mode I-Richtung konnte im sog. Bereich 2 festgestellt werden. Hier zeigte sich vergleichbar zum Bereich 1 ein zickzackförmiger Verlauf. Ein solcher Verlauf ist von Serrano-Munoz et al. [143] für Rissbildung und Rissfortschritt unter Vakuum bekannt (Rissstadium I*) und konnte von Krupp et al. [181] sowie Krewerth et al. [274] zudem an Schwindungsporen festgestellt werden. Der zickzackförmige Rissverlauf resultierte im Bereich 2 primär aus der Rissablenkung an den Korngrenzen (Bereich 1: Si-Partikel). Zur weiteren Unterscheidung wurden die Rissstadien im Folgenden I* für Bereich 1 und I** für Bereich 2 genannt. Da beim Rissfortschritt I** allerdings ein Kontakt mit der Umgebungsluft vorlag, erschienen beide Erklärungsansätze zunächst nicht zufriedenstellend. Für die VHCF-Versuche war allerdings ein starker Frequenzeinfluss bekannt (zwei Dekaden Lebensdauererhöhung), der deutlicher ausfiel, als in den Ultraschall-Ermüdungsversuchen unter trockener Luft von Zhu et al. [196] und folglich einer vakuum-ähnlichen Umgebung nach Serrano-Munoz et al. [143] entsprechen müsste. Um diese Hypothese zu bestätigen, wurden die Restbruchbereiche nach angerissenen Volumendefekten untersucht, die nicht-bruchauslösend waren und ausschließlich I**-Rissfortschritt aufwiesen. Zwei repräsentative Bruchflächenaufnahmen sind in Abbildung 5.77a + b gezeigt. Diese zeigten, dass Volumendefekte und Risse an diesen Defekten unter Vakuum vergleichbare Abmessungen zu den bruchauslösenden Anrissen erreichten und bei längerer Ermüdungsbeanspruchung zum Probenbruch geführt hätten.

In Abbildung 5.77c + d ist zudem ein bruchauslösender Volumendefekt gezeigt, dessen Rissfortschritt (I* und I**) erst mit Probenbruch die Oberfläche erreichte (vgl. Abbildung 5.43: S3A, $\sigma_a = 95$ MPa). Hierbei konnte im Vergleich zu den anderen Proben, in denen Rissfortschritt vorzugsweise nach I* und dann I** auftrat, kein signifikanter Einfluss im Wöhler-Diagramm festgestellt werden. Serrano-Munoz et al. [143] konnten vergleichbare Bruchflächen für künstliche Volumendefekte mit Atmosphäre realisieren, dessen Rissfortschritt I* und I** erst mit Probenbruch an die Oberfläche trat. Diese wiesen vergleichbare Bruchlastspielzahlen wie Oberflächenanrisse unter Vakuum mit ausschließlichen I**-Rissfortschritt auf, d. h. trotz Defektatmosphäre und I*-Rissfortschritt kann die Umgebung als vakuum-ähnlich eingestuft werden. Das traf damit auch auf die Probe aus Abbildung 5.77c + d zu und da diese vergleichbare Bruchlastspielzahlen wie die anderen Proben erreichten. Da aufgrund des Murakami-Noguchi-Modells zudem gezeigt werden konnte, dass alle Kokillen- und Sandgusszustände vergleichbare rel. Wöhler-Kurven im VHCF-Bereich aufwiesen, kann diese Annahme der vakuum-ähnlichen Umgebung bei

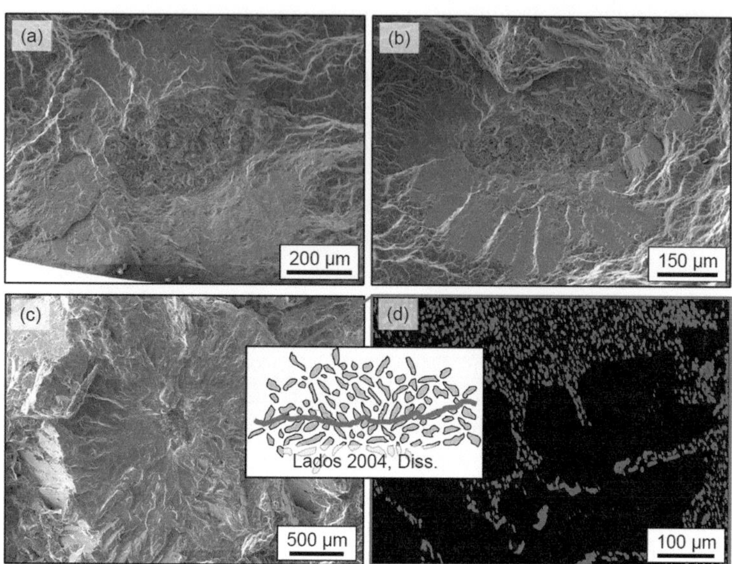

Abbildung 5.77 Detaillierte Darstellung des normal- und schubspannungsgesteuerten Rissfortschritts von AlSi7Mg0,3-Gussproben unter Ultraschall-Ermüdungsbeanspruchung im VHCF-Bereich

Prüffrequenzen von 20 kHz für alle untersuchten AlSi7Mg0,3-Gusswerkstoffe im T6- und T64-Zustand getroffen werden.

Um quantitativ zu bewerten, welchen Lebensdaueranteil der I*- und I**-Rissfortschritt hatte, wurde der Kalibrierversuch mit Laserdefekt im Flachkerb (vgl. Abbildung 5.61) fraktographisch weiter ausgewertet. Die Ergebnisse sind in Abbildung 5.78 dargestellt und zeigten die Korrelation der Oberflächenrisslänge mit der REM-Draufsicht des gebrochenen Probenquerschnitts und der lichtmikroskopischen Seitenansicht im angerissenen Zustand. Der Großteil der Lebensdauer war auf den anfänglichen normalspannungsgesteuerten Rissfortschritt sowie den Rissstopp beim Übergang der Schädigungsmechanismen zurückzuführen. Bis der Riss wieder fortschreitete, wurde bereits 80 % der Lebensdauer erreicht, obwohl erst circa 5 % der Bruchfläche ausgebildet war. Das bedeutet, dass lediglich 20 % der Gesamtlebensdauer auf das facettenartige Gleitbandversagen zurückging, das flächenmäßig mit 95 % den größten Anteil an der Ermüdungsbruchfläche hatte. Ein vergleichbares Bild ergab sich in den anderen Ermüdungsproben, wo bis zum Ende des Plateaus bereits 88–97 % der Lebensdauer erreicht wurden.

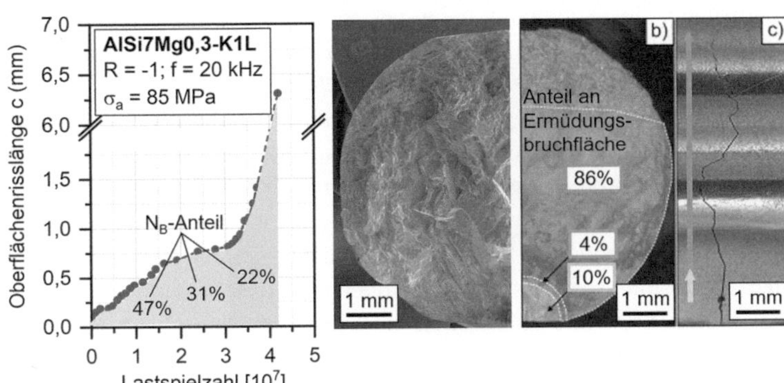

Abbildung 5.78 Anteil des normal- und schubspannungsgesteuerten Rissfortschritts an der Lebensdauer von AlSi7Mg0,3-Gussproben unter Ultraschall-Ermüdungsbeanspruchung im VHCF-Bereich

Der flächenmäßige Anteil der normal- und schubspannungsgesteuerten Rissfortschrittsbereiche an der Gesamtbruchfläche ist in Abbildung 5.79 dargestellt.

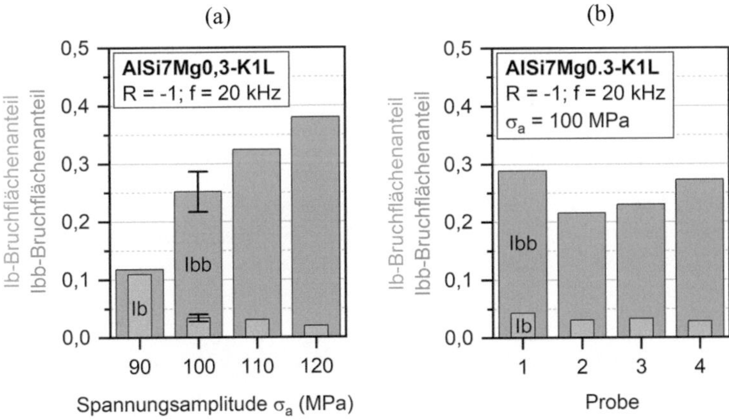

Abbildung 5.79 I*- und I**-Bruchflächenanteile in Abhängigkeit von der (a) Spannungsamplitude und (b) Probenanzahl unter Ultraschall-Ermüdungsbeanspruchung im VHCF-Bereich

Mit sinkender Beanspruchung nahm der Anteil des normalspannungsgesteuerten Rissfortschrittsbereichs zu, während der Anteil des schubspannungsgesteuerten Rissfortschrittsbereichs bis zum Probenbruch sank (Abbildung 5.79a). Für die Beanspruchung von 100 MPa wurde zusätzlich die zustandsspezifische Streuung der Flächenanteile anhand von vier Proben untersucht. Die spezifischen Flächenanteile sind in Abbildung 5.79b gezeigt und wiesen eine geringe Streuung auf.

Um die normalspannungs- und schubspannungsgesteuerte Ermüdungsschädigung der Kurz- und Langrissphase zuordnen zu können, wurde auf Basis des instrumentierten ESV mit Laserdefekt im Flachkerb eine Rissfortschrittskurve ermittelt und in Abbildung 5.80a dargestellt.

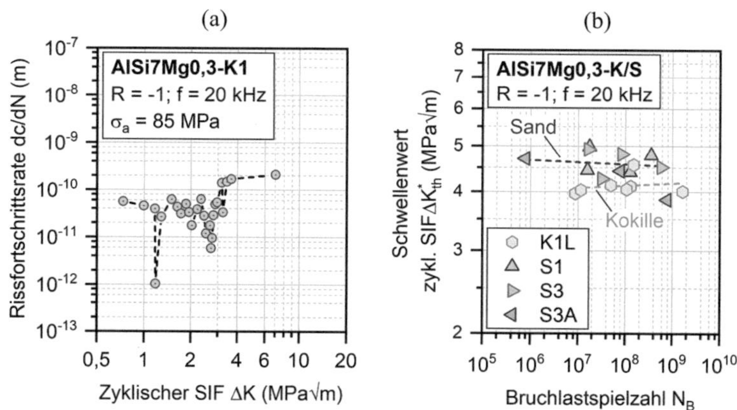

Abbildung 5.80 Kurz- und Langrissfortschrittsverhalten unter Ultraschall-Ermüdungsbeanspruchung im VHCF-Bereich: (a) Rissfortschrittskurve und (b) Schwellenwert gegen Langrissfortschritt ΔK^*_{th}

Die Rissfortschrittsraten lagen bei Risslängen von 0,1 bis 0,5 mm unterhalb von 10^{-10} m pro Lastspiel und damit deutlich niedriger als die ermittelten Rissfortschrittsraten in konventionellen Rissfortschrittsversuchen an Langrissen (vgl. Abbildung 5.69). Erst ab einer Risslänge von ca. 1 mm, was einem zykl. SIF von ca. 3,5 MPa√m entsprach, lag die Rissfortschrittsrate dauerhaft oberhalb von 10^{-10} m pro Lastspiel. Der Übergang bei 1 mm Risslänge deutete auf den Wechsel von Kurz- zu Langrissfortschritt hin, da der zykl. SIF von 3,5 MPa√m in der Größenordnung der ermittelten Schwellenwerte in Tabelle 5.20 lag. Nach [130] liegt der Übergang von Kurz- zu Langrissfortschritt bei ca. 1 mm. Der Übergang zwischen Kurz- und Langrissfortschritt wurde für die Kokillen- und Sandgusszustände ermittelt und in Abbildung 5.80b verglichen. Hierbei zeigte sich ein leicht erhöhter Schwellenwert ΔK_{th}^{*} für die Sandgusszustände von ca. 4,6 MPa$\sqrt{m}$ im Vergleich zu 4,1 MPa$\sqrt{m}$ für die Kokillengusszustände. Die Größenordnung stimmte sehr gut mit den ermittelten Schwellenwerten in Tabelle 5.20 überein.

Das Kurzrissfortschrittsverhalten dominierte somit über 80 % der Lebensdauer von defektbehafteten AlSi7Mg0,3-Gusswerkstoffen. Die Lebensdauererhöhung bei Ultraschall-Ermüdungsprüfung von AlSi7Mg0,3-Gusswerkstoffen im T6- und T64-Zustand resultierte aus dem starken frequenz-induzierten Umgebungseinfluss, wodurch die Prüfung bei 20 kHz unter Umgebungsluft ($\approx$ 36 % Luftfeuchtigkeit) einer vakuum-ähnlichen Umgebung entsprach. Die sehr geringen I*- und I**-Rissfortschrittsraten bedeuteten, dass sowohl im Kurz- als auch im Langrissbereich die vakuum-ähnlichen Verhältnisse zu einer Entschleunigung des Rissfortschritts führten, beispielsweise aufgrund der fehlenden Oxidbildung auf den frisch erzeugten Rissflächen, was nach Pelloux [211] ein reversibles zyklisches Abgleiten in den Gleitbändern an der Rissspitze ermöglicht. Dadurch wird zudem nach Wei et al. [207,208] und Petit u. Henaff [212–215] der wasserstoff-unterstützte Rissfortschritt bei niedrigen Spannungsintensitätsfaktoren unterbunden.

Für eine ermüdungsgerechte Auslegung von AlSi7Mg0,3-Gusswerkstoffen und -bauteilen müssen somit ausschließlich die (ermüdungskritischeren) HCF-Versuche bei 70 Hz betrachtet werden (wegen geringerer Lebensdauer zu VHCF-Versuchen bei 1 kHz und 20 kHz), um eine zuverlässige defekt- und schädigungstolerante Auslegung gewährleisten zu können.

5.6 Defekt- und schädigungstolerante Auslegung

In diesem Kapitel wurde ein defekt- und schädigungstoleranter Modellierungsansatz zur zuverlässigen und einheitlichen Abschätzung der (Rest-)Lebensdauer entwickelt und evaluiert.

CT-basierte Vorhersage der bruchauslösenden Defektgrößen
Zur zerstörungsfreien Auslegung auf Basis von CT-Defektanalysen zusammen mit den defekt- und schädigungstoleranten Modellierungsansätzen sollte im ersten Schritt ein Zusammenhang zwischen der Gesamtheit der CT-Defekte in den Ermüdungsproben und den bruchauslösenden REM-Defekten gefunden werden. Hierzu sind in Abbildung 5.81 die normierten und kumulierten Defekt-Histogramme zu den 3D-CT-Defektanalysen im Ausgangszustand aus

Abschnitt 3.4 mit den 2D-REM-Defektanalysen an den gebrochenen Ermüdungsproben verglichen. Für die Kokillengusszustände in Abbildung 5.81a lagen die bruchauslösenden Defekte im Bereich der größten CT-Defekte, d. h. dass nur die größten Defekte im Prüfvolumen zum Anriss und letztlich zum Probenbruch führten. Dies zeigte sich unabhängig von der zustandsspezifischen Defektanzahl und den Defektgrößen. Der Vergleich für die Sandgusszustände in Abbildung 5.81b bestätigte Erkenntnisse.

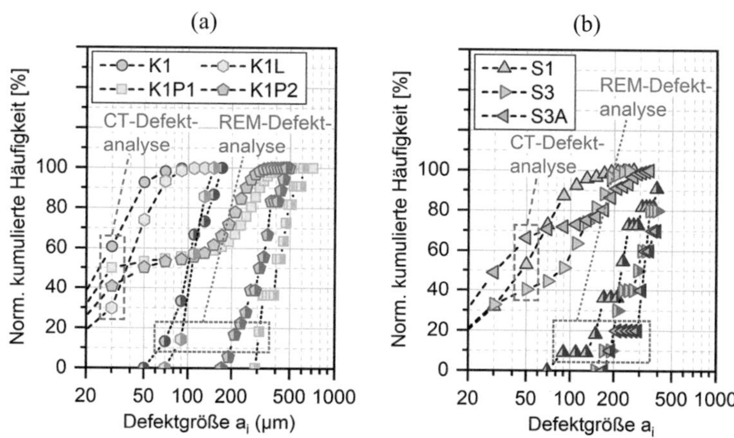

Abbildung 5.81 Vergleich der Defektanalysen im CT an den Ausgangszuständen (leere Symbole) und im REM an den gebrochenen Ermüdungsproben (halbgefüllte Symbole) für die (a) Kokillen- und (b) Sandgusszustände

Um die 3D-CT-Defektanalysen mit den 2D-REM-Analysen zu korrelieren, wurde für jedes kumulierte CT-Histogramm die kumulierte Häufigkeit H bestimmt, bei der die zustandsspezifische bruchauslösende Defektgröße a_i erreicht wurde. Die bestimmten kumulierten Häufigkeiten variierten zwischen den Zuständen, wobei ein Mittelwert von $H = 99{,}47 \pm 0{,}53$ % ermittelt werden konnte. Das bedeutet, dass nur ein Bruchteil der größten Defekte (0,5 %) für die Lebensdauer verantwortlich sind. Die CT-Defektgröße bei $H = 99{,}5$ % wurde im Weiteren als charakteristische CT-Defektgröße $a_{i,CT}$ bezeichnet. Der Vergleich der charakteristischen CT-Defektgrößen mit den experimentell ermittelten bruchauslösenden Defektgrößen a_i der verschiedenen Zustände ist in Abbildung 5.82a gezeigt und konnte über einen linearen Zusammenhang sehr gut beschrieben werden.

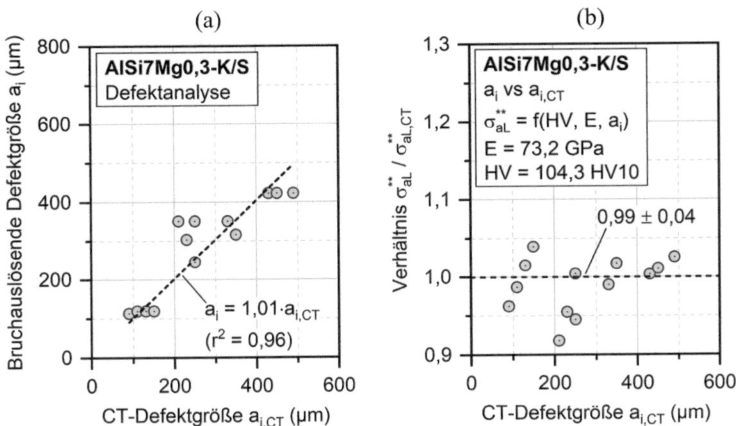

Abbildung 5.82 Nutzung der CT-Defektgrößen bei einer kumulierten Häufigkeit von 99,5 % ($a_{i,CT}$) für das Murakami-Noguchi-Modell: (a) Korrelation der bruchauslösenden Defektgrößen mit $a_{i,CT}$, (b) Vorhersagegenauigkeit der abgeschätzten Ermüdungsfestigkeit in Abhängigkeit von $a_{i,CT}$

Um zu bewerten, ob die charakteristische CT-Defektgröße zusammen mit Gl. 3.2 zur (quasi-)zerstörungsfreien Vorhersage der Ermüdungsfestigkeit nach Murakami-Noguchi geeignet ist, wurden die Ermüdungsfestigkeiten für die ermittelten bruchauslösenden Defektgrößen und die charakteristischen CT-Defektgrößen ins Verhältnis gesetzt und über die charakteristische CT-Defektgröße in Abbildung 5.82b dargestellt. Es zeigte sich eine sehr gute Vorhersagegenauigkeit auf Basis der charakteristischen CT-Defektgröße mit einer geringen Standardabweichung von ± 4 %. Die bruchauslösende Defektgrößen konnten somit zuverlässig mittels zerstörungsfreier 3D-CT-Defektanalysen abgeschätzt werden und bieten zusammen mit den quasi-zerstörungsfreien HV0,01-Mikrohärteprüfungen das Potential der (quasi-)zerstörungsfreien Abschätzung der Ermüdungsfestigkeit mit Hilfe des Murakami-Noguchi-Modells sowie mit Hilfe der entwickelten defekt- und schädigungstoleranten Modellierungsansätze im Rahmen dieses Kapitels.

Validierung des Modells von Shiozawa
Um auf Basis des ermittelten Rissfortschrittsverhalten die Lebensdauer bzw. Restlebensdauer in Abhängigkeit von einer Defektgröße (z. B. Pore, Oxid) oder einer Schädigung (z. B. Riss, scharfe Kerbe) bestimmen zu können, wurde

der Einfluss unterschiedlicher Defektgrößen und Spannungsamplituden auf die
Bruchlastspielzahl sowie Rissfortschrittslastspiel in Abbildung 5.83 verglichen.
Erwartungsgemäß stieg die Bruch- sowie Rissfortschrittslastspielzahl mit sinkender Defektgröße und vergleichbare Defektgrößen führten bei geringerer Beanspruchung zu erhöhten Lebensdauern. Der Zusammenhang zwischen Defektgröße
und Bruchlastspielzahl konnte jeweils über eine Potenzfunktion beschrieben werden. Der Zusammenhang erschien bei logarithmischer Skalierung als Gerade. Für
die unterschiedlichen Beanspruchungen ergaben sich vergleichbare Neigungen.

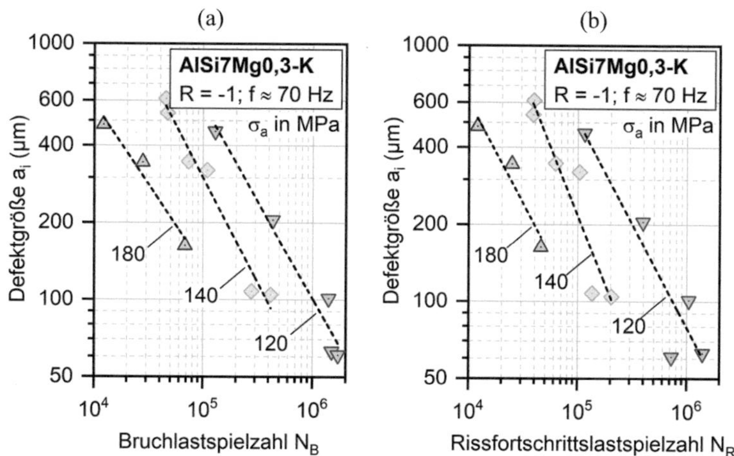

Abbildung 5.83 Beanspruchungsabhängiger Einfluss der bruchauslösenden Defektgrößen
a_i auf die (a) Bruchlastspielzahl und (b) Rissfortschrittslastspielzahl

Ein besserer Vergleich unabhängig von der zyklischen Beanspruchung und
spezifischen Bruch- bzw. Rissfortschrittslastspielzahl ließ sich durch eine relative Betrachtung der Ergebnisse erreichen und ist in Abbildung 5.84 dargestellt.
Der relative Einfluss der Defektgröße auf die Lebensdauer konnte über folgende
Gleichungen beschrieben werden:

$$\frac{N_B}{N_{B,ref}} = \left(\frac{a_i}{a_{i,ref}}\right)^{(1/-0,76)} = \left(\frac{a_i}{a_{i,ref}}\right)^{-1,32} \tag{5.23a}$$

$$\frac{N_R}{N_{R,ref}} = \left(\frac{a_i}{a_{i,ref}}\right)^{(1/-0,85)} = \left(\frac{a_i}{a_{i,ref}}\right)^{-1,18} \tag{5.23b}$$

Der relative Einfluss der Defektgrößen zeigte in dieser Darstellung keine signifikante Abhängigkeit von der Spannungsamplitude, d. h. eine Reduktion der Defektgröße um 50 % verlängerte die Lebensdauer um den Faktor 2,5 sowie eine Verdopplung der Defektgröße die Lebensdauer um den Faktor 2,5 verkürzte. Die Rissfortschrittslebensdauer wurde bei Halbierung oder Verdopplung der Defektgröße entsprechend um den Faktor 2,26 verlängert bzw. verkürzt. Mit Hilfe dieser experimentell validierten Zusammenhänge zwischen Defektgröße und Lebensdauer konnte somit vergleichbar zum Murakami-Noguchi-Modell aus Abschnitt 5.3 und 5.4 der Defekteinfluss von unterschiedlichen Werkstoffzuständen herausgerechnet werden, um den Einfluss der Mikrostruktur oder der Warmauslagerung auf die Lebensdauer unabhängig von deren spezifischen Porosität oder Defektgröße bewerten zu können.

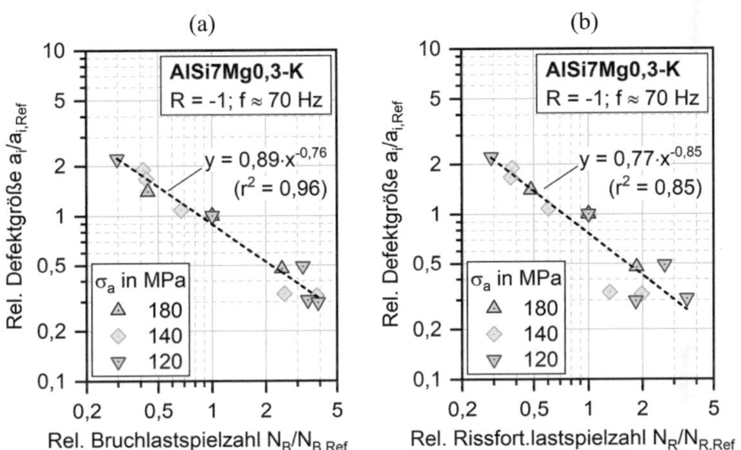

Abbildung 5.84 Relativer beanspruchungsabhängiger Einfluss der bruchauslösenden Defektgrößen a_i auf die (a) Bruchlastspielzahl und (b) Rissfortschrittslastspielzahl

Aufbauend auf diesen Ergebnissen wurde der zykl. SIF am bruchauslösenden Defekt ΔK_i über die Bruchlastspielzahl und die Rissfortschrittslastspielzahl in Abbildung 5.85 aufgetragen. In beiden Diagrammen war ein geringer, aber signifikanter Einfluss der Spannungsamplitude ersichtlich. Dieser fiel für N_R deutlicher aus als für N_B. Insgesamt zeigten beide Diagramme einen vergleichbaren Zusammenhang zwischen SIF und spezifischer Lebensdauer.

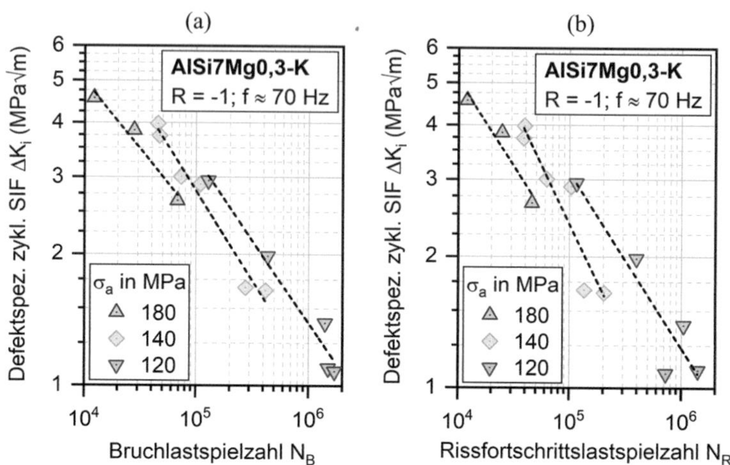

Abbildung 5.85   Korrelation des zykl. Spannungsintensitätsfaktors am bruchauslösenden Defekt mit der (a) Bruchlastspielzahl und (b) Rissfortschrittslastspielzahl

Zur Korrelation des zykl. SIF mit der Lebensdauer wurde das Modell nach Shiozawa u. Lu [103] angewandt, um anhand von SIF-basierten Wöhler-Kurven, den sog. Shiozawa-Kurven, eine defekt- und schädigungstolerante Bewertung des HCF-Verhaltens zu ermöglichen sowie die Werkstoffkennwerte des Rissfortschrittsverhalten abzuleiten, wie es in Abschnitt 2.2.4 beschrieben wurde. Die auf Basis dieses Zusammenhangs erstellten Diagramme sind in Abbildung 5.86 für die defektspezifische Bruchlastspielzahl und Rissfortschrittslastspielzahl gegenübergestellt, d. h. dass jeweils der Quotient aus Bruchlastspiel bzw. Rissfortschrittslastspiel mit der bruchauslösenden Defektgröße gebildet wurde. Beide Diagramme zeigten im Vergleich zu Abbildung 5.85 eine deutlich verbesserte Korrelation mit Bestimmtheitsmaßen von über 0,97. Mit Hilfe dieser Korrelationen konnte die gesamte Lebensdauer (N_B) oder Restlebensdauer (N_R) im HCF-Bereich (10^4 bis $2 \cdot 10^6$ Lastspiele) unabhängig von der bruchauslösenden Defektgröße (hier: 50–500 μm) und der Spannungsamplitude zuverlässig abgeschätzt werden.

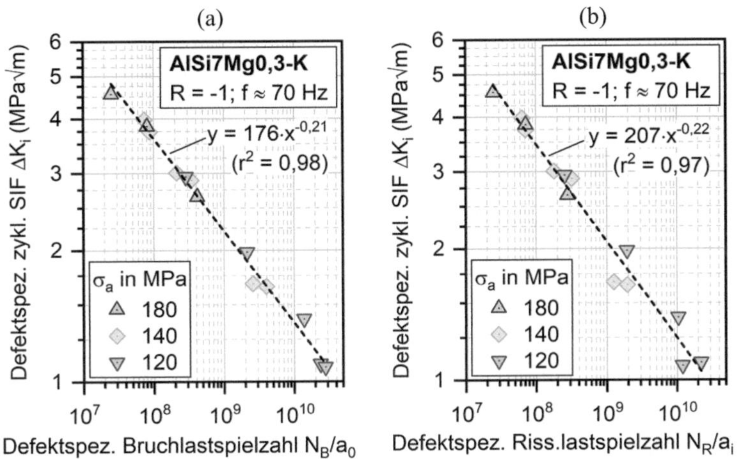

Abbildung 5.86   Korrelation des zykl. Spannungsintensitätsfaktors am bruchauslösenden Defekt mit der defektspezifischen (a) Bruchlastspielzahl und (b) Rissfortschrittslastspielzahl anhand von Shiozawa-Diagrammen (nach [103])

Um die Treffsicherheit dieser Gleichungen weiter zu überprüfen, wurden die Wöhler-Versuche in Abbildung 5.30 zur Bewertung des Porositäts- und Defekteinflusses neu ausgewertet und in Abbildung 5.87 je nach Defektgrößenbereich unterschiedlich markiert. Auf Basis der Gleichung für die Shiozawa-Kurve in Abbildung 5.86a wurden synthetische Wöhler-Kurven für die mittlere Größe der jeweiligen Defektgrößenbereiche abgeleitet. Für jede Defektgröße stellte sich eine Neigung von näherungsweise −0,2 bzw. $k = 5$ ein, die exakt der Vorgabe der FKM-Richtlinie [31] entspricht. Somit konnte mit Hilfe des Shiozawa-Modells und den zugehörigen Shiozawa-Diagrammen der bruchmechanische Beweis erbracht werden, dass sich für defektbehaftete AlSi7Mg0,3-Gusswerkstoffe eine Wöhler-Kurvenneigung von $k \approx 5$ einstellt. Voraussetzung ist, dass die bruchauslösenden Defektgrößen keine Beanspruchungsabhängigkeit aufweisen.

Bei Betrachtung der Shiozawa-Kurven hinsichtlich Rissschließen wurde deutlich, dass trotz positiver SIF oberhalb von 0,0 MPa√m bis 1,0 MPa√m kein ausgeprägter Rissfortschritt mehr in den AlSi7Mg0,3-Gusswerkstoffen festgestellt werden konnte, der zum Probenbruch bis 10^7 Lastspielen führte. Dies könnte auf Rissschließvorgänge zurückzuführen sein. Da in diesem Bereich sehr geringe Beanspruchungen und plastische Verformungen vorliegen (vgl. Abbildung 5.54) und sich im I*-Kurzrissfortschrittsbereich nur geringe Rauheiten

Abbildung 5.87
Validierung der
Shiozawa-Kurven anhand
von synthetischen und
experimentellen
Wöhler-Versuchen der
Kokillengusszustände K1,
K1P1 und K1P2

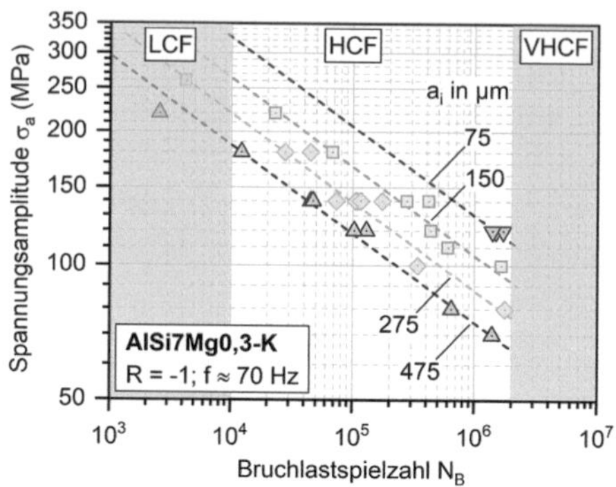

auf der Bruchfläche ergaben (vgl. Abbildung 5.73 und Abbildung 5.76), kann ein ausgeprägtes plastizitäts-induziertes oder rauheits-induziertes Rissschließen ausgeschlossen werden. Damit ist die Vermutung, dass der intrinsiche bzw. effektive Schwellenwert eine ausgeprägte Ermüdungsschädigung mit Probenbruch bei Spannungsintensitätsfaktoren unterhalb von 1,0 MPa√m verhindert. Dieser kann über Gl. 2.25 abgeschätzt werden. Aus der Literatur sind Korrelationsfaktoren χ von 1,64 bis 1,3 [73–76] bekannt. Je nach E-Modul (hier: 72,5 GPa) würden sich somit Grenzwerte von 0,94–1,19 MPa√m einstellen, sodass die Größenordnung des effektiven Schwellenwerts hervorragend mit dem festgestellten Schwellenwert gegen Probenbruch von ca. 1,0 MPa√m passte. Auf Basis der Untersuchungsergebnisse wurde sich analog zu Aigner et al. [71] am unteren Wert orientiert und ein effektiver Schwellenwert des zykl. Spannungsintensitätsfaktors von 0,94 MPa√m angenommen.

Zur weiteren Validierung des effektiven Schwellenwerts und der Shiozawa-Kurven wurde ein breites Spektrum an HCF-Sandgussproben fraktographisch analysiert und die Ergebnisse in Abbildung 5.88a den Kokillengusszuständen gegenübergestellt.

Es zeigten sich vergleichbare Korrelationen des zykl. SIF des bruchauslösenden Defekts und der defektspezifischen Bruchlastspielzahl. Dies deutet auf ein vergleichbares Rissfortschrittsverhalten hin, das in Abschnitt 5.5.3 in Abbildung 5.69b und Abbildung 5.75b im Kurz- und Langrissfortschrittsbereich auch festgestellt werden konnte. Die Koeffizienten und Exponenten des Potenzgesetzes bei Berücksichtigung aller dargestellten Kokillen- und Sandgusszustände stimmten mit 151 und −0,20 sehr gut mit denen der Kokillengusszustände in Abbildung 5.86 mit 176 und −0,21 überein. Die Korrelation könnte somit gießverfahrensunabhängig zur Erstellung synthetischer, defektspezifischer Wöhler-Kurve genutzt werden.

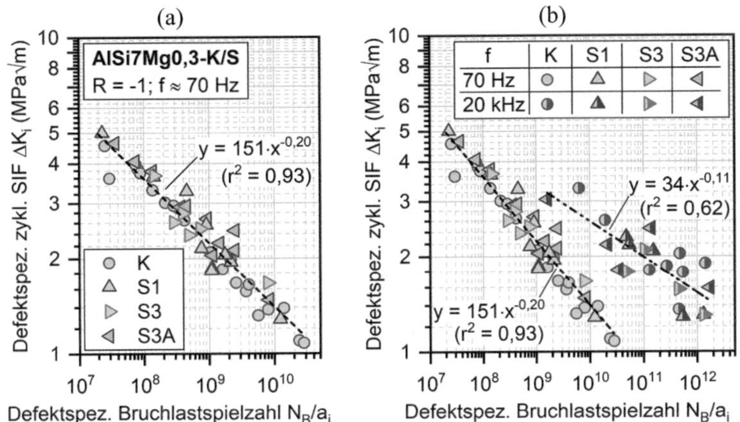

Abbildung 5.88 Erweiterung der Korrelation des zykl. Spannungsintensitätsfaktors am bruchauslösenden Defekt mit der defektspezifischen Bruchlastspielzahl für die Sandgusszustände im (a) HCF- und (b) VHCF-Bereich anhand von Shiozawa-Diagrammen

In Abbildung 5.88b sind zudem die Ultraschall-Ermüdungsversuche analog ausgewertet worden, um für Rissfortschritt unter vakuum-ähnlichen Umgebungsbedingungen die Ermüdungsfestigkeit und -lebensdauer auf Basis der Spannungsamplitude und Defektgröße bewerten zu können. Bei vergleichbarer Defektbeanspruchung von 2 MPa$\sqrt{m}$ ergaben sich unter vakuum-ähnlichen Umgebungsbedingungen ein defektspezifischer Lebensdauergewinn von ein bis zwei Dekaden (Faktor ca. 58). Dieser Einfluss verstärkte sich mit sinkenden SIF bei 1,5 MPa$\sqrt{m}$ auf über zwei Dekaden (Faktor ca. 170). Dies ist entscheidend bei der Auslegung von aushärtbaren Al-Si-Gusswerkstoffen hinsichtlich Bewertung der Kritizität von Oberflächen- und Volumendefekten bei vergleichbarer Defektgröße und lokaler Beanspruchung, da die Ergebnisse unter Ultraschall-Ermüdungsbeanspruchung nicht zur Abschätzung der Defekt- und Schädigungstoleranz im HCF-Bereich genutzt werden konnten.

Erweitertes Kitagawa-Takahashi-Diagramm
Der Einfluss der unterschiedlichen Werkstoffzustände auf die Ermüdungsfestigkeit wurde anhand von Kitagawa-Takahashi-Diagrammen durchgeführt. Diese Darstellung ermöglicht die quantitative Bewertung des Defekteinflusses auf die Ermüdungsfestigkeit für unterschiedliche Werkstoffzustände. Der kontinuierliche Übergang von Werkstoffzuständen mit großen Defekten zu denen mit kleinen

Defekten kann mit Hilfe der 2.37 nach El Haddad erfolgen. Des Weiteren muss die intrinsische Ermüdungsfestigkeit für den idealen defektfreien Zustand ermittelt oder abgeschätzt werden. Da dies verfahrenstechnisch nur mit hohen Aufwänden herzustellen wäre, wurde der Ansatz nach Tanaka et al. [87] zur Abschätzung der intrinsischen „defektfreien" Ermüdungsfestigkeit auf Basis der ermittelten „defektbehafteten" Ermüdungsfestigkeiten mit Hilfe von Gl. 2.40 bis 2.42 für die untersuchten AlSi7Mg0,3-Gusszustände evaluliert.

Die abgeschätzten defektbehafteten Ermüdungsfestigkeiten in Abhängigkeit der Defektgröße nach der El Haddad-Gleichung [89,90] auf Basis der abgeschätzten intrinsichen Ermüdungsfestigkeiten nach Tanaka et al. [87] sind in Abbildung 5.89a und Tabelle 5.21 für die verschiedenen Kokillen- und Sandgusszustände gegenübergestellt. Hierzu wurde der Schwellenwert ΔK_{th}^* für die Kokillen- und Sandgusszustände auf Basis der eigenen Rissfortschrittsuntersuchungen bei niedrigen Beanspruchungen (Abbildung 5.72 bis Abbildung 5.76) zu 4,25 MPa$\sqrt{m}$ abgeschätzt. Dieser Schwellenwert wurde für alle Kokillen- und Sandgusszustände genutzt. Als zustandsspezifische Ermüdungsfestigkeit wurde die abgeschätzte und experimentell validierte Ermüdungsfestigkeit nach Murakami-Noguchi aus den HCF-Untersuchungen in Abschnitt 5.3 genutzt.

Für alle Werkstoffzustände zeigte sich eine geringe Standardabweichung für die abgeschätzten intrinsischen Ermüdungsfestigkeiten von ±4 % zwischen den spezifischen Verläufen der El Haddad-Kurve trotz der teils starken Unterschiede in den bruchauslösenden Defektgrößen und der Ausgangshärte. Um den Einfluss der zustandsspezifischen Ausgangshärte herauszurechnen, eignete es sich die Ermüdungsfestigkeit σ_{aL} auf die intrinsische Ermüdungsfestigkeit σ_{aL}^* zu beziehen, wie es in Abbildung 5.89b gezeigt ist. Bei relativer Darstellung deuten sich nur noch minimale Unterschiede in den abgeschätzten, defektabhängigen Ermüdungsfestigkeiten an. Werden die verschiedenen Verläufe als legierungsspezifische Streuung der Werkstoffkennwerte interpretiert, ergaben sich relative Standardabweichungen von ±0,3 % bei 24 μm bis ±3,6 % bei 1.000 μm Defektgröße.

Die relative Darstellung bestätigte zusätzlich, dass der Ansatz von Tanaka et al. [87] zur Vorhersage der intrinsischen Ermüdungsfestigkeit für das Kitagawa-Takahashi-Diagramm auf Basis von defektbehafteten Gusszuständen möglich ist. Das bedeutet für diesen Ansatz, dass lediglich ein einzelner (defektbehafteter) Referenzzustand eines Bauteils nötig ist, um die zustandsspezifische El Haddad-Kurve für das Kitagawa-Takahashi-Diagramm zuverlässig abschätzen zu können. Voraussetzung sind eine näherungsweise homogene Ausbildung der Mikrostruktur und Härte im Bauteil. Das würde den prüftechnischen Aufwand zur Ermittlung des bauteilspezifischen Defekt-Ermüdungsfestigkeits-Zusammenhangs in Form

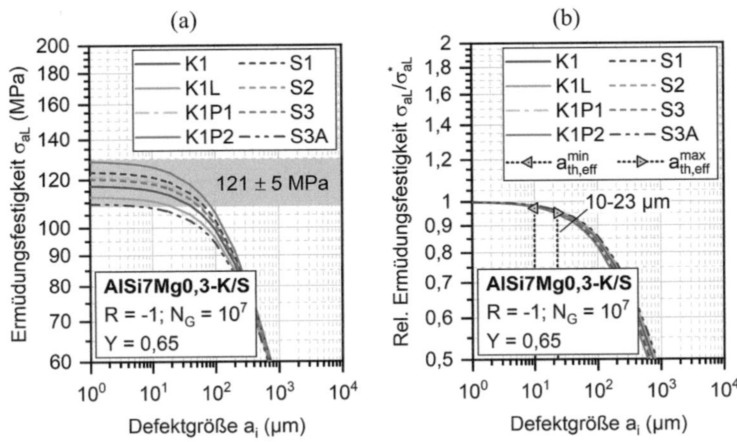

Abbildung 5.89 Kitagawa-Takahashi-Diagramm nach El Haddad: (a) Absolute und (b) relative Ermüdungsfestigkeit mit Hilfe des Murakami-Noguchi- und Tanaka-Modells

des Kitagawa-Takahashi-Diagramms deutlich reduzieren und macht die kombinierte Nutzung der Modellierungsansätze von Murakami-Noguchi, Tanaka und El Haddad auch aus ökonomischer Sicht sehr interessant. Für den Referenzzustand müsste entweder die statistisch abgesicherte Ermüdungsfestigkeit $\sigma_{aL,1E7}$ inkl. der bruchauslösenden Defektgrößen experimentell ermittelt werden (konservativer Ansatz) oder bei Abschätzung der Ermüdungsfestigkeit mittels Murakami-Noguchi-Modell σ_{aL}^{**} (progressiver Ansatz) die Makrohärte (HV10) oder Mikrohärte (HV0,01) des α-Al-Mischkristalls – zur Abschätzung der Makrohärte – bekannt sein. Die bruchauslösende Defektgröße könnte im letzteren Fall als „fiktive" Defektgröße mit 250 µm angenommen werden, da Murakami-Noguchi und El Haddad in diesem Defektgrößenbereich vergleichbare Ermüdungsfestigkeiten abschätzen. Nur die kombinierte Nutzung in der Reihenfolge Murakami-Noguchi (σ_{aL}^{**}), Tanaka (σ_{aL}^{*}) und El Haddad (a^{**}, a^{*}) ermöglicht die progressive Abschätzung des Kitagawa-Takahashi-Diagramms allein auf Basis von Härtekennwerten.

In Abbildung 5.89b sind zusätzlich die in Tabelle 5.21 anhand von Gl. 2.25 berechneten effektiven Schwellenwerte des zykl. SIF $\Delta K_{th,eff}$ und die effektiven Schwellenwerte der Defektgrößen $a_{th,eff}$ eingetragen. Letztere lagen je nach Literaturquelle zwischen 10 und 23 µm. Ab diesem Grenzwert konnte bei weiterer Reduktion der Defektgröße kein weiterer Einfluss auf die Ermüdungsfestigkeit mehr festgestellt werden und es bildete sich ein Plateau aus (intrinsische Ermüdungsfestigkeit). Diese Defektgröße korrelierte sehr gut mit dem von Wang

Tabelle 5.21 Kennwerte zur Berechnung des Kitagawa-Takahashi-Diagramms

Kennwert	Einheit	K1	K1L	K1P1	K1P2	S1	S2	S3	S3A
$HV10$	–	106,6	103,9	96,5	105,5	105,3	102,9	101,3	93,4
E_{Al}	GPa	73,7	71,2	71,9	72,1	75,6	73,9	73,6	73,3
$\overline{a_i}$	μm	113	119	422	316	244	275	304	351
σ_{aL}^{**}	MPa	97,2	93,7	72,3	80,8	85,4	81,8	79,5	73,3
σ_{aL}^{DL}	MPa	100	90	70	80	80	80	80	70
ΔK_{th}^{*}	MPa√m	4,25	4,25	4,25	4,25	4,25	4,25	4,25	4,25
a^{**}	μm	360	387	651	521	466	508	538	634
a^{*}	μm	247	268	230	205	222	233	234	283
σ_{aL}^{*}	MPa	117,4	112,6	121,7	128,9	123,8	120,9	120,5	109,7
$\Delta K_{th,eff}^{max}$	MPa√m	1,21	1,17	1,18	1,18	1,24	1,21	1,21	1,20
$a_{th,eff}^{max}$	μm	20	20	18	16	19	19	19	23
$\Delta K_{th,eff}^{min}$	MPa√m	0,96	0,93	0,93	0,94	0,98	0,96	0,96	0,95
$a_{th,eff}^{min}$	μm	13	13	11	10	12	12	12	14

et al. [166,167] experimentell ermittelten Grenzwert von 25 μm für die bruchauslösenden Defektgrößen (hier: Poren), ab der keine weitere Verbesserung der Ermüdungsfestigkeit festgestellt werden konnte. Bei diesen Defektgrößen konnte für die El Haddad-Kurve im Kitagwa-Takahashi-Diagramm eine rel. Ermüdungsfestigkeit von durchschnittlich 98,3 % bis 97,3 % in den verschiedenen Zuständen festgestellt werden, sodass die Ergebnisse von Wang et al. [166,167] auf Basis der ermittelten zustandsunabhängigen rel. Kitagawa-Takahashi-Diagramme bestätigt werden konnten.

Die Validierung der El Haddad-Kurve erfolgte anhand der durchgeführten Einstufenversuche am Beispiel ausgewählter Kokillen- und Sandgusszustände in Abbildung 5.90. Alle ESV mit hohen Bruchlastspielzahlen lagen oberhalb oder unmittelbar auf der El Haddad-Kurve.

Das Kitagawa-Takahashi-Diagramm ermöglichte also die zuverlässige Abschätzung der defektabhängigen Ermüdungsfestigkeiten für die Grenzlastspielzahl von 10^7 Lastspiele. Darüber hinaus wurden die defektabhängigen Ermüdungsfestigkeiten der El Haddad-Kurve als Eingangsgröße für die experimentell ermittelten Korrelationen zwischen der abgeschätzten Ermüdungsfestigkeit nach Murakami-Noguchi und den quasi-statischen Festigkeitskennwerten (Abschnitt 5.3.6, Tabelle 5.14) sowie mit spezifischen Bruchlastspielzahlen

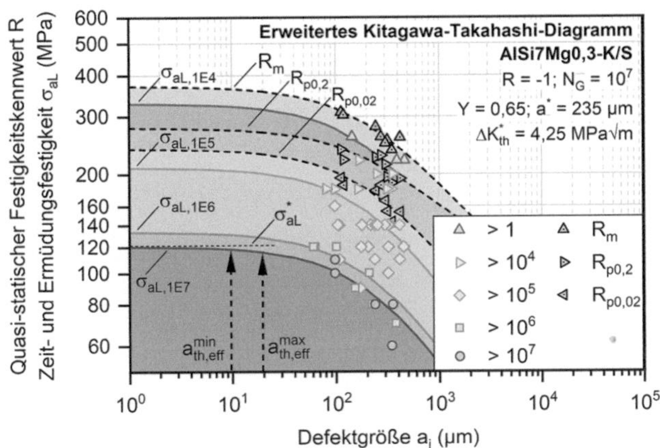

Abbildung 5.90 Erweitertes Kitagawa-Takahashi-Diagramm zur Abgrenzung zwischen Durchläufern und Probenbrüchen in Abhängigkeit von der Grenzlastspielzahl und der quasi-statischen Festigkeitseigenschaften

anhand von rel. Wöhler-Kurven (u. a. Abschnitt 5.3.1, Abbildung 5.32) genutzt, um die quasi-statischen Festigkeiten und Zeitfestigkeiten defektabhängig mit vergleichbaren Verläufen zur El Haddad-Kurve abschätzen zu können. Die ESV aus den Wöhler-Diagrammen wurden je nach Bruchlastspielzahl klassiert und markiert und zeigten eine sehr gute Korrelation mit den erweiterten El Haddad-Kurven. Ähnlich gute Übereinstimmungen zeigten sich für die quasi-statischen Festigkeitskennwerte (Dehngrenze, Zugfestigkeit). Dieses erweiterte Kitagawa-Takahashi-Diagramm konnte somit zusätzlich zur Abschätzung der defektabhängigen Zeitfestigkeiten und quasi-statischen Festigkeitskennwerte genutzt werden. Die Bereiche des erweiterten Kitagawa-Takahashi-Diagramms kleiner 100 µm und größer 500 µm konnten an dieser Stelle experimentell nicht validiert werden. Die abgeschätzte intrinsische Ermüdungsfestigkeit von 120,8 MPa stimmte sehr gut mit der von Wang et al. [166,167] experimentell ermittelten Ermüdungsfestigkeit von 120 MPa bei Defektgrößen kleiner 25 µm.

Die Validierung der Bereiche besonders kleiner und großer Defekte sollte daher Bestandteil weiterer Forschungsarbeiten sein. Eine defektgrößenübergreifende Validierung würde die ermüdungssichere Auslegung von aushärtbaren Al-Si-Mg-Gusslegierungen in der industriellen Praxis weiter verbessern, eine lokale Auslegung von Bauteilbereich möglich machen und gleichzeitig ein grundlegendes Verständnis für das Ermüdungsverhalten und die Schädigungstoleranz schaffen.

Zusammenfassung und Ausblick 6

In der vorliegenden Arbeit wurde für AlSi7Mg0,3-Gusslegierungen der Einfluss der Mikrostruktur und Defekte auf das quasi-statische und zyklische Verformungsverhalten charakterisiert und die defekt- und mikrostrukturbasierte Abschätzung des Ermüdungs- und Schädigungsverhaltens im HCF- und VHCF-Bereich anhand von bruchmechanischen Modellen validiert. Die untersuchten Werkstoffzustände variierten infolge der verschiedenen Gießverfahren, HIP-Behandlung, Erstarrungsraten und Wärmebehandlungen hinsichtlich Kokillen- und Sandabgüssen, Defektgrößen (50–500 µm), Dendritenarmabständen (40–100 µm), Ausprägung der eutektischen Si-Partikel und dem T6-/T64-Aushärtungszustand (90 110 HV10). Das Ziel war es, die Änderungen der Ermüdungsfestigkeiten, der Wöhler-Kurven und des quasi-statischen und zyklischen Verformungsverhaltens auf Basis von strukturellen Änderungen (u. a. Mikrostruktur, Defekte) zu quantifizieren, die mikrostruktur- und defektabhängigen Schädigungsmechanismen im HCF- und VHCF-Bereich zu analysieren und die kontinuierliche Schädigungsentwicklung hinsichtlich Anrissbildung und Rissfortschritt mittels struktursensitiver Messsysteme zu detektieren.

Die vorgangsbasierte Charakterisierung im HCF- und VHCF-Bereich ermöglichte dabei eine beanspruchungsabhängige Einteilung des Ermüdungsverhaltens in anriss- und rissfortschrittsdominierte Bereiche und damit eine Auswahl geeigneter bruchmechanischer Modelle zur beanspruchungs- und lastspielzahlgerechten Abschätzung der Anriss- und (Rest-)Lebensdauer. Durch diese Herangehensweise können ressourcen- und kostenintensive Untersuchungsreihen durch effiziente Prüfstrategien in Kombination mit validierten bruchmechanischen Modellen zukünftig vermieden werden. Da die Ermüdungsfestigkeiten und -lebensdauern maßgeblich durch die verfahrensbedingten Defekte z. B. Gas- und

J. Tenkamp, *Charakterisierung und Modellierung des Ermüdungsverhaltens und der Schädigungstoleranz aushärtbarer Al-Si-Mg-Gusslegierungen im HCF- und VHCF-Bereich*, Werkstofftechnische Berichte | Reports of Materials Science and Engineering, https://doi.org/10.1007/978-3-658-38333-6_6

Schwindungsporen bestimmt waren, stellte die 3D-CT-Analyse einen zentralen Baustein der effizienten Prüfstrategie dar.

Dazu wurde eine CT-Prüfstrategie zur Charakterisierung der ermüdungskritischen Defektgrößen vor der Ermüdungsprüfung sowie der Entwicklung der Rissgrößen während der Ermüdungsprüfung (intermittierend) entwickelt. Die Verknüpfung von 3D-CT-Defektanalyse mit dem mikrostruktur- und defektbasierten Anriss- und Rissfortschrittsverhalten unter Ermüdungsbeanspruchung im Rahmen der vorgangsbasierten Ermüdungsversuche ermöglichte die Identifikation geeigneter bruchmechanischer Modelle. Für die bruchmechanische Abschätzung der Ermüdungsfestigkeiten und -lebensdauern konnten das $\sqrt{area}$-Modell nach Murakami-Noguchi (Murakami-Modell mit Noguchi-Erweiterung), das Modell von Shiozawa (Restlebensdauer) und hinsichtlich des Kitagawa-Takahashi-Diagramm der Ansatz nach El Haddad (defektabhängige Ermüdungsfestigkeit) als auch Tanaka (intrinsische Ermüdungsfestigkeit) für die Anwendung auf aushärtbare Al-Si-Mg-Gusswerkstoffe validiert werden.

Quasi-statisches Verformungsverhalten
Das quasi-statische Verformungsverhalten wurde anhand der Dehngrenze, Zugfestigkeit und Bruchdehnung charakterisiert. Es zeigte eine primäre Abhängigkeit von den Defektgrößen und eine sekundäre vom Dendritenarmabstand (DAS) und vom Aushärtungszustand. Die Defekte senkten die Festigkeiten und Duktilität drastisch. Der Einfluss der Defekte konnte anhand des größten bruchauslösenden Defekts auf der Bruchfläche mit den quasi-statischen Kennwerten über einen halblogarithmischen Zusammenhang quantitativ beschrieben werden. Eine Reduktion der Defektgröße von 200 µm auf 100 µm führte zu einer Erhöhung der Festigkeit um 8–9 % und der Duktilität um 29 %. Je feiner die Mikrostruktur und damit der DAS, desto höher waren die Zugfestigkeit und Bruchdehnung. Die Dehngrenze wurde vom DAS nur geringfügig beeinflusst. Eine Verringerung der Aushärtung von T6 zu T64 reduzierte die Zugfestigkeit und Dehngrenze bei Erhöhung der Bruchdehnung. Der Aushärtungsgrad bestimmte somit das Verhältnis aus Festigkeit und Duktilität. Die Sandgusswerkstoffe wiesen im Vergleich zu den Kokillengusszuständen trotz geringerer Defektgrößen ein deutlich reduziertes Festigkeits- und Duktilitätsniveau auf. Dies konnte mittels fraktographischer Analysen auf die inhomogene Veredelung und die lokalen großflächigen eutektischen Si-Partikel zurückgeführt werden und wurde bei der weiteren Betrachtung der Ermüdungseigenschaften berücksichtigt. Die großflächigen Si-Partikel reduzierten die Zugfestigkeit um 10–15 % und die Bruchdehnung um 70–85 % bei gleicher bruchauslösender Defektgröße, während die Dehngrenze näherungsweise unverändert zu den Kokillengusszuständen blieb.

Die Korrelation der abgeschätzten Ermüdungsfestigkeiten nach dem Murakami-Noguchi-Modell mit den quasi-statischen Festigkeiten wiesen einen linearen Zusammenhang auf. Die Zugfestigkeiten und Dehngrenzen aller untersuchten Kokillen- und Sandgusszustände konnten somit über die abgeschätzte Ermüdungsfestigkeit nach Murakami-Noguchi auf Basis der maximalen Defektgrößen und der Makrohärte zuverlässig abgeschätzt werden. Diese Zusammenhänge waren für aushärtbare Al-Si-Mg-Gusslegierungen im bisherigen Stand der Technik unbekannt und sind als neuartig einzustufen. Sie können genutzt werden, um die lokale Ermüdungsfestigkeit mit Hilfe der lokalen Zugfestigkeit oder Dehngrenze zuverlässig abschätzen zu können.

Zyklisches Verformungsverhalten

Das zyklische Verformungsverhalten in Form der gesättigten zyklischen Spannungs-Dehnungs-(ZSD-)Kurve wurde mittels Incremental Step Test (IST) für die verschiedenen Kokillen- und Sandgusszustände ermittelt und durch anschließende Einstufenversuche validiert. Aufgrund der unterschiedlichen Festigkeits- und Duktilitätseigenschaften wurde vor dem „konventionellen" IST ein modifizierter IST (IST+) durchgeführt, bei dem die maximale Totaldehnungsamplitude nach jeder Blocksequenz (auf- und absteigend) erhöht wurde, um die maximal ertragbaren Spannungs- und Dehnungsamplituden zu ermitteln. Die maximal ertragbare Spannungsamplitude wurde aufgrund der Analogie zur Zugfestigkeit als zyklische Zugfestigkeit bezeichnet. Die konventionellen IST wurden im Anschluss an den IST+ bei einer maximalen Dehnungsamplitude je Block durchgeführt, die ein bis zwei Blöcke vor Probenbruch im IST+ erreicht wurde. Dadurch konnte sichergestellt werden, dass im IST ausreichend Lastspiele aufgebracht wurden, um einen zyklischen Sättigungszustand zu erreichen. Dieser wurde in den Kokillengusszuständen nach 4 bis 5 Blöcken und in den Sandgusswerkstoffen je nach Zustand nach 8 bis 35 Blöcken erreicht.

Die Treffsicherheit der mittels IST bestimmten ZSD-Kurven konnte durch Einstufenversuche im Sättigungszustand validiert werden, die unabhängig vom Gießverfahren eine sehr gute Übereinstimmung zeigten. Die durchschnittlichen Unterschiede zwischen IST- und ESV-Spannungsamplituden der ZSD-Kurven bei gleicher Totaldehnungsamplitude lagen bei ±4 %. Der IST konnte damit zur Charakterisierung der ZSD-Kurven von ausgehärteten Al-Si-Mg-Gusslegierungen validiert werden. Diese Übereinstimmung konnte auf den typischen quasiplanaren Gleitcharakter von voll- und teilausgehärteten T6- und T64-Zuständen zurückgeführt werden.

Für das zyklische Verformungsverhalten konnte eine signifikante Abhängigkeit vom DAS und dem Aushärtungszustand festgestellt werden. Ein Einfluss der

Porosität und Defekte auf das zyklische Verformungsverhalten konnte nicht nachgewiesen werden. Für alle Kokillen- und Sandgusswerkstoffe konnte eine starke zyklische Verfestigung bestimmt werden (+20–40 %), die besonders signifikant für die Sandgusszustände (+30 %) und den teilausgehärteten Zustand T64 ausfielen (+40 %). Das erhöhte Verfestigungspotential der Sandgusszustände konnte im Literaturvergleich auf die geringere Einformung (nadelförmig) des eutektischen Siliziums und die dadurch verstärkte Spannungskonzentration an den Al/Si-Phasengrenzen zurückgeführt werden. Die verfestigten Werkstoffe ertrugen unabhängig vom Gießverfahren Beanspruchungen oberhalb der Zugfestigkeit, wobei sich auch dort maximal ertragbare Spannungsamplituden einstellten und als zyklische Zugfestigkeit bezeichnet wurden. Die zyklische Zugfestigkeit wurde im ähnlichen Maße durch DAS und Aushärtung beeinflusst wie die quasi-statische Zugfestigkeit, weshalb sich ein linearer Zusammenhang zwischen beiden Kennwerten einstellte. Für die Kokillen- und Sandgusszustände mit vergleichbaren DAS konnte kein Einfluss des Gießverfahrens auf die zyklische Zugfestigkeit festgestellt werden. Die Abhängigkeit der zyklischen Zugfestigkeit vom DAS konnte über den modifizierten Hall-Petch-Parameter $1/\sqrt{DAS}$ unabhängig vom Gießverfahren über einen linearen Zusammenhang beschrieben werden. Je feiner der DAS, desto höher fiel die zyklische Zugfestigkeit des Werkstoffzustands aus.

Insgesamt zeigten alle Kokillen- und Sandgusszustände eine starke zyklische Verfestigung. Für die Sandgusszustände konnten darüber hinaus Zusammenhänge zwischen quasi-statischen und zyklischen Verformungsverhalten und -kennwerte hergeleitet werden, um auf Basis des DAS und der quasi-statischen Zugfestigkeit die ZSD-Kennwerte zuverlässig abschätzen zu können. Eine Übertragbarkeit auf Kokillengusszustände konnte in dieser Arbeit nicht überprüft werden und sollte Gegenstand zukünftiger Forschungsarbeiten sein.

Ermüdungsverhalten im HCF- und VHCF-Bereich
Die Ermüdungsprüfung erfolgte vorwiegend am Resonanzprüfsystem (70 Hz) und Ultraschallprüfsystem (20 kHz). Zur Bewertung des Frequenzeinflusses wurden zusätzlich ausgewählte Ermüdungsprüfungen an einem Hochfrequenz-Resonanzprüfsystem bei 1 kHz durchgeführt. Die untersuchten AlSi7Mg0,3-Gusslegierungen im T6- und T64-Zustand zeigten einen signifikanten Frequenzeinfluss. Dieser führte in den Ultraschall-Ermüdungsprüfungen zu einer Verschiebung der Wöhler-Kurven um ein bis zwei Dekaden und ging mit einer deutlich verringerten Neigung der Wöhler-Kurven einher (Faktor 3 bis 5). Die Verschiebung der Ermüdungslebensdauer hin zu erhöhten Ermüdungsfestigkeiten konnte durch fraktographische Analysen auf einen frequenz-induzierten Umgebungseinfluss auf das Rissfortschrittsverhalten zurückgeführt werden. Da das

Rissfortschrittsverhalten im VHCF-Bereich je nach bruchauslösender Defektgröße 80–99 % der Lebensdauer in den untersuchten Werkstoffzuständen ausmachte, fiel der Frequenzeinfluss mit ein bis zwei Dekaden Lebenserhöhung besonders stark aus. Die im Vergleich zum Ultraschallprüfsystem (20 kHz) beschleunigten Rissfortschrittsraten am „konventionellen" Resonanzprüfystem (70 Hz) konnten auf eine gesättigte Wechselwirkung mit der Luftfeuchtigkeit der Umgebung zurückgeführt werden. Die Luftfeuchtigkeit bewirkte durch die Reaktionen des Wasserdampfs auf den frisch geformten Rissflächen die Bildung von Wasserstoff, der nach derzeitigem Literaturstand in den plastisch verformten Bereich der Rissspitze diffundiert und u. a. durch Wasserstoffversprödung zum beschleunigten Rissfortschritt führte. Bei sehr hohen Prüffrequenzen bleibt dem Wasserdampf nicht ausreichend Zeit, um mit der frisch geformten Rissspitze zu reagieren, sodass der Vorgang der Wasserstoffversprödung an der Rissspitze über mehrer Lastspiele erfolgen muss und somit lastspielbezogen deutlich minimiert wird. Dadurch wachsen auch Oberflächenrisse unter vakuum-ähnlichen Bedingungen im Ultraschallprüfsystem. Der entschleunigte Rissfortschritt an der Oberfläche führte dazu, dass vermehrt Anrisse und Probenbrüche von Volumendefekten verzeichnet wurden. Die frequenz-induzierte Lebensdauererhöhung konnte am Hochfrequenz-Resonanzprüfsystem (1 kHz) von zwei Dekaden (20 kHz) auf eine Dekade (1 kHz) reduziert werden. Als maßgebliche Umgebungsgröße wurde in der Literatur die Wasserbeladung als Verhältnis des Wasser-Partialdrucks der Luft und der Prüffrequenz identifiziert. Bei vergleichbaren Umgebungsbedingungen konnten die Ermüdungsuntersuchungen bei hohen (1 kHz) und sehr hohen Prüffrequenzen (20 kHz) somit nicht mit denen konventioneller Prüfsysteme (< 100 Hz) verglichen werden. Die Ermüdungsprüfsysteme sollten daher zukünftig unter definierten Umgebungsbedingungen durchgeführt und Vergleichsuntersuchungen mit trockener und feuchter Luft zwischen den Prüfsystemen durchgeführt werden, um zu evaluieren, ob bei vergleichbarer Wasserbeladung der Ermüdungsproben der Frequenzeinfluss vermieden oder minimiert werden kann.

Die Ermüdungsuntersuchungen an unterschiedlichen Guss- und Werkstoffzuständen wurden in Form von Wöhler-Kurven als auch relativen Wöhler-Kurven, die auf die abgeschätzte Ermüdungsfestigkeit nach dem Murakami-Noguchi-Modell bezogen wurden, verglichen. Dadurch war es möglich, strukturelle und mechanische Einflussgrößen neben der bruchauslösenden Defektgröße und der Makrohärte zu identifizieren. Die Validierung des Murakami-Noguchi-Modells konnte erfolgreich an Proben mit vergleichbarer Mikrostruktur (DAS, Eutektikum) bei variierenden Defektgrößen und Härtewerten durchgeführt werden. Bei Darstellung der Ermüdungsergebnisse in relativen Wöhler-Kurven konnten die defektspezifischen Wöhler-Kurven auf eine relative „Haupt"-Wöhler-Kurve reduziert werden. Bei Betrachtung der weiteren Werkstoffzustände mit veränderten Gießverfahren, Dendritenarmabstand, Lösungsglühung und Warmauslagerung konnte die Ermüdungsfestigkeit mit Hilfe des Murakami-Noguchi-Modells zuverlässig abgeschätzt werden. Zwischen den relativen Wöhler-Kurven der verschiedenen Guss- und Werkstoffzustände konnten keine signifikanten Unterschiede im HCF-Bereich ab 10^4 Lastspiele festgestellt werden und durch eine relative Haupt-Wöhler-Kurve einheitlich beschrieben werden. Das bedeutet, dass mit Hilfe des Murakami-Noguchi-Modells sowohl die Ermüdungsfestigkeit als auch die Wöhler-Kurve ab 10^4 Lastspiele auf Basis der ermittelten relativen Haupt-Wöhler-Kurve im HCF-Bereich abgeschätzt werden konnten. Dies bedeutet im Umkehrschluss, dass kein signifikanter Mikrostruktureinfluss neben den Defekten und der Härte im HCF-Bereich festgestellt werden konnte.

Die (ausgewählten) Ergebnisse im LCF-Bereich zeigten entgegen den HCF-Untersuchungen einen signifikanten mikrostrukturellen Einfluss und eine erhöhte LCF-Ermüdungsfestigkeit für die Sandgusszustände. Dies korrelierte sehr gut mit der verstärkten Verfestigung der Sandgusszustände in den ZSD-Kurven, die signifikant über denen der Kokillengusszustände lagen. Diese verstärkte Verfestigung der Sandgusszustände konnte im Literaturvergleich auf die geringere Einformung (nadelförmig) der eutektischen Si-Partikel zurückgeführt werden und muss bei der LCF-Auslegung berücksichtigt werden. Da der Fokus dieser Arbeit auf dem HCF- und VHCF-Bereich lag, sollte der Zusammenhang zwischen ZSD-Kurven und LCF-Ermüdungsfestigkeit zukünftig näher untersucht werden.

Die Anwendbarkeit des Murakami-Noguchi-Modells konnte ebenfalls für den VHCF-Bereich erfolgreich evaluiert und nach Erweiterung der Auswerteroutine validiert werden. Die Erweiterung der Auswerteroutine war notwendig, da die bruchauslösenden Defekte (i. d. R. Volumendefekte) bei 20 kHz Prüffrequenz entgegen der bruchauslösenden Oberflächendefekten am Resonanzprüfsystem (70 Hz) einen großflächigen Mikroporensaum aufwiesen, der die klar zu identifizierende Pore umgab. Der Vergleich der defektabhängigen VHCF-Festigkeiten unter den Zuständen zeigte, dass der Mikroporensaum bei Ermittlung der bruchauslösenden Defektfläche mitberücksichtigt werden muss, um mit Hilfe des Murakami-Noguchi-Modells eine zuverlässige Abschätzung der Ermüdungsfestigkeit zu ermöglichen. Die verschiedenen Zustände ließen sich mit dieser Erweiterung analog zu den HCF-Ergebnissen über eine relative Haupt-Wöhler-Kurve beschreiben, die aufgrund der vakuum-ähnlichen Bedingungen an der Rissspitze bei Ultraschall-Ermüdungsprüfungen allerdings zu einer Verschiebung der relativen Ermüdungsfestigkeiten und -lebensdauern um ein bis zwei Dekaden führte und sich in einer verringerten Neigung bemerkbar machte.

Die Validierung des Murakami-Noguchi-Modells für diese große Bandbreite an untersuchten Werkstoffzuständen der AlSi7Mg0,3-Gusslegierung hinsichtlich Gießverfahren, Dendritenarmabständen, Defektgrößen mit Gas- und Schwindungsporen (HIP-Behandlung), Al-Si-Eutektika und T6-/T64-Wärmebehandlungen im HCF- als auch VHCF-Bereich erweiterte den aktuellen Stand der Technik maßgeblich. Zudem stellt der Autor die Hypothese auf, dass die beiden ermittelten relativen Haupt-Wöhler-Kurven für den HCF- und VHCF-Bereich auch über die gesetzten Zustandsgrenzen, der hier genutzten Gießverfahren und Wärmebehandlungen, genutzt werden können. Dies sollte in zukünftigen Forschungsarbeiten für einsatzrelevante Verfahren weiter untersucht werden.

Vorgangsbasierte Charakterisierung des Anriss- und Rissfortschrittsverhaltens
Zur Charakterisierung der Schädigungsentwicklung in AlSi7Mg0,3-Legierungen während der Ermüdungsprüfung wurden das Resonanzprüfsystem (70 Hz) und das Ultraschallprüfsystem (20 kHz) messtechnisch erweitert. Dies erfolgte am Resonanzprüfsystem mittes lastspielabhängiger Erfassung der Spannungs-Dehnungs-Hysterese-Kennwerte, elektrischen Impedanz (Wechselstrompotentialsonde) und Resonanzfrequenz. Am Ultraschallprüfsystem wurde die Schädigungsentwicklung anhand der lastspielabhängigen Änderung der Resonanzfrequenz und des relativen Nicht-Linearitätsfaktors erfasst. Für ausgewählte Messgrößen (Impedanz, Resonanzfrequenz, rel. Nicht-Linearitätsfaktor) konnte mit Hilfe von computertomographischen (intermittierend, *ex situ*), licht- (*in situ*) und rasterelektronenmikroskopischen Bruchflächenanalysen (*post mortem*) ein quantitativer Zusammenhang (Kalibrierung) zwischen den schädigungssensitiven Messgrößen und der Schädigungsentwicklung (z. B. größter Anriss) ermittelt werden. Dies ermöglichte die Separierung der Schädigungsentwicklung hinsichtlich Anrissbildung und Rissfortschritt und damit die vorgangsorientierte Einteilung der Ermüdungslebensdauer in physikalische und technische Anrissbildung sowie Kurz- und Langrissphase. Dadurch war es möglich Rissfortschrittskurven abzuleiten und anhand von extern durchgeführten Rissfortschrittsuntersuchungen mittels konventioneller Prüf- und Messsysteme zu validieren. Das Rissfortschrittsverhalten konnte in eine Kurz- und eine Langrissphase unterteilt werden, wobei letztere Phase jeweils mittels Paris-Gerade beschrieben werden konnte. Auf Basis der Ergebnisse konnte für AlSi7Mg0,3-Gusslegierungen mit Defektgrößen von 50–500 μm eine rissfortschrittsdominierte Ermüdungslebensdauer von ca. 50–95 % festgestellt werden. Für die sichere Auslegung von entsprechenden Gussbauteilen muss daher die Schädigungstoleranz von Werkstoffen mit Defekten mit Dimensionen von Kurz- und/oder Langrissen genutzt werden. Die physikalische

und technische Anrisslebensdauer konnte mit Hilfe des zyklischen Spannungsintensitätsfaktors (ΔK) einheitlich für unterschiedliche Defekt- und Gusszustände beschrieben werden. Dies vereinfacht in der Praxis die Abschätzung der Anrisslebensdauer, da keine Vielzahl an defektspezifischen Anriss-Wöhler-Kurven bekannt sein musste, sondern eine ΔK-basierte Anriss-Wöhler-Kurve ausreichte, um die Anrisslebensdauer in Abhängigkeit von verschiedenen Kombinationen aus Spannungsamplitude und bruchauslösender Defektgröße zuverlässig abschätzen zu können. Dadurch kann die ermüdungsgerechte Auslegung in der industriellen Praxis weiter verbessert werden.

Modellbasierte Abschätzung der Ermüdungsfestigkeit und (Rest-)Lebensdauer
Mit Blick auf eine defektbasierte Betrachtung der Ermüdungsfestigkeit und der (Rest-)Lebensdauer konnte neben der Anwendbarkeit des Murakami-Noguchi-Modells (Ermüdungsfestigkeit, Lebensdauer) das Modell von Shiozawa (Rest- und Gesamtlebensdauer) sowie die Modelle von El Haddad und Tanaka im Kitagawa-Takahashi-Diagramm (Ermüdungsfestigkeit, intrinsische Ermüdungsfestigkeit) für unterschiedliche Mikrostruktur- und Defektzustände validiert werden.

Das Modell nach Shiozawa konnte neben der defektabhängigen Abschätzung der Restlebensdauer nach Anriss (Rissfortschrittslebensdauer) auch zur Abschätzung der Gesamtlebensdauer (Bruchlastspielzahl) genutzt werden, da die Rissfortschrittslebensdauer mit 50–95 % das Ermüdungsverhalten dominierte. Darüber abgeleitete synthetische Wöhler-Kurven ermöglichten die defektabhängige Vorhersage der Lebensdauer und konnten anhand der durchgeführten Einstufenversuche für Defektgrößen von 50–500 µm validiert werden. Für die defektbasierten, synthetischen Wöhler-Kurven stellte sich eine Neigung von 5 ein, was genau der Vorgabe nach FKM-Richtlinie für Al-Werkstoffe entspricht. Mit Hilfe des Shiozawa-Modells konnte in dieser Arbeit somit der bruchmechanische Beweis für eine Wöhler-Kurvenneigung von k = 5 erbracht werden. Weichen Wöhler-Kurven von dieser Neigung ab, kann dies auf eine Beanspruchungsabhängigkeit der bruchauslösenden Defektgrößen hindeuten und sollte bei der Analyse des Ermüdungsverhaltens von aushärtbaren Al-Si-Mg-Gusslegierungen näher betrachtet werden.

Der Vergleich des Murakami-Noguchi-Modells mit dem El Haddad-Modell zur Erstellung von Kitagawa-Takahashi-Diagrammen zeigte eine sehr gute Übereinstimmung im Defektgrößenbereich 100–400 µm und eine eingeschränkte Nutzbarkeit des Murakami-Noguchi-Modells zur Abschätzung der Ermüdungsfestigkeit für Defektgrößen kleiner 100 µm. Zur Abschätzung der intrinsischen

„defektfreien" Ermüdungsfestigkeit auf Basis der „defektbehafteten" Ermüdungs-festigkeit nach Murakami-Noguchi konnte das Modell von Tanaka validert werden. Durch die Verknüpfung dieser bruchmechanischen Modelle konnte eine vereinfachte Auswertemethode entwickelt werden, um auf Basis von Makro- oder Mikrohärtemessungen das Kitagawa-Takahashi-Diagramm mit Hilfe von El Haddad-Kurven auf Basis der Modelle von Murakami-Noguchi und Tanaka zuverlässig abschätzen zu können. Die mittels Murakami-Noguchi und Tanaka abgeschätzte El Haddad-Kurve konnte durch Nutzung der Zusammenhänge (a) Ermüdungsfestigkeit mit quasi-statischen Festigkeitskennwerten und (b) Ermü-dungsfestigkeit mit der relativen Haupt-Wöhler-Kurve zusätzlich zur Abschätzung der defekt- und härteabhängigen Dehngrenzen, Zugfestigkeiten und Zeitfestig-keiten genutzt werden. Diese Darstellung der Ergebnisse wurde als erweitertes Kitagawa-Takahashi-Diagramm bezeichnet und ermöglichte eine defektabhängige Abschätzung der maximal ertragbaren quasi-statischen (N = ¼) und zyklischen Beanspruchungen bis zur Grenzlastspielzahl von 10^7–10^9 Lastspielen. Dies ist neu für aushärtbare Al-Si-Mg-Gusslegierungen und kann die defekt- und härte-abhängige Auslegung auf eine Darstellungsform – dem erweiterten Kitagawa-Takahashi-Diagramm – reduzieren, was die Anwendung in der industriellen Praxis vereinfacht und die Effizienz dieses kombinierten, bruchmechanischen Modellierungsansatzes unterstreicht.

Ressourceneffiziente Werkstoff- und Bauteilcharakterisierung
Die bruchmechanische Modellierung des Ermüdungsverhaltens und der Schä-digungstoleranz (u. a. Murakami-Noguchi, El Haddad, Tanaka, Shiozawa) ermöglichte die Reduktion der lebensdauerdominierenden Strukturgrößen auf die makroskopische Härte und die (bruchauslösende) Defektgröße. Beide Struktur-größen konnten mittels quasi-zerstörungsfreier Mikrohärtemessungen (HV0,01) und zerstörungsfreier 3D-CT-Defektanalysen der Proben (H = 99,5 %) zuverläs-sig abgeschätzt werden (progressiver Modellierungsansatz). Alternativ oder zur experimentellen Absicherung könnte die statistisch abgesicherte Ermüdungsfes-tigkeit inklusive der bruchauslösenden Defektgrößen für einen Referenzzustand oder einer Begleitprobe mit vergleichbarer Mikrostruktur ermittelt werden (kon-servativer Modellierungsansatz).

Fazit
Diese Arbeit liefert ein grundlegendes und (mikro-)strukturbasiertes Verständnis für das Ermüdungs- und Schädigungsverhalten von aushärtbaren Al-Si-Mg-Gusslegierungen im HCF- und VHCF-Bereich. Es ermöglicht die experimentelle

und defektbasierte Bewertung des Ermüdungsverhaltens hinsichtlich physikalischer und technischer Anrissbildung unter Berücksichtigung des zustandsspezifischen Rissfortschrittsverhaltens von Kurz- und Langrissen. Zur Charakterisierung der Anrissbildung und des Kurz- und Langrissfortschrittsverhaltens wurden innovative Prüfstrategien und Auswertemethoden unter Einsatz struktursensitiver taktiler, thermischer, elektrischer und Schwingungs-Dämpfungs-Messsysteme für Resonanz- (70 Hz) und Ultraschallprüfsysteme (20 kHz) entwickelt. Die messtechnisch-instrumentierten Ermüdungsversuche ermöglichten die struktursensitive Bewertung des frequenz-induzierten Umgebungseinflusses und die Identifikation der lebensdauerdominierenden Schädigungsmechanismen im HCF- und VHCF-Bereich.

Die anschließende bruchmechanische Modellierung des Ermüdungsverhaltens und der Schädigungstoleranz mit den im Rahmen dieser Arbeit validierten Modellen von Murakami-Noguchi (Relative Wöhlerkurven), El Haddad und Tanaka (Kitagawa-Takahashi-Diagramm, intrinsische Ermüdungsfestigkeit) und Shiozawa (Rest- und Gesamtlebensdauer) ermöglichte die Reduktion der lebensdauerdominierenden Strukturgrößen auf die makroskopische Härte und die (bruchauslösende) Defektgröße. Die Nutzung der neuartigen bruchmechanischen Modellierungsstrategie ermöglicht eine zeit- und ressourceneffizientere Charakterisierung aushärtbarer Al-Si-Mg-Gussbauteilen auf Basis des individuellen, lokalen Defekt- und Härteprofils (progressiv, zerstörungsfrei) oder der statistisch abgesicherten Ermüdungsfestigkeit eines Referenzzustands oder einer Begleitprobe (konservativ, zerstörend).

Die erfolgreiche Validierung dieser experimentellen Prüfstrategien und bruchmechanischen Modellierungsansätze auf das breite strukturelle und mechanische Eigenschaftsspektrum der untersuchten AlSi7Mg0,3-Kokillen- und Sandgusszustände stellen eine zukünftige Übertragbarkeit und Erweiterung auf weitere aushärtbare Al-Si-Gusslegierungen, Gießverfahren, Werkstoff- und Wärmebehandlungszustände sowie Umgebungsbedingungen sicher.

Publikationen und Präsentationen

Im Themenbereich der Dissertation wurden vom Autor u. a. folgende Fachartikel und Konferenzbeiträge vorveröffentlicht:

- Tenkamp, J.; Awd, M.; Siddique, S.; Starke, P.; Walther, F.: Fracture-mechanical assessment of the effect of defects on the fatigue lifetime and limit in cast and additively manufactured aluminum-silicon alloys from HCF to VHCF regime. Metals 10 (7), 943 (2020) 1–18.
- Gerbe, S.; Tenkamp, J.; Scherbring, S.; Bleicher, K.; Krupp, U.; Michels, W.; Walther, F.: Microstructural influences on the fatigue crack initiation and propagation mechanisms in hypo-eutectic Al-Si cast alloys. Procedia Structural Integrity 23 (2019) 511–516.
- Tenkamp, J.; Bleicher, K.; Klute, S. Chrzan, K.; Koch, A.; Walther, F.: Advanced characterization of the cyclic deformation and damage behavior of Al-Si-Mg cast alloys using hysteresis analysis and alternating current potential drop method. Light Metals 2019, Hrsg.: C. Chesonis, Springer, ISBN 978-3-030-05.864-7 (2019) 167–175.
- Awd, M.; Stern, F.; Kampmann, A.; Kotzem, D.; Tenkamp, J.; Walther, F.: Microstructural characterization of the anisotropy and cyclic deformation behavior of selective laser melted AlSi10Mg structures. Metals 8 (10), 825 (2018) 1–14.
- Tenkamp, J.; Koch, A.; Knorre, S.; Krupp, U.; Michels, W.; Walther, F.: Influence of the microstructure on the cyclic stress-strain behaviour and Fatigue life in hypo-eutectic Al-Si-Mg cast alloys. Fatigue 2018, Matec Web of Conferences 165, 15.004 (2018) 1–8.

J. Tenkamp, *Charakterisierung und Modellierung des Ermüdungsverhaltens und der Schädigungstoleranz aushärtbarer Al-Si-Mg-Gusslegierungen im HCF- und VHCF-Bereich*, Werkstofftechnische Berichte | Reports of Materials Science and Engineering, https://doi.org/10.1007/978-3-658-38333-6

- Awd, M.; Tenkamp, J.; Hirtler, M.; Siddique, S.; Bambach, M.; Walther, F.: Comparison of microstructure and mechanical properties of Scalmalloy® produced by selective laser melting and laser metal deposition. Materials 11, 1 (2018) 1–17.

- Tenkamp, J.; Koch, A.; Knorre, S.; Krupp, U.; Michels, W.; Walther, F.: Defect-correlated fatigue assessment of A356-T6 aluminum cast alloy using computed tomography based Kitagawa-Takahashi diagrams. International Journal of Fatigue 108 (2018) 25–34.

- Frömel, F.; Kampmann, A.; Tenkamp, J.; Walther, F.: Einfluss der prozessinduzierten ortsabhängigen Fehlstellenverteilung auf die Strukturintegrität laseradditiv gefertigter AlSi10Mg- und AlSi12-Legierungen. Werkstoffprüfung 2017 – Fortschritte in der Werkstoffprüfung für Forschung und Praxis, Hrsg.: H. Frenz, J. B. Langer, Stahleisen, ISBN 978-3-9.814.516-7-2 (2017) 135–140.

- Knorre, S.; Tenkamp, J.; Krupp, U.; Michels, W.; Walther, F.: Influence of microstructural characteristics on the VHCF behavior of the aluminum cast alloy EN AC-AlSi7Mg0.3. VHCF7, Proceedings of the 7th International Conference on Very High Cycle Fatigue, Dresden, ISBN 978-3-00-056.960-9 (2017) 223–228.

- Siddique, S.; Tenkamp, J.; Walther, F.: Einfluss prozessinduzierter Defekte auf das Ermüdungsverhalten additiv-gefertigter AlSi12-Strukturen bei hohen und sehr hohen Lastspielzahlen. Additive Fertigung von Bauteilen und Strukturen, Springer Publications, ISBN 978-3-658-17.779-9 (2017) 215–226.

- Knorre, S.; Krupp, U.; Michels, W.; Tenkamp, J.; Walther, F.: Einfluss der Porositätscharakteristik auf das Ermüdungs- und Rissfortschrittsverhalten der Aluminiumgusslegierung EN AC-AlSi7Mg0,3. Werkstoffprüfung 2016 – Fortschritte in der Werkstoffprüfung für Forschung und Praxis, Hrsg.: H.-J. Christ, Stahleisen, ISBN 978-3-514-00.830-4 (2016) 77–82.

Im Themenbereich der Dissertation wurden vom Autor u. a. folgende Fachvorträge präsentiert:

- Tenkamp, J.; Bleicher, K.; Klute, S. Chrzan, K.; Koch, A.; Walther, F.: Advanced characterization of the cyclic deformation and damage behavior of Al-Si-Mg cast alloys using hysteresis analysis and alternating current potential drop method. TMS 2019 Annual Meeting & Exhibition, San Antonio, TX, USA, 10.–14. Mar. (2019).

- Tenkamp, J.; Koch, A.; Knorre, S.; Krupp, U.; Michels, W.; Walther, F.: Influence of the microstructure on the cyclic stress-strain behaviour and fatigue life in hypo-eutectic Al-Si-Mg cast alloys. Fatigue 2018, 12th International Fatigue Congress, Poitiers, France, 27. Mai-1. Juni (2018).

- Tenkamp, J.; Koch, A.; Knorre, S.; Krupp, U.; Michels, W.; Walther, F.: Identifikation und Modellierung der Schädigungsmechanismen in Al-Si-Mg-Gusslegierungen im HCF- und VHCF-Bereich. DGM-FA Aluminium, AK Schädigungsmechanismen in Al-Produkten, TRIMET Aluminium SE, Essen, 25. Apr. (2018).
- Tenkamp, J.; Koch, A.; M.; Knorre, S.; Krupp, U.; Michels, W.; Walther, F.: Einfluss der Mikrostruktur auf das zyklische Spannungs-Dehnungs-Verhalten und die Lebensdauer der Aluminiumgusslegierung EN AC-AlSi7Mg0,3. DGM/DVM-AG Materialermüdung, KME Germany GmbH & Co.KG, Osnabrück, 12.–13. Apr. (2018).
- Tenkamp, J.; M.; Knorre, S.; Krupp, U.; Michels, W.; Walther, F.: Mechanism- and microstructure-based characterization of the cyclic deformation and fracture behavior of the aluminum cast alloy EN AC-AlSi7Mg0.3. EURO-MAT 2017, European Congress and Exhibition on Advanced Materials and Processes, Thessaloniki, Greece, 17.–22. Sept. (2017).
- Tenkamp, J.; Klute, S.; Fritsche, M.; Knorre, S.; Krupp, U.; Walther, F.: Microstructure-correlated characterization of damage mechanisms in Al-7Si-0.3Mg casting alloys during high and very high cycle fatigue loading. Hael Mughrabi Honorary Symposium & 28th Colloquium on Fatigue Mechanisms, Erlangen, 19.–21. Juli (2017).
- Tenkamp, J.; Koch. A.; Knorre, S.; Krupp, U.; Michels, W.; Walther, F.: Effect of microstructure characteristics on the fatigue and crack propagation behavior of the aluminum cast alloy EN AC-AlSi7Mg0.3. ICF14, 14th International Conference on Fracture, Rhodes, Greece, 18.–23. Juni (2017).

Studentische Arbeiten

Im Themenbereich der Dissertation wurden vom Autor u. a. folgende studentische Arbeiten betreut:

- Koch, A.: Mikrostruktur- und defektkorrelierte Charakterisierung des zyklischen Verformungs- und Schädigungsverhaltens der Aluminiumlegierung EN AC-AlSi7Mg0,3. Bachelorarbeit, Technische Universität Dortmund (2016).
- Fritsche, M.; Klute, S.: Charakterisierung des Ermüdungsverhaltens der Aluminiumgusslegierung EN AC-AlSi7Mg0,3 mittels kombinierter Anwendung mechanischer, thermischer und resistometrischer Messverfahren. Projektarbeit, Technische Universität Dortmund (2017).
- Klute, S.: Mechanismenbasierte Charakterisierung des zyklischen Verformungs- und Schädigungsverhaltens der Aluminiumgusslegierung EN AC-AlSi7Mg0,3. Bachelorarbeit, Technische Universität Dortmund (2017).
- Fritsche, M.: Identifikation der Schädigungsmechanismen von EN AC-AlSi7Mg0,3-Gusslegierungen während Ermüdungsbeanspruchung bei hohen und sehr hohen Lastspielzahlen. Bachelorarbeit, Technische Universität Dortmund (2017).
- Koch, A.: Experimentelle Ermittlung des zyklischen Spannungs-Dehnungs-Verhaltens von Al-Si-Mg-Gusslegierungen auf Basis instrumentierter Incremental-Step-Tests. Fachwissenschaftliche Projektarbeit, Technische Universität Dortmund (2017).
- Chrzan, K.: Charakterisierung des zyklischen Ver- und Entfestigungsverhaltens von Al-Si-Mg-Gusslegierungen auf mikrostruktureller Ebene mittels instrumentierter Mikroindentationsversuche. Fachwissenschaftliche Projektarbeit, Technische Universität Dortmund (2018).
- Bleicher, K.: Qualitative und quantitative Ermittlung der Schädigungsentwick-

J. Tenkamp, *Charakterisierung und Modellierung des Ermüdungsverhaltens und der Schädigungstoleranz aushärtbarer Al-Si-Mg-Gusslegierungen im HCF- und VHCF-Bereich*, Werkstofftechnische Berichte | Reports of Materials Science and Engineering, https://doi.org/10.1007/978-3-658-38333-6

lung in Al-Si-Mg-Gusslegierungen auf Basis der Änderung des elektrischen Widerstands. Bachelorarbeit, Technische Universität Dortmund (2018).

- Chrzan, K.: Bruchmechanische Beschreibung des Defekteinflusses in AlSi7Mg0,3-Gusslegierungen auf das Ermüdungs- verhalten bei hohen und sehr hohen Lastspielzahlen. Bachelorarbeit, Technische Universität Dortmund (2019).

- Chrzan, K.: Charakterisierung des Schädigungsverhaltens metallischer Werkstoffe unter Ermüdungsbeanspruchung bei sehr hohen Lastspielzahlen durch automatisierte Analyse des Schwingungs-Dämpfungs-Verhaltens. Masterarbeit, Technische Universität Dortmund (2021).

- Bleicher, K.: Entwicklung einer Methodik zur Charakterisierung der Schädigungstoleranz unter zyklischer Beanspruchung für aushärtbare Aluminium-Silizium-Gusslegierungen. Masterarbeit, Technische Universität Dortmund (2021).

Curriculum Vitae

Persönliche Angaben

Name: Jochen Tenkamp

Geburtsdatum/-ort: 20.11.1988 in Coesfeld

Familienstand: ledig

Akademische Ausbildung

2005–2008   Abitur, Berufskolleg Borken, Borken

2008–2012   B.Sc. Maschinenbau, Technische Universität Dortmund

2012–2014   M.Sc. Maschinenbau, Technische Universität Dortmund

2015–2021   Dr.-Ing. Maschinenbau, Technische Universität Dortmund

© Der/die Herausgeber bzw. der/die Autor(en), exklusiv lizenziert an Springer Fachmedien Wiesbaden GmbH, ein Teil von Springer Nature 2022
J. Tenkamp, *Charakterisierung und Modellierung des Ermüdungsverhaltens und der Schädigungstoleranz aushärtbarer Al-Si-Mg-Gusslegierungen im HCF- und VHCF-Bereich*, Werkstofftechnische Berichte | Reports of Materials Science and Engineering, https://doi.org/10.1007/978-3-658-38333-6

Beruflicher Werdegang

2010–2012   Studentische Hilfskraft, Institut für Mechanik, Technische Universität Dortmund

2012–2013   Studentische Hilfskraft, Lehrstuhl für Werkstoffprüftechnik, Technische Universtität Dortmund

2015–2016   Wissenschaftlicher Mitarbeiter, Lehrstuhl für Werkstoffprüftechnik, Technische Universität Dortmund

Seit 2016   Gruppenleiter, Gruppe Additive Fertigung, Lehrstuhl für Werkstoffprüftechnik, Technische Universität Dortmund

Seit 2022   Geschäftsführer, Forschungsgruppe 5250 der Deutschen Forschungsgemeinschaft (DFG-Nr. 449916462), Lehrstuhl für Werkstoffprüftechnik, Technische Universität Dortmund

Literaturverzeichnis

1. BDG – Richtlinie P203: Porositätsanalyse und -beurteilung mittels industrieller Röntgen-Computertomographie (CT). BDG, Düsseldorf (2019).
2. Ostermann, F.: Anwendungstechnologie Aluminium. Springer Berlin Heidelberg, Berlin, Heidelberg, ISBN 978–3–662–43806–0 (2014).
3. Kammer, C.: Aluminium Taschenbuch 1 – Grundlagen und Werkstoffe. Aluminium-Verlag, Düsseldorf, ISBN 3–87017–274–6 (2002).
4. Roos, E.; Maile, K.: Werkstoffkunde für Ingenieure. Springer Berlin Heidelberg, Berlin, Heidelberg, ISBN 978–3–642–54988–5 (2015).
5. Davis, J.: Alloying: Understanding the basics – aluminum and aluminum alloys (2001) 351–416.
6. Menge, M.; Rath, D.; Zeuner, T.: New chassis components as aluminium castings. ATZ worldwide 107 3 (2005) 9–10.
7. Warmuzek, M.: Aluminum-silicon casting alloys. ASM International, Materials Park, OH, ISBN 978–0–87170–794–9 (2004).
8. Robles-Hernandez, F.; Herrera Ramírez, J.; Mackay, R.: Al-Si alloys. Springer International Publishing, Cham, ISBN 9783319583808 (2017).
9. [9]Robles Hernández, F.; Sokolowski, J.: Effects and online prediction of electromagnetic stirring on microstructure refinement of the 319 Al-Si hypoeutectic alloy. Journal of Alloys and Compounds 480 2 (2009) 416–421.
10. BDG-Richtlinie P220: Bestimmung des Dendritenarmabstandes für Gussstücke aus Aluminium-Gusslegierungen. BDG, Düsseldorf (2011).
11. Wang, Q.; Cáceres, C.: Mg effects on the eutectic structure and tensile properties of Al-Si-Mg alloys. Materials Science Forum 242 (1997) 159–164.
12. Wang, Q.: Microstructural effects on the tensile and fracture behavior of aluminum casting alloys A356/357. Metallurgical and Materials Transactions A 34 12 (2003) 2887–2899.

13. Gottstein, G.: Mechanische Eigenschaften. In *Physikalische Grundlagen der Materialkunde*, 197–301, Springer, Berlin, Heidelberg, 2007.

14. Mondolfo, L.: Aluminum alloys – structure and properties. Butterworth-Heinemann, London, ISBN 9781483144825 (1976).

15. Zhang, J.; Fan, Z.; Wang, Y.; Zhou, B.: Equilibrium pseudobinary Al-Mg2Si phase diagram. Materials Science and Technology 17 5 (2001) 494–496.

16. Lynch, C.: Die Auswirkungen der Fabrikationsbedingungen auf die Qualität von Preßprofilen aus der Legierung AlMgSi0,5. Zeitschrift für Metallkunde 62 (1971) 710–715.

17. DIN EN 1706: Aluminium und Aluminiumlegierungen – Gussstücke – Chemische Zusammensetzung und mechanische Eigenschaften. Beuth Verlag, Berlin (2020).

18. Guinier, A.: La diffraction des rayons X aux très petits angles: application à l'étude de phénomènes ultramicroscopiques. Annales de Physique 11 12 (1939) 161–237.

19. Preston, G.: The diffraction of X-rays by an age-hardening alloy of aluminium and copper. The structure of an intermediate phase. The London, Edinburgh, and Dublin Philosophical Magazine and Journal of Science 26 178 (1938) 855–871.

20. Vissers, R.; van Huis, M.; Jansen, J.; Zandbergen, H.; Marioara, C.; Andersen, S.: The crystal structure of the β' phase in Al–Mg–Si alloys. Acta Materialia 55 11 (2007) 3815–3823.

21. BDG – Richtlinie P202: Volumendefizite von Gussstücken aus Aluminium-, Magnesium- und Zinkgusslegierungen. BDG, Düsseldorf (2010).

22. Jacobs, M.: Introduction to mechanical properties, solidification and casting, joining and corrosion of aluminium and its alloys. TALAT Lecture 1205 (1999) 1–12.

23. Campbell, J.; Harding, R.: Solidification defects in castings. TALAT Lecture 3207 (1994) 1–29.

24. Hetke, A.; Gundlach, R.: Aluminium casting quality in alloy 356 engine components. Transaction of the American Foundrymen Society 102 (1994) 367–380.

25. Cáceres, C.: A rationale for the quality index of Al-Si-Mg casting alloys. International Journal of Cast Metals Research 12 6 (2000) 385–391.

26. Buffière, J.-Y.; Savelli, S.; Jouneau, P.; Maire, E.; Fougères, R.: Experimental study of porosity and its relation to fatigue mechanisms of model Al-Si7-Mg0.3 cast Al alloys. Materials Science and Engineering A 316 1–2 (2001) 115–126.

27. Radaj, D.; Vormwald, M.: Ermüdungsfestigkeit. Springer-Verlag, Berlin Heidelberg New York, ISBN 978–3–540–71458–3 (2007).

28. Wöhler, A.: Bericht über die Versuche, welche auf der Königl. Niederschlesisch-Märkischen Eisenbahn mit Apparaturen zum Messen der Biegung und Verdrehung von Eisenbahnwagen-Achsen während der Fahrt angestellt wurden. Zeitschrift für Bauwesen 8 (1858) 642–652.

29. DIN 50100: Schwingfestigkeitsversuch – Durchführung und Auswertung von zyklischen Versuchen mit konstanter Lastamplitude für metallische Werkstoffproben und Bauteile. Beuth Verlag, Berlin (2016).

30. Christ, H.-J.: Wechselverformung von Metallen. Springer- Verlag, Berlin, Heidelberg, New York, London, Paris, Tokyo, Hong Kong, Barcelona, Budapest, ISBN 3–540–53962-X (1991).

31. FKM-Richtlinie: Rechnerischer Festigkeitsnachweis für Maschinenbauteile aus Stahl, Eisenguss- und Aluminiumwerkstoffen. VDMA-Verlag, Frankfurt am Main (2002).

32. Basquin, O.: The exponential law of endurance tests. American Society for Testing and Materials Proceedings 10 (1910) 625–630.

33. Rösler, J.; Harders, H.; Bäker, M.: Mechanisches Verhalten der Werkstoffe. Springer Vieweg, Wiesbaden, ISBN 978–3–658–13795–3 (2016).

34. Piotrowski, A.; Eifler, D.: Bewertung zyklischer Verformungsvorgänge metallischer Werkstoffe mit Hilfe mechanischer, thermometrischer und elektrischer Meßverfahren. Materialwissenschaft und Werkstofftechnik 26 3 (1995) 121–127.

35. Manson, S.: Behaviour of materials under conditions of thermal stress. National Advisory Committee for Aeronautics TN-2933 (1953).

36. Coffin, L.: A study of the effects of cyclic thermal stresses on a ductile metal. Transactions of the ASME 76 (1954) 931–950.

37. Lukáš, P.; Klesnil, M.; Polák, J.: High cycle fatigue life of metals. Materials Science and Engineering 15 2-3 (1974) 239–245.

38. Mughrabi, H.: Dislocations in fatigue. In *Dislocations and Properties of Real Materials*, 244–261, The Institute of Metals, London, 1985.

39. Biallas, G.; Piotrowski, A.; Eifler, D.: Cyclic stress-strain, stress-temperature and stress-electrical resistance response of NiCuMo alloyed sintered steel. International Journal of Fatigue 18 6 (1996) 419.

40. Smith, K.; Watson, P.; Topper, T.: A stress-strain function for the fatigue of metals. Journal of Materials 5 4 (1970) 767–778.

41. Landgraf, R.; Morrow, J.; Endo, T.: Determination of the cyclic stress-strain curve. Journal of Materials 4 1 (1969) 176–188.

42. Ramberg, W.; Osgood, W.: Description of stress-strain curves by three parameters. National Advisory Committee for Aeronautics TN-902 (1943) 1–28.

43. Morrow, J.: Cyclic plastic strain energy and fatigue of metals. In *Internal Friction, Damping, and Cyclic Plasticity*, 45–87, ASTM International, 1965.

44. Richard, H.; Schramm, B.; Zipsner, T.: Additive Fertigung von Bauteilen und Strukturen. Springer, Berlin, ISBN 978–3–658–17779–9 (2017).

45. Kelly, A.: The strengthening of metals by dispersed particles 282 1388 (1964) 63–79.

46. Kuhlmann-Wilsdorf, D.: The connection between recovery and glide type in aluminum and Al-Mg. Aluminium Alloys – Their Physical and Mechanical Properties 331–337 (2000) 689–702.

47. Haibach, E.: Betriebsfestigkeit. Springer, Berlin (2006).

48. Haibach, E.; Lehrke, H.-P.: Das Verfahren der Amplituden-Transformation zur Lebensdauerberechnung bei Schwingbeanspruchung. Archiv für das Eisenhüttenwesen 47 10 (1976) 623–628.

49. Heitmann, H.: Betriebsfestigkeit von Stahl: Vorhersage der technischen Anrisslebensdauer unter Berücksichtigung des Verhaltens von Mikrorissen, Dissertation, TH Aachen, 1984.

50. Vormwald, M.: Anrißlebensdauervorhersage auf der Basis der Schwingbruchmechanik für kurze Risse. Institut für Stahlbau und Werkstoffmechanik, Technische Hochschule Darmstadt 47 (1989).

51. Vormwald, M.; Seeger, T.: The consequences of short crack closure on fatigue crack growth under variable amplitude loading. Fatigue & Fracture of Engineering Materials and Structures 14 2-3 (1991) 205–225.

52. Abdelfattah, L.: Ausgewählte Einflüsse auf das Rissfortschrittsverhalten am Beispiel zweier AlSi-Gusslegierungen, Diplomarbeit, Lehrstuhl für Allgemeinen Maschinenbau, Montanuniversität Leoben, 2014.

53. Sander, M.: Einleitung. In *Sicherheit und Betriebsfestigkeit von Maschinen und Anlagen*, 1–4, Springer Vieweg, Berlin, Heidelberg, 2018.

54. Heitmann, H.; Vehoff, H.; Neumann, P.: Life prediction for random load fatigue based on the growth behaviour of microcracks. In *Fracture 84*, 3599–3606, Pergamon, 1984.

55. Neumann, P.; Heitmann, H.; Vehoff, H.: Schadensakkumulation bei statistischer Belastung. In *Ermüdungsverhalten metallischer Werkstoffe*, 167–184, DGM Informationsges. Verlag, Oberusel, 1985.

56. Brown, M.: Interfaces between short, long, and non-propagating cracks. In *The Behaviour of Short Fatigue Cracks*, 423–439, Mechanical Engineering Publications, London, 1986.

57. Nisitani, H.; Goto, M.: A small-crack growth law and its application to the evaluation of fatigue life. In *The Behaviour of Short Fatigue Cracks*, 461–478, Mechanical Engineering Publications, London, 1986.

58. Krupp, U.: Mikrostrukturelle Aspekte der Rissinitiierung und -ausbreitung in metallischen Werkstoffen, Habilitationsschrift, Fachbereich Maschinentechnik, Universität Siegen, 2004.

59. Griffith, A.: The phenomena of rupture and flow in solids. Philosophical Transactions of the Royal Society of London. Series A, Containing Papers of a Mathematical or Physical Character 221 (1921) 163–198.

60. Sneddon, I.: The distribution of stress in the neighbourhood of a crack in an elastic solid. Proceedings of the Royal Society of London. Series A. Mathematical and Physical Sciences 187 1009 (1946) 229–260.

61. Tada, H.; C. Paris, P.; R. Irwin, G.: The stress analysis of cracks handbook. Professional Engineering Publishing Limited, London (2000).

62. Wolf, E.: Fatigue crack closure under cyclic tension. Engineering Fracture Mechanics 2 1 (1970) 37–45.

63. Elber, W.: The significance of fatigue crack closure. In *Damage Tolerance in Aircraft Structures*, ASTM International, 1971.

64. Kujawski, D.: Enhanced model of partial crack closure for correlation of R-ratio effects in aluminum alloys. International Journal of Fatigue 23 2 (2001) 95–102.

65. Suresh, S.; Ritchie, R.: Propagation of short fatigue cracks. International Metals Reviews 29 1 (1984) 445–475.

66. Schijve, J.: Fatigue crack closure: Observations and technical significance. In *Mechanics of Fatigue Crack Closure*, ASTM International, 1988.

67. Newman, J.: A crack-closure model for predicting fatigue crack growth under aircraft spectrum loading. In *Methods and Models for Predicting Fatigue Crack Growth Under Random Loading*, 53–84, ASTM International, 1981.

68. Chapetti, M.; Steimbreger, C.: A simple fracture mechanics estimation of the fatigue endurance of welded joints. International Journal of Fatigue 125 (2019) 23–34.

69. Zheng, X.: A simple formula for fatigue crack propagation and a new method for the determination of. Engineering Fracture Mechanics 27 4 (1987) 465–475.

70. Steimbreger, C.; Chapetti, M.: Fracture mechanics based prediction of undercut tolerances in industry. Engineering Fracture Mechanics 211 (2019) 32–46.

71. Aigner, R.; Pusterhofer, S.; Pomberger, S.; Leitner, M.; Stoschka, M.: A probabilistic Kitagawa-Takahashi diagram for fatigue strength assessment of cast aluminium alloys. Materials Science and Engineering A 745 (2019) 326–334.

72. Zerbst, U.; Vormwald, M.; Pippan, R.; Gänser, H.-P.; Sarrazin-Baudoux, C.; Madia, M.: About the fatigue crack propagation threshold of metals as a design criterion – A review. Engineering Fracture Mechanics 153 (2016) 190–243.

73. Maierhofer, J.; Kolitsch, S.; Pippan, R.; Gänser, H.-P.; Madia, M.; Zerbst, U.: The cyclic R-curve – Determination, problems, limitations and application. Engineering Fracture Mechanics 198 (2018) 45–64.

74. Wasén, J.; Heier, E.: Fatigue crack growth thresholds – the influence of Young's modulus and fracture surface roughness. International Journal of Fatigue 20 10 (1998) 737–742.

75. Pippan, R.; Weinhandl, H.: Discrete dislocation modelling of near threshold fatigue crack propagation. International Journal of Fatigue 32 9 (2010) 1503–1510.

76. Pokluda, J.; Pippan, R.; Vojtek, T.; Hohenwarter, A.: Near-threshold behaviour of shear-mode fatigue cracks in metallic materials. Fatigue & Fracture of Engineering Materials & Structures 37 3 (2014) 232–254.

77. Kujawski, D.; Ellyin, F.: A fatigue crack growth model with load ratio effects. Engineering Fracture Mechanics 28 4 (1987) 367–378.

78. Nowack, H.; Foth, J.; Heuler, P.; Seeger, T.: Darstellung und Bewertung von Modellen für die Ausbreitung kurzer Risse bei Schwingbeanspruchungen. Materialwissenschaft und Werkstofftechnik 15 1 (1984) 24–34.

79. Tanaka, K.; Akiniwa, Y.; Nakai, Y.; WEI, R.: Modelling of small fatigue crack growth interacting with grain boundary. Engineering Fracture Mechanics 24 6 (1986) 803–819.

80. Tanaka, K.: Mechanisms and mechanics of short fatigue crack propagation. JSME international journal 30 259 (1987) 1–13.

81. Navarro, A.; los Rios, E.: A model for short fatigue crack propagation with an interpretation of the short-long crack transition. Fatigue & Fracture of Engineering Materials and Structures 10 2 (1987) 169–186.

82. Navarro, A.; los Rios, E. de:: Short and long fatigue crack growth: A unified model. Philosophical Magazine A 57 1 (1988) 15–36.

83. Dowling, N.: J-Integral estimates for cracks in infinite bodies. Engineering Fracture Mechanics 26 3 (1987) 333–348.

84. He, M.; Hutchinson, J.: The penny-shaped crack and the plane strain crack in an infinite body of power-law material. Journal of Applied Mechanics 48 4 (1981) 830–840.

85. Schijve, J.: Some formulas for the crack opening stress level. Engineering Fracture Mechanics 14 3 (1981) 461–465.

86. Frost, N.: Notch effects and the critical alternating stress required to propagate a crack in an aluminium alloy subject to fatigue loading. Journal of Mechanical Engineering Science 2 2 (1960) 109–119.

87. Tanaka, K.; Mura, T.: A theory of fatigue crack initiation at inclusions. Metallurgical and Materials Transactions A 13 (1982) 117–123.

88. Kitagawa, H.; Takahashi, S.: Applicability of fracture mechanics to very small cracks or the cracks in the early stage. In *Proceedings of the Second International Conference on Mechanical Behavior of Materials*, 627–631, Boston, USA, 1976.

89. El Haddad, M.; Smith, K.; Topper, T.: Fatigue crack propagation of short cracks. Journal of Engineering Materials and Technology 101 1 (1979) 42–46.

90. El Haddad, M.; Topper, T.; Smith, K.: Prediction of non propagating cracks. Engineering Fracture Mechanics 11 3 (1979) 573–584.

91. Sadananda, K.; Sarkar, S.: Modified Kitagawa diagram and transition from crack nucleation to crack propagation. Metallurgical and Materials Transactions A 44 3 (2013) 1175–1189.

92. Blom, A.; Hedlund, A.; Zhao, W.; Fathulla, A.; Weiss, B.; Stickler, R.: Short fatigue crack growth behaviour in Al2024 and A7475. In *The Behaviour of Short Fatigue Cracks*, 37–66, Mechanical Engineering Publications, London, 1986.

93. Künkler, B.; Düber, O.; Köster, P.; Krupp, U.; Fritzen, C.-P.; Christ, H.-J.: Modelling of short crack propagation – Transition from stage I to stage II. Engineering Fracture Mechanics 75 (2008) 715–725.

94. Smith, R.; Miller, K.: Prediction of fatigue regimes in notched components. International Journal of Mechanical Sciences 20 4 (1978) 201–206.

95. Du Quesnay, D.; Yu, M.; Topper, T.: An analysis of notch-size effects at the fatigue limit. Journal of Testing and Evaluation 16 4 (1988) 375–385.

96. Yu, M.; Du Quesnay, D.; Topper, T.: Notch fatigue behaviour of SAE1045 steel. International Journal of Fatigue 10 2 (1988) 109–116.

97. Murakami, Y.; Endo, M. (Hrsg.): Effects of hardness and crack geometries on ΔK_{th} of small crack emanting from small defects. Mechanical Engineering Publications, London, 1986.

98. Murakami, Y.: Material defects as the basis of fatigue design. International Journal of Fatigue 41 (2012) 2–10.

99. Murakami, Y.; Nomoto, T.; Ueda, T.: Factors influencing the mechanism of superlong fatigue failure in steels. Fatigue & Fracture of Engineering Materials & Structures 22 (1999) 581–590.

100. Liu, Y.; Yang, Z.; Li, Y.; Chen, S.; Li, S.; Hui, W.; Weng, Y.: Dependence of fatigue strength on inclusion size for high-strength steels in very high cycle fatigue regime. Materials Science and Engineering A 517 1-2 (2009) 180–184.

101. Yang, Z.; Li, S.; Li, Y.; Liu, Y.; Hui, W.; Weng, Y.: Relationship among fatigue life, inclusion size and hydrogen concentration for high-strength steel in the VHCF regime. Materials Science and Engineering A 527 3 (2010) 559–564.

102. Tanaka, K.; Akiniwa, Y.: Fatigue crack propagation behaviour derived from S-N data in very high cycle regime. Fatigue & Fracture of Engineering Materials & Structures 25 8-9 (2002) 775–784.

103. Shiozawa, K.; Lu, L.: Effect of non-metallic inclusion size and residual stresses on gigacycle fatigue properties in high strength steel. 11th International Fatigue Congress 44–46 (2008) 33–42.

104. Eifler, D.; Smaga, M.; Klein, M.: Fatigue monitoring of metals based on mechanical hysteresis, electromagnetic ultrasonic, electrical resistance and temperature measurements. Mechanical Engineering Journal 3 6 (2016) 16–00303–16–00303.

105. Walther, F.; Eifler, D.: Cyclic deformation behavior of steels and light-metal alloys. Materials Science and Engineering A 468-470 (2007) 259–266.

106. Starke, P.; Walther, F.; Eifler, D.: Fatigue assessment and fatigue life calculation of quenched and tempered SAE 4140 steel based on stress-strain hysteresis, temperature

and electrical resistance measurements. Fatigue & Fracture of Engineering Materials and Structures 30 11 (2007) 1044–1051.

107. Rojek, N.; Smaga, M.; Walther, F.; Eifler, D.: Cyclic deformation behaviour and lifetime calculation of Al-3Mg-Mn. Materialwissenschaft und Werkstofftechnik 38 4 (2007) 249–254.

108. Smaga, M.; Walther, F.; Eifler, D.: Monotonic and cyclic deformation behaviour of the SiC particle-reinforced aluminium matrix composite AMC225xe. Advanced Engineering Materials (2010) 262–268.

109. Walther, F.: Microstructure-oriented fatigue assessment of construction materials and joints using short-time load increase procedure. Materials Testing 56 7-8 (2014) 519–527.

110. Papakyriacou, M.; Mayer, H.; Pypen, C.; Plenk, H.; Stanzl-Tschegg, S.: Influence of loading frequency on high cycle fatigue properties of b.c.c. and h.c.p. metals. Materials Science and Engineering A 308 1–2 (2001) 143–152.

111. Mayer, H.: Recent developments in ultrasonic fatigue. Fatigue & Fracture of Engineering Materials & Structures 39 1 (2016) 3–29.

112. Stanzl-Tschegg, S.: Very high cycle fatigue measuring techniques. International Journal of Fatigue 60 (2014) 2–17.

113. Hering, E.; Martin, R.; Stohrer, M.: Physik für Ingenieure. Springer, Berlin (2007).

114. Tritt, T.: Thermal conductivity. Kluwer Academic/Plenum Publishers, New York, ISBN 0–306–48327–0 (2004).

115. Basinski, Z.; Dugdale, J.; Howie, A.: The electrical resistivity of dislocations. Philosophical Magazine 8 96 (1963) 1989–1997.

116. Gaal, I.; Uray, L.; Vicsek, T.: The effect of the dislocation distribution on the electrical resistivity in deformed metals. Physica Status Solidi (a) 31 2 (1975) 755–764.

117. Rider, J.; Foxon, C.: An experimental determination of electrical resistivity of dislocations in aluminium. Philosophical Magazine 13 122 (1966) 289–303.

118. Matthiessen, A.; Bose, M.: On the influence of temperature on the electric conducting power of metals. Philosophical Transactions of the Royal Society of London 152 (1862) 1–27.

119. Matthiessen, A.; Bose, M.: On the influence of temperature on the electric conducting-power of alloys. Philosophical Transactions of the Royal Society of London 154 (1864) 167–200.

120. Hering, E.; Schröder, B.: Springer Ingenieurtabellen. Springer, Berlin (2004).

121. Vorozhtsov, S.; Khrustalyov, A.; Eskin, D.; Kulkov, S.; Alba-Baena, N.: The physical-mechanical and electrical properties of cast aluminum-based alloys reinforced with diamond nanoparticles. Russian Physics Journal 57 11 (2015) 1485–1490.

122. Charrier, J.; Roux, R.: Evolution of damage fatigue by electrical measure on smooth cylindrical specimens. Nondestructive Testing and Evaluation 6 2 (1991) 113–124.

123. Kolyshkin, A.; Christ, H.-J.; Zimmermann, M.: Untersuchung der Rissinitiierung und -ausbreitung im Bereich sehr hoher Lastspielzahlen (VHCF) mittels Wechselstrompotentialsonde. In *Tagung Werkstoffprüfung 2015*, 49–54.

124. [124]Sun, B.; Guo, Y.: High-cycle fatigue damage measurement based on electrical resistance change considering variable electrical resistivity and uneven damage. International Journal of Fatigue 26 5 (2004) 457–462.

125. Bentele, R.; Burget, S.; Sommer, S.: Rissfortschrittsmessungen mittels Potentialsondenverfahren an Punktschweißverbindungen in hochfesten Stählen. In *Fortschritte in der Werkstoffprüfung für Forschung und Praxis*, 193–198, 2014.

126. Borsutzki, M.; Moninger, G. (Hrsg.): Tagung Werkstoffprüfung 2015.

127. Jhang, K.-Y.: Nonlinear ultrasonic techniques for nondestructive assessment of micro damage in material: A review. International Journal of Precision Engineering and Manufacturing 10 1 (2009) 123–135.

128. Koster, M.; Nutz, H.; Freeden, W.; Eifler, D.: Measuring techniques for the very high cycle fatigue behaviour of high strength steel at ultrasonic frequencies. International Journal of Materials Research 103 1 (2012) 106–112.

129. Kumar, A.; Torbet, C.; Jones, J.; Pollock, T.: Nonlinear ultrasonics for in situ damage detection during high frequency fatigue. Journal of Applied Physics 106 2 (2009) 24904.

130. Kumar, A.; Torbet, C.; Pollock, T.; Wayne Jones, J.: In situ characterization of fatigue damage evolution in a cast Al alloy via nonlinear ultrasonic measurements. Acta Materialia 58 6 (2010) 2143–2154.

131. Magnus, K.; Popp, K.; Sextro, W.: Schwingungen. Vieweg + Teubner, Wiesbaden, ISBN 9783835192270 (2008).

132. Li, W.; Cui, H.; Wen, W.; Su, X.; Engler-Pinto, C.: In situ nonlinear ultrasonic for very high cycle fatigue damage characterization of a cast aluminum alloy. Materials Science and Engineering A 645 (2015) 248–254.

133. van den Abeele, K.; Carmeliet, J.; Cate, J. ten; Johnson, P.: Nonlinear elastic wave spectroscopy (news) techniques to discern material damage, part II: Single-mode nonlinear resonance acoustic spectroscopy. Research in Nondestructive Evaluation 12 1 (2000) 31–42.

134. Na, J.; Cantrell, J.; Yost, W.: Bulk wave characterization of laminated composites. In *Review of Progress in Quantitative Nondestructive Evaluation*, 1347–1352, Springer US, Boston, MA, 1996.

135. Kim, J.-Y.; Baltazar, A.; Hu, J.; Rokhlin, S.: Hysteretic linear and nonlinear acoustic responses from pressed interfaces. International Journal of Solids and Structures 43 21 (2006) 6436–6452.

136. Buck, O.; Morris, W.; Richardson, J.: Acoustic harmonic generation at unbonded interfaces and fatigue cracks. Applied Physics Letters 33 5 (1978) 371–373.

137. Jhang, K.: Applications of nonlinear ultrasonics to the NDE of material degradation. IEEE transactions on ultrasonics, ferroelectrics, and frequency control 47 3 (2000) 540–548.

138. Brillouin, L.: Tensors in mechanics and elasticity. Academic Press, New York, London (1964).

139. Murnaghan, F.: Finite deformation of an elastic solid. Bulletin of the American Mathematical Society 58 (1951) 577–579.

140. DIN EN ISO 15708: Zerstörungsfreie Prüfung – Durchstrahlungsverfahren für Computertomographie. Beuth Verlag, Berlin (2019).

141. Hanke, R.: Computertomographie in der Materialprüfung – Stand der Technik und aktuelle Entwicklungen. DGZfP-Jahrestagung (2010) 1–12.

142. Li, P.; Lee, P.; Maijer, D.; Lindley, T.: Quantification of the interaction within defect populations on fatigue behavior in an aluminum alloy. Acta Materialia 57 12 (2009) 3539–3548.

143. Serrano-Munoz, I.; Buffiere, J.-Y.; Verdu, C.; Gaillard, Y.; Mu, P.; Nadot, Y.: Influence of surface and internal casting defects on the fatigue behaviour of A357-T6 cast aluminium alloy. International Journal of Fatigue 82 (2016) 361–370.

144. Tammas-Williams, S.; Withers, P.; Todd, I.; Prangnell, P.: The influence of porosity on fatigue crack initiation in additively manufactured titanium components. Scientific reports 7 1 (2017) 7308.

145. Marrow, T.; Mostafavi, M.; Hashimoto, T.; Thompson, G.: A quantitative three-dimensional in situ study of a short fatigue crack in a magnesium alloy. International Journal of Fatigue 66 (2014) 183–193.

146. Schilling, P.; Karedla, B.; Tatiparthi, A.; Verges, M.; Herrington, P.: X-ray computed microtomography of internal damage in fiber reinforced polymer matrix composites. Composites Science and Technology 65 14 (2005) 2071–2078.

147. Mrzljak, S.; Huelsbusch, D.; Walther, F.: Damage initiation and propagation in glass-fiber-reinforced polyurethane during cyclic loading analyzed by in situ computed tomography. ICFC7, Proc. of the 7th International Conference on Fatigue of Composites (2018) 1–9.

148. Oeckl, S.; Wenzel, T.; Gondrom, S.; Rauch, F.: Real inline x-ray 3D CT with short cycle times for light metal casting inspection in production. In *2008 IEEE Nuclear Science Symposium Conference Record*, 562–564, 2008.

149. Compton, A.: A quantum theory of the scattering of X-rays by light elements. Physical Review 21 5 (1923) 483–502.

150. Eisenberger, P.; Platzman, P.: Compton scattering of X-rays from bound electrons. Physical Review A 2 2 (1970) 415–423.

151. Hall, H.: The theory of photoelectric absorption for X-rays and γ-rays. Reviews of Modern Physics 8 4 (1936) 358–397.

152. Wagenfeld, H.: Normal and anomalous photoelectric absorption of X-rays in crystals. Physical Review 144 1 (1966) 216–224.

153. Reiter, M.; Weiß, D.; Gusenbauer, C.; Erler, M.; Kuhn, C.; Kasperl, S.; Kastner, J.: Evalution of a histogram-based image quality measure for X-ray computed tomography. Proceedings 5th Conference on Industrial Computed Tomography (iCT) (2014) 273–282.

154. Boileau, J.; Allison, J.: The effect of porosity size on the fatigue properties in a cast 319 aluminum alloy. SAE Transactions 110 (2001) 648–659.

155. Otsu, N.: A threshold selection method from gray-level histograms. IEEE Transactions on Systems, Man, and Cybernetics 9 1 (1979) 62–66.

156. Kittler, J.; Illingworth, J.: Minimum error thresholding. Pattern Recognition 19 1 (1986) 41–47.

157. Wadell, H.: Volume, shape, and roundness of quartz particles. The Journal of Geology 43 3 (1935) 250–280.

158. El Khoukhi, D.; Morel, F.; Saintier, N.; Bellett, D.; Osmond, P.; Le, V.-D.; Adrien, J.: Experimental investigation of the size effect in high cycle fatigue: Role of the defect population in cast aluminium alloys. International Journal of Fatigue 129 (2019) 105222.

159. Garb, C.; Leitner, M.; Grün, F.: Fatigue strength assessment of AlSi7Cu0.5Mg T6W castings supported by computed tomography microporosity analysis. Procedia Engineering 160 (2016) 53–60.

160. Garb, C.; Leitner, M.; Grün, F.: Application of $\sqrt{area}$-concept to assess fatigue strength of AlSi7Cu0.5Mg casted components. Engineering Fracture Mechanics 185 (2017) 61–71.

161. Powazk, D.; Leoben, H.; Brune, M.; Leoben S, W.; Oppermann, H.: Fertigungsbedingte Einflüsse auf die Schwingfestigkeit von Al-Gussbauteilen. Giesserei 97 (2010) 34–42.

162. Kohla, S.; Rehse, C.; Greven, K.; Bähr, R.: Einfluss der Druckvariation auf die Porositätsausprägung im CPC- Verfahren. Giesserei 102 (2015) 48–56.

163. Wang, Q.: Plastic deformation behavior of aluminum casting alloys A356/357. Metallurgical and Materials Transactions A 35 9 (2004) 2707–2718.

164. Caceres, C.; Griffiths, J.: Damage by the cracking of silicon particles in an Al-7Si-0.4Mg casting alloy. Acta Materialia 44 1 (1996) 25–33.

165. Caceres, C.; Griffiths, J.; Reiner, P.: The influence of microstructure on the Bauschinger effect in an Al-Si-Mg casting alloy. Acta Materialia 44 1 (1996) 15–23.

166. Wang, Q.; Apelian, D.; Lados, D.: Fatigue behavior of A356-T6 aluminum cast alloys. Part I. Effect of casting defects. Journal of Light Metals 1 (2001) 73–84.

167. Wang, Q.; Crepeau, P.; Davidson, C.; Griffiths, J.: Oxide films, pores and the fatigue lives of cast aluminum alloys. Metallurgical and Materials Transactions B 37 6 (2006) 887–895.

168. Yi, J.; Gao, Y.; Lee, P.; Lindley, T.: Microstructure-based fatigue life prediction for cast A356-T6 aluminum-silicon alloys. Metallurgical and Materials Transactions B 37 (2006) 301–311.

169. Yi, J.; Zhu, X.; Jones, J.; Allison, J.: A probabilistic model of fatigue strength controlled by porosity population in a 319-type cast aluminum alloy: Part II. Monte-Carlo simulation. Metallurgical and Materials Transactions A 38 5 (2007) 1123–1135.

170. Aigner, R.; Pomberger, S.; Leitner, M.; Stoschka, M.: On the statistical size effect of cast aluminium. Materials 12 1578 (2018).

171. Aigner, R.; Leitner, M.; Stoschka, M.: Fatigue strength characterization of Al-Si cast material incorporating statistical size effect. MATEC Web of Conferences 165 (2018) 14002.

172. Garb, C.; Kainzinger, P.; Tauscher, M.: Quantifizierung der ermüdungsrelevanten Mikroporengrößen mittels CT-Analyse an Aluminium Gussbauteilen. In *Bericht 142, Betriebsfestigkeit – Bauteile und Systeme unter komplexer Belastung, 42. Tagung des Arbeitskreises Betriebsfestigkeit*, 313–322, 2015.

173. Le, V.-D.; Morel, F.; Bellett, D.; Saintier, N.; Osmond, P.: Multiaxial high cycle fatigue damage mechanisms associated with the different microstructural heterogeneities of cast aluminium alloys. Materials Science and Engineering A 649 (2016) 426–440.

174. Serrano-Munoz, I.: Influence of casting defects on the fatigue behaviour of an A357-T6 aerospace alloy, Dissertation, Universität Lyon, 2014.

175. Boileau, J.; Zindel, J.; Allison, J.: The effect of solidification time on the mechanical properties in a cast A356-T6 aluminum alloy. SAE Transactions 106 (1997) 63–74.

176. Couper, M.; Neeson, A.; Griffiths, J.: Casting defects and the fatigue behaviour of an aluminium casting alloy. Fatigue & Fracture of Engineering Materials and Structures 13 3 (1990) 213–227.

177. Roy, M.; Nadot, Y.; Maijer, D.; Benoit, G.: Multiaxial fatigue behaviour of A356-T6. Fatigue & Fracture of Engineering Materials & Structures 35 12 (2012) 1148–1159.

178. Roy, M.; Nadot, Y.; Nadot-Martin, C.; Bardin, P.-G.; Maijer, D.: Multiaxial Kitagawa analysis of A356-T6. International Journal of Fatigue 33 6 (2011) 823–832.

179. Wang, Q.; Apelian, D.; Lados, D.: Fatigue behavior of A356/357 aluminum cast alloys. Part II – Effect of microstructural constituents. Journal of Light Metals 1 (2001) 85–97.

180. Siegfanz, S.; Giertler, A.; Michels, W.; Krupp, U.: Influence of the microstructure on the fatigue damage behaviour of the aluminium cast alloy AlSi7Mg0.3. Materials Science and Engineering A 565 (2013) 21–26.

181. Krupp, U.; Giertler, A.; Siegfanz, S.; Michels, W.: Mutual interaction between fatigue crack initiation/propagation and microstructural features in cast aluminum alloys. 11th International Fatigue Congress 891–892 (2014) 488–493.

182. Gerbe, S.; Krupp, U.; Michels, W.: Influence of secondary dendrite arm spacing (SDAS) on the fatigue properties of different conventional automotive aluminum cast alloys. Frattura ed Integrità Strutturale 13 48 (2019) 105–115.

183. Yi, J.; Gao, Y.; Lee, P.; Lindley, T.: Effect of Fe-content on fatigue crack initiation and propagation in a cast aluminum-silicon alloy (A356–T6). Materials Science and Engineering A 386 1-2 (2004) 396–407.

184. Ueno, A.; Miyakawa, S.; Yamada, K.; Sugiyama, T.: Fatigue behavior of die casting aluminum alloys in air and vacuum. Procedia Engineering 2 1 (2010) 1937–1943.

185. Engler-Pinto Jr., C.; Frisch Sr., R.; Lasecki, J.; Mayer, H.; Allison, J. (Hrsg.): Effect of frequency and environment on high cycle fatigue of cast aluminum alloys. Wiley, 2007, ISBN 978–0–873–39704–9.

186. Li, W.; Engler-Pinto, C.; Cui, H.; Wen, W.; Su, X.: Effect of humidity on the very high cycle fatigue behavior of a cast aluminum alloy. SAE International Journal of Materials and Manufacturing 9 3 (2016) 578–584.

187. Eichlseder, W.: Lebensdauervorhersage auf Basis von Finite Elemente Ergebnissen. Materialwissenschaft und Werkstofftechnik 34 9 (2003) 843–849.

188. Redik, S.; Guster, C.; Eichlseder, W.: Bruchmechanische Lebensdauerbewertung von Aluminiumgussbauteilen mit Hilfe eines erweiterten Kitagawa-Diagramms. BHM Berg- und Hüttenmännische Monatshefte 156 7 (2011) 275–280.

189. Campbell, J.: The new metallurgy of cast metals. Butterworth-Heinemann, Oxford, ISBN 0 7506 4790 6 (2003).

190. Tenkamp, J.; Koch, A.; Knorre, S.; Krupp, U.; Michels, W.; Walther, F.: Defect-correlated fatigue assessment of A356-T6 aluminum cast alloy using computed tomography based Kitagawa-Takahashi diagrams. International Journal of Fatigue 108 (2018) 25–34.

191. ben Houria, M.; Nadot, Y.; Fathallah, R.; Roy, M.; Maijer, D.: Influence of casting defect and SDAS on the multiaxial fatigue behaviour of A356-T6 alloy including mean stress effect. International Journal of Fatigue 80 (2015) 90–102.

192. Le, V.-D.; Morel, F.; Bellett, D.; Saintier, N.; Osmond, P.: Simulation of the Kitagawa-Takahashi diagram using a probabilistic approach for cast Al-Si alloys under different multiaxial loads. International Journal of Fatigue 93 (2016) 109–121.

193. [193]Gerbe, S.; Tenkamp, J.; Scherbring, S.; Bleicher, K.; Krupp, U.; Michels, W.; Walther, F.: Microstructural influences on the fatigue crack initiation and propagation mechanisms in hypo-eutectic Al-Si cast alloys. Procedia Structural Integrity 23 (2019) 511–516.

194. Ueno, A.; Takahashi, J. (Hrsg.): Proc. 56th JSMS Annual Meetings, 2007.

195. Zhu, X.: Ultrasonic fatigue of E319 cast aluminum alloy in the long lifetime regime, Dissertation, Materials Science and Engineering, The University of Michigan, 2007.

196. Zhu, X.; Jones, J.; Allison, J.: Effect of frequency, environment, and temperature on fatigue behavior of E319 cast-aluminum alloy: Small-crack propagation. Metallurgical and Materials Transactions A 39 11 (2008) 2666–2680.

197. Zhu, X.; Jones, J.; Allison, J.: Effect of frequency, environment, and temperature on fatigue behavior of E319 cast aluminum alloy: Stress-controlled fatigue life response. Metallurgical and Materials Transactions A 39 11 (2008) 2681–2688.

198. Lee, C.: Effect of strain rate on fatigue property of A356 aluminium casting alloys containing pre-existing micro-voids. International Journal of Fatigue 131 (2020) 105368.

199. Tsutsumi, N.; Murakami, Y.; Doquet, V.: Effect of test frequency on fatigue strength of low carbon steel. Fatigue & Fracture of Engineering Materials & Structures 32 6 (2009) 473–483.

200. Guennec, B.; Ueno, A.; Sakai, T.; Takanashi, M.; Itabashi, Y.: Effect of the loading frequency on fatigue properties of JIS S15C low carbon steel and some discussions based on micro-plasticity behavior. International Journal of Fatigue 66 (2014) 29–38.

201. Laird, C.; Charsley, P.: Strain rate sensitivity effects in cyclic deformation and fatigue fracture. In *Ultrasonic fatigue (Proceedings of the First International Conference on Fatigue and Corrosion Fatigue up to Ultrasonic)*, 187–205, The Metallugical Soc. of AIME, Philadelphia, 1982.

202. Li, P.; Siviour, C.; Petrinic, N.: The effect of strain rate, specimen geometry and lubrication on responses of aluminium AA2024 in uniaxial compression experiments. Experimental Mechanics 49 4 (2009) 587–593.

203. Siddique, S.; Imran, M.; Walther, F.: Very high cycle fatigue and fatigue crack propagation behavior of selective laser melted AlSi12 alloy. International Journal of Fatigue 94 (2017) 246–254.

204. Krewerth, D.; Weidner, A.; Biermann, H.: Application of in situ thermography for evaluating the high-cycle and very high-cycle fatigue behaviour of cast aluminium alloy AlSi7Mg (T6). Ultrasonics 53 8 (2013) 1441–1449.

205. Holper, B.: Near threshold fatigue crack growth in aluminium alloys at low and ultrasonic frequency: Influences of specimen thickness, strain rate, slip behaviour and air humidity. International Journal of Fatigue 25 5 (2003) 397–411.

206. Holper, B.: Near threshold fatigue crack growth at positive load ratio in aluminium alloys at low and ultrasonic frequency: Influences of strain rate, slip behaviour and air humidity. International Journal of Fatigue 26 1 (2004) 27–38.

207. Gao, M.; Wei, R.; Pao, P.: Chemical and metallurgical aspects of environmentally assisted fatigue crack growth in 7075-T651 aluminum alloy. Metallurgical and Materials Transactions A 19 7 (1988) 1739–1750.

208. Wei, R.: Environmental considerations for fatigue cracking. Fatigue and Fracture of Engineering Materials and Structures 25 8-9 (2002) 845–854.

209. Mason, E.; Malinauskas, A.: Gas transport in porous media: The dusty-gas model. Elsevier Press, Amsterdam, ISBN ISSN 0167–4188 (1983).

210. Gangloff, R.: Hydrogen assisted cracking of high strength alloys. In *Comprehensive Structural Integrity*, 31–101, Elsevier Science, New York, NY, 2003.

211. Pelloux, R.: Mechanism of formation of ductile fatigue striations. Transaction. American Society Mechanical Engineering 62 (1969) 281–285.

212. Petit, J.; Sarrazin-Baudoux, C.: An overview on the influence of the atmosphere environment on ultra-high-cycle fatigue and ultra-slow fatigue crack propagation. International Journal of Fatigue 28 11 (2006) 1471–1478.

213. Petit, J.; Sarrazin-Baudoux, C.: Some critical aspects of low rate fatigue crack propagation in metallic materials. International Journal of Fatigue 32 6 (2010) 962–970.

214. Henaff, G.; Marchal, K.; Petit, J.: On fatigue crack propagation enhancement by a gaseous atmosphere: Experimental and theoretical aspects. Acta Metallurgica et Materialia 43 8 (1995) 2931–2942.

215. Hénaff, G.; Petit, J.: A logical framework for the analysis of enhancement of fatigue crack propagation by the ambient atmosphere. Materials Science 32 2 (1996) 190–209.

216. Tenkamp, J.; Awd, M.; Siddique, S.; Starke, P.; Walther, F.: Fracture–Mechanical Assessment of the Effect of Defects on the Fatigue Lifetime and Limit in Cast and Additively Manufactured Aluminum–Silicon Alloys from HCF to VHCF Regime. Metals 10 7 (2020) 943.

217. Koch, A.: Mikrostruktur- und defektkorrelierte Charakterisierung des zyklischen Verformungs- und Schädigungsverhaltens der Aluminiumlegierung EN AC-AlSi7Mg0,3, Bachelorarbeit, Fachgebiet Werkstoffprüftechnik, Technische Universität Dortmund, 2016.

218. Chrzan, K.: Charakterisierung des zyklischen Ver- und Entfestigungsverhaltens von Al-Si-Mg-Gusslegierungen auf mikrostruktureller Ebene mittels instrumentierter Mikroindentationsversuche, Fachwissenschaftliche Projektarbeit, Fachgebiet Werkstoffprüftechnik, Technische Universität Dortmund, 2018.

219. Michelfeit, S.: Werkstoffgesetze einer AlSi-Gusslegierung unter Hochtemperaturbeanspruchung in Abhängigkeit des Werkstoffzustandes, Dissertation, Fachbereich Maschinenbau, Technischen Universität Darmstadt, 2012.

220. DIN EN ISO 643: Stahl – Mikrophotographische Bestimmung der erkennbaren Korngröße. Beuth Verlag, Berlin (2020).

221. [221]Cerri, E.; Evangelista, E.: Metallography of aluminium alloys. TALAT Lecture 1202 (1999) 1–20.

222. Vander Voort, G.: Metallography, principles and practices. ASM International, Materials Park, OH, ISBN 978–0–87170–672–0 (1999).

223. Brechet, Y.; Embury, J.; Tao, S.; Luo, L.: Damage initiation in metal matrix composites. Acta Metallurgica et Materialia 39 8 (1991) 1781–1786.

224. DIN EN ISO 6507–1: Metallische Werkstoffe – Härteprüfung nach Vickers – Teil 1: Prüfverfahren. Beuth Verlag, Berlin (2006).

225. DIN EN ISO 14577–1: Instrumentierte Eindringprüfung zur Bestimmung der Härte und anderer Werkstoffparameter. Beuth Verlag, Berlin (2003).

226. Nayak, S.; Riester, L.; Dahotre, N.: Instrumented indentation probing of laser surface-refined cast Al alloy. Journal of Materials Research 19 1 (2004) 202–207.

227. Youn, S.; Seo, P.; Kang, C.: A study on nano-deformation behavior of rheo-formed Al-Si alloy based on depth-sensing indentation with three-dimensional surface analysis. Journal of Materials Processing Technology 162-163 (2005) 260–266.

228. Chen, C.-L.; Richter, A.; Thomson, R.: Mechanical properties of intermetallic phases in multi-component Al-Si alloys using nanoindentation. Intermetallics 17 8 (2009) 634–641.

229. Jang, J.; Lance, M.; Wen, S.; Tsui, T.; Pharr, G.: Indentation-induced phase transformations in silicon: Influences of load, rate and indenter angle on the transformation behavior. Acta Materialia 53 6 (2005) 1759–1770.

230. Smith, J.; Zheng, S.: High temperature nanoscale mechanical property measurements. Surface Engineering 16 2 (2000) 143–146.

231. Fan, J.; McDowell, D.; Horstemeyer, M.; Gall, K.: Computational micromechanics analysis of cyclic crack-tip behavior for microstructurally small cracks in dual-phase Al-Si alloys. Engineering Fracture Mechanics 68 15 (2001) 1687–1706.

232. Fan, J.; McDowell, D.; Horstemeyer, M.; Gall, K.: Cyclic plasticity at pores and inclusions in cast Al-Si alloys. Engineering Fracture Mechanics 70 10 (2003) 1281–1302.

233. Fan, J.; Hao, S.: A design-centered approach in developing Al-Si-based light-weight alloys with enhanced fatigue life and strength. Journal of Computer-Aided Materials Design 11 2-3 (2004) 139–161.

234. Buffière, J.-Y.; Savelli, S.; Jouneau, P.; Maire, E.; Fougères, R.: Experimental study of porosity and its relation to fatigue mechanisms of model Al-Si7-Mg0.3 cast Al alloys. Materials Science and Engineering: A 316 1–2 (2001) 115–126.

235. DIN EN ISO 9513: Metallische Werkstoffe – Kalibrierung von Längenänderungs-Messeinrichtungen für die Prüfung mit einachsiger Beanspruchung. Beuth Verlag, Berlin (2013).

236. DIN EN ISO 7500–1: Metallische Werkstoffe – Kalibrierung und Überprüfung von statischen einachsigen Prüfmaschinen – Teil 1: Zug- und Druckprüfmaschinen – Prüfung und Kalibrierung der Kraftmesseinrichtung. Beuth Verlag, Berlin (2018).

237. DIN EN ISO 6892–1: Metallische Werkstoffe – Zugversuch – Teil 1: Prüfverfahren bei Raumtemperatur. Beuth Verlag GmbH, Berlin (Dezember 2009).

238. Berchtold, M.; Klopfer, I.: Fatigue testing at 1000Hz testing frequency. Procedia Structural Integrity 18 (2019) 532–537.

239. Green, C.; Guiu, F.: The ultrasonic stress distribution in a specimen with a circular gauge profile. Journal of Physics D: Applied Physics 9 6 (1976) 1063–1069.

240. Green, C.: Radius optimisation in an ultrasonic specimen with a circular gauge profile. Journal of Physics D: Applied Physics 12 7 (1979) 1191–1194.

241. Myung, N.; Choi, N.-S.: Dynamic stress analysis of the specimen gauge portion with a circular profile for the ultrasonic fatigue test. International Journal of Fatigue 92 (2016) 71–77.

242. Chrzan, K.: Bruchmechanische Beschreibung des Defekteinflusses in AlSi7Mg0,3-Gusslegierungen auf das Ermüdungsverhalten bei hohen und sehr hohen Lastspielzahlen, Bachelorarbeit, Fachgebiet Werkstoffprüftechnik, Technische Universität Dortmund, 2019.

243. Mulazimoglu, M.; Drew, R.; Gruzleski, J.: The electrical conductivity of cast Al-Si alloys in the range 2 to 12.6 wt pct silicon. Metallurgical and Materials Transactions A 20 3 (1989) 383–389.

244. Chrzan, K.: Charakterisierung des Schädigungsverhaltens metallischer Werkstoffe unter Ermüdungsbeanspruchung bei sehr hohen Lastspielzahlen durch automatisierte Analyse des Schwingungs-Dämpfungs-Verhaltens, Masterarbeit, Fachgebiet Werkstoffprüftechnik, Technische Universität Dortmund, 2021.

245. ISO 12106: Metallic materials – Fatigue testing – Axial-strain-controlled method (2003).

246. Bleicher, K.: Qualitative und quantitative Ermittlung der Schädigungsentwicklung in Al-Si-Mg-Gusslegierungen auf Basis der Änderung des elektrischen Widerstands, Bachelorarbeit, Fachgebiet Werkstoffprüftechnik, Technische Universität Dortmund, 2018.

247. Bleicher, K.: Entwicklung einer Methodik zur Charakterisierung der Schädigungstoleranz unter zyklischer Beanspruchung für aushärtbare Aluminium-Silizium-Gusslegierungen, Masterarbeit, Fachgebiet Werkstoffprüftechnik, Technische Universität Dortmund, 2021.

248. Siddique, S.; Imran, M.; Rauer, M.; Kaloudis, M.; Wycisk, E.; Emmelmann, C.; Walther, F.: Computed tomography for characterization of fatigue performance of selective laser melted parts. Materials & Design 83 (2015) 661–669.

249. Mrzljak, S.; Hülsbusch, D.; Walther, F.: Damage initiation and propagation in glass-fiber-reinforced polyurethane during cyclic loading analyzed by in situ computed tomography. In *Proceedings of 7th International Conference on Fatigue of Composites*, 1–9, 2018.

250. Hülsbusch, D.: Charakterisierung des temperaturabhängigen Ermüdungs- und Schädigungsverhaltens von glasfaserverstärktem Polyurethan und Epoxid im LCF- bis VHCF-Bereich. Springer Fachmedien Wiesbaden GmbH; Springer Vieweg, Wiesbaden (2020).

251. Wittke, P.: Charakterisierung spanlos gefertigter Innengewinde in Aluminium- und Magnesium-Leichtbauwerkstoffen. Springer Fachmedien Wiesbaden GmbH; Springer Vieweg, Wiesbaden, ISBN 9783658279424 (2019).

252. Koch, A.: Experimentelle Ermittlung des zyklischen Spannungs-Dehnungs-Verhaltens von Al-Si-Mg-Gusslegierungen auf Basis instrumentierter Incremental-Step-Tests, Fachwissenschaftliche Projektarbeit, Fachgebiet Werkstoffprüftechnik, Technische Universität Dortmund, 2017.

253. Lados, D.: Fatigue crack growth mechanisms in Al-Si-Mg alloys, Dissertation, Worchester Polytechnic Institut, 2004.

254. Gall, K.; Yang, N.; Horstemeyer, M.; McDowell, D.; Fan, J.: The debonding and fracture of Si particles during the fatigue of a cast Al-Si alloy. Metallurgical and Materials Transactions A 30 12 (1999) 3079–3088.

255. Gall, K.; Yang, N.; Horstemeyer, M.; McDowell, D.; Fan, J.: The influence of modified intermetallics and Si particles on fatigue crack paths in a cast A356 Al alloy. Fatigue & Fracture of Engineering Materials & Structures 23 2 (2000) 159–172.

256. Zheng, X.; Cui, H.; Engler-Pinto, C.; Su, X.; Wen, W.: Statistical relationship between fatigue crack initiator size and fatigue life for a cast aluminum alloy. Materials Science and Engineering A 580 (2013) 71–76.

257. Babout, L.; Brechet, Y.; Maire, E.; Fougères, R.: On the competition between particle fracture and particle decohesion in metal matrix composites. Acta Materialia 52 15 (2004) 4517–4525.

258. Bush, M.: The interaction between a crack and a particle cluster. International Journal of Fracture 88 (1997) 215–232.

259. Prasad, M.; Gao, S.; Vajragupta, N.; Hartmaier,.A.: Influence of trapped gas on pore healing under hot isostatic pressing in nickel-base superalloys. Crystals 10 12 (2020) 1147.

260. Murakami, Y.; Nomoto, T.; Ueda, T.: Factors influencing the mechanism of superlong fatigue failure in steels. Fatigue & Fracture of Engineering Materials & Structures 22 7 (1999) 581–590.

261. Warlimont, H.; Martienssen, W.: Springer handbook of materials data. Springer Nature, Cham (2018).

262. Richter, F.: Die physikalischen Eigenschaften der Stähle (2010).

263. Kim, J.-Y.; Jacobs, L.; Qu, J.; Littles, J.: Experimental characterization of fatigue damage in a nickel-base superalloy using nonlinear ultrasonic waves. The Journal of the Acoustical Society of America 120 3 (2006) 1266–1273.

264. Kamaya, M.; Miyokawa, E.; Kikuchi, M.: Growth prediction of two interacting surface cracks of dissimilar sizes. Engineering Fracture Mechanics 77 16 (2010) 3120–3131.

265. McDowell, D.; Gall, K.; Horstemeyer, M.; Fan, J.: Microstructure-based fatigue modeling of cast A356-T6 alloy. Engineering Fracture Mechanics 70 1 (2003) 49–80.

266. Shiozawa, K.; Tohda, Y.; Sun, S.-M.: Crack initiation and small fatigue crack growth behaviour of squeeze-cast Al-Si aluminium alloys. Fatigue & Fracture of Engineering Materials & Structures 20 2 (1997) 237–247.

267. ASTM E 647: Standard test method for measurement of fatigue crack growth rates. ASTM International, West Conshohocken (2005).

268. ISO 12108: Metallic materials – fatigure testing – fatigue crack growth method. International Standard, Genf (2012).

269. Lados, D.; Apelian, D.: Fatigue crack growth characteristics in cast Al-Si-Mg alloys Part I. Effect of processing conditions and microstructure. Materials Science and Engineering A 385 1–2 (2004) 200–211.

270. Lados, D.; Apelian, D.; Wang, L.: Minimization of residual stress in heat-treated Al-Si-Mg cast alloys using uphill quenching. Materials Science and Engineering: A 527 13-14 (2010) 3159–3165.

271. Lados, D.; Apelian, D.; Wang, L.: Solution treatment effects on microstructure and mechanical properties of Al-(1 to 13 pct)Si-Mg cast alloys. Metallurgical and Materials Transactions B 42 1 (2011) 171–180.

272. Spangenberger, A.; Lados, D.; Coleman, M.; Birosca, S.; Hardy, M.: Microstructural mechanisms and advanced characterization of long and small fatigue crack growth in cast A356-T61 aluminum alloys. International Journal of Fatigue 97 (2017) 202–213.

273. Petit, J.; Henaff, G.: Stage II intrinsic fatigue crack propagation. Scripta Metallurgica et Materialia 25 12 (1991) 2683–2687.

MIX
Papier aus verantwortungsvollen Quellen
Paper from responsible sources
FSC® C105338

If you have any concerns about our products,
you can contact us on
ProductSafety@springernature.com

In case Publisher is established outside the EU,
the EU authorized representative is:
Springer Nature Customer Service Center GmbH
Europaplatz 3, 69115 Heidelberg, Germany

Printed by Libri Plureos GmbH
in Hamburg, Germany